Annika Hardt
Technikfolgenabschätzung des CRISPR/Cas-Systems

Annika Hardt

Technikfolgen-abschätzung des CRISPR/Cas-Systems

Über die Anwendung in der menschlichen Keimbahn

DE GRUYTER

Annika Hardt
20251 Hamburg
annikahardt@gmx.de

ISBN: 978-3-11-062170-9
e-ISBN (PDF): 978-3-11-062447-2
e-ISBN (EPUB): 978-3-11-062182-2

Library of Congress Control Number:
2018961663

Bibliografische Information der Deutschen Nationalbibliothek
Die Deutsche Nationalbibliothek verzeichnet diese Publikation in der Deutschen Nationalbiblio-
graphie; detaillierte bibliografische Daten sind im Internet über http://dnb.d-nb.de abrufbar.

© 2019 Walter de Gruyter GmbH, Berlin/Boston

Einbandabbildung: Peshkova / iStock / Getty Images Plus

Satz: L42 AG, Berlin
Druck und Bindung: CPI books GmbH, Leck

www.degruyter.com

Danksagung

Die vorliegende wissenschaftliche Arbeit einer Technikfolgenabschätzung wurde in der Forschungsabteilung Zell- und Gentherapie der Klinik für Stammzelltransplantation des Universitätsklinikums Hamburg-Eppendorf verfasst. Das Projekt stand im Kontext des vom Bundesministerium für Bildung und Forschung (BMBF) geförderten Verbundes GenE-TyPE (#01GP1610B) im Rahmen des Programms zur Erforschung der ethischen, rechtlichen und sozialen Aspekte (ELSA) der Lebenswissenschaften. Darüber hinaus fand eine Betreuung in der Forschungsgruppe „Medizin und Neurowissenschaften" des Forschungsschwerpunktes Biotechnik, Gesellschaft und Umwelt (FSP BIOGUM) sowie im Arbeitsbereich „Ethik in der Informationstechnologie" (EIT) am Fachbereich Informatik der Universität Hamburg statt. Hier wurde mir sowohl ein Arbeitsplatz bereitgestellt als auch der uneingeschränkte Zugang zur Bibliothek des FSP BIOGUM bzw. des EIT geboten, wofür ich sehr dankbar bin.

Ganz besonders danke ich Herrn Prof. Dr. Boris Fehse, nicht nur für die hervorragende fachliche Betreuung sowie für die ständige und unmittelbare Hilfsbereitschaft bei der Ausarbeitung vor allem des naturwissenschaftlichen Teils, sondern insbesondere auch für sein Engagement für die Publikation dieses Buches.

Frau Prof. Dr. Ingrid Schneider spreche ich meinen herzlichen Dank für die stets hilfreiche und kompetente Unterstützung sowie die zahlreichen anregenden Gespräche bei der Betreuung des Teils zur Technikfolgenabschätzung aus. Diese hochinteressanten Dialoge haben mich immer wieder inspiriert und mich maßgeblich bei der Erarbeitung der ethischen und gesellschaftspolitischen Argumentation – aber auch mich ganz persönlich – sehr bereichert.

Darüber hinaus danke ich meiner Familie für den anhaltenden und uneingeschränkten Rückhalt und widme ihr dieses Buch.

https://doi.org/10.1515/9783110624472-101

Inhalt

Verzeichnis der Abkürzungen

ART/-s	*assisted reproductive technology/-ies* / assistierte reproduktive Maßnahme/-n
AZ	Aktenzeichen
BÄK	Bundesärztekammer
BBAW	Berlin-Brandenburgischen Akademie der Wissenschaften
BER	Basenexzisionsreparatur
BGH	Bundesgerichtshof
BMBF	Bundesministerium für Bildung und Forschung
bp	Basenpaare
BSG	Bundessozialgericht
BST	biostatische Theorie von Krankheit
BVerfG	Bundesverfassungsgericht
CAS	CRISPR-*associated*
CRISPR	*clustered regularly interspaced short palindromic repeats*
crRNA	CRISPR-RNA
DFG	Deutsche Forschungsgemeinschaft
d. i.	das ist
D. I. R.	deutsches IVF Register
DNA	*desoxyribonucleic acid* / Desoxyribonukleinsäure
DR	*direct-repeat-region*
DSB/-s	Doppelstrangbruch/-brüche
EGE	European Group on Ethics in Science and New Technologies
EIT	Ethik in der Informationstechnologie
ELSA	Erforschung ethischer, rechtlicher und sozialer Aspekte
EschG	Embryonenschutzgesetz
EU	Europäische Union
FDA	Food and Drug Administration
FCKW	Fluorchlorkohlenwasserstoff
FN	Fußnote
FSH	follikelstimulierendes Hormon
FSP BIOGUM	Forschungsschwerpunkt Biotechnik, Gesellschaft und Umwelt
GG	Grundgesetz
ggf.	gegebenenfalls
GnRH	*Gonadotropin releasing hormone*
hCG	humanes Choriongonadotropin
HCM	hypertrophe Kardiomyopathie
HFEA UK	Human Fertilisation and Embryology Authority
HIV	Humanes Immundefizienzvirus
hMG	humanes Menopausengonadotropin
HR	homologe Rekombination
IAG	Interdisziplinäre Arbeitsgruppe Gentechnologiebericht
IBC	International Bioethics Committee
ICPD	International Conference on Population and Development
ICSI	Intrazytoplasmatische Spermieninjektion
i. d. R.	in der Regel
IGI	Innovative Genomics Institute
lncRNA	*long noncoding* RNA / lange nicht-kodierende RNA
InDels	Insertionen und Deletionen
iPSC	Induzierte pluripotente Stammzellen
IQ	Intelligenz-Quotient
ISSCR	International Society for Stem Cell Research

https://doi.org/10.1515/9783110624472-102

IVF	*in vitro*-Fertilisation
LH	Luteinisierendes Hormon
LSG	Landessozialgericht
MBO	Musterberufsordnung
MeSH	*medical subject headings*
mRNA	*messenger* RNA / Boten-RNA
MST	*maternal spindle transfer* / Spindeltransfer
NAM	U.S. National Academy of Medicine
NAS	U.S. National Academy of Sciences
NER	Nukleotidexzisionsreparatur
NHEJ	*non-homologous end-joining* / nicht-homologe Endverknüpfung
NIH	US National Institutes of Health
o. g.	oben genannt
PAM	*protospacer adjacent motif*
PCR	Polymerase-Ketten-Reaktion
PEI	Polyethylenimin
PID	Präimplantationsdiagnostik
PIDs	*primary immunodeficiencies* / primäre Immundefizienzen
PND	Pränataldiagnostik
PNT	*pronuclear transfer* / Vorkerntransfer
pre-crRNA	precusor-crRNA
RAC	Recombinant DNA Advisory Committee
REN/-s	Restriktionsendonuklease/-n
RNA	*deoxyribonucleic acid* / Ribonukleinsäure
rRNA	ribosomale RNA
RVD/-s	*repeat variable diresidue/-s*
s. a.	siehe auch
SCID	*severe combined immunodeficiency* / schwerer kombinierter Immundefekt
SD	Standardabweichung
sgRNA	singleguide RNA
snRNA	*small nuclear* RNA
sog.	sogenannt
StGB	Strafgesetzbuch
StZG	Stammzellgesetz
TALEN/-s	*transcription activator-like effector nuclease/-s*
TF/-s	Transkriptionsfaktor/-en
tracrRNA	*trans-activating* crRNA
tRNA	Transfer-RNA
UNESCO	United Nations Educational, Scientific and Cultural Organisation
USPTO	United States Patent and Trademark Office
u. U.	unter Umständen
u. v. m.	und viele mehr
WAS	Wiskott-Aldrich-Syndrom
WHO	World Health Organisation
z. B.	zum Beispiel
ZFN/-s	Zinkfingerprotein/-e

1 Einleitung

Neue Entdeckungen und Fortschritte in der Gentechnologie geben immer wieder Anlass zu bioethischen Diskussionen über die Chancen und Risiken dieser Methoden und Verfahren der Biotechnologie. Die Entdeckung und Beschreibung des CRISPR/Cas-Systems als potentielles Werkzeug in der Genomeditierung[1] 2012 hat der Forschung in diversen Bereichen der Molekularbiologie und Gentechnik in den letzten Jahren beträchtlichen Aufschwung verliehen.

Das CRISPR/Cas-System,[2] ein in Bakterien gefundenes genetisch basiertes Abwehrsystem gegen Virus-DNA, soll als neue „Genschere" die Verfahren zur gezielten Veränderung von Erbgut revolutionieren. Diese als Genomeditierung bezeichneten Verfahren beinhalten die Veränderung einzelner Gensequenzen etwa zur Ausschaltung bestimmter Gene, aber auch das Austauschen oder Einfügen von Gensequenzen oder sogar ganzer Gene. Eine präzise programmierbare „Genschere", wie CRISPR/Cas es zu sein verspricht, ist für die Genomeditierung ein wichtiges Werkzeug. Dass sich die Komponenten des CRISPR/Cas-Systems im Labor als sehr einfach, schnell und kostengünstig zu synthetisieren herausgestellt haben, macht es für diverse Bereiche der Gentechnologie interessant. Die tatsächlichen und antizipierten Vorteile der neuen Technik geben auf unterschiedlichen Gebieten der gezielten Veränderung von Erbgut Anlass zur Erforschung ihres Potentials.

Zum einen verspricht die neue Methode in der grünen Gentechnik, vor allem in der Landwirtschaft, die Herstellung gentechnisch veränderter pflanzlicher Organismen zu revolutionieren. Dies gilt ebenso für die weiße Gentechnik, also für die industrielle Erzeugung und Nutzung gentechnisch veränderter Mikroorganismen, die beispielsweise bestimmte Enzyme für die Lebensmittelindustrie produzieren. Zum anderen wird der CRISPR/Cas-Methode in der roten, der medizinischen Gentechnik ein großes Potential hinsichtlich der Vereinfachung und Beschleunigung molekularbiologischer Eingriffe und Verfahren zugesprochen. Während in der Grundlagenforschung der medizinischen Gentechnologie etwa bei der Herstellung von Modellorganismen für bestimmte Krankheiten bereits von der CRISPR/Cas-Technik profitiert wird, ist die Erforschung ihres Potentials für die Gentherapie in Laboren rund um die Welt in vollem Gange.

Der Einsatz der CRISPR/Cas-Methode ruft jedoch nicht nur Begeisterung hinsichtlich des Potentials der Technik zur Vereinfachung und Verbesserung bestimmter Prozesse und Verfahren in der Gentechnologie hervor. Auf nahezu jedem der Anwendungsgebiete stößt der genetische Eingriff via CRISPR/Cas auch neue und alte kontroverse Diskussionen an. Während auf die Debatte etwa in der grünen Gentechnik um

---

1 Vgl. Jinek et al. 2012.
2 CRISPR/Cas ist das Akronym für *clustered regularly interspaced short palindromic repeats* und das CRISPR-assoziierte Protein Cas.

https://doi.org/10.1515/9783110624472-001

via CRISPR/Cas editierte Pflanzen nur hingewiesen werden kann,[3] widmet sich diese Arbeit einem bioethisch besonders umstrittenen Bereich der medizinischen Gentechnologie: Der ethischen Diskussion um den medizinischen Eingriff in die menschliche Keimbahn.

Die Idee einer Keimbahntherapie, also erbbedingte Krankheiten im Genom der Keimzellen bzw. in der Keimbahn des sehr frühen Embryos mit der Einbringung gentherapeutischen Materials zu heilen, ist nicht neu. Der Gedanke, dass auf diese Weise auch allen nachfolgenden Generationen dieser therapeutische Effekt vererbt werden würde, wird schon in frühen Überlegungen zur Keimbahntherapie Ende der 1980er Jahre thematisiert – und ebenso lange schon kontrovers diskutiert. Dies unter anderem, weil auch jede ungewollte Veränderung in der Keimbahn auf jede nachfolgende Generation vererbt würde und nicht zuletzt, da der therapierte Embryo einem Eingriff nicht zustimmen kann. Die Vorstellung einer technisch machbaren Keimbahntherapie wurde jedoch immer wieder als Phantasma zurückgewiesen und lange Zeit schien sich die Wissenschaft einig, dass wegen ungeklärter ethischer Fragen, vor allem aber wegen technischer Risiken, ein Eingriff in die Keimbahn des Menschen nicht zu vertreten sei.

Spätestens seit 2015 der erste Versuch einer therapeutisch motivierten Genomeditierung menschlicher (nicht überlebensfähiger) Embryonen in China veröffentlicht wurde,[4] droht jedoch die Schaffung von Tatsachen die Diskussion um die ethische Bewertung von Eingriffen in die menschliche Keimbahn zu überholen. Bis September 2018 sind einige weitere publizierte Experimente aus China,[5] eines aus den USA[6] und eines aus Großbritannien[7] gefolgt, in denen das CRISPR/Cas-System als Methode zur Genomeditierung in menschlichen Keimzellen oder Embryonen eingesetzt wurde.[8] Zu keinem Zeitpunkt der Geschichte der Gentherapie waren die Bestrebungen so ambitioniert, die technische Machbarkeit des Keimbahneingriffs beim Menschen zu erforschen, wie seit der Beschreibung des CRISPR/Cas-Systems. Zwar stehen einem klinischen Einsatz in der Keimbahn aus technischer Sicht nach wie vor sowohl Effektivität und Effizienz als auch Spezifität der CRISPR/Cas-Methode betreffende Schwierigkeiten entgegen – ganz abgesehen von allgemeinen Problemfeldern der Gentherapie, wie etwa geeigneter Vektoren. Es kann dennoch zum einen nicht ausgeschlossen werden, dass weitere Forschung in Zukunft zur Verbesserung der Methode beitragen

---

3 „[D]ass Pflanzen, die durch [...] CRISPR-Cas9-Techniken hervorgerufene Punktmutationen aufweisen, keine GVO [genveränderten Organismen] im Sinne der Richtlinie sind", Bundesamt für Verbraucherschutz und Lebensmittelsicherheit 2017, 16, sorgt für kontroverse Diskussionen.
4 Vgl. Liang et al. 2015.
5 Vgl. Kang et al. 2016, Tang et al. 2017, Zhou et al. 2017, Liang et al. 2017, Li et al. 2017, Tang et al. 2018 und Zeng et al. 2018.
6 Vgl. Ma et al. 2017.
7 Vgl. Fogarty et al. 2017.
8 In keinem der Versuche sollten die geneditierten Embryonen zu einer Schwangerschaft führen.

und ein Einsatz in der menschlichen Keimbahn als *hinreichend sicher*[9] erscheinen könnte. Zum anderen sind viele der Argumente und Aspekte in der Diskussion um die ethische Vertretbarkeit einer solchen Intervention bereits bei der Erforschung der Methode relevant. Versuche wie die bisher veröffentlichten Experimente aus China, den USA oder Großbritannien sind bislang in Deutschland verboten, doch werden auch hierzulande im Rahmen der Debatte um die CRISPR/Cas-Technik erste Forderungen laut, das dem Verbot zugrunde liegende Embryonenschutzgesetz für die Erforschung der Methode an sog. „überzähligen" Embryonen zu liberalisieren.[10] Die Diskussion um die ethische Bewertung eines medizinischen Eingriffs in die menschliche Keimbahn muss der Entwicklung des Verfahrens unbedingt vorangehen. In Anbetracht der Aktualität der Problemstellung ist es das Ziel, mit diesem vorliegenden Buch hierzu einen Beitrag zu leisten, indem in Form einer Technikfolgenabschätzung folgender Leitfrage (F) nachgegangen wird:

> Wie ist die Anwendung der CRISPR/Cas-Methode zur Therapie von Erbkrankheiten in der menschlichen Keimbahn unter medizinischen, rechtlichen, ethischen und sozialgesellschaftlichen Aspekten zu bewerten?

Die Untersuchung dieser Leitfrage findet unter der zentralen Hypothese (H) statt, dass eine Technikfolgenabschätzung des Eingriffs in die menschliche Keimbahn unter Berücksichtigung medizinischer, rechtlicher, ethischer und sozialer Implikationen zu dem Ergebnis führt, dass eine Zulassung allenfalls in einem therapeutischen Szenario, möglicherweise sogar gar nicht vertreten werden kann.

Hierzu wird sich zunächst der Fragestellung (F1) gewidmet, welche medizinisch-naturwissenschaftlichen Voraussetzungen einem Keimbahneingriff zu therapeutischen Zwecken zugrunde gelegt werden müssten. Dies erfordert zum einen eine Ausarbeitung zum Stand der Technik der Gentherapie allgemein sowie eine detaillierte Darstellung des *state of the art* der CRISPR/Cas-Methode. Ebenso findet in diesem Kontext die Erläuterung einiger der zur Diskussion für eine Keimbahntherapie stehenden Erkrankungen statt. Zum anderen werden auch Überlegungen zur Möglichkeit des Einschätzens des Sicherheitsrisikos angestellt; dies insbesondere in Hinblick auf die immer wieder betonte *hinreichende technische Sicherheit* des Verfahrens, die Voraussetzung für einen Eingriff sei. Die Untersuchung dieser Fragestellung findet unter der Nebenhypothese (H1) statt, dass im Sinne einer Abwägung pragmatischer Argumente die unüberschaubaren Risiken den antizipierten Nutzen nicht aufwiegen können.

---

9 Häufig im Diskurs verwendete Redefiguren werden in diesem Buch kursiv gekennzeichnet und nicht zwangsläufig explizit zitiert.
10 Vgl. Bonas et al. 2017, 8.

Zweitens wird der Frage (F2) nachgegangen, wie sich die ethischen Begründungsmuster darstellen, die in der Diskussion um die Intervention angeführt werden. Hierzu werden zum einen kategorische Argumente analysiert und geprüft, die vor allem ein ethisch zu begründendes Verbot von einer übergeordneten Idee oder Eigenschaft ableiten, die sich einer weiteren Abwägung entziehe. In diesem Zusammenhang wird nicht selten die Menschenwürde angeführt, die den Eingriff in die Keimbahn, dem das resultierende Individuum und die ebenso betroffenen, ihm nachfolgenden Generationen nicht zustimmen können, verbiete. Aber auch sog. Natürlichkeitsargumente oder religiös motivierte Argumente, die die Unantastbarkeit der Keimbahn mit deren Naturwüchsigkeit oder göttlichen Ursprung begründen, zählen zu dieser Kategorie. Diese Argumente werden im Hinblick auf die Annahme (H2) untersucht, dass insbesondere weltanschauliche oder religiöse Aspekte in einer säkularisierten Gesellschaft eine absolute Überzeugungskraft nicht geltend machen können. Zum zweiten sollen pragmatische Begründungsversuche untersucht werden, die einen Eingriff etwa als Teil des ärztlichen Auftrages oder im Sinne elterlicher Verantwortung nicht nur als zulässig bewerten, sondern unter Umständen sogar als verpflichtend betrachten. Diesen Positionen stehen weitere pragmatische Aspekte gegenüber, wie die notwendige Forschung an Embryonen sowie risiko- und sicherheitsbezogene Aspekte, die ebenfalls analysiert werden. Besonders interessant sind hier die Gesichtspunkte des sog. ungewussten Nichtwissens in der Wissenschaft, die auch im Hinblick auf die Annahme (H1), dass die Risken der Technik ihren Nutzen überwiegen, von Bedeutung sind.

Die dritte Kategorie der Begründungsmuster in der Debatte um den Keimbahneingriff stellen die gesellschaftspolitischen Argumente dar, die sich zudem auch mit der dritten Fragestellung (F3) auseinandersetzen: Welche sozialen Implikationen würde die Zulassung eines therapeutischen Eingriffs in die Keimbahn mit sich bringen? In diesem Kontext werden Befürchtungen von Dammbruch- oder *slippery slope*-Argumentationen untersucht, die unter anderem besagen, dass die Zulassung eines Eingriffs zu therapeutischen Zwecken mehr oder weniger zwangsläufig auch zur Zulassung nichtmedizinisch intendierter Interventionen führe. In diesem Rahmen werden ebenso Implikationen hinsichtlich des genetischen Enhancements, also der vermeintlichen Verbesserung des Erbguts, sowie Anklänge bezüglich einer neuen Eugenik thematisiert und nach einer Analyse bewertet. Aber auch Fragen bezüglich einer möglichen Stigmatisierung von Menschen mit Erbkrankheiten oder erbbedingten Behinderungen werden in diesem Zusammenhang untersucht, ebenso wie Implikationen im Hinblick auf einen möglichen sozialen Optimierungs- und Leistungsdruck in Bezug auf genetisch eigene, gesunde Kinder. Nicht zuletzt werden auch die Fragen der Regulation hinsichtlich einer möglichen Zulassung einer Keimbahntherapie unter den gesellschaftspolitischen Aspekten behandelt. Dies auch deshalb, weil insbesondere die in diesem Kontext vorgebrachten Begründungen, wie die der *slippery slope*-Argumentation, in einem engen Zusammenhang mit Regulationsfragen stehen. Nicht wenige der angestellten Überlegungen innerhalb des Themenkomplexes der gesellschaftspolitischen Argumente sind spekulativer Natur, doch ist es wichtig und notwendig insbesondere für die kritische Prüfung der dritten Neben-hypothese (H3) – dass die sozialen Implikationen darauf hinweisen, dass selbst ein *therapeutischer* Eingriff unerwünschte negative Folgen für das Individuum und die Gesellschaft hätte – verschiedene Blickwinkel einzunehmen.

Die Methode dieser Technikfolgenabschätzung bestand zunächst in der inten-siven Auseinandersetzung mit der geführten Debatte um den Eingriff in die Keim-bahn. Für alle weiteren Schritte waren jeweils gründliche systematische Literaturre-cherchen, zum einen bezüglich naturwissenschaftlicher Publikationen und Literatur, zum anderen für die sogfältige Darstellung und Analyse der rechtlichen, ethischen und sozialen Aspekte notwendig. Zudem wurden die öffentliche Diskussion sowie Stellungnahmen ausgewählter Institutionen aufmerksam und kritisch verfolgt und begleitet. Eine besondere Herausforderung bestand in der Herausarbeitung neuer As-pekte der nicht wenigen altbekannten Argumente. Worin der antizipierte Unterschied der Debatte um die Keimbahntherapie im Vergleich zu anderen bioethischen Diskus-sionen besteht, war eine komplexe und umfassende Aufgabe, die eine intensive und gründliche Auseinandersetzung mit jedem einzelnen Aspekt und darüber hinaus die gewissenhafte Analyse und Prüfung jedes Arguments spezifisch im Kontext eines Ein-griffs in die menschliche Keimbahn erforderte.

Dieses Buch beginnt mit einer Einführung in die biologischen Grundlagen und einer detaillierten Darstellung des naturwissenschaftlichen Sachstandes der vor-liegenden Thematik und führt über die Konfrontation und Auseinandersetzung mit grundlegenden Fragen – etwa im Hinblick auf den moralischen Status des Embryos, in Bezug auf den Begriff der Menschenwürde oder hinsichtlich der Definition und des *Wertes* von Gesundheit und Krankheit – in ein facettenreiches und interdiszipli-näres Feld von Begründungsmustern. Im Kontext der Intervention in die menschliche Keimbahn stellt sich diese Untersuchung altbekannten bioethischen Streitfragen, die unter anderem auch in Diskussionen um Maßnahmen der Reproduktionsmedizin wie *in vitro*-Fertilisation und Präimplantationsdiagnostik eine tragende Rolle spielen. Sie setzt sich ebenso intensiv mit der Prüfung der Überzeugungskraft kategorischer Ar-gumente auseinander wie mit der sorgfältigen Untersuchung pragmatischer Aspekte, wie etwa der Reichweite des ärztlichen Auftrages. Insbesondere die Analyse und Ein-nahme verschiedener Blickwinkel und Perspektiven in der gesellschaftspolitischen Argumentation offenbart nach genauer Prüfung interessante neue Aspekte, vor allem in Bezug auf die in der Diskussion häufig nur randläufig bemerkte Tatsache, dass die Keimbahntherapie nicht die Heilung eines *existenten genetisch bedingt kranken Menschen* zum Ziel hat, sondern *die Therapie eines zukünftigen Menschen*. Hieraus ergeben sich spannende weiterführende Fragestellungen[11] und das Ergebnis der Ana-

---

11 Bereits die Verwendung des Begriffs *Therapie* ist hinsichtlich der Tatsache, dass es sich bei dem behandelten Individuum um keinen existenten Menschen handelt, zu hinterfragen. Zu den Begriffen und Definitionen vgl. S. 68 ff dieses Buches.

lyse, Abwägung und Bewertung aller vorgebrachten und neu entwickelten Aspekte der unterschiedlichen Argumente und Perspektiven lässt bedeutsame Einsichten hinsichtlich der Formulierung der eigentlichen Leitfrage zu.

2 Naturwissenschaftlicher Hintergrund

Für das Verständnis der Funktion der CRISPR/Cas-Methode und der Ausführungen zum *state of the art* der Technologie soll die Erläuterung einiger biologischer Grundlagen zu biologischen Vorgängen und Prozessen in der Genetik vorangestellt werden.

2.1 Biologische Grundlagen zur DNA

2.1.1 Aufbau und Struktur der DNA

Die Desoxyribonukleinsäure, kurz DNS oder im Englischen DNA (A = Acid) abgekürzt, ist die allen Lebewesen und einigen Viren zugrunde liegende Form zur Speicherung der Erbinformation. Sie liegt in einer schraubenförmigen Doppelhelix vor, in der sich zwei gegenläufige sog. Einzelstränge aus Nukleotiden aneinanderlagern. Das oftmals als „Bauplan des Lebens" bezeichnete Genom findet sich in nahezu allen Zellen eines Organismus und ist die Vorlage für sämtliche Genprodukte, deren Herstellung durch sie kodiert wird. Ein Nukleotid besteht aus dem Zucker Desoxyribose mit einer der Purinbasen Adenin (A) bzw. Guanin (G), oder einer Pyrimidinbase, nämlich Thymin (T) bzw. Cytosin (C) sowie einem Phosphat. Die einzelnen Nukleotide der DNA sind über Phosphodiester-Bindungen miteinander verbunden. In der Doppelhelix liegen zwei Einzelstränge antiparallel einander gegenüber und jeweils zwei Basen paaren sich über Wasserstoffbrückenbindungen: A mit T und G mit C. Da diese Paarung nach immer gleichen Regeln abläuft, lässt sich von der Basenabfolge des einen Strangs die des anderen ableiten, sie sind komplementär zueinander. Diese Abfolge der Basen formuliert den Kode der genetischen Information, indem je drei aufeinanderfolgende Basen ein Basentriplett (Kodon) darstellen, welches je für eine von 20 Aminosäuren steht, aus denen die Genprodukte aufgebaut sind. Diese Kodierung ist universell, was bedeutet, dass ein Basentriplett in der DNA eines Menschen für die gleiche Aminosäure steht wie in einem anderen Lebewesen.

Der kodierende Bereich innerhalb der menschlichen DNA ist im Vergleich zu den vorliegenden Basenpaaren (bp) eher gering. Etwa 3,2 Milliarden Basenpaaren steht eine geschätzte Anzahl von ca. 20.000 proteinkodierenden Genen gegenüber,[12] wobei bis heute die Funktion von fast 95 % der DNA nicht vollständig aufgeklärt und umstritten ist.[13] Zweifellos allerdings enthalten die sog. *intergenic regions*, also zwischen den Genen gelegene DNA, unerlässliche Elemente für die Genregulation.[14]

---

12 Vgl. The ENCODE Project Consortium 2012.
13 Vgl. Bhattacharjee 2014.
14 Vgl. Shabalina 2001.

https://doi.org/10.1515/9783110624472-002

Bei Eukaryonten, also Lebewesen mit kernhaltigen Zellen wie dem Menschen, befindet sich die DNA vor allem im Zellkern[15] und liegt hier in einer sehr kompakten Form, dem Chromatin, vor. Dieses besteht neben der DNA aus sauren und basischen Proteinen, wie z. B. den Histonen, die an sie binden und in Form bringen, um die im nicht gefalteten Zustand etwa 2 m Länge messende Molekülkette jeder Zelle in einen 5 m – 16 μm messenden Zellkern zu verpacken. Die sich ergebenden Verpackungsformen – von der Primärstruktur (10 nm durchmessender DNA-Faden) bis hin zu den maximal kondensierten und dadurch mit dem Mikroskop erkennbaren Chromosomen der Metaphase (s. u.) – sind noch nicht vollständig aufgeklärt.[16] Als Chromosom bezeichnet man das Chromatin, während es die Sekundär- oder Tertiärstruktur einnimmt. Das menschliche Genom ist diploid, d. h. es enthält zwei homologe, also zueinander gleiche,[17] Chromosomensätze, nämlich einen von der Mutter und einen vom Vater. 22 dieser Chromosomenpaare sind sog. Autosomen, das letzte Paar die Gonosomen, welche das Geschlecht des Trägers bestimmen.[18] Die alternativen Ausführungen eines Gens werden Allele genannt und als homozygot bezeichnet, wenn sie identisch sind bzw. als heterozygot, wenn sie sich unterscheiden. Relevant für die Ausprägung eines Merkmals ist u. a., ob es sich dominant (das Gen muss lediglich heterozygot vorliegen) oder rezessiv (das Gen muss homozygot vorliegen) verhält.

2.1.2 Zellteilung – Mitose und Meiose

Bei einem durchschnittlichen Zellumsatz von 10–50 Millionen Zellen pro Sekunde im menschlichen Körper[19] besteht eine der großen Herausforderungen für diese Zellen in der Teilung, bei der aus einer Zelle jeweils zwei identische Tochterzellen entstehen. Während dieses zyklisch ablaufenden Vorgangs[20] wird die DNA verdoppelt (Replikation) und es werden zwei neue DNA-Doppelstränge synthetisiert, je aus einem alten und einem neuen Einzelstrang. Hieran sind verschiedene Enzyme beteiligt, die den Doppelstrang lösen (Helikasen), eine Einzelstrang-Vorlage kopieren (Polymerasen) und DNA-Teile wieder miteinander verbinden können (Ligasen). Die Polymerase ist nur fähig, einen der beiden Stränge kontinuierlich zu synthetisieren; der andere wird in Teilstücken erstellt, die am Schluss ligiert werden. Hierbei bleibt bei jeder Replikation am 3'-Ende des einen Strangs ein Rest unkopiert, er wird nicht in die nächste Zellgeneration übernommen. Damit nicht nach wenigen Replikationen

---

15 Ein kleiner Teil befindet sich in den Mitochondrien.
16 Vgl. Müller et al. 2004.
17 Gleich im Sinne von: Sie enthalten die gleichen Gene; die Nukleotidsequenz kann in den Grenzen der Spezies verschieden sein.
18 Schreibweise des physiologischen Karyotyps eines Mannes: 46, XY bzw. einer Frau: 46, XX.
19 Vgl. Schaal et al. 2016, 6.
20 Zellzyklus: Interphase (u. a. Replikation), Mitose (Zellkernteilung), Zellteilung.

die Zelle untergeht, bestehen die DNA-Enden aus sich wiederholenden Sequenzen, die als Telomere bezeichnet werden. Diese gewährleisten, dass über einige Teilungen hinweg keine kodierende DNA verloren geht.[21] Diese zu sog. Zwei-Chromatid-Chromosomen verbundenen DNA-Doppelstränge trennen sich während der Mitose wieder, um am Ende der Zellteilung identische Chromosomensätze in beiden Tochterzellen zu gewährleisten.

Die Mitose unterscheidet sich fulminant von der Meiose, der Reifeteilung, aus der die Keimzellen hervorgehen. Dieser geht zunächst ebenfalls die Replikation des Erbguts voraus. In der Meiose I werden die homologen Chromosomen gepaart, wobei es regelmäßig zum *crossing-over*, also einem Austausch von Genabschnitten durch Rekombination zwischen den homologen Chromosomen kommt. Nach anschließender Trennung der Paare und Aufteilung auf zwei Tochterzellkerne finden sich in jedem dieser Kerne verschiedene und durch das *crossing-over* teils neu kombinierte Chromosomen. In der Meiose II trennen sich nun wieder die Schwesterchromatiden des einen Zwei-Chromatid-Chromosoms jeder Tochterzelle, sodass letztlich vier genetisch unterschiedliche Zellen mit haploidem Kern entstehen. Diese Reduktion eines diploiden Zellkerns auf einen haploiden ist notwendig, damit sich die Chromosomenanzahl bei der Verschmelzung der elterlichen Zellkerne nicht in jeder Generation verdoppelt. Außerdem gewährleistet die Aufteilung ebenso wie die Rekombination, dass sich neue Merkmalskombinationen ausbilden können, die es zuvor nicht gab. Im Unterschied zur Keimzellentwicklung beim Mann (Spermatogenese), die sich aufgrund sich fortwährend mitotisch teilender Stammspermatogonien lebenslang vollzieht, ist die Anzahl der sich bei der Oogenese entwickelnden Eizellen der Frau begrenzt. Bereits im frühen Embryonalstadium wandern diploide Urkeimzellen in das Ovar ein und vermehren sich dort durch Mitose, bis sie sich durch Eintritt in die Meiose I weiter differenzieren, wobei sie innerhalb dieser Phase arretiert werden. Dieser Arrest hält bis lange nach der Geburt an und erst mit Eintritt in die Pubertät treten unter hormoneller Stimulation die Oozyten wieder in den Zellzyklus ein. Bis zu diesem Zeitpunkt sind von den ursprünglich angelegten Millionen Urkeimzellen noch etwa 40.000 Oozyten vorhanden, von denen nur etwa 500 den Eisprung erreichen.[22] Dieser findet mit jedem Menstruationszyklus statt, nachdem sich (zumeist nur) eine Oozyte während der Meiose II zur reifen Eizelle herausgebildet hat und meint das Ausstoßen der unbefruchteten Eizelle aus dem Ovar und die Aufnahme in den Eileiter. Hier kann

---

21 Erreichen die Telomere eine kritische Länge (~ 3 kb), geht die Zelle i. d. R. in die Apoptose über. Dieser Prozess spielt bei der Alterung, aber auch bei der Krebsentstehung eine Rolle, vgl. Gomez et al. 2012. Um einem raschen Abbau der Telomere vorzubeugen gibt es Zellen, die das Enzym Telomerase besitzen, welches fähig ist, die verlorenen DNA-Stücke wiederherzustellen. Im menschlichen Organismus findet man dieses Enzym nur in Keimbahnzellen und Zellen, die sich häufig teilen müssen, wie Stamm- oder Immunzellen.
22 Vgl. Schaal et al. 2016, 245.

die Befruchtung durch ein Spermium stattfinden und erst hiernach kann die nun befruchtete Eizelle in die weiteren Stadien der Reifeteilung eingehen.

Ein weiterer Unterschied der weiblichen Keimzellbildung ist die Tatsache, dass aus einer primären Oozyte nur eine reife Eizelle und drei funktionslose sog. Polkörperchen entstehen, während beim Mann aus einer Spermatozyte II vier Spermien hervorgehen. Ebenfalls bedeutend ist der Unterschied, dass Spermien keine Mitochondrien mehr besitzen, somit alle Mitochondrien eines Kindes von der Mutter vererbt sind.

2.1.3 Vom Gen zum Protein – Proteinbiosynthese

Obwohl es rund 200 verschiedene Zelltypen gibt und diese die unterschiedlichsten Aufgaben zu erfüllen haben und dafür unterschiedliche Proteine, Enzyme und sonstige Bausteine und Werkzeuge benötigen, besitzt nahezu jede der ca. 10–100 Billionen Zellen eines menschlichen Körpers[23] das gleiche Genom. Während bei jeder Zellteilung das gesamte Genom kopiert werden muss, werden bei der Herstellung von Proteinen immer nur gewisse Abschnitte der DNA benötigt, nämlich die, die die entsprechenden Gene für die erforderlichen Produkte enthalten. In den verschiedenen Zelltypen sind daher unterschiedliche Bereiche der DNA aktiv – die nicht aktiven Teile liegen dichter verpackt vor (Heterochromatin) als die, die zugänglich sein müssen (Euchromatin).

Das zentrale Dogma der Molekularbiologie besagt, dass die genetische Information fast nur in eine Richtung fließt: von der DNA über die RNA zum Protein. Dieses Dogma wird immer wieder auch in Frage gestellt, beschreibt aber dennoch den typischen Ablauf des Informationstransfers.[24] Damit bei Eukaryonten aus einem Kodon eine Aminosäure und aus Aminosäuren Polypeptide bzw. Proteine entstehen können, muss die genetische Information zunächst abgeschrieben (Transkription) und dann übersetzt werden (Translation). Die Transkription findet im Kern statt. Während zur DNA-Replikation mehrere unterschiedliche Enzyme für die einzelnen Schritte nötig sind, ist es bei der Transkription ein Proteinkomplex, der die verschiedenen Aufgaben und Funktionen übernimmt. Das in diesem Komplex beinhaltete Enzym RNA-Polymerase II spielt hier die zentrale Rolle und synthetisiert über mehrere Schritte einen RNA-Einzelstrang, der eine Abschrift der genetischen Information darstellt und als mRNA (*messenger* RNA = Boten-RNA) bezeichnet wird. RNA-Moleküle ähneln den DNA-Molekülen, wobei als Zuckerrest eine Ribose (keine Desoxyribose) dient. Zudem wird die Pyrimidinbase Thymin in der RNA durch die Pyrimidinbase Uracil (U) ersetzt.

---

23 Vgl. Schaal et al. 2016, 2.
24 Anders z. B. bei der reversen Transkription, vgl. Strachan und Read 1996, 11. Weiteres zum Genbegriff vgl. S. 200 f dieses Buches.

Nachdem zunächst die DNA-Sequenzen freigelegt werden, entsteht durch Anhängen von Ribonukleosidmonophosphaten (AMP, CMP, GMP oder UMP) eine prä-mRNA, die, bevor sie den Zellkern verlassen kann, noch prozessiert werden muss. Bei dem sog. Spleißen werden nicht kodierende interne Bereiche (Introns) herausgeschnitten und die verbleibenden Abschnitte (Exons) miteinander verbunden. Hier können durch alternatives Spleißen auch aus derselben prä-mRNA verschiedene mRNAs entstehen; hiermit kann die enorme Vielfalt an Genprodukten aus nur 20.000 Genen erklärt werden. Zudem werden am 5'-Ende ein spezielles Nukleosid (*Capping*) und am 3'-Ende multiple Adenylat-Reste angehängt (Polyadenylierung, Poly(A)-Schwanz). Diese Prozessierung dient sowohl zum Schutz vor Abbau als auch als Signal für die weiteren Schritte.[25]

Im Anschluss an diese posttranskriptionellen Veränderungen wird die reife mRNA aus dem Kern ins Zytoplasma transferiert. Hier findet an den Ribosomen, Komplexen aus Proteinen und ribosomaler RNA (rRNA), die Translation statt, also die Übersetzung des Kodes in Aminosäuren und (i. d. R.) Verbindung dieser zu einem Protein. Dazu bringt das Ribosom mit seinen beiden unterschiedlichen Untereinheiten die mRNA mit der tRNA (Transfer-RNA) zusammen, die an ihrem einen Ende ein zu je einem Kodon der mRNA passendes Antikodon enthält und an ihrem anderen Ende die genau zu diesem Kodon gehörende Aminosäure trägt. Eine nächste tRNA lagert sich an und die mitgebrachten Aminosäuren werden durch Peptidbindungen letztlich zu einem Protein verknüpft. Dieses löst sich vom Ribosom und faltet sich ggf. in eine komplexere Struktur, sodass es entweder gleich vor Ort seine Aufgabe erfüllen oder weiter transportiert werden kann. Auch posttranslational können Modifikationen vorgenommen werden, wie beispielsweise durch Glykosylierung und Methylierung der Polypeptidketten, durch Veränderungen einzelner Aminosäuren, durch Abspalten bestimmter Sequenzen oder auch durch selektives Herausschneiden spezifischer Sequenzen. Diese posttranslationalen Veränderungen sind reversibel und können bei den Proteinen etwa eine kurzfristige Ladungs- oder Konformationsänderung hervorrufen, um ihnen den Transport durch die Zelle zu ermöglichen oder z. B. ihren Abbau zu verhindern.

---

25 Ausgeführt wird diese Prozessierung von snRNP-Partikeln, die aus snRNA-Molekülen (*small nuclear* RNA) bestehen, deren Gene ebenfalls zum Großteil von der RNA-Polymerase II transkribiert werden. Es existieren bei Eukaryonten daneben noch die RNA-Polymerase I, die die ribosomale RNA (rRNA) erstellt, und III, die vor allem die Gene der Transfer-RNA (tRNA) transkribiert.

Genexpression beschreibt, wie sich eine genetische Information phänotypisch ausdrückt – also welche Gene i. d. R. in Proteine übersetzt werden.[26] Neben den konstitutiv exprimierten Genen, die jede Zelle für sich benötigt (Haushaltsgene), ist die Genexpression verschiedener Zellen den unterschiedlichen Anforderungen der Zelltypen angepasst und wird durch diverse Mechanismen gesteuert. Diese Regulation kann auf jeder Stufe der Genexpression stattfinden.

So sind eukaryontische Polymerasen nicht von sich aus fähig, eine Transkription zu initiieren. Sie benötigen diverse Transkriptionsfaktoren (TFs), die entsprechende DNA-Sequenzen erkennen und markieren. Dazu gehören die regulatorischen Bereiche wie die Promotorregion („Start-Region"), aber auch sog. *Enhancer* und *Silencer*, die – obwohl häufig vom Genlokus entfernt liegend – die Expression verstärkend oder vermindernd beeinflussen. Auch die bereits beschriebene Prozessierung bietet Gelegenheit zur Regulation, so wie alle nachfolgenden Schritte, z. B. die Initiation der Translation, auch.

Die Epigenetik als Fachgebiet der Biologie beschäftigt sich allein mit der Frage, welche Faktoren die Aktivität eines Gens bestimmen, die nicht selbst in der DNA kodiert sind.[27] Gleichwohl grundsätzliche Funktionsweisen epigenetischer Mechanismen bekannt sind, bleiben gerade die komplexen Wechselwirkungen zwischen Umwelt und epigenetischen Veränderungen, aber auch zwischen den unterschiedlichen Modifikationen, in vielen Aspekten noch unverstanden.[28] Eine von vielen auf epigenetischer Modifikation beruhende Regulation ist die genomische Prägung (*genomic imprinting*). Dieser Vorgang bedeutet, dass bei einigen Genen nur eines der zwei vererbten elterlichen Allele aktiv ist und das andere nicht. Durch Methylierung der Nukleobasen, Modifikation der Histone oder Nukleosomen wird jeweils ein Allel „stumm" geschaltet, es liegt also in diesen Fällen nur eine ablesbare Kopie eines Gens vor. Einige Erkrankungen stehen in engem Zusammenhang mit einem dem *imprinting* unterlegenen Gen, wie beispielsweise das Angelmann-Syndrom. Hier werden bestimmte mütterliche Gene nicht exprimiert und die entsprechenden auf dem väterlichen Chromosom sind inaktiviert, sodass ein spezielles Protein gänzlich fehlt, was zu einer komplexen kognitiven und motorischen Behinderung führt.[29] Besonders eindrücklich geschieht die genomische Prägung bei der X-Inaktivierung

---

26 Die Expression beschreibt u. a. ebenso die Transkription von langer, nichtkodierender (*long noncoding*; lncRNA) oder anderer RNAs, die nicht in Proteine translatiert werden, sondern die vor allem regulatorische Funktionen zu erfüllen scheinen, vgl. etwa Bhan et al. 2017.

27 Egger et al. 2004.

28 Es besteht weiterhin Forschungsbedarf. Dies nicht zuletzt, weil diese Prägungen auch bei der Pathogenese einiger Erkrankungen relevant sind und insbesondere bei onkogenen Vorgängen, also bei der Entstehung von Krebs, eine bedeutende Rolle spielen, vgl. Yi und Li 2016.

29 Vgl. Bajrami und Spiroski 2016.

in weiblichen Säugetieren während der Embryonalentwicklung. Eines ihrer beiden X-Chromosomen wird durch dichtes Verpacken in Heterochromatin inaktiviert, um die im Vergleich zum Mann doppelte Anzahl an X-chromosomalen Genen auszugleichen; beim Menschen ist es Zufall, welches X-Chromosom inaktiviert wird. Diese Art der genetischen Information ist reversibel und kann sich sowohl während der Keimzellentstehung etablieren, als auch während der späteren Differenzierung durch z. B. Umwelteinflüsse stattfinden.[30]

2.1.5 Mutation und Reparaturmechanismen

Als Mutationen werden dauerhafte Veränderungen in der DNA bezeichnet, die sowohl die somatischen als auch die Keimbahnzellen betreffen können. Sie treten spontan während der Zellteilung auf oder werden durch äußere Einflüsse wie Strahlung oder mutagene Substanzen hervorgerufen. Dieser Vorgang ist zum einen Grundlage für die evolutionäre Differenzierung der Arten, kann zum anderen aber auch zu diversen Schädigungen führen. Um diesen vorzubeugen, besitzt jede Zelle diverse Reparatursysteme, die u. a. an Kontrollpunkten im Zellzyklus zwischengeschaltet sind, um Zellen mit DNA-Schäden in einem Zyklusabschnitt zu arretieren, bis diese behoben sind oder auch zu ihrer Apoptose, also dem programmierten Zelltod, zu führen.

Noch während der Replikation bei der Synthese eines neuen DNA-Strangs kann die Polymerase ihre Arbeit unmittelbar überprüfen und ggf. korrigieren. Unterstützt wird diese Funktion durch DNA-Mismatch-Reparaturproteine, die bei falscher Basenpaarung eingreifen können. Bei der Basenexzisionsreparatur (BER) wird eine einzelne geschädigte Base erkannt und entfernt. Eine Endonuklease ist dann in der Lage, den Zuckerrest auszuschneiden und die Lücke kann im Anschluss mit Vorlage des komplementären DNA-Strangs wieder geschlossen werden. Die Nukleotidexzisionsreparatur (NER) verläuft ähnlich, wenn auch komplexer, da hier 25–30 bp lange DNA-Abschnitte ausgetauscht werden.[31] Bei Doppelstrangbrüchen (DSBs) kommen unterschiedliche Reparaturmechanismen zum Einsatz. Bei der homologen Rekombination (HR) dient das homologe zweite Chromosom als Vorlage für die Korrektur, während bei der nicht-homologen Reparatur, hier vor allem beim *non-homologous end-joining* (NHEJ), das Aneinanderknüpfen der DNA-Endstücke ohne Vorlage verläuft und deutlich mehr Fehler wie Insertionen oder Deletionen (sog. InDels) generiert.[32] Können Schädigungen nicht behoben werden, sammeln sie sich in somatischen Zellen an und

---

30 Für genauere Informationen s. a. Sadakierska-Chudy et al. 2015.
31 Liegt ein Defekt der NER vor, kann es u. a. zur Erkrankung Xeroderma pigmentosa kommen, welche mit einem extrem erhöhten Hautkrebsrisiko durch UV-Strahlung einhergeht. Hier wird deutlich wie wichtig ein funktionierendes DNA-Reparatursystem ist.
32 Vgl. Lee et al. 2016.

können zu Funktionsschäden und ggf. zu ihrem Untergang oder ihrer Entartung führen. Wie und ob sich eine Veränderung in den Keimbahnzellen vererbt und ausprägt, hängt unter anderem davon ab, ob sich das betroffene Gen dominant oder rezessiv verhält und kann im Falle einer rein genetisch bedingten einzelnen Mutation mit Hilfe der Mendel'schen Regeln untersucht werden.

2.2 Genomeditierung

Unter *genome editing*, oder zu Deutsch Genomeditierung, versteht man die zielgerichtete Manipulation und Modifizierung des Erbguts lebender Zellen.[33] Hierunter sind also alle Eingriffe zu subsumieren, die eine sequenzspezifische Veränderung im Genom bewirken, z. B. durch Einfügen oder Entfernen einer Nukleotidsequenz oder durch Veränderung einer solchen. Die Basis dieses Verfahrens ist zumeist die Induktion eines DSB in der DNA, welcher einen der beiden oben beschriebenen Reparaturmechanismen stimuliert (HR bzw. NHEJ). Hierfür werden spezifische Endonukleasen eingesetzt, die die inneren Phosphodiester-Bindungen des Doppelstrangs spalten und somit zu seinem Bruch führen. Wenn die Reparatur über NHEJ stattfindet, kann man sich die hierbei entstehenden Fehler zunutze machen, um beispielsweise einen Gen-Knockout zu erreichen. Ein Gen wird hierdurch also vollständig abgeschaltet, welches als einfachste Form der Genomeditierung gilt.[34] Mit unterschiedlichen Nukleasen lassen sich auch zwei DSB an zwei verschiedenen Loki auf einem Chromosom hervorrufen, welches in der Folge durch den NHEJ-Mechanismus zu InDels und Translokationen führen kann.[35] Auch das Einfügen von Genen ist durch Induktion von DSB möglich, wenn die Reparatur über HR geschieht; die hierfür benötigte Vorlage kann als sog. Donor-DNA in die Zelle mitgegeben werden. Da ein an zufälliger Stelle eingefügtes Gen durch Wechselwirkung mit z. B. Promotorregionen die Expression anderer Gene beeinflussen kann oder auch selbst durch epigenetische Vorgänge ausgeschaltet oder auch verstärkt werden kann, ist es von großer Bedeutung, das Einfügen möglichst zielgerichtet vorzunehmen. Wenn es etwa um die Addition eines Genes geht, kann diese in einem sog. *safe harbour* vorgenommen werden. So werden Genorte genannt, an welchem eingefügte Gene vorhersagbar exprimiert werden und keine anderen Gene in ihrer Funktion störend beeinflussen sollen.[36]

---

33 Vgl. Porteus 2015.
34 Vgl. Kim und Kim 2014.
35 Vgl. Lee et al. 2010.
36 Vgl. Sadelain et al. 2012. Die Notwendigkeit solcher *safe harbours* wird etwa durch das Auftreten von diversen Leukämiefällen in der somatischen Gentherapie demonstriert, vgl. ebd. In einigen Fällen konnte in diesem Kontext eine virale Insertionsmutagenese als ursächlich für die Leukämieentstehungen festgestellt werden, vgl. Hacein-Bey-Abina et al. 2003 sowie S. 27, FN 106 dieses Buches.

Die anfänglich eingesetzten natürlich vorkommenden Enzyme, die Meganukleasen, boten durch vergleichsweise lange Erkennungssequenzen (18 und mehr Nukleotide) zwar eine ausreichende Spezifität. Da ihre Erkennungsfunktion aber mit der Nukleasefunktion gekoppelt ist, war die Erkennungssequenz einer Manipulation kaum zugänglich, ohne die enzymatische Funktion zu zerstören. Um eine Nuklease programmieren zu können, sollten demnach Erkennungs- und Nukleasedomäne strukturell voneinander getrennt sein, wie es bei einigen Endonukleasen der Fall ist, die durch Manipulation zu den ersten echten Designernukleasen wurden. Die Erforschung dieser „Genscheren" gipfelte bis dato in der Entdeckung und Aufklärung des sog. CRISPR/Cas-Systems. Dieses, sowie in Kürze seine Vorgänger im Einsatz der Genomeditierung, sollen im Folgenden erläutert werden.

2.2.1 Werkzeuge der Genomeditierung

Die ersten artifiziellen Restriktionsendonukleasen[37] (RENs) waren Zinkfingernukleasen (ZFNs), die zusammengesetzt sind aus einem Zinkfingerprotein (ZFP) und einer Nukleasedomäne, wobei ersteres mindestens ein Zinkion gebunden hat, welches für die fingerartige Konformation verantwortlich ist. ZFPs wurden 1985 als Teil eines TF in Krallenfröschen (*Xenopus laevis*) beschrieben.[38] ZFNs enthalten i. d. R. die Nukleasedomäne des Typ II S Restriktionsenzym FokI, und erhalten ihre Nukleasefunktion erst, wenn die Nukleasedomäne dimerisiert, also als Molekülverbund aus zwei ZFN-Monomeren, vorliegen.[39] Die Zinkfingerproteine enthalten mindestens ein Zinkfingermotiv, das jeweils 3 bp erkennen und binden kann. Eben diese Motive können im Labor so miteinander kombiniert werden, dass sie zur jeweiligen Zielsequenz passen, was dem Konstrukt einer sog. Designernuklease entspricht. Durch die DSBs an vordefinierten Stellen in der DNA kann außer der Genauigkeit auch die Frequenz der sonst im Vergleich zum NHEJ seltenen Reparatur durch HR erhöht werden[40].

Die Entwicklung der ZFNs bietet durch die Möglichkeit der Manipulation gegenüber den natürlichen Meganukleasen deutliche Vorteile, dennoch ist ihr Einsatz limitiert. Längst nicht alle ZFNs rufen effizient einen DSB hervor, was vor allem dann zu Schwierigkeiten führt, wenn man nicht nur ein Gen ausschalten, sondern verändern, ersetzen oder einfügen möchte. Aber auch eine hohe sog. *off target*-Rate (also Effekte außerhalb des Zielsegments, die beispielsweise zu toxischen Genprodukten

---

37 Vor allem in Bakterien vorkommende Enzyme, die abhängig von ihrer Basensequenz DNA schneiden können; je nach Typ, tun sie dies außerhalb (I), innerhalb (II) oder mit einem spezifischen Abstand zu (III) ihrer Erkennungssequenz. Typ IV schneidet, im Gegensatz zu allen anderen, nur modifizierte DNA s. Roberts 2003.
38 Vgl. Miller et al. 1985.
39 Vgl. Bitinaite et al. 1998.
40 Vgl. Porteus 2015.

führen können) begrenzt ihren Einsatz für die Genomeditierung. Die hohe Rate ist zum einen dadurch bedingt, dass die Erkennungssequenz, durch die Beschränkung auf je 3 bp und die limitierte Moleküllänge mit maximal etwa 18 bp recht kurz ist, zum anderen müssen von den drei Basenpaaren je nur zwei absolut übereinstimmen, damit die ZFN bindet. Aber auch der sog. *crosstalk*, welcher eine Interaktion der ZFPs beschreibt, kann die Spezifität negativ beeinflussen.[41]

TALENs (*transcription activator-like effector nucleases*), die nächste Generation der Designernukleasen, sind ähnlich konstruiert wie die ZFNs. Auch sie müssen, um aktiv zu sein, als Dimer vorliegen und auch sie besitzen zwei Domänen. Die Nuklease-funktion wird ebenfalls beispielsweise von FokI, bzw. von modifizierten Formen von FokI ausgeführt, doch die DNA-Bindedomäne unterscheidet sich. Die transkripti-onsaktivator-ähnlichen Domänen weisen, nicht wie die Proteine der ZFNs, die in je mindestens zwei von drei Basenpaaren übereinstimmen müssen, eine Eins-zu-eins-Verbindung zu den einzelnen Nukleotiden auf.[42] Diese DNA-Bindedomänen stellen Monomere dar und bestehen je aus 33–35 sich nach festem Schema wiederholenden Aminosäuresequenzen mit je zwei variablen Positionen (RVDs, *repeat variable dire-sidues*), die für die Erkennung eines bestimmten Nukleotids zuständig sind. Diesen Umstand macht man sich, nachdem 2009 der Kode für die Zuordnung der Amino-säure zu dem entsprechenden Nukleotid entdeckt worden war,[43] zunutze und tauscht die RVDs entsprechend der anvisierten Basenabfolge aus. Durch Aneinanderreihung vieler dieser spezifischen Monomere mit einer Zielsequenz von 30–40 bp wird eine im Vergleich zu ZFNs deutlich höhere Treffsicherheit erzielt. Außerdem ist die Her-stellung wesentlich einfacher, was zudem zu einer besseren und vollständigeren öf-fentlichen Verfügbarkeit der TALENS gegenüber den ZFNs geführt hat.[44] Die, um die Spezifität zu erhöhen, große Anzahl an Erkennungsmodulen ist allerdings begrenzt. Nicht nur, dass ein zu langes Enzym Schwierigkeiten bei dem Transfer und der In-tegration in die Zielzellen bereitet,[45] es erhöht auch die Frequenz von ungewollten Rekombinationen innerhalb dieser.[46]

Eine Revolution der Genomeditierung verspricht die Entdeckung der Möglichkeit des Einsatzes eines anderen, schon 1987 beschriebenen, aber erst sehr viel später auf-geklärten Systems, mit Namen CRISPR/Cas. Das Akronym CRISPR steht für *clustered regularly interspaced short palindromic repeats* und beschreibt ausgeschrieben die Be-standteile seiner Beschaffenheit: Es handelt sich demnach um gehäufte, regelmäßig durch *Spacer* („Abstandhalter") unterbrochene, palindromische Wiederholungen

---

41 Vgl. z. B. Blattler und Farnham 2013.
42 Gefunden wurden sie zunächst in einem Bakterium (*Xanthomonas*), welches sie sezerniert, um die Genexpression seiner Wirtspflanze zu beeinflussen.
43 Vgl. Boch et al. 2009.
44 Vgl. Kim und Kim 2014.
45 Vgl. 2.3.1.1, S. 29 ff dieses Buches.
46 Vgl. Holkers et al. 2013.

von DNA-Abschnitten, die zuerst in dem Bakterium *Escherichia coli* entdeckt wurden.[47] Schon Anfang der 1990er machten sich Forscher das System im *Mycobacterium tuberculosis* zunutze und wandten es für das sog. *Spoligotyping* an, also Genom-Typisierung von Bakterien-Isolaten über die Erkennung der unterschiedlichen *Spacer* innerhalb der *direct-repeat-region* (DR; das Akronym CRISPR wurde erst sehr viel später geprägt[48]) mittels Polymerase-Ketten-Reaktion (PCR).

Die eigentliche Funktion der CRISPR-Region blieb jedoch noch lange unbekannt. In den folgenden Jahren aber wurden immer wieder entscheidende Entdeckungen gemacht, wie z. B. 2005 die Beobachtung, dass die *Spacer* zwischen den sich wiederholenden Palindromen viralen Ursprungs sind, ebenso wie die Vermutung, dass Cas-Gene (CRISPR-assoziierte Gene) für Proteine kodieren, die Helikase- und Nukleasefunktionen besitzen.[49] Vor allem diese beiden Feststellungen führten zu der Annahme, dass die Spacer-Abschnitte Teile des Genoms von Viren vergangener Infektionen sein und somit zu einem adaptiven Immunsystem der Bakterien gegen Viren und Plasmide gehören könnten, vergleichbar mit dem Mechanismus des eukaryontischen Abwehrsystems durch Herstellung spezifischer monoklonaler Antikörper.[50] Diese Annahme bestätigte sich 2007 als Experimente mit von Bakteriophagen infizierten *Streptococcus thermophilus* Bakterien zeigten, dass diese die Virus-DNA nach der Infektion in ihr eigenes Genom integriert und eine Immunität gegen diese Phagen entwickelt hatten.[51]

Spätestens nach dieser Erkenntnis wurden diverse Anwendungsfelder vorgeschlagen und speziell die Nahrungsmittelindustrie witterte Chancen, den Schwierigkeiten in der Fermentierung durch mit Viren infizierte Bakterien mit neuen Mitteln entgegentreten zu können.[52] Es sollte noch bis 2012 dauern, bis der eigentliche Durchbruch veröffentlicht wurde: Die Möglichkeit, das CRISPR/Cas-System so zu modifizieren und umzugestalten, dass damit genomchirurgische Eingriffe gezielt und in prinzipiell jedem Organismus vorgenommen werden können.[53] Unter der Leitung von Jennifer Doudna und Emmanuelle Charpentier, die das CRISPR/Cas-System des Bakteriums *Streptococcus pyogenes* untersucht hatten, stellten Martin Jinek et. al ihre

---

47 Vgl. Ishino et al. 1987.
48 Vgl. Jansen et al. 2002.
49 Vgl. Bolotin et al. 2005.
50 Auch die immunologische Abwehr des Menschen weist eine hohe Variabilität auf. Diese ist u. a. auf alternatives Spleißen in den Genen der Immunglobuline zurückzuführen, sowie auf Genumlagerungen und somatische Mutationen. Diese Mechanismen erlauben eine hohe Vielfalt an verschiedenen Antikörpern, und damit eine hohe Wahrscheinlichkeit, dass ein Immunglobulin die passenden Erkennungsstrukturen für ein entsprechendes Antigen aufweist.
51 Vgl. Barrangou et al. 2007.
52 Vgl. Sorek et al. 2008.
53 Vgl. Jinek et al. 2012. Kurze Zeit später veröffentlichte unabhängig von Doudna und Charpentier eine Forschergruppe um Feng Zhang ähnliche Ergebnisse, vgl. Le Cong et al. 2013.

Forschungsergebnisse vor und offenbaren ein bis dahin unerkanntes Potential dieses Systems für die Anwendung in der Biotechnologie.

2.2.2 Das CRISPR/Cas-System im Detail

Mittlerweile hat man in knapp der Hälfte aller untersuchten Bakterien und Archaeen ein CRISPR/Cas-System entdeckt und 93 mit dem CRISPR/Cas-System assoziierte Proteinfamilien konnten identifiziert werden.[54] Nach Makarova et al. lassen sich zwei übergeordnete Klassen unterscheiden, denen sechs verschiedenen Typen von CRISPR/Cas-Systemen (I - VI) zugeordnet werden können.[55] Nahezu allen gemein ist das Vorkommen der Proteine Cas1 und Cas2, welche in die Integration der *Spacer* involviert sind. Während allerdings bei den Klasse-1-Typen I, III und IV große Komplexe von Cas-Proteinen beteiligt sind, handelt es sich bei Klasse 2 (Typ II, V, VI) um Systeme, die für die RNA-geleitete Erkennung der DNA sowie für den Schnitt nur ein einzelnes Protein benötigen. Bei Typ II Systemen, die nachfolgend etwas näher betrachtet werden, ist dieses das CRISPR-assoziierte Protein Cas9.

Der Ablauf der Immunreaktion mithilfe dieses Typ II Systems lässt sich grundsätzlich in drei Schritte unterteilen:[56] (*adaptation*) Aufnahme und Insertion eines Sequenzabschnittes der fremden DNA in den CRISPR-Lokus, (*expression*) Transkription einer precursor-crRNA (pre-crRNA), die im Anschluss an eine Prozessierung als CRISPR-RNA (crRNA) bezeichnet wird und je eine Repeat-Region sowie einen individuellen *Spacer* enthält, und (*interference*) ein spezifischer Schnitt im Genom des angreifenden Virus durch eine von der crRNA geleitete Cas-Nuklease.[57] Für diese Aktion ist nichts weiter nötig als drei Komponenten: (1) die crRNA, die zur Virus DNA-Sequenz kompatibel ist und den Erkennungsteil darstellt, (2) eine *trans-activating* crRNA (tracrRNA), die partiell kompatibel zu dem Repeat-Anteil der crRNA ist und sich darüber mit dieser verbinden kann,[58] und (3) das CRISPR-assoziierte Protein Cas9. Zusammen bilden sie den Cas9-tracrRNA:crRNA-Komplex, wobei die tracrRNA:crRNA-Formation in Typ II Systemen für die DNA-Bindung und Schneidefunktion von Cas9 unentbehrlich ist.

Die hohe Spezifität begründet sich aber nicht allein in der Kompatibilität der crRNA zur Virus-DNA, sondern es muss auch ein sog. PAM, ein *protospacer adjacent motif* vorhanden sein, damit der Komplex überhaupt aktiv wird. Als *Protospacer* wird

---

54 Vgl. Makarova et al. 2015.

55 Vgl. Makarova et al. 2015 sowie Makarova et al. 2017a, Makarova et al. 2017b.

56 Vgl. hierfür auch Abbildung 2.1, S. 19 dieses Buches.

57 Für eine detaillierte Darstellung vgl. Makarova et al. 2011; Barrangou und Marraffini 2014; Makarova et al. 2015.

58 Ohne die Anwesenheit der tracrRNA kann eine Prozessierung der pre-crRNA nicht stattfinden, vgl. etwa Thakore und Gersbach 2015 sowie vorstehende FN.

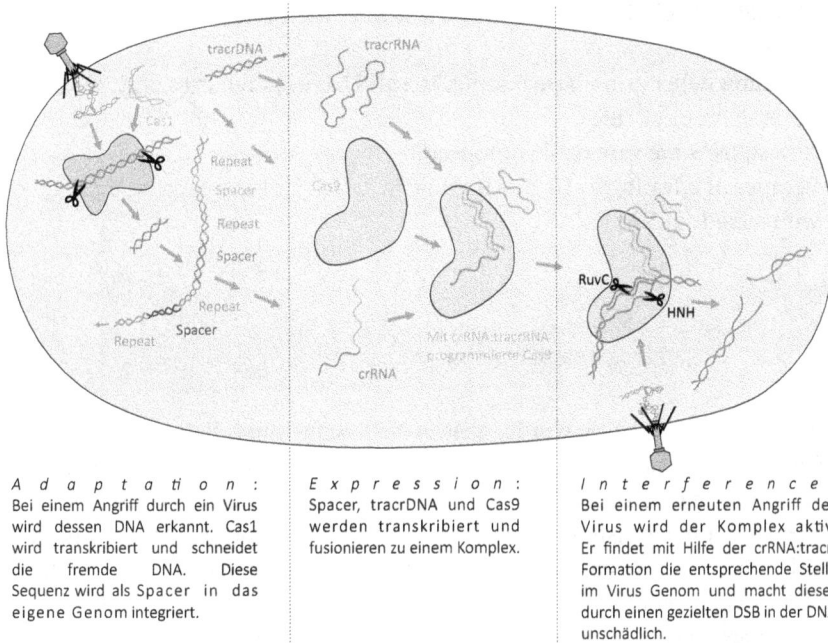

A d a p t a ti o n :
Bei einem Angriff durch ein Virus wird dessen DNA erkannt. Cas1 wird transkribiert und schneidet die fremde DNA. Diese Sequenz wird als Spacer in das eigene Genom integriert.

E x p r e s s i o n :
Spacer, tracrDNA und Cas9 werden transkribiert und fusionieren zu einem Komplex.

I n t e r f e r e n c e :
Bei einem erneuten Angriff des Virus wird der Komplex aktiv. Er findet mit Hilfe der crRNA:tracr-Formation die entsprechende Stelle im Virus Genom und macht dieses durch einen gezielten DSB in der DNA unschädlich.

Abb. 2.1 **Vereinfachte Darstellung des CRISPR/Cas-Mechanismus.**

der Anteil der Virus-DNA bezeichnet, der später den *Spacer* und damit die Vorlage für die crRNA bildet. Das PAM liegt also in direkter Nachbarschaft zu diesem und muss zusätzlich zu der Protospacer-Sequenz erkannt werden.

Das Protein Cas9 besitzt zwei Nukleasebereiche, die HNH- und die RuvC-like-Domäne, welche einen DSB verursachen, indem sie den zu der crRNA komplementären Strang (HNH) bzw. den nicht-komplementären Strang (RuvC-like) schneiden. Als Werkzeug in der Biotechnologie ist dieses System so interessant, weil sich die wenigen Komponenten im Vergleich zu früheren Methoden einfach herstellen und zusammenfügen lassen. So stellen Jinek et al. in ihrer Veröffentlichung dar, wie sich der tracrRNA:crRNA Duplex als eine einzige Chimäre aus beiden synthetisieren lässt; diese tracrRNA:crRNA-Kombination wird als *singleguide* RNA (sgRNA) bezeichnet und in Verbindung mit Cas9 entsteht so eine programmierte „Genschere". Die Vorteile des CRISPR/Cas9-Systems als Werkzeug und vor allem der Fortschritt im Vergleich zu ZFNs und TALENs lassen sich folgendermaßen zusammenfassen:

- "A single protein is required, and it is always the same – no protein engineering is needed.
- Targeting depends on base pairing, so sgRNA design requires only knowledge of the Watson-Crick rules.
- New sgRNAs are very easily produced.
- Because of advantages 1-3, it is feasible to attack multiple targets simultaneously with mixed sgRNAs [...]."[59]

2.2.3 Status Quo – Effektivität und Spezifität von CRISPR/Cas9 in der Genomeditierung

Nachdem herausgearbeitet wurde, welche Neuerungen und Vorteile der Einsatz des CRISPR/Cas-Systems im Vergleich zu bisherigen Methoden für die Genomeditierung bietet, folgt nun eine Darstellung der aktuellen technischen Risikobewertung. Denn auch bei dieser modernsten Vorgehensweise der Genomchirurgie treten Unsicherheiten auf. Beispielsweise kann es sein, dass die gewünschte Sequenz gar nicht, woanders oder zwar an korrekter Stelle, aber nur in manchen Zellen eingebaut wird (Mosaik), außerdem spielen auch hier ganz besonders die *off target*-Mutationen eine Rolle.[60] Eine Untersuchung genetischer Modifikationen durch Mikroinjektion von Cas9 oder TALEN in Säugetierzygoten zeigte 2014 eine hohe Variabilität der Effektivität von 0,5 bis 40,9 %, wobei die 40,9 % bei den Embryonen von Nicht-Menschenaffen zu verzeichnen waren.[61] Ein Unterschied in der *off target*-Rate zeigte sich in Abhängigkeit des Zeitpunktes der Applikation: Manipulierte Zygoten scheinen deutlich weniger *off target*-Mutationen aufzuweisen, als genetisch editierte Feten und Neugeborene. Zurückzuführen ist dies auf die in der Zygote im Vergleich zum geborenen Menschen enorm geringere Anzahl der zu editierenden Zellen. Die Wahrscheinlichkeit, Nebeneffekte zu erzielen, steigt mit der Zahl der behandelten Zellen. Es muss allerdings berücksichtigt werden, dass die Techniken, um *off target* Mutationen zu detektieren, ebenfalls noch unausgereift sind.[62] Zwar existieren diverse, vor allem bioinformatische Strategien, um *off target*-Effekte vorauszusagen und basierend darauf identifizieren zu können. Doch hat etwa eine Analyse der CRISPR/Cas-Aktivität in zwei menschlichen Zelllinien mittles GUIDE-Seq (*genome-wide unbiased identification of DSBs enabled by sequencing*) gezeigt, dass viele der gefundenen *off target*-Effekte nicht an den vorausgesagten Stellen im Genom stattgefunden hatten.[63]

---

59 Carroll 2014, 416.
60 Vgl. Fu et al. 2013.
61 Vgl. Araki und Ishii 2014.
62 Vgl. Stella und Montoya 2016; Doetschman und Georgieva 2017.
63 Vgl. Tsai et al. 2015.

Welche Folgen diese Unsicherheiten nach sich ziehen können, wenn es um die Anwendung des Systems in der menschlichen Keimbahn geht, zeigt die Veröffentlichung des ersten Experimentes an menschlichen Zygoten im April 2015. Ein Team chinesischer Forscher um Junjiu Huang hatte insgesamt 86 (nach Angaben der Forscher aus einer Fertilisationsklinik übrig gebliebenen, nicht überlebensfähigen)[64] menschlichen Embryonen die korrekte Version des Beta-Globin-Gens injiziert, um den der Beta-Thalassämie zugrunde liegenden Defekt zu korrigieren.[65] Die Ergebnisse waren ernüchternd: 71 von den 86 behandelten Embryonen überlebten die Prozedur. Von jenen wurden 54 genetisch getestet, wobei lediglich 28 der untersuchten Zygoten einen DSB aufwiesen. Das korrekte Gen an entsprechender Stelle konnte nur in vier Fällen nachgewiesen werden und in diesen wiederum lag ein Mosaik vor. Wie bereits angedeutet, ist unter einem Mosaik ein Genmuster zu verstehen, in dem Zellen unterschiedliche Karyotypen aufweisen, obwohl sie von derselben befruchteten Eizelle abstammen. Physiologischerweise passiert dies z. B. bei der weiter oben geschilderten X-Inaktivierung. Therapeutisch gesehen kann ein solches Mosaik in einigen Erkrankungen schon einen Behandlungserfolg bedeuten, nämlich dann, wenn ausreichend viele Zellen erreicht werden, die in der Folge etwa ausreichende Mengen eines fehlenden Genprodukts produzieren können. Die Entstehung von genetischen Mosaiken ist dennoch weiterhin problematisch, vor allem deshalb, weil es hierdurch deutlich schwieriger bis unmöglich wird, das Ergebnis der Genomeditierung per Präimplantationsdiagnostik (PID) vorherzusagen.[66]

Um diese Schwierigkeiten wissend, wird seit Beginn der Entdeckung des CRISPR/Cas-Systems als Werkzeug auch daran geforscht und gearbeitet, sowohl die Mosaikbildung als auch die *off target*-Rate zu verringern. Einige Gruppen von Wissenschaftlern haben z. B. eine Version des Cas9-Proteins erstellt, in dem zwei sog. Nickasen aktiv sind, die je eine sgRNA enthalten. Es werden also zwei je eigens programmierte Einzelstrangbrüche (*nicks*) vorgenommen. Ein auf diese Art und Weise erzeugter DSB erhöht nicht nur die Rate der HR gegenüber des NHEJ, sondern auch die Spezifität. Außerdem wird die *off target*-Rate reduziert.[67] Auch wenn diese modifizierte Version des CRISPR-Cas Proteins weniger aktiv ist als die Wildtypvariante, wäre sie bei ausreichender Effizienz im Rahmen einer therapeutischen Absicht wohl wegen der deutlich selteneren *off target* Mutationen vorzuziehen.[68] Hierzu sei darauf hingewiesen, dass *off target*-Effekte per se keine Pathologie darstellen müssen, insofern sie – abhängig davon, wo sie im Genom auftreten – auch ohne phänotypische bzw. patho-

---

64 Die Zygoten wiesen drei Vorkerne auf und sind daher als nicht zu einem Menschen entwicklungsfähig zu bezeichnen.
65 Vgl. Liang et al. 2015.
66 Vgl. Liang et al. 2015.
67 Vgl. Mali et al. 2013a sowie Slaymaker et al. 2016.
68 Vgl. Vassena et al. 2016. Auch über andere Modifizierungen des Cas9-Proteins wird eine Verbesserung der Methode versucht zu erreichen, vgl. hierzu Cohen 2018.

logische Konsequenzen bleiben können. Auch in anderen Bereichen der Medizin, wie etwa in der Strahlentherapie oder der somatischen Gentherapie, wird das Risiko von unbeabsichtigten Effekten im Erbgut in Kauf genommen. Es darf jedoch bereits an dieser Stelle angemerkt werden, dass es sich bei diesen Therapieformen um die Behandlung existenter, kranker Menschen handelt, nicht um die *Therapie* von (erst noch zu zeugenden) Embryonen, die weder diesem Risiko noch der Notwendigkeit zur Nachbeobachtung zustimmen könnten.[69] Um ungewollte Veränderungen überhaupt detektieren zu können, werden ebenso die Methoden für die Identifizierung von *off target*-Effekten optimiert.[70] Es bleibt festzustellen, dass nicht nur bezüglich der *off target*-Effekte und Mosaikbildung weiterer Forschungsbedarf besteht. Eine von vielen möglichen Ursachen für die Effekte außerhalb des Zielortes könnte sich in epigenetischen Phänomenen finden lassen, wie unter anderem der Chromatinstruktur.[71] Da wie oben beschrieben auf dem Gebiet der Epigenetik noch vieles unverstanden ist, besteht hier eine besonders problematische Herausforderung.

Etliche Studien und Untersuchungen zu der Anwendung des CRISPR/Cas-Systems an menschlichen Zellen laufen und werden veranlasst, um in der Zukunft einen gentherapeutischen Einsatz zu ermöglichen und das Potential scheint weitreichend. Z. B. veröffentlichten Schwank et al. 2013 ihre Ergebnisse zu dem Versuch, in kultivierten menschlichen intestinalen Zellen von Patienten mit Mukoviszidose eine Korrektur mittels CRISPR/Cas im betroffenen CFTR-Gen zu bewirken. Sie konnten nicht nur die Mutation beheben, sondern auch die anschließende korrekte Funktion im Organoid nachweisen.[72] Auch andere monogene Erbkrankheiten stehen im Fokus, wie die Sichelzellanämie, bei der eine Punktmutation im HBB-Gen vorliegt. Hier konnten ebenfalls erste präklinische Erfolge gezeigt werden.[73] Im Juni 2016 berichtet *Nature* von der Zulassung eines klinischen Versuchs durch die US National Institutes of Health (NIH), bei dem bestimmte Immunzellen (T-Zellen) von Krebspatienten entnommen, *in vitro* editiert und anschließend den Patienten zurück implantiert werden sollen, sodass die modifizierten T-Zellen – so die Vorstellung – die Krebszellen attackieren und zudem von den Tumorzellen unerkannt bleiben. Die Forscher sind zuversichtlich, nach Zulassung durch die weiteren Instanzen bis Ende 2016 die Studie starten zu können.[74] In China werden Versuche, mit via CRISPR/Cas editierten körpereigenen Immunzel-

---

69 Vgl. unter anderem S. 152 f dieses Buches.
70 Vgl. Koo et al. 2015; Tsai et al. 2015 sowie Akcakaya 2018. Auch andere Versuche die *off target*-Rate zu reduzieren setzen an der Veränderung des Cas9 Proteins an. Kleinstiver et al. veränderten bestimmte Cas-vermittelte DNA-Kontakte, sodass die *on target*-Rate stabil blieb, während gleichzeitig im direkten Vergleich zum Wildtyp des Proteins keine *off target-Effekte* gefunden werden konnten, vgl. Kleinstiver et al. 2016.
71 Vgl. Niu et al. 2014.
72 Vgl. Schwank et al. 2013.
73 Vgl. Huang et al. 2015.
74 Vgl. Reardon 2016.

len Krebspatienten zu therapieren, bereits spätestens seit 2016 durchgeführt.[75] *The Wall Street Journal* berichtet sogar von bereits seit 2015 laufenden Experimenten in China, die den Einsatz von mit CRISPR/Cas veränderten Zellen in Menschen untersuchen. Mindestens 86 Patienten sollen in verschiedenen Studien bereits Zellen erhalten haben, die mit der CRISPR/Cas-Methode editiert wurden.[76]

Doch nicht nur die Behandlung somatischer Zellen wird erforscht, wie die Experimente an menschlichen Zygoten und Embryonen der chinesischen Forscher zeigen.[77] Und auch in Großbritannien wird an Keimbahnzellen experimentiert, jedoch nicht direkt zur Erforschung therapeutischer Optionen, sondern zur Gewinnung neuer Erkenntnisse über die Embryonalentwicklung. Im Februar 2016 gab die UK Human Fertilisation and Embryology Authority (HFEA) ihre Zulassung für die genetische Editierung gesunder menschlicher Embryonen mit CRISPR/Cas im Rahmen der Erforschung von Unfruchtbarkeit.[78] Im Oktober 2017 veröffentlichten Kathy Niakan und ihr Team die Ergebnisse von der Studie an 54 gespendeten gesunden, aus IVF-Behandlungen übrig gebliebenen Embryonen.[79] Die editierten Embryonen wurden nicht implantiert, sondern nach sieben Tagen zerstört und auf den Effekt hin untersucht, den die Ausschaltung des OCT 4-Gens auf die Entwicklung eines sonst gesunden Embryos hat. Es konnte gezeigt werden, dass dieses Gen an der frühen Embryogenese beteiligt ist, da sich entsprechend geneditierte Embryonen nicht bis zum Blastozystenstadium entwickeln konnten.

Auch in den USA wurden 2017 die ersten Versuche, mit CRISPR/Cas ein pathologisch verändertes Gen zu korrigieren, an menschlichen Embryonen durchgeführt.[80] Diese bestanden in der Korrektur einer einzelnen Mutation im MYBPC 3-Gen, welches autosomal-dominant vererbt wird und die familiäre hypertrophe Kardiomyopathie (HCM) verursacht.[81] Der CRISPR/Cas-Komplex sowie die nötigen weiteren Komponenten wurden in dieser Studie zeitgleich mit dem Spermium per intrazytoplasmatische Spermieninjektion (ICSI) in die Eizelle transferiert. Shoukhrat Mitalipov und seine wissenschaftliche Arbeitsgruppe erreichten hiermit eine deutliche Verminderung der Mosaikbildung.[82] Auch wurden von den Forschern keine *off target*-Effekte verzeichnet. Hierzu muss jedoch erwähnt sein, dass bei der ausgewählten MYBPC 3 Mutation, so Jin-Soo Kim aus Mitalipovs Team, *off target*-Effekte von vornherein sehr

---

75 Vgl. Cyranoski 2016.

76 Vgl. Rana et al. 2018. Für eine Übersicht aller diesbezüglich laufenden Studien in China, vgl. ebd.

77 Vgl. Liang et al. 2015, Kang et al. 2016, Tang et al. 2017, Zhou et al. 2017, Liang et al. 2017, Li et al. 2017 und Tang et al. 2018.

78 Vgl. Callaway 2016.

79 Vgl. Fogarty et al. 2017.

80 Vgl. Ma et al. 2017.

81 Die Wissenschaftler benutzten Eizellen gesunder Spenderinnen und Samenzellen betroffener Männer.

82 Vgl. Ma et al. 2017, 4.

unwahrscheinlich gewesen seien.[83] Zudem, darauf verweist Mitalipov selbst, müssen derartige Ergebnisse reproduzierbar sein, und zwar auch hinsichtlich anderer Gene und Mutationen. Hinzu kommt, dass neben den beiden betonten Problemfeldern der Mosaikbildung und *off target*-Effekte auch nach wie vor beispielsweise unerwünschte InDels, auch *on target*, auftreten,[84] ganz abgesehen von den kaum zu prüfenden epigenetischen Effekten. Schließlich muss noch erwähnt werden, dass zwar Korrekturen stattfanden, doch sollen diese fast ausschließlich nach der Vorlage des gesunden Wildtypgens der Mutter vorgenommen worden sein. So erklären sich Mitalipov und sein Team jedenfalls die Tatsache, dass die väterliche Mutation in den Embryonen nicht mehr nachgewiesen werden konnte, obwohl die mitgelieferte synthetische Vorlage nicht genutzt worden war.[85] Dies würde bedeuten, dass wenn zukünftig mit dieser Methode speziell Paaren geholfen werden soll, die aufgrund ihrer genetischen Konstellation keinen genetisch unbelasteten Nachwuchs erwarten können, es in diesen Fällen keine gesunde Vorlage der Mutter gäbe, nach denen die Korrektur stattfinden könnte. Ließe sich eine Korrektur nach einer synthetischen Vorlage nicht umsetzen, wäre das Verfahren für den Einsatz bei prospektiven Eltern, die beide homozygot rezessiv von einer Mutation betroffen sind, nicht geeignet. Dass jedoch das mütterliche Gen als Vorlage gedient haben soll, wird von einigen Forschern in Frage gestellt. Egli et al. kritisieren etwa, dass es wahrscheinlicher sei, dass die genetischen Tests ungeeignet waren, um zu prüfen, ob das betroffene Gen tatsächlich korrigiert oder aber beispielsweise entfernt oder schädlich verändert wurde. In einem solchen Fall könnte man die Mutation zwar nicht mehr nachweisen, jedoch ließe dies keinen Rückschluss bezüglich einer Korrektur des Gens zu – es könne ebenso gut beschädigt oder entfernt worden sein,[86] mit jeweiligen Konsequenzen für die Funktion des Gens und die Gesundheit des Embryos. Auch wegen anderer kritischer Wissenschaftler, die etwa das Experiment an Mäusen wiederholt haben,[87] um aufzuzeigen, dass auch andere Interpretationen der von Mitalipovs Team präsentierten Ergebnissen nicht ausgeschlossen werden können, haben Hong Ma et al. ihre Resultate noch einmal überprüft und konstatieren, dass ihre ursprünglichen Schlussfolgerungen plausibel seien.[88]

Im August 2018 wurde ein weiteres Experiment aus China, dieses Mal an überlebensfähigen menschlichen Embryonen, von Yanting Zeng et al. veröffentlicht.[89] Sie wendeten bei Ihren Versuchen, eine Punktmutation im FBN1-Gen zu korrigieren, die

---

83 Vgl. Ledford 2017. Ebenso wie die Tatsache, dass auch die Methoden zur Auffindung von *off target*-Effekten begrenzt sind.
84 In Mitalipovs Versuch zeigten 27,6 % (16/58) der editierten Embryonen unerwünschte InDels, vgl. Ma et al. 2017.
85 Vgl. Ma et al. 2017.
86 Vgl. Egli et al. 2017.
87 Vgl. Adikusuma 2018.
88 Vgl. Ma et al. 2018.
89 Vgl. Zeng et al. 2018.

das Marfan-Syndrom verursacht, das sog. *base editing* an.[90] Hierbei wird kein DSB verursacht, sondern der Doppelstrang wird mithilfe eines modifizierten Cas-Proteins nur aufgespalten. Auf diese Weise können etwa InDels und andere unbeabsichtigte Veränderungen, die bei der Reparatur von Doppelstrangbrüchen entstehen können, deutlich reduziert werden. Ein mit dem CRISPR/Cas-Komplex fusioniertes Enzym ist dann fähig an dem aufgetrennten Strang eine einzelne Base auszutauschen. In dem besagten Experiment geben die Wissenschaftler eine Erfolgsrate ihrer Methode von 89 % an. Insgesamt 18 Embryonen wurden den Autoren zufolge behandelt,[91] von denen bei 16 der korrekte Austausch der entsprechenden Base gezeigt werden konnte, ohne unbeabsichtigte Effekte nachweisen zu können. Bei einem Embryo hatte keine Korrektur stattgefunden, bei einem anderen wurde eine weitere Base verändert.[92] Metaanalysen des Versuchs bleiben noch abzuwarten. Da aber eine Limitation dieser Methode vor allem in der Beschränkung auf die Modifikation einzelner Basen besteht, wird auf diese Art der Genomeditierung in diesem Buch nicht weiter eingegangen.

Zum Status quo lässt sich sagen, dass die Herstellung der Komponenten für die CRISPR/Cas-Methode tatsächlich deutlich einfacher und kostengünstiger als die bisherigen Werkzeuge für die Editierung der Gene ist. Doch sowohl die Spezifität als auch die Effektivität betreffend, muss die Anwendung des CRISPR/Cas-Systems ihr Potential erst noch unter Beweis stellen.[93] Zwar werden stetig Fortschritte bei der Aufgabe erzielt, herauszufinden, wie, wieso und wo im Genom *off target*-Effekte auftreten und wie man diese vermindern kann. Auch gibt es unterschiedliche und teils auch schon erfolgreiche Ansätze, sowohl Spezifität und Effektivität als auch Effizienz weiterhin zu steigern, und die Erprobung in menschlichen somatischen Zellen sowie in Keimzellen ist längst angelaufen. Ein erfolgreicher Einsatz in der Gentherapie ist aber, ganz unabhängig von dem zur Manipulation der DNA eingesetzten Werkzeug, auf viele weitere Faktoren angewiesen. Es scheint etwa Hinweise darauf zu geben, dass es Menschen mit Antikörpern gegen einige Cas9-Proteine gibt, die durch vorherigen Kontakt mit Bakterien, aus denen die Cas-Proteine stammen, gewissermaßen immun gegen eine Genomeditierung via CRISPR/Cas sein könnten.[94] Auch der erfolgreiche Transfer und die Integration der editierten DNA in die zu therapierenden Zielzellen, stellt eine weitere dieser noch bestehenden Herausforderungen dar. Die Prinzipien der Gentherapie sowie die Einbringung manipulierter DNA in die entsprechenden Zellen sind die Themen des folgenden Kapitels.

---

90 Für weitere Informationen zur Methode des *base editing* vgl. Komor 2016 sowie Hess et al 2017.
91 Sieben weitere wurden für eine Vergleichskontrolle getestet.
92 Vgl. Zeng et al. 2018.
93 Beispielsweise ist die CRISPR/Cas-Methode in der Editierung des für das HI Virus wichtigen CCR5-Rezeptors dem Einsatz der TALEN nach wie vor unterlegen, vgl. Benjamin et al. 2016.
94 vgl. Charlesworth et al. 2018.

2.3 Gentherapie

Unter Gentherapie versteht man das Einfügen von Nukleinsäuren in Zellen, Gewebe oder auch ganze Organe mit dem Ziel, sowohl ererbte als auch erworbene Erkrankungen zu behandeln und im besten Fall zu heilen. Ebenso kann mit gentherapeutischen Verfahren Diagnostik betrieben werden, indem beispielsweise bestimmte Zellen gezielt markiert werden. Es liegt die Idee zugrunde, die Ursache von Krankheiten zu bekämpfen, sie im besten Fall gar nicht erst entstehen zu lassen, statt *nur* Symptome zu lindern. Hierbei gibt es prinzipiell mehrere Vorgehensweisen: Ein funktionsloses oder -gestörtes Gen soll ersetzt werden, indem entweder das Genom um ein normal funktionierendes Gen ergänzt, oder das defekte durch ein normal funktionierendes Gen per homologe Rekombination ersetzt wird. Zudem ist es möglich, ein gänzlich neues Gen einzufügen. Ebenso kann die Funktion durch Reparatur des Gens mittels Genomeditierung wiederhergestellt werden, außerdem gibt es die Möglichkeit, über das Modifizieren von Regulationselementen die Expression von betroffenen Genen zu beeinflussen. Auch die Genmarkierung oder das Einfügen sog. Suizidgene, vor allem in der Tumortherapie, gehören zu den Methoden der Gentherapie.[95]

Die Behandlung kann dabei auf zwei Wegen erfolgen: (1) dem Patienten werden Zellen entnommen, diese erhalten im Labor per Vektor[96] das genetische Material, die Zellen werden vermehrt und dem Patienten reinfundiert (*ex vivo / in vitro*) oder (2) dem Patienten selbst wird der Vektor mit dem therapeutischen Material direkt verabreicht (*in vivo*). Dies kann systemisch über die Blutbahn, oder lokal an Ort und Stelle geschehen, indem der Vektor direkt in die Zielregion appliziert wird.

Seit Initiierung der ersten klinischen Studie 1989 wurden bis November 2017 über 2.500 weitere genehmigt, die sich jedoch zum Großteil (> 56 %) in Phase I befinden oder nie darüber hinaus fortgeführt wurden.[97] In diesen über 28 Jahren Gentherapiegeschichte konnten einige Erfolge, aber auch Misserfolge verzeichnet werden, von denen ein Fall große Bekanntheit erlangt hat. Als 1999 im Rahmen einer Studie an der University of Pennsylvania der 18 jährige Jesse Gelsinger vier Tage nach Erhalt einer Gentherapie zur Bekämpfung einer nicht stark ausgeprägten Stoffwechselstörung namens Ornithin-Transcarbamylase-Mangel (OTC-Mangel) in Folge einer massiven Immunreaktion verstarb, verursachte dies nicht nur Kritik an der Studie selbst, sondern sorgte für großes Misstrauen der gesamten Domäne Gentherapie gegenüber.[98] Nicht eingehaltene Protokolle, mögliche finanzielle Verstrickungen und allein die Tatsache, dass der junge Mann durchaus mit einer Diät hätte alt werden können, schadeten dem Image der Gentherapie immens.

---

95 Vgl. Navarro et al. 2016.
96 Vgl. nachfolgendes Kapitel ab S. 29 dieses Buches.
97 Vgl. Ginn et al. 2018.
98 Vgl. Wilson 2010.

Anfang des neuen Jahrtausends begannen dann sowohl in Paris als auch in London Studien zur gentherapeutischen Intervention gegen eine X-chromosomal vererbte Form der tödlich verlaufenden Krankheit SCID (*severe combined immunodeficiency*), die eine primäre schwerwiegende funktionelle Einschränkung der Immunzellen verursacht. Bei neun von zehn Patienten in Paris konnte eine Erholung der T-Zell-Population auf das Level eines Gesunden beobachtet werden, ähnlich gute erste Erfolge konnten in London gezeigt werden.[99] Doch bei fünf von insgesamt 20 behandelten Patienten entwickelte sich 31–68 Monate später eine akute T-Zell-Leukämie (T-ALL),[100] deren nachfolgende Behandlung einer dieser Patienten nicht überlebte.[101] An dieser Stelle muss erwähnt werden, dass die einzige alternative heilende Option in der allogenen Stammzelltransplantation besteht, die ihrerseits mit Mortalitätsraten bis zu 50 % einhergeht.[102] In Studien zur Gentherapie von X-SCID Patienten die einen sog. SIN Vektor einsetzen,[103] konnten bisher ebenfalls die Erholung der T-Zell-Population beobachtet werden, ohne dass schwere Komplikationen auftraten.[104]

Doch die Entstehung von Leukämien spielt immer wieder eine Rolle, auch in einer Studie des deutschen Arztes und Wissenschaftlers Christoph Klein, der von 2006 bis 2008 neun Kinder mit dem Wiskott-Aldrich-Syndrom (WAS), ebenfalls eine primäre Immunmangel-Erkrankung, gentherapeutisch behandelte. Die Ergebnisse waren zunächst vielversprechend und sieben dieser behandelten Kinder galten in der Folge zunächst als geheilt; dennoch lautet die Bilanz: Acht der neun Kinder erkrankten teilweise erst Jahre nach Erhalt der Gentherapie an Leukämie – drei Kinder verstarben.[105] Es konnte mittlerweile nachgewiesen werden, dass sich die T-ALL infolge einer Integration des viralen Vektors im Promotor eines sog. Protoonkogens, LMO2, entwickelte (Insertionsmutagenese).[106] Der Zusammenhang mit dem eingesetzten Vektor ist eindeutig und hierin bestehen auch bis heute große Schwierigkeiten. Neben der Verweildauer bzw. Beständigkeit der eingebrachten Elemente sowie deren Aktivität, bereiten die Vehikel, also die Übermittler des gentherapeutischen Materials in die Zelle die meisten Probleme. Bei *in vivo* Behandlungen zählt insbesondere bei viralen Vektoren neben der Entwicklung von malignen Prozessen wie der Entstehung einer Leukämie

---

99 Vgl. Gaspar et al. 2011; Fischer et al. 2010; Cavazzana-Calvo et al. 2005, Hacein-Bey-Abina et al. 2002.

100 Vgl. Kuo und Kohn 2016; Fischer et al. 2010.

101 Vgl. Hacein-Bey-Abina et al. 2014; Hacein-Bey-Abina et al. 2008. Der Tod des einen Patienten trat als Folge einer allogenen Stammzelltransplantation ein, die der Therapie der Leukämie und des Immundefekts galt.

102 Vgl. Fehse et al. 2011, 84–85.

103 Zu SIN vgl. S. 31 dieses Buches.

104 Vgl. Hacein-Bey-Abina et al. 2014.

105 Vgl. Boie 2016 sowie Braun et al. 2014.

106 Vgl. Braun et al. 2014. So auch in den meisten Leukämiefällen der erwähnten X-SCID-Studien, vgl. Kuo und Kohn 2016 sowie Fischer et al. 2010.

auch eine durch die teilweise ausgeprägte Humanpathogenität der viralen Vektoren bedingte massive Immunreaktion zu den bestehenden Schwierigkeiten.[107]

Es werden jedoch auch fortwährend Erfolge erzielt: 2003 konnten in einer Parkinson-Studie erfolgreich Gene per Liposomen in Neurone überbracht werden, was bis dato wegen der Blut-Hirn-Schranke nicht gelungen war.[108] 2006 konnte erstmals an zwei Patienten gezeigt werden, dass myeloische Immundefekte erfolgreich behandelt werden können.[109] Im selben Jahr modifizierten Forscher Lymphozyten, sodass diese in Patienten mit fortgeschrittenen metastasierten Melanomen die bösartig veränderten Zellen angriffen – als Ergebnis war eine Verringerung dieser Krebszellen zu beobachten; dies war die erste Studie, die darlegte, dass Gentherapie erfolgreich gegen Krebszellen in einem Menschen eingesetzt werden kann.[110] Seit August bzw. Oktober 2017 sind zwei Gentherapeutika für die Behandlung dreier Formen des Non-Hodgkin-Lymphoms (*Yescarta®*) bzw. für die Therapie einer bestimmten akuten B-Zell-Leukämie (*Kymriah®*) bei Versagen aller anderen Therapieoptionen in den USA zugelassen. Beide basieren auf dem Prinzip der genetischen Modifizierung patienteneigener T-Zellen, die sich im Anschluss gegen maligne Zellen richten sollen.[111] Für *Kymriah®* konnten beispielsweise von 101 Patienten, denen das Medikament verabreicht worden war, bei 82 % ein objektives Ansprechen, für 54 % sogar eine komplette Remission ermittelt werden. Zwei verstarben im direkten Bezug zur Behandlung infolge eines Zytokinfreisetzungssyndroms.[112]

Eine weitere Studie zur Behandlung eines primären Immunmangeldefekts, der ADA-SCID, einer SCID infolge eines Adenosindesaminasemangels, bei der in CD34+-Vorläuferzellen des Patienten ex vivo die intakte Version des ADA-Gens eingefügt wird und die so editierten Zellen dem Patienten zurück infundiert werden, führte im Jahr 2016 zur Zulassung des zweiten in Europa genehmigten Gentherapeutikums, *Strimvelis®*. Nachdem 18 Kinder in einer Langzeitstudie mit den editierten Immunzellen therapiert worden waren und nachdem nach einer mittleren Nachbeobachtungszeit von knapp sieben Jahren weder einer der Patienten an einer Leukämie erkrankt ist, noch andere schwerste Nebenwirkungen eingetreten sind,[113] hat die European Medicines Agency (EMA) im April 2016 das Medikament für den europäischen Markt zugelassen.[114] Für den Transfer des intakten Gens in die Zellen werden im Falle der *Strim-*

---

107 Vgl. Misra 2013.
108 Vgl. Pardridge 2005.
109 Vgl. Ott et al. 2006.
110 Vgl. Morgan et al. 2006.
111 Sog. CAR-T-Zell-Therapy (CAR = chimeric antigen receptor); auf demselben Prinzip wird in experimentellen Studien versucht, eine HIV-1-Infektion zu therapieren, vgl. Zhen et al. 2017.
112 Vgl. Neelapu et al. 2017.
113 Vgl. Cicalese et al. 2016 sowie Aiuti et al. 2009 und Aiuti et al. 2002.
114 Vgl. European Medicines Agency 2016.

velis®-Behandlung Gammaretroviren als Vektoren eingesetzt, welche neben einigen weiteren Gentransportmöglichkeiten Gegenstand des nächsten Abschnitts sind.

2.3.1 Vektoren – die Gentransporter

Der Transport von Nukleinsäuren erfolgt über mehrere Stufen und Hürden, die die Anforderungen an ein geeignetes Vehikel für den Transport des therapeutischen Materials in den Zellkern maßgeblich bestimmen. Damit lassen sich einige Eigenschaften festlegen, die Vektoren ausweisen sollten. Die Anforderungen variieren allerdings in Abhängigkeit davon, welche Hürden genau genommen werden müssen: Z. B. stellt die Blut-Hirn-Schranke eine andere Herausforderung dar als die Blut-Urin-Schranke. Dennoch gibt es einige allgemeingültige Ansprüche an einen Gentransporter:[115]
–   Eine ausreichende Transduktions- bzw. Transfektionseffizienz (genügend viele Zellen erhalten das gentherapeutische Material)
–   Hohe Selektivität (nur die Zielzellen erhalten das gentherapeutische Material)
–   Gentransfer in proliferierende und ruhende Zellen
–   Ausreichend hohe Gen-Aufnahmekapazität (insbesondere, wenn mehrere oder sehr große Gene transferiert werden sollen)
–   Angemessen lange Genexpression (bei Erbkrankheiten wäre eine stabile Expression wünschenswert, bei Tumorvaccinierung z. B. eine terminierte)
–   Keine Immunogenität (jedenfalls für in vivo Behandlungen)
–   Gerichtete Integration ins Wirtsgenom bei sich teilenden Zellen

Die Sicherheit ist maßgeblich von den letztgenannten Umständen abhängig. Bis August 2016 machen virale Vektoren weit über die Hälfte der in Studien eingesetzten Gentransporter aus, was unter anderem an ihren spezialisierten Techniken liegt, die Zellen zu infizieren – schließlich sind sie genau darauf ausgerichtet und die Transfektionseffizienz bei geeigneten Viren ist entsprechend hoch. Ihre größte Schwäche liegt allerdings in den schon angesprochenen unerwünschten Auswirkungen durch beispielsweise eine ungerichtete Integration ins Genom (die o. g. Aktivierung von Protoonkogenen ist nur ein Beispiel). Daher ist man seit jeher bemüht, Alternativen für den viralen Transport zu finden. Im Folgenden werden verschiedene Vektoren und Prinzipien vorgestellt.

2.3.1.1 Virale Vektoren
Bei einem als Transduktion bezeichneten Vorgang wird die Fähigkeit von Viren genutzt, sich in Zellen und / oder in den Zellkern einzuschleusen. Für einen möglichst

---

115 Zusammengefasst nach Hallek und Winnacker 1999, 12 und Wilhelm 2015, 12.

sicheren Einsatz werden im Rahmen des sog. Vektordesigns notwendige genetische Komponenten zur Replikation entfernt (Replikationsdefizienz), es können aber auch z. B. Veränderungen von Rezeptoren vorgenommen werden, um beispielsweise die Fähigkeit zur selektiven bzw. spezifischen Infektion (Tropismus) zu beeinflussen.

Die meisten Erfahrungen hat man bisher mit Adenoviren gesammelt. Sie transduzieren sehr effizient auch nicht-proliferierende Zellen, ohne in das Wirtsgenom zu integrieren. Sie hinterlegen ihre doppelsträngige DNA im Zellkern als Episom und kommen also besonders in Frage, wenn das Genprodukt nur vorrübergehend oder nur in sich nicht-teilenden Zellen gebraucht wird. Sie lösen aber potentiell eher Immunreaktionen aus als etwa Retroviren,[116] auch wegen des erforderlichen Einsatzes sehr vieler Adenoviren. Das erste auf gentechnologischer Grundlage hergestellte und seit 2003 in China zugelassene Medikament *Gendicine®* wird zur Behandlung von Hals-Kopf-Tumoren eingesetzt.[117] Es basiert auf einem nicht replikationsfähigen Adenovirus-Vektor, der die funktionierende Version des für das Tumorsuppressorgen p53 kodierenden Gens in die Zelle schleusen soll und somit indirekt zur Tumorlyse führt.

Ebenso kommen Adeno-assoziierte Viren (AAV), sog. Dependoviren, zum Einsatz, die so genannt werden, weil ihre Fähigkeit zur Replikation von der Anwesenheit anderen Viren, meist Adenoviren, abhängig ist. Fehlen diese sog. Helferviren, ist das Virus replikationsinkompetent und liegt mit hoher Wahrscheinlichkeit als Episom vor. Das Wildtypvirus integriert mit nahezu 100 %iger Sicherheit in einem bestimmten Lokus auf Chromosom 19[118]. Zudem haben die AAV kein pathologisches Potential und können sowohl in aktive als auch in ruhende Zellen transduzieren, was sie insbesondere für den Bereich der Neurologie interessant macht. *Glybera®*, das erste seit 2014 in der westlichen Welt zugelassene Gentherapeutikum zur Behandlung von Lipoprotein-Lipase-Defizienz (LPLD) basiert auf AAV.[119] Auch ein für die Therapie der Hämophilie B in Studien befindliches Gentherapeutikum verwendet einen AAV als Vektor. Nach einem halben Jahr bis eineinhalb Jahren Beobachtungszeit zeigten sich in einer Phase I/II Studie bei zehn von zehn behandelten Patienten keine schwerwiegenden unerwünschten Ereignisse.[120] Die entscheidende Limitation besteht in der Größe ihres einzelsträngigen DNA-Genoms; für eine rekombinante Variante stehen nur 2,4 bis 4,5 kb zur Verfügung.[121]

---

[116] Adenoviren stellen klassische humanpathogene Viren dar.

[117] Vgl. Li et al. 2015b.

[118] Vgl. Misra 2013

[119] Vgl. Ferreira et al. 2014. Die Zulassung für *Glybera®* ist allerdings im Oktober 2017 ausgelaufen und wurde unter anderem wegen Therapiekosten von einer Million Euro pro Behandlung nicht verlängert, vgl. Henn 2017 und UniQure 2017 sowie S. 248, FN 1162 dieses Buches.

[120] Vgl. George et al. 2017. Acht der zehn Patienten benötigten seit der Behandlung keine Substitution von Gerinnungsfaktoren mehr.

[121] Vgl. Choudhury et al. 2016

Auch Retroviren sind u. U. als „Gentaxis" geeignet. Sie besitzen den Vorteil, dank ihrer reversen Transkriptase und einer mitgelieferten Integrase ihr RNA-Genom in doppelsträngige DNA übersetzen und ins Wirtsgenom integrieren zu können. Somit sorgen sie potentiell dauerhaft für die Expression eines gewünschten Gens, wobei Gammaretroviren jedoch nur sich teilende Zellen transduzieren. Dieser Mechanismus verursacht aber auch die größte Schwierigkeit, welcher die unerwünschte Integration in Gene oder regulatorische Elemente betrifft.[122] Deren Verminderung konnte bisher vor allem durch eine Manipulation zu *self-inactivating* (SIN) Vektoren erreicht werden.[123] Die Lentiviren, eine Gattung innerhalb der Retroviren, können zusätzlich auch ruhende Zellen infizieren. Lentivirale Vektoren werden i. d. R. aus dem Humanen Immundefizienzvirus (HIV-1) entwickelt, ihre Herstellung ist sehr aufwendig.[124] Auch von Ihnen können SIN-Versionen erstellt werden.[125]

Eine Reihe weiterer Viren eignen sich als Vektoren in der Gentherapie, wie etwa die Herpes Simplex Viren, die sehr viel mehr Verpackungskapazität bieten und wegen ihrer Fähigkeit zur Latenz sowie zur Infektion vieler verschiedener Zellen, inklusive ruhender, ebenfalls attraktiv für bestimmte gentherapeutische Ziele sind.[126]

2.3.1.2 Nicht-virale Gentransfermethoden

Neben den viralen Vektoren existieren auch Möglichkeiten des nicht-viralen Transfers, sog. Transfektionsverfahren, die man in physikalische und chemische Methoden einteilen kann. An dieser Stelle sollen die verbreitetsten Methoden je nur kurz vorgestellt werden.[127]

2.3.1.2.1 Physikalische Methoden

Die einfachste physikalische und am häufigsten verwendete nicht-virale Methode[128] ist die direkte Injektion von Nukleinsäuren per Nadel in das Zielgewebe, wobei sich hier speziell Muskel- Haut, Leber- und Herzmuskelgewebe sowie solide Tumore eignen.[129]

Auch per sog. *gene-gun*, die initial in der grünen Gentechnik entwickelt wurde, kann DNA in das Zielgewebe eingebracht werden; in diesem Fall werden schwere Metall-Partikel (vor allem Gold- oder Wolframpartikel) mit DNA beschichtet. Diese werden dann mit hohem Druck auf die Zielzellen geschossen. Neben dem Vorteil der

---

122 Vgl. Misra 2013.
123 Vgl. Mukherjee und Thrasher 2013.
124 Vgl. Wilhelm 2015.
125 Vgl. Wang und Rivière 2017, De Ravin, Suk See et al. 2016
126 Vgl. Kantor et al. 2014
127 Für eine breitere Übersicht s. Ramamoorth und Narvekar 2015.
128 Vgl. Ginn et al. 2018.
129 Vgl. hierzu sowie für die nachfolgenden physikalischen Methoden Ramamoorth und Narvekar 2015.

genauen Dosisbestimmung per Genkanone bleibt der Nachteil, dass die Effizienz gegenüber anderen Verfahren sehr begrenzt ist.

Eine weitere physikalische Möglichkeit für die Einbringung von vor allem DNA Plasmiden oder mRNA in die Zielzellen stellt die Elektroporation dar. Hierbei wird ein elektrisches Feld erzeugt, das die Permeabilität der Zellmembran so verändert, dass sie kurzweilig durchlässig werden für das zu applizierende Material. Am ehesten wird die Methode angewandt, um Plasmide zu transferieren insbesondere intradermal, intramuskulär oder intramural.

Ebenfalls eine Änderung der Permeabilität ruft die sog. Sonoporation hervor, bei der per Ultraschall eine vorübergehende Öffnung der Zellmembran hervorgerufen wird. Zur Verstärkung dieses Effektes eignen sich aus der Ultraschalldiagnostik bekannte gasgefüllte Mikrobläschen, die unter dem Einfluss des Ultraschalls stark oszillieren und die Aufnahme von Partikeln in die Zelle erst ermöglichen oder beschleunigen. Das zu applizierende Material kann auch in den Mikrobläschen enthalten sein, welches dann durch deren Platzen nach Ultraschalleinfluss an Ort und Stelle freigesetzt wird. Der Prozess der Sonoporation ist noch nicht vollständig verstanden.

Auch Photoporation, bei der per Laserimpuls transiente Poren in der Zellmembran geschaffen werden, kann dazu dienen, DNA in Zellen einzuschleusen. Auch dieser Prozess ist noch nicht vollständig aufgeklärt und es fehlt noch die dokumentierte Evidenz.

Bei der Magnet-unterstützten Transfektion oder Magnetofektion wird das therapeutische Material an magnetische Nanopartikel gebunden und zusammen mit den Zielzellen inkubiert. Die Erzeugung eines magnetischen Feldes sorgt dafür, dass der Nukleinsäure-Magnetpartikel-Komplex an die Membranen der Zellen heranwandern, welche diese dann per Endo- oder Pinozytose aufnehmen.

Hydroporation bezeichnet die Aufnahme des therapeutischen Materials in die Zelle durch die Zellmembran im Rahmen einer schnellen Gabe einer großen Menge DNA-Lösung, welche in Folge die Permeabilität der Zellwand ändert und reversible Poren bildet.

2.3.1.2.2 Chemische Methoden

Bei den chemischen Methoden kann man noch einmal unterscheiden zwischen anorganischen Partikeln und lipid- bzw. polymer- oder peptidbasierten Vektoren. Geeignete anorganische Partikel sind beispielsweise Calciumphosphate, Gold oder Siliziumdioxid. Wegen ihrer geringen Größe stellen Zellmembranen für sie häufig keine Barriere dar, teilweise werden sie über Transporter in die Zelle geschleust. Zudem verursachen sie im Vergleich zu viralen Vektoren weitaus seltener oder gar keine Immunreaktion.[130] Die Lipofektion, also der Transfer per kationischer lipidbasierter Vehikel,

---

130 Vgl. Al-Dosari und Gao 2009.

stellt neben der Injektion nackter DNA die verbreitetste und am besten verstandene Alternative zu viralen Vektoren dar.

Viele verschiedene Lipide wurden und werden auf ihre Tauglichkeit als Transporter getestet und alle teilen sie eine gemeinsame Struktur: ein positiv geladener, hydrophiler Kopf und ein negativ geladener, hydrophober Schwanz sind miteinander verbunden. Kommen Lipid und DNA zusammen, binden die positiv geladenen Teile der Lipide die negativ geladenen Aminosäuren des DNA-Moleküls und es entsteht ein sog. Lipoplex, der nicht nur die DNA vor Abbau durch Nukleasen schützt, sondern auch für eine einfachere Aufnahme in die Zelle sorgen könnte.[131] Die Anwendung ist allerdings beschränkt, vor allem *in vivo*, da die Stabilität in serumhaltigen Medien gering ist.[132]

Ebenso wie mit Lipiden können auch Komplexe aus DNA mit kationischen natürlichen oder synthetischen Polymeren gebildet werden – Polyplexe. Polyethylenimin (PEI) ist hier der Goldstandard. Die Polyplexe werden durch Endozytose aufgenommen und machen sich den zelleigenen Transport Richtung Zellkern via Endosom zunutze. Eine besonders hohe Dichte an nicht protonierten Aminogruppen des PEI rufen dann den sog. Protonen-Schwamm-Effekt hervor: der endosomale pH-Wert steigt durch Neutralisierung der Protonen, die von der ATPase ins Endosom gepumpt werden. Infolge dessen strömen Chlorid-Ionen ein, der osmotische Druck steigt, das Endosom schwillt an und letztlich rupturiert die endosomale Zellmembran. Die Effektivität, aber auch Toxizität dieser *ex vivo* Methode ist abhängig vom Molekulargewicht und der Konfiguration des Polymers, aber auch von dem stöchiometrischen Verhältnis von Polymer und DNA.[133]

In der Kategorie der peptidbasierten Vektoren spielen insbesondere die kationischen, an basischen Aminosäuren reichen Peptide eine Rolle, wie z. B. Poly-L-Lysin (PLL), Polyarginin oder Histone. Sie sind fähig, die DNA zu kleinen, kompakten Partikeln zu kondensieren und im Serum zu stabilisieren. Verbindet man sie mit Lipo- oder Polyplexen, kann die Ansteuerung spezifischer Zelltypen und Rezeptoren verbessert werden.[134] Biokompatibilität, Biodegradierbarkeit und fehlende Immunogenität sowie die Kombinierbarkeit mit anderen nicht-viralen Methoden machen peptidbasierte Vehikel besonders interessant; und es sind auf der Suche nach den geeignetsten Vektoren für gentherapeutische Zwecke weitere Erkenntnisse auch bezüglich nicht viraler Methoden zu erwarten.[135]

---

131 Vgl. Al-Dosari und Gao 2009.
132 Vgl. Llères et al. 2004
133 Vgl. Al-Dosari und Gao 2009
134 Vgl. Rodriguez et al. 2013
135 Eine tabellarische Übersicht zu den gebräuchlichsten Gentransfermethoden s. Fehse et al. 2011, 72.

2.3.1.2.3 Spermienvermittelter Transfer

Die beabsichtigte Veränderung des Genmaterials könnte möglicherweise auch in den Gameten direkt stattfinden, also in den Eizellen oder den Spermien, bzw. in deren Vorläuferzellen. Die National Academy of Sciences (NAS) schreibt in ihrem aktuellen Report über diese zum Eingriff in den Embryo potentiell alternative Route der Keimbahninterventionen, dass eine Zukunft „in which this kind of approach could be extended to ensure precise and effective correction of a disease-causing variant in gametes"[136] nicht unrealistisch sei. Sie verweisen auf diesbezügliche Fortschritte bei Mäusen und anderen Säugetieren.[137]

Eine spezielle Form der Gameten-Editierung stellt der spermienvermittelte Gentransfer dar, der insbesondere in der Tierzucht eine vielversprechende Alternative zur Herstellung transgener Tiere sein könnte; die Idee ist demnach nicht neu. Für diese Art des Transfers macht man sich zum einen die natürliche Funktion der Spermien, nämlich die Überbringung von DNA in die Oozyte, zunutze, zum weiteren aber auch die Eigenschaft (auch menschlicher Spermatozyten), nackte DNA aufnehmen zu können.[138] Bei Tieren wurden so manipulierte Spermien bisher am häufigsten im Rahmen der klassischen IVF[139] verwendet, doch auch die intrazytoplasmatische Spermieninjektion (ICSI) stellt eine Option dar.[140] Der „testis mediated gene transfer"[141] könnte eine Möglichkeit sein, die mit der Eizellgewinnung assoziierten Schwierigkeiten zu umgehen und die manipulierten Spermien über die sexuelle Fortpflanzung in die Oozyte zu bringen. Hierbei werden die nötigen DNA-Sequenzen direkt in die Tubuli seminiferi des Mannes eingebracht, wo sie von den Spermatogonien aufgenommen und fortan in die Nachläuferzellen bis hin in die Spermatozyten reproduziert werden können. Trotz der vielversprechenden Möglichkeiten gibt es aber auch Probleme, die insbesondere außerhalb des Kontextes der Tierzüchtung und übertragen auf den Menschen noch Hürden darstellen. Beispielsweise bewirkt die Tatsache, dass Spermien keine teilungsfähigen Zellen sind, dass unter diesen Umständen nur eine NHEJ vermittelte Geneditierung stattfinden kann,[142] doch auch hieran wird weiter geforscht.[143] Letztlich wäre der Einsatz in der Praxis aber beschränkt, vor allem auf die X chromosomalen Mutationen, die wiederum häufig von mütterlichen Konduktorinnen vererbt werden.

---

136 The National Academies of Sciences, Engineering, and Medicine 2016, 89.
137 Vgl. beispielsweise Hermann et al. 2012, Zhou et al. 2016, Hikabe et al. 2016.
138 Vgl. Tang et al. 2015, 6, Lotti et al. 2017, 1.
139 Zu IVF und ICSI vgl. 2.4, S. 49 ff dieses Buches.
140 Vgl. Lotti et al. 2017, 5.
141 Lotti et al. 2017, 5.
142 Vgl. S. 13 f dieses Buches.
143 Vgl. The National Academies of Sciences, Engineering, and Medicine 2016, 193.

2.3.2 Somatische Gentherapie und genetische Keimbahntherapie

Alle bis hierhin erläuterten Aspekte der Gentherapie beziehen sich insbesondere auf das gentherapeutische Material und die Art und Weise der Verabreichung. Nicht weniger bedeutend für die erfolgreiche Behandlung ist aber der Zielort, die zu therapierenden Zellen selbst. Ohne jeden einzelnen Zelltyp zu betrachten (immerhin stellen unterschiedliche Zelltypen je eigene Anforderungen bezüglich der Art der Applikation), kann man zwei in den Grundsätzen verschiedene Ansätze der Gentherapie unterscheiden: Somatische Gentherapie und genetische Keimbahntherapie.[144]

Im Gegensatz zur somatischen Gentherapie betrifft die Keimbahntherapie die Zellen der sog. Keimbahn. Keimbahnzellen im Sinne des Embryonenschutzgesetztes „... sind alle Zellen, die in einer Zell-Linie von der befruchteten Eizelle bis zu den Ei- und Samenzellen des aus ihr hervorgegangenen Menschen führen, ferner die Eizelle vom Einbringen oder Eindringen der Samenzelle an bis zu der mit der Kernverschmelzung abgeschlossenen Befruchtung".[145] Es sind jene Zellen, die die genetische Information an die nächste Generation weitergeben, wobei die Keimbahn die Abfolge der Zellen bezeichnet, die von der Zygote an über die Bildung der Keimdrüsen des Individuums zu den Keimzellen führt. Ein genetischer Eingriff in die Keimbahn verändert also direkt die Keimzellen, oder aber deren Vorläuferzellen, sodass die (veränderte) genetische Information auf die Nachkommen übertragen wird. Für einen Überblick der verschiedenen Optionen genetischer Eingriffe wird häufig ein in Tab. 2.1[146] wiedergegebenes, wertungsfreies Schema herangezogen.[147] Es wurde in dieser Form von W. French Anderson zu Beginn der Diskussionen um Eingriffe in die Gene des Menschen vorgestellt.[148]

Tab. 2.1: Optionen genetischer Eingriffe.

Dimensionen	Therapie von Krankheiten	Steigerung von Fähigkeiten / Enhancement
Somatische Zellen	Option 1	Option 3
Keimbahnzellen	Option 2	Option 4

---

144 Ferner kann man nach der Intention unterscheiden zwischen Eingriffen, die therapeutisch motiviert sind und Eingriffen, die eine Verbesserung eines nicht pathologisch veränderten Zustandes herbeiführen sollen. Die Besprechung dieser Begriffe findet in Kapitel 3.2.1, S. 70 ff statt.

145 § 8 Abs. 3 ESchG.

146 Vgl. S. 35 dieses Buches.

147 Vgl. etwa in Walters 1988, 20, Bayertz 1991, 292, Mauron und Rehmann-Sutter 1995, 23 oder Lenk 2011b, 213

148 Vgl. Anderson 1983, 285

So eindeutig wie diese theoretische Unterscheidung zu treffen scheint, ist es in der Praxis nicht immer. Selbst wenn die Intention besteht, nur somatische Zellen zu behandeln, kann in manchen Fällen nicht ausgeschlossen werden, dass die Zellen der Keimbahn nicht ebenfalls verändert werden. Es handelt sich um den nicht-intendierten Keimbahntransfer. Besonders relevant ist dessen Vorkommen, da im Vergleich zur somatischen Gentherapie – gegenüber welcher heutzutage kaum andere Bedenken herrschen als bereits etablierten Therapieformen gegenüber[149] – die Keimbahntherapie in Deutschland nicht nur grundsätzlich verboten ist,[150] sondern auch in der ethischen Bewertung wesentliche Unterschiede bestehen, wie sich in der späteren Diskussion zeigen wird. Die akzidentielle Keimbahnmodifikation jedoch ist auch von anderen, nicht gentherapeutischen Verfahren bekannt, wie Impfungen, der Strahlen- und Chemotherapie oder auch der Röntgendiagnostik. Diese Art der nicht beabsichtigten Veränderung von Keimbahnzellen ist von dem gesetzlichen Verbot der Manipulation in Anbetracht des Nutzens des jeweiligen Verfahrens ausgeschlossen.[151] Dieser Ausschluss gilt auch für die somatische Gentherapie. In einer entsprechenden Richtlinie (EMEA, CHMP/ICH/469991/2006) stellt die europäische Regulationsbehörde allerdings einige Prinzipien zur Risikominimierung unbeabsichtigter Keimzellveränderungen vor.[152]

Im Rahmen einer somatischen Gentherapie ist die Möglichkeit eines Keimbahntransfers stark davon abhängig, welcher Vektor eingesetzt wird, ob die Behandlung *in vivo* oder *in vitro* stattfindet und zu welchem Zeitpunkt der Entwicklung des Patienten der Eingriff vorgenommen wird. Einerseits erscheint das Risiko einer Keimbahntransmission bei Erwachsenen jenseits des fortpflanzungsfähigen Alters irrelevant, andererseits versprechen gerade die frühen und sehr frühen genetischen Eingriffe bei vielen, insbesondere Erbkrankheiten, die besten Chancen auf Erfolg. Je nachdem *wie* früh eingegriffen wird, erhöht sich aber auch das Risiko des nicht-intendierten Keimbahntransfers.

Dass ein Eingriff am Ungeborenen in der Fetalphase durchaus Vorteile haben kann,[153] hat verschiedene Ursachen wie etwa jene, dass einige Erkrankungen sich schon sehr früh manifestieren, ohne danach noch effektiv kurativ behandelt werden zu können (wie z. B. bei Entwicklungsstörungen von Organen). Zudem ist man auf eine kleinere Vektorenmenge angewiesen, angesichts eines relativ geringeren Körpervolumens. Ein anderer Grund kann sein, dass sehr viele Zellen erreicht werden müssen, wie es beispielsweise bei Stoffwechselerkrankungen der Leber der Fall ist.

---

149 Vgl. Das Europäische Parlament, 1990, 15, Fuchs 2011, 186 sowie Der Bundesminister für Forschung und Technologie 1985.
150 § 5 EschG.
151 § 5 Abs. 4 Nr. 3 EschG.
152 Vgl. International Conference on Harmonisation of Technical Requirements for Registration of Pharmaceuticals for Human Use 2006.
153 Vgl. hierzu Coutelle 2011 sowie Reich et al. 2015, 14–15.

Ausreichend viele der $1–3 \times 10^{12}$ Zellen der Leber eines Erwachsenen zu erreichen, stellt eine große Herausforderung dar, die sich bei einer intrauterinen Behandlung in einem frühen Entwicklungsstadium erübrigen könnte. Aber auch gentherapeutische Behandlungen von Multi-Organ-Erkrankungen, wie der Mukoviszidose, könnten durch einen Eingriff am Fetus erfolgversprechender sein,[154] da eine Veränderung an sich noch teilenden Zellen auf die Tochterzellen übertragen würde und nicht jeder Zelltyp einzeln angesteuert werden muss. Auch Erkrankungen wie das Lesch-Nyhan-Syndrom,[155] das Zellen betrifft, die bisher nur schwierig zugänglich sind (in diesem Fall Neurone), könnten aus demselben Grund in einem sehr frühen Stadium möglicherweise effektiver behandelt werden. Ebenso könnte die Unreife des Immunsystems zu diesem Entwicklungszeitpunkt eine Immunreaktion auf ein verabreichtes transgenes Therapeutikum verhindern.

Je früher der Eingriff vorgenommen wird, desto eher ergibt sich allerdings, wie erwähnt, die Wahrscheinlichkeit des Keimbahntransfers und damit der Weitergabe der Veränderung an die nächste Generation. Bis etwa zur dritten Entwicklungswoche steht nicht fest, welche der vorhandenen Zellen zu (Ur)Keimzellen werden.[156] Eine Transmission müsste in diesem Fall bewusst in Kauf genommen werden. Die hier angesprochene Pränatalgentherapie oder auch eine Präimplantationsgentherapie sind bisher nur theoretisch denkbar und die intrauterine Gentherapie befindet sich in einem rein experimentellen Stadium.[157] Dennoch wird hier deutlich, dass eine fetale somatische Gentherapie aufgrund der dargelegten absehbaren Vorteile einer späteren somatischen Gentherapie überlegen sein könnte. Fände der Eingriff zu einem Zeitpunkt statt, zu dem die Keimzellen bereits in die Gonaden abgewandert sind, ließe sich jedoch das Risiko eines Keimbahntransfers auf das des Risikos bei postnatalen genetischen Eingriffen senken.[158]

Doch aus denselben Gründen aus denen die fetale Gentherapie der postnatalen überlegen sein könnte, geben manche Wissenschaftler zu bedenken, könne die Keimbahntherapie mit künstlicher Befruchtung der somatischen Gentherapie technisch insgesamt überlegen sein,[159] inklusive der Vorstellung, dass im gelungenen Fall der behobene Gendefekt auch nicht mehr an die Nachkommen weitergegeben werden könne. Andere verweisen darauf, dass es, um eine Weitergabe eines Gendefektes zu verhindern, ausreichend und gut etablierte Alternativmaßnahmen wie die Kombina-

---

154 Vgl. Liebert 1991, 129.
155 Auch Hyperurikämie-Syndrom; erhöhte Harnsäurespiegel in Blut und Gewebe mit Störungen des zentralen Nervensystems bei keiner bzw. stark verminderter Aktivität des Enzyms Hypoxanthin-Guanin-Phosphoribosyltransferase (HGPRT) infolge einer Mutation des HGPRT 1-Gens auf dem X-Chromosom, vgl. Nyhan 2007.
156 Ulfig 2009, 20–33.
157 Vgl. Coutelle 2011, 127.
158 Vgl. Coutelle 2011, 137-138.
159 Vgl. Walters und Palmer 1997, 62–63.

tion von *in vitro*-Fertilisation (IVF) und Präimplantationsdiagnostik (PID) gebe.[160] Die Diskussion dieser und anderer Positionen zur Frage der Bewertung einer genetischen Keimbahntherapie findet an späterer Stelle satt.[161] Nichtsdestotrotz ist schon absehbar, dass eine ethische Bewertung dieser Möglichkeit über rein medizin-technische und juristische Fragen hinausgehen wird.

Die für die somatische Gentherapie, auch wenn sich diese „[...] in der ethischen Bewertung grundsätzlich nicht von einer Organtransplantation [...]"[162] unterscheidet, konstatierten signifikanten ethischen Probleme,[163] gewinnen in Bezug auf die genetische Keimbahntherapie noch einmal an Bedeutung. Risiken und Nebenwirkungen beträfen nicht nur das behandelte Individuum, sondern wie beschrieben, auch die Nachkommen dieses Patienten. Für eine Übersicht und im Hinblick auf die später stattfindende Diskussion soll nun eine Perspektive auf die von der Wissenschaft derzeit und zukünftig vorstellbaren, therapeutischen Anwendungen der CRISPR/Cas-Methode im Rahmen der Genomeditierung menschlicher Zellen folgen.

2.3.2.1 Zu den aktuellen und möglichen Anwendungen der CRISPR/Cas-Methode in der Genomeditierung menschlicher Zellen

Wie bis hierher erörtert und in Kap. 2.2 aufgezeigt, hat die CRISPR/Cas-Methode nicht nur die Grundlagenforschung an Modellorganismen und sogar bisher molekulargenetisch schwierig zugänglichen Organismen revolutioniert,[164] sondern es wird bereits versucht, ihr Potential auch im Rahmen gentherapeutischer Ansätze an menschlichen Zellen zu demonstrieren. Dieses sollte allerdings in Anbetracht der ebenfalls bereits erläuterten, nach wie vor bestehenden, technischen Risiken und Unsicherheiten im Hinblick auf klinische Anwendungen am Menschen mit der entsprechenden Nüchternheit betrachtet werden. Anhaltender Forscherdrang, sowie vielversprechende Ansätze zur Eliminierung der bestehenden Schwierigkeiten,[165] lassen jedoch in naher Zukunft diesbezüglich weitere Veröffentlichungen und Erkenntnisse erwarten.

---

160 Vgl. Coutelle 2011, 139 sowie Kapitel 2.4, S. 49 ff dieses Buches.

161 Vgl. vor allem 3.3.2.3, S. 156 ff dieses Buches.

162 Der Bundesminister für Forschung und Technologie 1985, 44.

163 Wie u. a., dass das Verfahren technisch besonders kompliziert ist und das Zusammenwirken vieler unterschiedlicher Institutionen und Personen verlangt, sowie der Hinweis, dass die Gentherapie in vielen Fällen irreversibel sei, vgl. Fuchs 2011, 187.

164 Dies vor allem im Sinne der unter 2.2.2 beschriebenen Vereinfachung und Verkürzung der Prozesse, sowie der kostengünstigeren Möglichkeit der Geneditierung (dies gilt insbesondere auch für die hier nicht betrachtete, aber von der Methode enorm profitierende grüne Gentechnik; vgl. Nationale Akademie der Wissenschaften Leopoldina, Deutsche Forschungsgemeinschaft, acatec – Deutsche Akademie der Technikwissenschaften, Union der deutschen Akademien der Wissenschaften 2015, 7–8.

165 Vgl. 2.2.3, S. 20 ff dieses Buches.

Nach Mali et al. sind vor allem zwei Routen Cas9-vermittelter therapeutischer Interventionen vorstellbar: Zum einen die gezielte Geneditierung zur Korrektur genetischer Erkrankungen und möglicherweise die Zerstörung eingewanderter Virusgenome, zum anderen der gezielte Eingriff in das Genom regulierende Elemente.[166] Denn auch auf dem immer noch unvollständig aufgeklärten Gebiet der Epigenetik kann die CRISPR/Cas-Methode verheißungsvolle Ergebnisse erzeugen.[167] Auch Vora et al. nennen die Möglichkeit der Modifikation genregulierender Elemente via Cas9 Proteinen. Hierbei haben sie Erkrankungen im Sinn, denen z. B. ein fehlerhaftes *imprinting* zugrunde liegt, wie das schon einmal erwähnte Angelmann-Syndrom[168] oder das Prader-Willi-Syndrom.[169] Insbesondere aber die genetischen – und noch genauer die zumeist nach Mendel'schen Regeln vererbten mono- bzw. oligogenen – Erkrankungen, kann sich die Wissenschaft als Ziel CRISPR/Cas-basierter gentherapeutischer Eingriffe vorstellen. Hierbei muss berücksichtigt werden, dass ein und dasselbe Gen von vielen unterschiedlichen Mutationen betroffen sein kann. So sind beispielsweise für die monogen bedingte Mukoviszidose an die 2.000 verschiedene Mutationen bekannt.[170] Zudem darf man davon ausgehen, dass auch monogene Erkrankungen in manchen Fällen von weiteren Genen beeinflusst werden; sie werden auch als oligogenetisch bezeichnet.

Laut der WHO belaufen sich die Schätzungen der Anzahl von monogenen Erkrankungen auf über 10.000.[171] Die Datenbank Humangenetisches Qualitäts-Netzwerk des Berufsverbands deutscher Humangenetiker verzeichnet bis 2017 über 1.700 molekularbiologisch diagnostizierbare monogene Erkrankungen.[172] Eine weitere Datenbank, die *Online Mendelian Inheritance in Man*, berichtet bis zu diesem Zeitpunkt von 3.319 Genen, die den Phänotyp einer monogenen Erkrankung hervorrufen. Für über 1.700 weitere Erkrankungen wird ein Mendel'scher Erbgang vermutet.[173] Die weltweite Häufigkeit monogener Krankheiten ist schwierig zu bestimmen,[174] zumal die Prävalenzen starke geographische Unterschiede zeigen.[175] Hierbei können z. B. Selektionsvorteile eine Rolle spielen.[176]

---

166 Vgl. Mali et al. 2013b.
167 Vgl. Hilton et al. 2015, Enríquez 2016, Nuffield Council on Bioethics 2016, 42.
168 Vgl. Vora et al. 2016 sowie S. 12, FN 29 dieses Buches.
169 Hier liegt wie bei dem Angelmann-Syndrom eine genomische Prägung auf dem Chromosom 15 vor, nur dass in diesem Fall bestimmte väterliche Gene nicht exprimiert werden und die entsprechenden mütterlichen stumm geschaltet sind; im Ergebnis fehlt wiederum das Genprodukt.
170 Vgl. Sosnay et al. 2013.
171 Vgl. World Health Organization.
172 Vgl. Humangenetisches Qualitäts-Netzwerk.
173 Vgl. Online Mendelian Inheritance in Man.
174 Vgl. Schaaf und Zschocke 2012, 4.
175 Bei Siegenthaler 2006 werden 5–15 von 1.000 Individuen angegeben, die mit einer monogenen Erbkrankheit zur Welt kommen.
176 Hierzu vgl. nachfolgend S. 41, FN 187 dieses Buches, das Beispiel der Sichelzellanämie.

Die in der folgenden Vorstellung aufgeführten, bereits angewendeten oder aber im experimentellen Stadium befindlichen Therapien, finden vor allem im Rahmen somatischer Gentherapie statt. Diese könnten jedoch prinzipiell auch auf den Einsatz in der Keimbahn übertragen werden und u. U. sogar – rein technisch betrachtet – in der Keimbahn effizienter umzusetzen sein, als in somatischen Zellen, wie im Vorangegangenen bereits erläutert.

Erkrankungen des blutbildenden Systems stehen schon lange im Fokus gentherapeutischer Ansätze. Nachgewiesene Transplantationseffekte genetisch korrigierter Zellen,[177] die Kenntnis über die Charakterisierung hämatopoetischer Stammzellen sowie über die hierarchische Ordnung in diesem System, machen primäre Immundefizienzen (*primary immunodeficiencies* / PIDs) zu präferenziellen Zielen gentherapeutischer Ansätze.[178] Zu den genetisch bedingten PIDs gehört die Gruppe der schon erwähnten, häufig X-chromosomal bedingten oder auch autosomal-rezessiv vererbbaren SCID-Erkrankungen. Bei diesen schweren Immunmangelerkrankungen, bei denen ein Mangel oder eine Fehlfunktion der T-Lymphozyten und häufig auch der B-Lymphozyten und / oder NK-Zellen vorliegt, kann ein symptomorientiertes Vorgehen nur in Form einer permanenten Isolierung des Patienten vor Erregern von Infektionskrankheiten und Antibiosen erfolgen. Die oft einzige kurative Möglichkeit ist eine allogene Stammzelltransplantation, die mit teilweise massiven Nebenwirkungen einhergeht und zudem in Abhängigkeit vom Spender eine bis zu 50 % ige Transplantations-assoziierte Mortalität aufweist.[179] Die bereits in Kap. 2.3 erwähnten klinischen SCID-X1-Studien in Paris und London demonstrieren das gentherapeutische Potential hinsichtlich der PIDs und die CRISPR/Cas-Methode bietet ein vielversprechendes Werkzeug zur Verbesserung der Prozesse.[180] Auch andere Immunmangelerkrankungen, wie die zumeist X-chromosomal-rezessive chronische Granulomatose (CGD), bei der eine schwere Dysfunktion der Granulozyten vorliegt, werden von den Forschern ins Visier genommen. Während bezüglich der CGD die klinischen Versuche bisher weniger erfolgreich ausfielen als bei den SCID-Patienten,[181] stellt der Einsatz von CRISPR/Cas auch in diesem Fall eine Option zur Erfolgsoptimierung dar.[182] Ebenfalls wird der Nutzen von CRISPR/Cas im Hinblick auf die Therapie des schon angesprochenen, X-chromosomal-rezessiven, Wiskott-Aldrich-Syndroms (WAS)[183] untersucht. Die bis hierher beschriebenen angeborenen Immundefekte treten überwiegend sehr

---

177 Vgl. Gatti et al. 1968.
178 Vgl. Fehse et al. 2011, 84–85.
179 Vgl. Fehse et al. 2011, 84–85.
180 Vgl. Chang et al. 2015.
181 Vgl. Stein et al. 2010.
182 Vgl. De Ravin, Suk See et al. 2017.
183 Vgl. Gutierrez-Guerrero et al. 2017. Vgl. zum WAS auch S. 27 f dieses Buches.

bis extrem selten auf,[184] weshalb die Entwicklung von Therapien in diesem Sektor weitgehend an den Universitäten stattfindet und bisher nur wenig von Pharmaunternehmen übernommen wurde.[185] Mit der Herstellung des zweiten, seit April 2016 in Europa zugelassenen Gentherapeutikums *Strimvelis®* durch den großen Pharmakonzern GlaxoSmithKline wird jedoch die Absicht verbunden, die Möglichkeiten für die Entwicklung und Zulassung weiterer Gentherapeutika eruieren zu wollen.[186]

Häufiger auftretende, monogen bedingte Krankheiten stellen die Hämoglobinopathien dar. Mutationen in der Beta-Kette des Hämoglobin-Gens können zu verschiedenen Formen der Anämie führen, wie der Beta-Thalassämie oder Sichelzellanämie. Diese zumeist autosomal-rezessiv vererbbaren Erkrankungen kommen vor allem sehr häufig in den Malaria-Gebieten vor. Dass die epidemiologischen Daten denen der Malaria ähneln ist dabei kein Zufall – heterozygote Mutationen des Hämoglobin-Gens scheinen einen Selektionsvorteil bei Infektionen mit Malaria auslösenden Plasmodien zu bieten. Zwar erkranken auch sie, dennoch sind sie vor den schweren Verläufen geschützt, da sich die Parasiten in den anormalen Erythrozyten schlechter vermehren können.[187] Aus den einstigen Endemie-Gebieten dieser Hämoglobinopathien in tropischen Teilen Afrikas, des Mittleren Ostens, Ost-Indiens und der Ost-Türkei, sowie aus dem Mittelmeerraum aus Griechenland und Süditalien haben Menschen durch Einwanderung die Anomalie weitergetragen.[188] Nachdem bereits 2010 erfolgsversprechende klinische Daten veröffentlicht wurden,[189] sind ebenso verheißungsvolle Ergebnisse aus der Grundlagenforschung zu diesen Pathologien mit CRISPR/Cas zu vermelden.[190] Im März 2017 veröffentlichten Tang et al. die Ergebnisse zu ihren Versuchen, Punktmutationen im HBB- bzw. G6PD-Gen via CRISPR/Cas9 in menschlichen Zygoten zu korrigieren. Sie verglichen hierbei unter anderem die Editierung von Zygoten mit drei Vorkernen (3PN)[191] und Zygoten mit zwei Vorkernen (2PN) und stellten eine höher HR-Rate bei 2PN Zygoten fest, ohne dieses Ergebnis weiter aufklären zu können. *Off target*-Effekte konnten zwar nicht gefunden werden, doch schließen unter anderem Mosaizismus und schädliche InDels auch laut den Autoren

---

184 Inzidenzen: SCID – 1 von 58.000 Lebendgeburten in den USA, vgl. Kwan et al. 2014, CGD – 1 von 250.000 Lebendgeburten in Europa, vgl. van den Berg, et al. 2009, WAS – 1 von 250.000 weltweit, vgl. Galy und Thrasher 2011.
185 Vgl. Fehse et al. 2011, 90.
186 Aiuti et al. 2017, Adams 2016.
187 Vgl. Makani et al. 2010.
188 Vgl. Gesellschaft für Pädiatrische Onkologie und Hämatologie (GPOH) 2014.
189 Vgl. Cavazzana-Calvo et al. 2010.
190 Zur Sichelzellanämie vgl. Huang et al. 2015, zur Beta-Thalassämie vgl. Xie et al. 2014, Srivastava und Shaji 2017.
191 Im ersten chinesischen Experiment zur Korrektur einer HBB-Mutation in menschlichen Zygoten wurden ausschließlich solche mit drei Vorkernen editiert, vgl. Liang et al. 2015 sowie S. 21, FN 64 dieses Buches.

einen derzeitigen klinischen Einsatz aus. Zudem sind die Ergebnisse bei nur sechs per HR editierten Embryonen, die analysiert wurden, wenig repräsentativ. Auch ein wenige Wochen später publiziertes Experiment aus China beschäftigte sich mit der Korrektur einer Mutation im HBB-Gen.[192] Hierfür behandelten Liang et al. 30 betroffene, per Kerntransfer[193] geklonte menschliche Embryonen und konnten ebenfalls keine *off target*-Effekte aufzeigen. Es wurde jedoch auch nur an zehn vorbestimmten Stellen nach ebensolchen gesucht.

Auch hereditäre hämorrhagische Diathesen, also Gerinnungsstörungen, wie die zumeist X-chromosomal rezessiv vererbten Hämophilien stellen ein Ziel gentherapeutischer Ansätze dar. Bei der Hämophilie B etwa liegt eine Mutation in dem Genlokus für den Gerinnungsfaktor IX vor, infolge dessen dieser Faktor nicht mehr gebildet wird. Es resultiert eine verlangsamte Blutgerinnung; auch Spontanblutungen in Muskeln und Gelenke sind symptomatisch.[194] Die Substitution mit dem fehlenden Gerinnungsfaktor stellt eine effektive Therapie dar, jedoch ist sie mit dem Risiko der Antikörperbildung gegen den Gerinnungsfaktor behaftet.[195] In Mäusen konnte per CRISPR/Cas bereits eine Korrektur des betroffenen Gens vorgenommen werden. Der Transfer in die Leber findet teils per viraler Vektoren statt[196] oder aber auch z. B. per hydrodynamischer Transfektion von nackten Cas9-sgRNA Plasmiden und Donor DNA.[197] Es hat sich bei den Mäusen gezeigt, dass eine Genkorrektur in nur etwa 1 % der Leberzellen genügt, um eine ausreichende Menge des fehlenden Faktors zu exprimieren, sodass die Gerinnung hinreichend suffizient ablaufen kann.[198]

Des Weiteren werden monogene Stoffwechselerkrankungen ins Visier genommen, wie beispielsweise die im Vergleich häufig vorkommende autosomal-rezessiv vererbbare Mukoviszidose.[199] Durch eine *loss-of-function*-Mutation im CFTR-Gen wird das Genprodukt, ein Chloridkanal, der in den Zellen verschiedenster Organe in der epithelialen Zellwand lokalisiert ist, nur fehlerhaft oder gar nicht ausgebildet. In

---

192 Vgl. Liang et al. 2017.

193 Aus in vitro gereiften Oozyten wurden das erste Polkörperchen und die Spindel entfernt. Anschließend wurden den Oozyten Lymphozyten aus dem peripheren Blut der Patientin injiziert und auf diese Weise geklonte Embryonen gezeugt, vgl. Liang et al. 2017.

194 Die Ausprägung der Gerinnungsstörung ist variabel.

195 Vgl. Dolan et al. 2017.

196 Vgl. Ohmori et al. 2017.

197 Vgl. Huai et al. 2017. Auch an von Hämophilie-Patienten entnommenen induzierten pluripotenten Stammzellen wird die Methode versucht, vgl. He et al. 2017; s. a. Park et al. 2016.

198 Vgl. vorstehende FN; zur Hämophilie A vgl. Park et al. 2015. Dass bereits ein geringer Prozentsatz an korrigierten Leberzellen genügt, um ausreichend Gerinnungsfaktoren zu bilden, zeigt auch etwa die bereits erwähnte Phase I/II Studie zur somatischen Gentherapie der Hämophilie B, vgl. George et al. 2017 sowie S. 30, FN 120 dieses Buches. Bei dieser wurde allerdings nicht die CRISPR/Cas-Methode verwendet, weshalb sie in diesem Kapitel nicht näher betrachtet wird.

199 In Deutschland betrifft diese Erkrankung etwa ½.500 Neugeborene, die Heterozygotenfrequenz liegt bei ca. 1/25. Vgl. Bobadilla et al. 2002.

der Folge ist der transepitheliale Transport gestört und es fehlen die osmotisch wirk-samen Chloridionen, was zu einer Erhöhung der Viskosität der Sekrete führt. Dies betrifft häufig vor allem die Lunge und das Pankreas. Wiederum steht derzeit keine kurative Therapie zur Verfügung, doch auch diese Erkrankung betreffend wird mit der CRISPR/Cas-Methode Forschung betrieben.[200]

Weitere für die Gentherapie interessante Erkrankungen stellen die angeborenen Muskeldystrophien dar; allen voran wird intensive Forschung zur Therapie der Mus-keldystrophie Typ Duchenne (DMD) betrieben. Die X-chromosomal-rezessiv vererb-te Mutation im Dystrophin-Gen führt zu einer Muskelschwäche, die sich zunächst insbesondere in der Beinmuskulatur äußert, im Verlauf aber auch die Atem- sowie die Herzmuskulatur betrifft. Auch die DMD kann man derzeit größtenteils nur symp-tomatisch behandeln, doch auch in diesem Fall kann die Forschung von der neuen Technik profitieren.[201]

Ein weiteres schon seit Beginn der Gentherapie fokussiertes Feld für genthera-peutische Ansätze ist die Onkologie. Statistisch betrachtet machen Krebserkrankun-gen knapp 65 % der Indikationen für gentherapeutische Studien aus.[202] Die im Gegen-satz zu den monogen bedingten Erkrankungen komplexen malignen Prozesse sind zumeist Ergebnis eines multifaktoriellen Geschehens. Sowohl genetisch bedingte Mutationen, wie beispielsweise im BRCA-Gen, als auch erworbene Mutationen, etwa durch Nikotin, UV-Strahlung, Chemotherapeutika oder auch Viren, können ein Krebs-entstehen begünstigen. Um trotzdem gentherapeutisch erfolgreich eingreifen zu kön-nen, kann man unter anderem die Tumorzellen möglichst genau charakterisieren, d. h. beispielsweise auf Gemeinsamkeiten verschiedener Tumorarten oder auch auf Einzelmerkmale spezifischer Tumorzellen untersuchen. Das Internationale Krebs-genomkonsortium (ICGC), als eines der weltweit größten interdisziplinären Projekte zur Aufklärung molekularer Ursachen für die Onkogenese, trägt maßgeblich zur Er-stellung sog. Tumorlandkarten bei.[203] Die gebräuchlichsten Strategien der Genthera-pie auf dem Gebiet der Onkologie lassen sich nach Boris Fehse et al. folgendermaßen zusammenfassen:[204]

- Tumorzellen werden direkt durch das gentherapeutische Material und / oder den Vektor geschädigt oder vernichtet[205]
- Tumorzellen werden so manipuliert, dass sie für das Immunsystem zugänglich werden bzw. es aktivieren

---

200 Vgl. S. 22, FN 72 dieses Buches.
201 Vgl. Long et al. 2014; Li et al. 2015a; Nelson et al. 2016.
202 Vgl. Ginn et al. 2018.
203 Vgl. International Cancer Genome Consortium.
204 Nach Fehse et al. 2011, 93–94.
205 Etwa durch Zerstörung von Onkogenen, Reparatur oder Einfügen von Tumorsuppressorgenen oder durch Einbringen sog. onkolytischer Viren, vgl. White und Khalili 2016.

– Immunzellen werden manipuliert, um sie im Sinne einer adoptiven Immuntherapie gegen die Tumorzellen zu aktivieren bzw. um gesundes Gewebe vor ihnen
 zu schützen
– Das den Tumor versorgende Gewebe wird zerstört, wie beispielsweise Blutgefäße
– Gesunde Zellen werden vor zytotoxischen Nebenwirkungen einer Chemotherapie
 geschützt

Die CRISPR/Cas-Methode könnte nicht nur wegen der Vereinfachung des Herstellens
geeigneter Modellorganismen[206] die Erforschung gentherapeutischer Krebsbehandlungen vorantreiben. Die Entwicklung des *next-generation sequencing*, das es ermöglicht, die Genome verschiedener Tumore vollständig zu sequenzieren, leistet einen
weiteren Beitrag für die Annahme, dass auf dem Gebiet der Erforschung gentherapeutischer Krebsbehandlungen zukünftig weitere Fortschritte erwartet werden dürfen.
Insbesondere bezüglich einer adoptiven Immuntherapie, also der Therapie mit modifizierten patienteneigenen Immunzellen, werden immer wieder Erfolge verzeichnet.
So werden etwa sog. *Immun-Checkpoint-Inhibitoren*, die eine wichtige Schaltstelle in
der Unterdrückung des patienteneigenen Immunsystems blockieren und damit zur
Verstärkung der Immunreaktion gegen den Tumor bewirken, mittlerweile mit eini-
gem Erfolg unter anderem in der Therapie von malignen Melanomen, nicht kleinzel-
ligen Lungenkarzinomen, Tumoren im Gastrointestinaltrakt und einigen Lymphomen
eingesetzt.[207] Dennoch sollte weiterhin berücksichtigt werden, dass der Onkogenese
in den allermeisten Fällen komplexe Veränderungen zugrunde liegen, was nahelegt,
dass eine zukünftige onkologische Gentherapie mit bekannten Krebstherapien kombiniert werden wird.[208]

Über die bis hierher genannten interessanten Gebiete für den therapeutischen
Einsatz der CRISPR/Cas-Methode hinaus existieren auch Ideen und Experimente nicht
nur zur Therapie, sondern auch zur Vorbeugung von bestimmten Infektionskrankheiten. Als illustratives Beispiel dient hier eine Infektion durch das Humane Immun-
defizienz-Virus (HIV), welche ohne Behandlung zu dem Immunschwächesyndrom
AIDS (*acquired immune deficiency syndrome*) führt. Gegen den Zelleintritt des HI-Virus weisen etwa 1 % der kaukasischen Bevölkerung eine genetische Resistenz auf.[209]
Hier zeigt sich eine homozygote Mutation im CCR5-Gen (CCR5Δ32), das für einen Ko-
Rezeptor des Virus codiert. Dieser Chemokinrezeptor wird bei den Betroffenen nicht
ausgebildet, was zu einem nahezu vollständigen Schutz vor einer Infektion mit dem
HI-Virus führt. Welches therapeutische Potential in diesem Wissen steckt, legte 2007
ein besonderer Fall dar, bei dem ein AIDS-Patient nach Erhalt einer Stammzelltrans-

---

206 Vgl. Torres-Ruiz und Rodriguez-Perales 2015.
207 Vgl. Arand 2017.
208 Vgl. Fehse et al. 2011, 100.
209 Vgl. Fehse et al. 2011, 69.

plantation eines Spenders mit homozygoter CCR5-Mutation nachweislich von seiner HIV-Infektion geheilt werden konnte.[210] Mittlerweile existieren etliche Veröffentlichungen sowohl zur Erforschung therapeutischer als auch präventiver Maßnahmen bezüglich einer HIV-Infektion.[211] Das zweite an menschlichen Zygoten vorgenommene Experiment mit der CRISPR/Cas-Methode wurde im April 2016 veröffentlicht.[212] Es wurde versucht, das CCR5-Gen so zu verändern, dass das HI-Virus den resultierenden Rezeptor nicht nutzen kann. Zwar verzeichneten die Autoren keine *off target*-Effekte, jedoch wurde nach diesen auch nur an vorbestimmten Stellen gesucht. Ungewollte InDels und Mosaikbildung stellten auch in diesem Versuch wesentliche Hürden hinsichtlich einer klinischen Anwendung dar.

Die ferner liegenden Ziele einer expliziten Keimbahntherapie liegen beispielsweise in der Verhinderung chromosomaler Aberrationen.[213] Die Robertson-Translokation 21/14 z. B., bei der die langen Arme der akrozentrischen Chromosomen 21 und 14 unter Verlust der kurzen Arme verschmelzen, wirkt sich auf den Phänotyp des Trägers nicht schädlich aus. Im Genotyp finden sich wegen der Fusion allerdings nur 45 Chromosomen; dieser Umstand erhöht bei der Keimzellbildung während der Meiose stark das Risiko für unbalancierte Translokationen, die an die Nachkommen vererbt werden und etwa zu einer Translokations-Trisomie 21 führen können. Eine Idee zur Anwendung der CRISPR/Cas-Technik hierzu besteht darin, die Chromosomen in den Keimzellen der Träger der balancierten Translokation zu trennen. In Anbetracht des derzeitigen technischen Standes ist eine Anwendung dieser Art allerdings in näherer Zukunft abwegig.[214] Andere Ansätze hinsichtlich chromosomaler Aberrationen bestehen etwa in der Inaktivierung oder Entfernung eines gesamten Chromosoms.[215]

Nicht so weit hergeholt ist die Vorstellung der Korrektur von Genen, die mit Infertilität in Zusammenhang gebracht werden. Zum einen können auch hier Chromosomenaberrationen wie das Turner- (45, X) oder Klinefelter-Syndrom (47, XXY) genetisch ursächlich sein. Zum anderen können aber auch Gene betroffen sein, die für eine physiologische Einnistung des Embryos oder dessen früheste Entwicklung entscheidend sind. In der bereits erwähnten Studie in Großbritannien[216] wurde in gesunden, von Frauen einer Klinik für *in vitro*-Fertilisation gespendeten Embryos, die Aktivität eines eben solchen Gens (OCT 4) blockiert. Dies nicht in direkt therapeutischer Absicht, sondern um die genetischen Ursachen für Infertilität und habituelle Aborte zu erforschen.

---

210 Vgl. Allers et al. 2011.
211 Vgl. etwa Swamy et al. 2016.
212 Vgl. Kang et al. 2016.
213 Vgl. Vassena et al. 2016.
214 Vgl. Vassena et al. 2016.
215 Vgl. Jiang 2013 sowie Zuo 2017.
216 Vgl. S. 23, FN 79 dieses Buches; vgl. Callaway 2016.

Eine weitere vorstellbare Anwendung könnte die Korrektur von mitochondrialen Veränderungen sein. Genetisch bedingten Mitochondriopathien liegt eine Mutation in der mitochondrialen DNA (mtDNA) oder der nukleären Kodierung der Mitochondrien-Proteine vor. Da die Mitochondrien vor allem für die Bereitstellung des Energieliefe-ranten ATP verantwortlich sind, manifestieren sich die resultierenden Erkrankungen häufig sehr früh in besonders energieabhängigen Geweben wie Muskeln und Nerven-gewebe.[217] Da es sich bei der Vererbung der mtDNA um einen rein maternalen Erbgang handelt, stammen die ererbten Mitochondriopathien stets von der Mutter; eine Trä-gerin wiederum vererbt die Mutation zu 100 % an ihre Nachkommen. Eine kurative Therapie für mitochondrial bedingte Erkrankungen stand bisher nicht zur Verfügung. Vor kurzem allerdings hat Großbritannien als erstes Land überhaupt die durchaus umstrittene und viel debattierte[218] Mitochondrien-Ersatz-Therapie als Option der Re-produktionsmedizin zugelassen.[219] Da genau genommen keine Mitochondrien aus-getauscht werden, sondern vielmehr entweder der Vorkern einer befruchteten Eizelle einer Betroffenen nach IVF in eine befruchtete, entkernte Spendereizelle eingesetzt wird (Vorkerntransfer; *pronuclear transfer* / PNT), oder der Kern einer Eizelle einer Betroffenen in die entkernte Eizelle einer Spenderin übertragen und anschließend per Intrazytoplasmatischer Spermieninjektion (ICSI) befruchtet wird (Spindeltrans-fer; *maternal spindle transfer* / MST),[220] spricht man auch vom „Drei-Eltern-Kind". Als Alternative zu dieser Methode ist es vorstellbar, mittels CRISPR/Cas die Mutation in der mtDNA in den Oozyten einer Betroffenen bzw. in einer Zygote zu korrigieren.[221] Da allerdings in der Debatte um die Zulassung der Mitochondrien-Ersatz-Therapie auch die damit einhergehende Keimbahnveränderung ein große Rolle spielt[222] – immerhin gäbe ein so gezeugtes Mädchen die Mitochondrien der Spenderin an seine eigenen Nachkommen weiter – ist es stark zu bezweifeln, dass eine explizite Keimbahnthera-pie als weniger problematisch beurteilt werden könnte.

2.3.2.2 Wissenschaftliche Stellungnahmen zur Anwendung von CRIPSR/Cas in der menschlichen Keimbahn

In der Wissenschaft bestand bezüglich eines Verzichts auf klinische Versuche zur Keimbahntherapie lange weitestgehend Einigkeit. Viele riefen sogar, ähnlich wie zu den Anfängen der rekombinanten DNA-Technologie am Beginn der 1970er Jahre, zu einem freiwilligen Moratorium auf. Wie die bekannte Asilomar-Konferenz 1975,[223] in

---

217 Vgl. Ng und Turnbull 2016.
218 Vgl. Haimes und Taylor 2017.
219 Vgl. HFEA.
220 Vgl. HFEA.
221 Vgl. Vassena et al. 2016.
222 Vgl. Dimond und Stephens 2017.
223 Vgl. Berg et al. 1975.

deren Folge strenge Richtlinien und Regulationsbehörden für die Nutzung rekombinanter DNA aufgestellt und installiert wurden, fand auch zum Thema „Human Gene Editing" im Dezember 2015 eine Konferenz in Washington D.C. statt. An deren Ende konnte man sich jedoch nicht zu einem internationalen Moratorium entschließen. Allerdings wurde konstatiert, dass es unverantwortlich sei, einen klinischen Einsatz des CRISPR/Cas Systems in der menschlichen Keimbahn zu fördern, solange besagte technische Schwierigkeiten bestünden und ebenso lange kein Konsens in der Gesellschaft darüber gefunden würde, wie solche Keimbahninterventionen zu bewerten seien.[224]

Schon im März 2015 veröffentlichte *Nature* einen Artikel, in welchem Edward Lanphier et al. dazu aufriefen, die gesamte Forschung an der menschlichen Keimbahn einzustellen.[225] Eine etwas liberalere Position erschien im April 2015 in *Science*, deren Autoren zum Großteil bereits an einem von dem Innovative Genomics Institute (IGI) gesponserten Treffen im Januar 2015 in Napa, Kalifornien teilgenommen hatten. Zwei der Teilnehmer, David Baltimore und Paul Berg, waren schon Partizipanten der erwähnten Asilomar-Konferenz. In dem Artikel spricht sich unter anderem auch eine der Entdeckerinnen der CRISPR/Cas-Methode, Jennifer Doudna, ebenso für eine Verhinderung des klinischen Einsatzes dieser Methode in menschlichen Keim(bahn)zellen aus, solange soziale, umwelttechnische und ethische Aspekte ungeklärt seien. Die Grundlagenforschung daran – im Sinne der Erforschung des Potentials der CRISPR/Cas-Technik auch für Keimbahneingriffe – solle aber weiterhin gefördert werden.[226]

Auch in Deutschland beziehen Institutionen und Akademien Position. Die Deutsche Forschungsgemeinschaft (DFG), die Nationale Akademie der Wissenschaft Leopoldina, die deutsche Akademie der Technikwissenschaften – acatec und die Union der Deutschen Akademien der Wissenschaft plädierten 2015 für ein internationales Moratorium sämtlicher Formen der künstlichen Keimbahnintervention.[227] Zwischenzeitlich haben einige Mitglieder der Leopoldina[228] allerdings deutlich gemacht, dass die Forschung zur Entwicklung der Keimbahntherapie keineswegs eingeschränkt werden solle. Sie sprechen sich in einem kürzlich veröffentlichen Aufsatz für die Verwendung „überzähliger" Embryonen für die Erforschung einer Keimbahnthera-

---

224 Vgl. The National Academies of Sciences, Engineering, and Medicine 2016.
225 Vgl. Lanphier et al. 2015; auch die International Society for Stem Cell Research (ISSCR) spricht sich für diese Art Moratorium aus, vgl. International Society for Stem Cell Research 19.03.2015.
226 Vgl. Baltimore et al. 2015, 37.
227 Vgl. Nationale Akademie der Wissenschaften Leopoldina, Deutsche Forschungsgemeinschaft, acatec – Deutsche Akademie der Technikwissenschaften, Union der deutschen Akademien der Wissenschaften 2015, 13.
228 Die Nationale Akademie legt Wert darauf, dass es sich um die Meinung der in dem Diskussionspapier genannten Autoren Ulla Bonas et al. handelt, vgl. Bonas et al. 2017. Eine Auflistung aller beteiligten Autoren findet sich im Literaturverzeichnis dieses Buches unter dem entsprechenden Eintrag.

pie aus.[229] „Die empirischen Grundlagen für die Abschätzung [...] einer Keimbahntherapie können nur durch entsprechende Forschung geschaffen werden [...]. Auch
in Deutschland sollten Embryonen für medizinische Forschungszwecke verwendet
werden dürfen",[230] heißt es in diesem Beitrag. Im Oktober 2017 folgte ein Diskussionspapier der Leopoldina, in welchem für die Schaffung eines Fortpflanzungsgesetzes
plädiert wird. Die Materie sei zu komplex, die dem Embryonenschutzgesetz von 1990
zugrunde gelegten Annahmen seien veraltet: „Die Definition des Embryos in § 8 Embryonenschutzgesetz etwa stützt sich auf überholte Vorstellungen von den zellbiolo-
gischen und molekulargenetischen Abläufen der Befruchtung und frühen Embryonalentwicklung."[231] Inwiefern welches Wissen und welche Fakten überholt seien wird
nicht näher ausgeführt. Die Interdisziplinäre Arbeitsgruppe Gentechnologiebericht
(IAG) der Berlin-Brandenburgischen Akademie der Wissenschaften (BBAW) spricht
sich hingegen für ein Moratorium für Keimbahn-Experimente aus und lieferte diesbezüglich das erste Statement aus Deutschland.[232]

Die US-National Academies of Sciences, Engineering and Medicine äußern in
ihrer 2017 veröffentlichten Stellungnahme zur menschlichen Genomeditierung, dass
klinische Studien zwar mit Vorsicht begonnen werden müssten, dass Vorsicht aber
nicht heiße, dass sie verboten werden müssen.[233] Im Anschluss stellen sie eine Reihe
an Regulationsbedingungen und Beschränkungen auf, die sich unter anderem auf
die unbedingte Beschränkung auf die Heilung oder Prävention betreffende Eingriffe
oder den Ausschluss von *angemessenen* Alternativen beziehen. Auch sollen nur in der
Bevölkerung vorkommende und nicht gänzlich neue Gene eingefügt werden, zudem
brauche es Pläne für die Langzeitbeobachtung sowie eine ständige Re-Evaluierung
auch der sozialen Nutzen und Risiken.[234] Auf diesem Report basierend geben die US-
National Academies of Sciences, Engineering and Medicine bereits einen „guide" für
Patienten und von Erbkrankheiten betroffene Familien heraus, in welchem sie eben
diese dazu aufrufen „to engage in the conversation about human genome editing."[235]
Nicht nur um die technischen Herausforderungen wissend, sondern auch um die Befürchtungen, was gesellschaftliche Folgen, wie die Akzeptanz der weiterhin existent
bleibenden Menschen mit Erbkrankheiten beispielsweise angehe, wird festgestellt,

---

229 Zu „überzähligen" Embryonen vgl. S. 102, FN 503 sowie S. 145, FN 729, FN 730 dieses Buches.
230 Bonas et al. 2017, 8.
231 Nationale Akademie der Wissenschaften Leopoldina 2017, 6–7.
232 Vgl. Reich et al. 2015, 9.
233 „Heritable germline genome editing trials must be approached with caution, but caution does
not mean they must be prohibited", The National Academies of Sciences, Engineering, and Medicine
2017, 102.
234 Vgl. für diese und alle weiteren Bedingungen: The National Academies of Sciences, Engineering,
and Medicine 2017, 102–103.
235 The National Academies of Sciences, Engineering, and Medicine, 4.

dass eine Zulassung sich nach strengen Kriterien richtend auf „very serious diseases" beschränken müsste.[236]

Da ein häufig gegen eine Zulassung einer Keimbahntherapie angeführtes Argument besagt, dass es für den Großteil der zur Debatte stehenden „Kandidaten" für eine Keimbahntherapie bereits gut erprobte und etablierte Alternativen gebe,[237] soll abschließend ein Einblick in Techniken folgen, die als Alternative zu einer Keimbahnintervention angeführt werden. Dies auch, weil ein therapeutischer Eingriff in die Keimbahn eines zu zeugenden Kindes ohne *in vitro*-Fertilisation und ohne eine vorherige ebenso wie anschließende Präimplantationsdiagnostik jedenfalls derzeit nicht denkbar ist.

2.4 Einblick in ausgewählte Methoden der Reproduktionsmedizin

Insbesondere die monogen bedingten Erkrankungen geben ein gutes Beispiel dafür, dass eine Keimbahntherapie möglicherweise gar nicht vonnöten ist. Da sich die Mutation nach den Mendel'schen Regeln vererbt, wird i. d. R.[238] immer ein gewisser Anteil der Nachkommen nicht betroffen sein. Ist nur ein Elternteil von einer autosomal-rezessiven Krankheit betroffen, also homozygot, werden alle seine Nachkommen heterozygot, aber gesund sein. Ist ein Elternteil Träger, der andere erkrankt, wird immer noch ein Viertel der Kinder nicht betroffen sein. Auch bei dominant vererbten Mutationen wird, sofern ein Elternteil heterozygot betroffen, der andere nicht betroffen ist, die Hälfte der Nachkommen gesund sein. Sind beide heterozygot, besteht immer noch die 25 %ige Chance auf ein gesundes Kind. Diese Tatsache bedeutet, dass man beispielsweise mittels IVF und Präimplantationsdiagnostik (PID) mit selektivem Embryonentransfer einer Mutter nur ausgewählte, gesunde Embryonen einsetzen könnte und eine Keimbahntherapie überflüssig würde. Deshalb und auch, weil eine Therapie in der Keimbahn eng mit den Verfahren der *in vitro*-Fertilisation, Präimplantationsdiagnostik und ggf. der Pränataldiagnostik in Zusammenhang stehen, folgt nun ein Einblick in einige Methoden der Reproduktionsmedizin.

---

236 The National Academies of Sciences, Engineering, and Medicine, 4.
237 Vgl. S. 38, FN 160 dieses Buches; die weitere Besprechung dieser Position findet im Verlauf der Argumentationen statt, vgl. vor allem 3.3.2.3, S. 156 ff ebd.
238 Die äußerst seltene Konstellation ausgeklammert, dass beide Elternteile für dieselbe rezessive Mutation homozygot sind, oder ein Elternteil eine homozygote dominante Mutation aufweist.

Nach Indikationsstellung,[239] entsprechender Beratung und Aufklärung sowie nötigen Voruntersuchungen,[240] kann je nach den Ergebnissen eines der verschiedenen Protokolle zur IVF begonnen werden. Eine Eizellpunktion kann auch im Spontanzyklus in Zusammenhang mit einem hormonalen Kontrazeptivum und kurzfristiger Stimulation vorgenommen werden, welche den Vorteil der einfachen Handhabung und des geringen Eingriffs in die Zyklusregulation hat. Jedoch stehen auf diese Weise nur wenige Eizellen zur Verfügung, außerdem kann es zum vorzeitigen LH-Anstieg kommen.[241] In der klinischen Praxis haben sich daher verschiedene Protokolle durchgesetzt, die auf die individuelle Situation der Frau angewendet werden. Sie unterscheiden sich vor allem in der Dauer der Vorbehandlung bzw. dem Zeitpunkt der Stimulation mit Hormonen. Entweder nach oder ohne vorherige Downregulation der eigenen Hormonbildung mit einem GnRH Agonisten zur Vermeidung eines Eisprungs, wird das Follikelwachstum mit täglichen subkutan zu verabreichenden hohen Dosen von follikelstimulierendem Hormon (FSH) oder humanem Menopausengonadotropin (hMG) angeregt. Dies ist seit seiner Entwicklung in den 1980er Jahren das Goldstandard-Protokoll.[242] Andere Protokolle umgehen die Downregulation, die ihrerseits auch Nachteile wie beispielsweise eine zu starke Suppression der Hormonproduktion haben kann. Die Gabe kurzwirksamer GnRH-Antagonisten etwa bewirkt eine kompetitive Hemmung des entsprechenden Rezeptors zur Unterdrückung eines LH-Anstiegs.[243] Der Eisprung wird je nach Protokoll und nach Auswertung des Hormonstatus sowie sonographischer Untersuchungen bei einer Follikelgröße von etwa 18 mm durch die Gabe von humanem Choriongonadotropin (hCG) ausgelöst. Die Eizellgewinnung findet etwa 36 Stunden später, in den meisten Fällen ambulant unter kurzer Vollnarkose oder Sedierung, transvaginal statt. Hierzu wird unter Ultraschallkontrolle per Punktionsnadel die Follikelflüssigkeit abgesaugt, die im besten Fall jeweils eine Eizelle enthält. Laut einer Studie von 2011 sei die Gewinnung von 15 Eizellen optimal.[244]

---

239 Wie u. a. „der mikrochirurgisch nicht behandelbare Tubenverschluss [...] die immunologisch bedingte Sterilität, die idiopathische Sterilität, aber auch Formen der andrologischen Sterilität", Göretzlehner 2012, 162.

240 Hierzu gehören die Beurteilung der Ovarreserve, die u. a. die basale Bestimmung der Sexualhormone wie beispielsweise FSH, LH, Estradiol und Progesteron enthält, aber auch eine Ovarsonographie sowie u. U. eine Ovarhistologie. Zudem wird ein Spermiogramm erstellt, um die Qualität der Spermien zu prüfen, vgl. Göretzlehner 2012, 162–163.

241 Vgl. Göretzlehner 2012, 164.

242 Vgl. Shrestha et al. 2015, 2; je nach Situation der Frau, können andere Vorgehensweisen jedoch überlegen sein. Je nach Reaktion der Frau auf die Gonadotropinstimulation wird sie als *high, intermediate* oder *low responder* bezeichnet, vgl. Shrestha et al. 2015, 3.

243 Vgl. Göretzlehner 2012, 168.

244 Sunkara et al. 2011.

Bei der klassischen IVF werden die reifen Eizellen mit ca. 50.000–100.000[245] Spermien in eine Petrischale gegeben und nach stattgefundener Befruchtung für etwa 20 Stunden kultiviert, bis sie sich im Pronukleus-Stadium, dem Vorkernstadium befinden. Noch am Tag der Befruchtung muss entschieden werden, welche der befruchteten Eizellen weiter kultiviert oder welche eventuell kryokonserviert werden.[246] Von den Embryonen dürfen der Frau in Deutschland höchstens drei implantiert werden.[247] Vor dem 35. Lebensjahr wird die Implantation von ein bis zwei Embryonen empfohlen, um risikobehafteten Mehrlingsschwangerschaften vorzubeugen. Welche Embryonen das vielversprechendste Potential besitzen, sich gut in den Uterus einzunisten und weiterzuentwickeln, kann nur vage bestimmt werden; man zieht hierzu diverse prognostische Marker heran, wie beispielsweise der Zeitpunkt der ersten Teilung als Prädiktor für das Implantationspotential.[248] Ab der Kernverschmelzung, etwa 24 Stunden nach dem Eindringen des Spermiums, findet ca. alle 12 bis 36 Stunden eine Teilung statt. Solange der Embryo sich im Blastomerstadium befindet, bis zur dritten Teilung, also im Achtzellstadium, ist jede dieser Zellen totipotent – aus jeder einzelnen könnte sich ein menschlicher Organismus entwickeln, weshalb nach dem Embryonenschutzgesetz auch die totipotenten Zellen unter den Embryonenschutz fallen.[249] Im Anschluss an die vierte Teilung sind diese Zellen nur noch pluripotent, was bedeutet, dass sie sich zwar noch in alle Gewebearten differenzieren, aus ihnen aber kein unabhängiger Organismus mehr entstehen kann. Zwei bis höchstens fünf Tage nach der Eizellentnahme werden dann bis zu drei Embryonen per Katheder in die Gebärmutterhöhle eingesetzt.

Bei der ICSI, welche beispielsweise bei einem auffälligen Spermiogramm indiziert sein kann, wird ein ausgesuchtes Spermium per Injektion in die Eizelle gebracht. Im Anschluss wird wie bei der klassischen IVF verfahren. Die IVF / ICSI-Methode mit anschließendem Embryonentransfer hat von allen Verfahren zur Sterilitätsbehandlung die höchsten Geburtenraten pro Behandlungszyklus;[250] über erhöhte Risiken von Mehrlingsschwangerschaften (die wiederum eigens risikoreich sind), häufiger auf-

---

245 Vgl. etwa Kentenich et al. 2013, 1653.
246 Vgl. Kentenich et al. 2013, 1657. „Durch Kryokonservierung von Eizellen im Vorkernstadium entfallen die mit der Kryokonservierung von Embryonen verbundenen ethischen Probleme, weil vor dem Abschluß des Befruchtungsvorganges noch kein neues menschliches Leben entstanden ist", heißt es von der Bundesärztekammer 1996, A417.
247 Vgl. § 1 Abs. 1 Nr. 3 EschG.
248 Vgl. Kentenich et al. 2013, 1657.
249 Vgl. § 8 Abs. 1 EschG. Auch im § 3 (4) des Stammzellgesetzes (StZG) gilt als Embryo „bereits jede menschliche totipotente Zelle, die sich bei Vorliegen der dafür erforderlichen weiteren Voraussetzungen zu teilen und zu einem Individuum zu entwickeln vermag".
250 Vgl. Kentenich et al. 2013, 1660. Die *baby-take-home-rate* für die IVF/ICSI-Behandlung betrug 2015 20,4 % pro Behandlungszyklus. Pro Embryonentransfer lag sie bei 24,4 %, vgl. Deutsches IVF-Register 2017, 24.

tretende Frühgeburtlichkeit ebenso wie über vermehrte Auffälligkeiten von Kindern nach Anwendung des ICSI-Verfahrens muss jedoch aufgeklärt werden.[251] Ob diese Auffälligkeiten eher mit der die Sterilität verursachenden Vorerkrankung der Eltern in Zusammenhang stehen, oder tatsächlich mit dem Verfahren der Reproduktionsmedizin zusammenhängen, ist nicht vollständig geklärt.[252]

Soll eine seit 2011 in Deutschland in Ausnahmefällen zulässige PID[253] stattfinden, werden die dazu nötigen Zellen entweder im Blastomer- oder im Blastozystenstadium entnommen. Bei ersterem besteht der Vorteil in der frühen Entnahme, im Vier- bis Achtzellstadium und der daraus resultierenden frühzeitig möglichen Implantation in die Gebärmutter. Allerdings zeigen diese totipotenten Zellen im Vergleich noch häufig eine Mosaikbildung, welche den Rückschluss auf das tatsächliche Chromosomenbild verfälschen kann.[254] Bei der Entnahme von pluripotenten Zellen etwa am fünften Tag nach Befruchtung, kann diese Mosaikbildung weitestgehend ausgeschlossen werden, jedoch verkürzt sich die Zeit zwischen der Untersuchung und der Implantation, sodass ggf. eine zwischenzeitliche Kryokonservierung vorgenommen werden muss, bis das Untersuchungsergebnis vorliegt.

Sind die zu diagnostizierenden Zellen gewonnen, wird die genetische Untersuchung durchgeführt. Woraufhin diese Zellen untersucht werden hängt von der Indikation ab: Es können die Anzahl der Chromosomen überprüft, sowie die Chromosomen auf Translokationen geprüft werden. Auch molekulargenetische Untersuchungen können veranlasst werden, beispielsweise um eine der bisher etwa 5.000 monogen bedingten Erkrankungen und Behinderungen, deren Gene bekannt sind, festzustellen.[255] Im Hinblick auf eine Keimbahntherapie muss an dieser Stelle schon erwähnt werden, dass nicht nur *eine* diagnostische PID *vor* dem Eingriff, zur Identifikation der durch die Genomeditierung zu korrigierenden Mutation, stattfinden müsste – jedenfalls sofern der Eingriff nicht bereits in den Spermien oder Eizellen stattfinden sollte –, sondern es müsste auch eine *zweite* PID *nach* der Intervention erfolgen, um das Ergebnis der Editierung zu prüfen.[256] Nachdem die Embryonen auf die entsprechenden Merkmale untersucht wurden, werden wie bei der IVF ohne PID höchstens drei von ihnen in die Gebärmutter eingebracht, in die sie sich im besten Fall innerhalb der nächsten 14 Tage einnisten.

---

251 Zu eventuellen Langzeitrisiken vgl. S. 54 f dieses Buches.

252 Vgl. Davies et al. 2012; Deutscher Ethikrat 2011, 25, 26.

253 Vgl. § 3 a EschG, sowie S. 111, FN 557, FN 558 dieses Buches.

254 Vgl. Grüber et al. 2016, 6–7.

255 Hierzu muss aber gesagt sein, dass jedes Zentrum nur gewisse Untersuchungen anbietet, insbesondere wegen des finanziellen Aufwands, vgl. Grüber et al. 2016, 10. Zudem gibt es durch die Beschränkung auf eine schwerwiegende Erbkrankheit in Deutschland nur wenige Indikationen.

256 Dies hätte beispielsweise Konsequenzen für die rechtlichen Beschränkungen einer PID im Kontext einer Keimbahntherapie, vgl. etwa S. 247 dieses Buches.

Um nach den Untersuchungen nicht betroffene Embryonen zur Verfügung zu haben, sind nach den Erfahrungen aus dem Ausland durchschnittlich sieben PID-Embryonen notwendig.[257] Da Fehldiagnosen bei der PID nicht auszuschließen sind, macht sie die Pränataldiagnose (PND) nicht überflüssig. Es muss also während der Schwangerschaft das Ergebnis der PID per PND überprüft werden, wobei deren Maßnahmen von nicht-invasiven Methoden wie dem Ultraschall bis hin zu den invasiven Methoden wie der Chorionzottenbiopsie (Gewinnung von Plazentagewebe) oder der Amniozentese (Gewinnung von Fruchtwasser) reichen, die wiederum mit eigenen Risiken behaftet sind, wie z. B. die Auslösung einer Fehlgeburt.[258] Einen für den Embryo risikolosen Eingriff stellt die Möglichkeit nicht-invasiver Pränataltests (NIPT) dar.[259] Bei einer Untersuchung des mütterlichen Bluts können fetale DNA-Bruchstücke auf chromosomale Abweichungen getestet werden. Die Tests geben jedoch lediglich einen Hinweis auf das Vorliegen einer Chromosomenaberration, die bei Vorliegen eines auffälligen Bluttestergebnisses ggf. invasiv nachgeprüft werden müssen.[260]

Die Erfolgschancen für ein Paar per IVF oder ICSI ein Kind zu bekommen, hängen stark mit Faktoren wie beispielsweise dem Alter der Frau oder dem Grund der Sterilität zusammen. Nach dem Deutschen IVF-Register haben im Jahr 2015 von 15.105 durchgeführten IVF-Behandlungen 4.225 zu einer klinischen Schwangerschaft und 3.102 von diesen zu einer Lebendgeburt geführt; das entspricht einer sog. *baby-take-home-rate* nach IVF-Behandlung von 20,5 %.[261] Auch für die ICISI wird eine ähnliche Rate angegeben. Nach insgesamt 48.532 durchgeführte ICSI-Behandlungen im selben Jahr kam es zu 9.894 Lebendgeburten. Daraus errechnet sich eine *baby-take-home-rate* für die ICSI von 20,4 % pro Behandlungszyklus. Knapp jede fünfte Behandlung mit IVF oder ICSI führte demnach zur Geburt eines Kindes. Die Schwangerschaftsraten für die sexuelle Zeugung eines Kindes werden im Vergleich hierzu mit etwa 27-30 % angegeben.[262] Allerdings scheinen die Herausforderungen und Maßnahmen, die einer IVF-Behandlung vorausgehend bewältigt werden müssen in Gegenüberstellung mit der sexuellen Zeugung eines Kindes unvergleichbar belastender.

Die Risiken der PID, mit denen sich ein Paar und insbesondere die Frau auseinandersetzen müssen, ergeben sich zunächst aus den Risiken der IVF, von denen die hormonelle Überstimulation als die schwerwiegendste gilt. Aber auch mögliche Komplikationen, die sich aus den Eingriffen ergeben können, wie Verletzungen und Blutungen bei der Follikelpunktion beispielsweise, müssen bedacht werden. Auch

---

257 Vgl. Bundesärztekammer 2011, 5.
258 Vgl. Theodora et al. 2016.
259 In Deutschland werden der PreanaTest®, der Harmony Prenatal Test® und der Panorama Test angewandt, vgl. Dohr und Bramkamp 2014, 4.
260 Die falsch-positiv-Rate liegt bei den in Deutschland angewendeten Tests hinsichtlich der Trisomien 13, 18 und 21 zwischen 0,05 – 0,9 %, vgl. Dohr und Bramkamp 2014, 3.
261 Vgl. Deutsches IVF-Register 2017, 24.
262 Vgl. Bonas et al. 2017, 11, FN 18, auch Göretzlehner 2012, 169.

die Mehrlingsschwangerschaft, insbesondere bei mehr als einem transferierten Embryo, gilt als Risiko, die bei den Kindern wiederum zu erhöhten Auftrittswahrscheinlichkeiten von Frühgeburtlichkeit, niedrigem Geburtsgewicht mit einhergehenden körperlichen und neurologischen Erkrankungen und Atemnotsyndromen führen kann, und bei den Frauen unter anderem das Risiko eines Hypertonus oder einer Präeklampsie sowie für einen Kaiserschnitt erhöht.[263] Die anschließende PID birgt für die Frau nicht mehr medizinische Risiken als die IVF; den Embryo kann es hingegen im schlimmsten Fall zerstören, wenn ihm insbesondere im Blastozystenstadium Zellen entnommen werden,[264] ganz abgesehen von dem Risiko des Embryos, bei einer entsprechenden Diagnose verworfen zu werden. Ein weiteres, jedoch von IVF/PID unabhängiges Risiko besteht hinsichtlich der im Rahmen einer PND möglicherweise stattfindenden invasiven Maßnahmen wie einer Amniozentese; und zwar sowohl für die Mutter als auch für den Embryo. Während die Frau diesbezüglich über mögliche Infektionen und Blutungen durch den Eingriff aufgeklärt werden muss, besteht beim Embryo die Gefahr des Aborts, insbesondere bei sehr frühen Untersuchungen. Für die Amniozentese z. B. wird dieses Risiko mit 0,5-1 % angegeben.[265] Zudem darf die psychische Belastung, die ein und vor allem mehrere solcher Behandlungszyklen für die Frauen und Männer bedeuten, nicht vergessen werden.

Neben den unmittelbaren Risiken lassen groß angelegte, laufende Analysen, die teils bereits veröffentlicht wurden, hinsichtlich der Langzeitfolgen von assistierten reproduktiven Maßnahmen (ART; *assisted reproductive technology*), wie IVF und ICSI, aber auch Effekte auf die spätere Entwicklung der so gezeugten Menschen vermuten.[266] Während einige Studien nahelegen, dass sowohl für die Mütter[267] als auch für Kinder ein erhöhtes Risiko spät folgender gesundheitlicher Beeinträchtigungen besteht, bleibt die Zuordnung von signifikanten Unterschieden in der Datenlage jedoch schwierig. In einer Analyse wurde beispielsweise für die gesamten ARTs ein erhöhtes Risiko für perinatale Vorkommnisse, Geburtsfehler oder auch epigenetisch bedingte Erkrankungen festgestellt. Beispielsweise wurde ein möglicher Zusammenhang zwischen ARTs und epigenetisch bedingten Erkrankungen beobachtet, denen ein fehlerhaftes *imprinting* zugrunde liegt, wie das Beckwith-Wiedemann- oder Angelmann-Syndrom,[268] ohne allerdings differenzieren zu können, ob die IVF-Behandlung selbst oder die für die ungewollte Kinderlosigkeit bedingende Ursache verant-

---

263 Vgl. Deutscher Ethikrat 2011, 25.
264 Wenngleich die meisten Embryonen die Entnahme der Zellen unbeschadet überstehen, vgl. Nationaler Ethikrat 2003, 34.
265 Bundesärztekammer 1998, A3240.
266 Für eine Übersicht vgl. National Collaborating Centre for Women's and Children's Health 2013, 414–445.
267 Z. B. hinsichtlich kardiovaskulärer Erkrankungen infolge der Hormonbehandlungen, vgl. Udell et al. 2017.
268 Vgl. Turkgeldi et al. 2016.

wortlich sein könnte.[269] Eine weitere, die einen Vergleich speziell von Kindern, die per ICSI gezeugt wurden, mit Kindern, die sexuell gezeugt wurden, vornimmt, verweist ebenfalls auf Störfaktoren etwaig festgestellter signifikant erhöhter Risiken.[270] Hier sei weitere Beobachtung und Untersuchung der Zusammenhänge nötig, vor allem in Hinblick auf epigenetische Veränderungen. Aber auch etwa hinsichtlich kardiovaskulärer Erkrankungen gibt es Hinweise bezüglich eines erhöhten Risikos von nicht sexuell gezeugten Kindern.[271] Im Rahmen eines Vergleichs von per IVF und per ICSI gezeugten Kindern wird im Hinblick auf solche und andere noch nicht weiter erforschten Langzeitwirkungen durch Maßnahmen der Reproduktionsmedizin empfohlen, den Einsatz der ICSI-Methode zumindest auf die ursprüngliche Indikation der männlichen Zeugungsunfähigkeit zu beschränken.[272] Über 6 Millionen Kinder, die mit reproduktiven Maßnahmen gezeugt wurden, sind seit der Geburt des ersten per IVF gezeugten Kindes zur Welt gekommen. Das erste von ihnen, Louise Brown, wurde 1978 geboren und ist somit mit 40 Jahren die älteste per IVF gezeugte Frau. Die Abschätzung tatsächlicher Langzeitfolgen befindet sich demnach noch am Anfang und erfordert die weitere Beobachtung und Analyse der Zusammenhänge zwischen den reproduktiven Maßnahmen und etwaiger Störfaktoren mit Blick auf die Entwicklung im Kindes- und Erwachsenenalter.[273]

Im Hinblick auf die mögliche Zulassung einer Keimbahntherapie darf an dieser Stelle darauf hingewiesen werden, dass somit ein Verfahren zugelassen würde, welches abhängig von Methoden wie der IVF oder ICSI wäre, deren eigenes Risikoprofil hinsichtlich ihrer Langzeitfolgen gerade erst beginnt, sich zu vervollständigen. Doch nicht nur angesichts dieser Risikoeinschätzung, sondern auch wegen der möglichen weitreichenden und u. U. irreversiblen Aus- und Nebenwirkungen, ebenso wie der schon aus anderen Diskursen bekannten ethischen Fragen, beispielsweise nach dem moralischen und rechtlichen Status eines Embryos oder dem erforderlichen *informed consent* eines Patienten sowie darüber hinaus hinsichtlich zu erwägender individueller und gesellschaftlicher Folgen, muss festgestellt werden, dass für eine umfassende Bewertung der Möglichkeit einer Keimbahnintervention eine ganze Bandbreite bekannter und auch neu aufgeworfener Aspekte untersucht werden müssen. Einigen dieser Fragen in diesem großen Aufgabenfeld soll sich die der naturwissenschaftli-

---

269 Vgl. Lu et al. 2013, Turkgeldi et al. 2016 und Hunter 2017.
270 "Several patient confounders such as age, parity, ethnicity, educational level and socio-economic status, and ART confounders such as baseline ovarian reserve, baseline hormonal parameters, infertility diagnoses, ovarian stimulation parameters, endometrial receptivity and cryopreservation may obscure the analysis and interpretation of clinical studies," Pereira et al. 2017.
271 Vgl. Meister et al. 2018.
272 Vgl. Catford et al. 2017.
273 Insbesondere im Hinblick auf die genannten Beobachtungsfelder der perinatalen Entwicklung, Geburtsfehler und Malformationen, epigenetische Effekte, sowie hinsichtlich medizinischer und reproduktiver Gesundheit.

chen Ausarbeitung dieser Arbeit anschließende Auseinandersetzung mit den rechtlichen, ethischen und sozialen Aspekten annehmen.

3 Rechtliche, ethische und soziale Aspekte

Der in diesem Kapitel stattfindenden Auseinandersetzung, Untersuchung und Analyse der Argumentationsmuster in der Diskussion und Bewertung einer Keimbahntherapie soll die Darstellung der rechtlichen Lage vorangestellt werden. Sowohl ausgewählte nationale wie auch internationale Regelungen und Stellungnahmen sollen vorgestellt und nicht zuletzt als Vorbereitung für die Ausführungen zu einer möglichen Regulation der Keimbahnintervention dargestellt werden. Den rechtlichen Aspekten folgt eine Definition einiger der für diese Arbeit wesentlichen Begriffe. Dies soll zum einen der Klärung dienen, nach welchem Verständnis die Begriffe „Therapie" und „Enhancement", „Gesundheit", „Krankheit" und „Prävention" in dieser Arbeit verwendet werden. Zum anderen sind diese Erläuterungen ein wichtiger Grundstein für das Verständnis einiger Argumente, die im Zusammenhang mit der Schwierigkeit von fließenden Grenzen stehen.

3.1 Rechtliche Lage

3.1.1 Übersicht zu nationalen Regelungen

Die rechtliche Lage in Deutschland scheint hinsichtlich der Option einer Keimbahntherapie bzw. der Erforschung dieser Möglichkeit eindeutig zu sein. Das Embryonenschutzgesetz (EschG)[274] legt in Paragraph 5 Absatz 1 fest: „Wer die Erbinformation einer menschlichen Keimbahnzelle künstlich verändert, wird mit Freiheitsstrafe bis zu fünf Jahren oder mit Geldstrafe bestraft."[275] Darüber hinaus wird bestraft, wer eine künstlich veränderte menschliche Keimzelle zur Befruchtung verwendet; allein der Versuch ist strafbar.[276] Diesen Absätzen folgen jedoch gleich im Anschluss zwei Ausnahmen: Eine menschliche, körpereigene Keimzelle darf künstlich verändert werden, solange sie nicht für die Befruchtung bestimmt ist und sofern ausgeschlossen werden kann, dass „diese auf einen Embryo, Foetus oder Menschen übertragen wird" oder „aus ihr eine Keimzelle entsteht";[277] ebenso ist die unbeabsichtigte Veränderung der DNA in den Keimbahnzellen, wie sie etwa unter Röntgenstrahlung oder Chemothera-

---

274 Das Embryonenschutzgesetz wurde 1990 erlassen. Es basiert auf einem Diskussionsentwurf, der u. a. die Empfehlungen zuvor einberufener Kommissionen und Gremien berücksichtigt; für eine Übersicht zur Literatur der vorangegangenen rechtspolitischen Debatte vgl. z. B. Wagner 2007, 114, FN 411. Hervorzuheben ist etwa die „Arbeitsgruppe *in vitro*-Fertilisation, Genomanalyse und Gentherapie" (auch unter „Benda-Kommission" bekannt), welche 1984 vom Bundesminister für Justiz und dem Bundesminister für Forschung und Technologie einberufen wurde.
275 § 5 Abs. 1 EschG.
276 Vgl § 5 Abs. 2 und 3 EschG.
277 § 5 Abs. 4 Nr. 2 EschG.

https://doi.org/10.1515/9783110624472-003

pie geschehen kann, von dem Verbot ausgenommen.[278] Während die unbeabsichtigten Manipulationen erlaubt sind, weil die Chance auf Heilung des Individuums der Möglichkeit einer ungewollten Veränderung vorrangig sei, sollen die Ausnahmen bezüglich einer Erlaubnis der Manipulation an nicht zur Herbeiführung einer Schwangerschaft gedachten Keimbahnzellen vor allem die Forschungsfreiheit berücksichtigen, wie sie im Grundgesetz verankert ist.[279] Die zugrunde liegende Absicht besteht darin, die Zeugung eines Embryos mit derart veränderten Zellen zu verhindern.

So eindeutig, wie es bis hierher scheint, ist die Lage jedoch nicht. Dies liegt speziell an der Besonderheit, dass Strafgesetze, wie das Embryonenschutzgesetz eines ist, dem Analogieverbot unterliegen. Das Analogieverbot (nulla poena sine lege stricta), festgehalten in Art. 103 II GG und § 1 StGB, entspricht dem Gesetzlichkeitsgrundsatz und erlaubt keine Auslegung eines Strafgesetzes über den Wortlaut hinaus – jedenfalls nicht zu Lasten des Beteiligten.[280] Das bedeutet, weder die Absicht noch die Annahmen, die einem Strafgesetz zugrunde liegen, sind relevant, sondern ausschließlich der verwendete Wortlaut.[281] „Der Wortlaut des Gesetzes ist die Grenze", äußert sich Jochen Taupitz und schlägt folgende Wortlautinterpretation vor: Zum einen gebe es die genannten Ausnahmen im Embryonenschutzgesetz, die vom Gesetzgeber jedoch so gewollt seien. Weiter gebe es aber auch Unklarheiten, wie etwa die Frage, ob eine somatische Gentherapie am Embryo zulässig wäre. Wenn nach Paragraph 2 Absatz 1 des Embryonenschutzgesetzes „alles, was der Erhaltung dieses konkreten Embryos dient" erlaubt sei, müsse auch die somatische Intervention mit Einwilligung der Eltern damit konform sein. Die Zellen eines sehr frühen Embryos haben sich jedoch noch nicht differenziert; es kann schlicht nicht unterschieden werden, welche Zellen sich zu somatischen und welche sich zu Keimbahnzellen entwickeln. Zählte eine Veränderung dann zu den unbeabsichtigten Manipulationen? Taupitz vermerkt, „dass nach deutschem Embryonenschutzgesetz beim sehr frühen Embryo jede somatische Intervention verboten ist, weil das unabänderlich auch in die Keimbahn hineingehen kann."[282]

Neben Ausnahmen und Unklarheiten gebe es vor allem aber auch Lücken in diesem Gesetz, stellt Taupitz fest. Zum einen sei der Zellkerntransfer in Keimbahn-

---

278 Vgl. § 5 Abs. 4 Nr. 3 EschG; hierzu muss auch die somatische Gentherapie gezählt werden, vgl. Taupitz 2016, 22.

279 „Kunst und Wissenschaft, Forschung und Lehre sind frei. Die Freiheit der Lehre entbindet nicht von der Treue zur Verfassung", Art. 5 Abs. 3 GG. Vgl. hierzu auch den Entwurf zum Embryonenschutzgesetz: „Angesichts der durch Artikel 5 Abs. 3 GG garantierten Forschungsfreiheit wäre es bedenklich, Experimente zu verbieten, die von vornherein zu keiner Gefährdung des Individuums zu führen vermögen", Deutscher Bundestag 1989b, 11.

280 Vgl. Taupitz 2016, 25 oder Welling 2014, 72, FN 269.

281 Im Allgemeinen gibt es verschiedene juristische Methoden der Gesetzesinterpretation. Neben der Wortlautinterpretation existiert etwa die historische, teleologische oder systematische Auslegung.

282 Taupitz 2016, 23. Dies könnte etwa bei der Frage um die rechtliche Zulässigkeit einer Mitochondrienersatztherapie relevant sein, vgl. S. 46 dieses Buches.

zellen von dem Verbot nicht erfasst, da es sich um den *Ersatz* eines Zellkerns, nicht um die *Veränderung* der darin enthaltenen Erbinformation handele. Weiter sei auch die Ersetzung eines Eizellkerns durch den einer somatischen Zelle nicht von dem Verbot abgedeckt, da einerseits auch hier keine Veränderung des Erbguts vorgenommen werde, andererseits könne man sich aber auch auf die Ausnahme berufen, dass mit der veränderten Zelle keine Befruchtung vorgenommen werden solle.[283] Eine für die vorliegende Fragestellung relevante Lücke sei jedoch insbesondere in der Herstellung von Keimbahnzellen aus ehemals somatischen Zellen zu finden. Induzierte pluripotente Stammzellen (iPSC), also aus ausdifferenzierten Zellen zur Pluripotenz zurückgeführte Zellen,[284] stellen Möglichkeiten in Aussicht, die zur Zeit der Gesetzgebung noch nicht abzusehen waren. Es sei z. B. vorstellbar, dass zukünftig aus somatischen Zellen über die Induzierung verschiedener Prozesse Keimbahnzellen entstehen könnten.[285] Manipulierte man nun eine somatische Zelle mithilfe von CRISPR/Cas, stattete man sie etwa mit einem Gen aus, welches vor der Infizierung mit dem HI-Virus schützte, verwandelte sie in eine Eizelle und befruchtete sie – möglicherweise mit einer ebenfalls manipulierten und zur Samenzelle transformierten somatischen Zelle – wäre dies vom Embryonenschutzgesetz nicht verboten, „obwohl es vielleicht verboten gehört",[286] ergänzt Taupitz. Selbst wenn es einleuchte, dass der Gesetzgeber, hätte er die Anbahnung dieser Möglichkeit vorausgeahnt, diese mit in das Verbot aufgenommen hätte, wäre es zu diesem Zeitpunkt nicht strafbar, auf diese Art editierte Keimzellen herzustellen und zur Erzeugung eines Embryos für die Herbeiführung einer Schwangerschaft einzusetzen. Möchte man diese Option also auch zukünftig verboten wissen, müsse der Text des Embryonenschutzgesetzes entsprechend angepasst werden.

Für eine Anpassung des Gesetzes stimmen auch einige Mitglieder der Wissenschaftsakademie Leopoldina – darunter auch Jochen Taupitz – jedoch nicht im Sinne einer Verdeutlichung der Verbote. Ihrer Meinung nach sei es im Sinne hochrangiger Forschungsziele nötig, die Bestimmungen bezüglich der Forschung an „überzähligen" Embryonen zu lockern.[287] Aus IVF-Behandlungen übrig gebliebene Embryonen sollten für die Forschung zugänglich gemacht werden, derzeit werden sie von dem bestehenden Gesetz geschützt, das verbrauchende Embryonenforschung verbietet.[288]

---

283 Vgl. Taupitz 2016, 23. Ob das Klonierungsverbot hier greifen könnte, sei laut Taupitz umstritten.

284 Zu den ersten Veröffentlichungen s. Takahashi et al. 2007, Yu et al. 2007, Park et al. 2008. Der Prozess der Reprogrammierung ist bis dato nicht vollständig aufgeklärt.

285 Vgl. Taupitz 2016, 24.

286 Taupitz 2016, 25.

287 Vgl. S. 48 sowie S. 145, FN 729, FN 730 dieses Buches.

288 „Wer einen extrakorporal erzeugten oder einer Frau vor Abschluß seiner Einnistung in der Gebärmutter entnommenen menschlichen Embryo [...] zu einem nicht seiner Erhaltung dienenden Zweck abgibt, erwirbt oder verwendet, wird mit Freiheitsstrafe bis zu drei Jahren oder mit Geldstrafe bestraft", § 2 Abs. 1 EschG.

Bettina Schöne-Seifert, Mitautorin des letztgenannten Statements, spricht an anderer Stelle von der „u. U. provozierenden Diagnose, das Embryonenschutzgesetz sei nicht mehr ‚zeitgemäß‘" und stimmt dafür, die „fragliche Überzeugungskraft einer ethischen Prämisse", nämlich die dem Embryonenschutzgesetz zugrunde gelegte Idee eines vollen Würde- und Lebensschutzes des Embryos, neu zu diskutieren.[289] Wie es jedoch derzeit um den Schutz nicht lebensfähiger Embryonen steht, sei strittig, merkt Taupitz an. Ob etwa das erste Experiment mit der CRISPR/Cas-Methode aus China an menschlichen Embryonen, die nicht entwicklungsfähig waren, in Deutschland hätte stattfinden können, sei unklar. „Man kann mit guten Argumenten dafür eintreten und das Gesetz so interpretieren, dass sie hier in Deutschland nicht verboten wären."[290]

Obgleich die entscheidende Bedeutung eines Gesetzes nicht über seinen Wortlaut hinaus interpretiert werden darf, so ist die Absicht, also die einem Gesetz innewohnende Idee, juristisch ausgedrückt die *ratio legis*, nicht unbedeutend. Die Begründung eines Gesetzes enthält die Absicht des Gesetzgebers, aus ihr lässt sich die dahinterstehende Auffassung über den politischen Willen ableiten. Und diese sei, jedenfalls im Falle einer nicht planwidrigen Regelungslücke, also z. B. einer Lücke, die nicht primär wegen Unachtsamkeit entstanden ist, sondern sekundär wegen sich verändernder Umstände, für eine Analogie heranziehbar. „Ungeachtet des Vorliegens einer Lücke ist eine über die bloße Auslegung hinausgehende Einengung oder Erweiterung der betreffenden Vorschrift im Rahmen einer Analogie dann unzulässig, wenn ein entsprechender Wille des Gesetzgebers der Norm entnommen werden kann."[291] Ist die Regelungslücke also nicht planwidrig, ist sie also beispielsweise sekundär entstanden, wie in den genannten Fällen, in denen der Gesetzgeber die zukünftigen Möglichkeiten nicht hat vorausahnen können,[292] ist eine Analogie nur im Sinne des dahinterstehenden Willens zulässig. In Bezug auf das Verbot der Keimbahntherapie besteht dieser insbesondere in dem Schutz des Embryos und des daraus resultierenden Menschen vor nicht verantwortbaren Experimenten.

> Derartige Experimente sind aber wegen der irreversiblen Folgen der in der Experimentierphase zu erwartenden Fehlschläge – d. h. von nicht auszuschließenden schwersten Mißbildungen oder sonstigen Schädigungen – jedenfalls nach dem gegenwärtigen Erkenntnisstand nicht zu verantworten. Sie wären weder mit dem objektiv-rechtlichen Gehalt des Grundrechts auf Leben und körperliche Unversehrtheit (Artikel 2 Abs. 2 Satz 1 GG) noch mit der Grundentscheidung des Artikels 1 Abs. 1 GG für den Schutz der Menschenwürde zu vereinbaren.[293]

---

289 Schöne-Seifert 2017, 95.
290 Taupitz 2016, 26.
291 Welling 2014, 65.
292 „Diese Lücke ist mit den wachsenden medizinischen und bio-technologischen Möglichkeiten entstanden und stellt somit eine sekundäre, nachträglich entstandene Lücke dar", Welling 2014, 72.
293 Deutscher Bundestag 1989b, 11.

Taupitz schließt hieraus, dass es also „um die gesundheitlichen Schädigungen eines nach einer solchen Keimbahnintervention geborenen Menschen" gehe; „nur auf diesen später geborenen Menschen hatte der Gesetzgeber damals abgestellt."[294] Es bleibt nach dem Entwurf des Gesetzes tatsächlich offen, „ob es überhaupt – etwa zur Verhinderung schwerster Erbleiden – verantwortet werden könnte, eine künstliche Veränderung menschlicher Erbanlagen auf dem Wege eines Gentransfers in Keimbahnzellen zuzulassen"[295], doch wäre hierfür eine Änderung der Prämisse nötig, dass für die Entwicklung und Anwendung des Verfahrens unvertretbare Experimente am Menschen stattfinden müssen. Wenn also das Verfahren in Zukunft hinreichend sicher sei, entfiele die Begründung für das juristische Verbot, so Taupitz. Zwar betont er selbst die Frage, was als *hinreichend sicher* zu gelten habe, doch postuliert er unter dieser Annahme, dass sodann sogar das Recht auf körperliche Unversehrtheit *für* eine Keimbahnintervention spreche. Auf die verfassungsrechtlichen Rahmenbedingungen, ganz besonders die Achtung der Menschenwürde und wie sie mit Keimbahninterventionen in Zusammenhang steht, kann an dieser Stelle nur hingewiesen werden. Sie sind Teil der ethischen Argumentation.[296] Auch was die hinreichende Sicherheit angeht, wird diese Prämisse noch kritisch untersucht und geprüft werden müssen, ob es überhaupt vorstellbar ist, die Keimbahntherapie anzuwenden, ohne dabei einen ethisch nicht vertretbaren Menschenversuch zu begehen. Hierzu wird u. a. darauf hingewiesen, dass sich etwaige Fehler nicht zwangsläufig am behandelten Individuum zeigen müssten, sondern auch erst Generationen später auftreten könnten.[297] Vor allem aber müssten z. B. die Behandelten ihr Leben lang beobachtet und untersucht werden (ohne dem zustimmen zu können), um (schädliche) Folgen auch entsprechend zuordnen zu können. Dies würde nicht nur mehrere Generationen von Wissenschaftlern benötigen, um eine Behandlung auszuwerten, sondern auch voraussetzen, dass sich jedes behandelte Individuum bereit erklärte, sich derart *monitoren* zu lassen – lebenslang.[298]

Was die in diesem Unterkapitel zu erörternde juristische Lage in Bezug auf die Keimbahntherapie betrifft, lässt sich trotz der festgehaltenen Ausnahmebestände, trotz der Unsicherheiten und sogar trotz der gefundenen Lücken feststellen, dass die Absicht der in Deutschland im internationalen Vergleich restriktiven Gesetzeslage hinsichtlich der Manipulation von Keimbahnzellen und Embryonen, wenngleich nicht jede einzelne innovative Maßnahme einschließend, eindeutiger ist, als es von

---

294 Taupitz 2016, 25; allein das könnte bezweifelt werden, da in dem Entwurf zum Embryonenschutzgesetz z. B. auch deutlich der Hinweis auf die Gefahr des möglichen Missbrauchs erfolgt, vgl. Deutscher Bundestag 1989b, 11.
295 Deutscher Bundestag 1989b, 11.
296 Vgl. Kapitel 3.3.1.2, S. 96 ff dieses Buches.
297 Vgl. Taupitz 2016, 26, aber auch S. 132, FN 670 sowie Kapitel 3.3.2.2, S. 147 ff dieses Buches.
298 Dies müsste darüber hinaus für eine valide Langzeitbeobachtung auch für die diesem editierten Menschen nachfolgenden Individuen gelten. vgl. S. 174 dieses Buches.

den Kritikern behauptet wird. Die nicht erfasste Herstellung editierter Keimbahnzellen durch die Transformation manipulierter somatischer Zellen, oder der Transfer des Kerns einer CRISPR/Cas behandelten Zelle in eine Keimzelle, die anschließend zur Zeugung eines Embryos verwendet werden könnte, ohne dabei nach dem Wortlaut des Gesetzes eine Strafe zu begehen, bedarf offenbar einer Nachregulierung. Die Absicht des Gesetzgebers jedoch, Embryonen und resultierenden geborenen Menschen keine nicht vertretbaren Versuche an sich zuzumuten, stammt aus der Annahme, dass das Manipulieren des Erbguts der Keimzellen per se diesen Embryo gefährdet oder gefährden könnte. Es gibt keinen Grund, davon auszugehen, dass diese Annahme nicht auch für über editierte iPS-Zellen entstandene Embryonen gälte. Insofern, obwohl sich juristisch betrachtet eine Analogie verbietet, weil sie nicht täterseitig stattfindet, kann wohl behauptet werden, dass es gegen den Willen des damaligen Gesetzgebers wäre, beispielsweise aus manipulierten Hautzellen editierte Keimzellen herzustellen und diese für die Herbeiführung einer Schwangerschaft einzusetzen, weil es mit derselben Art von Risiken für den betroffenen Embryo einherginge, wie direkt in die für seine Zeugung verwendeten Keimzellen einzugreifen. Um ein *juristisch eindeutiges* Verbot aufrecht zu erhalten, müsste jedoch offenbar tatsächlich eine Formulierung geschaffen werden, die alle sich aktuell und zukünftig ergebenden Möglichkeiten der Zeugung geneditierter Embryonen zur Implantation miteinschließt. Die Frage, ob dies normativ so geschehen sollte, wird sich erst nach der Diskussion beantworten lassen.

Dass die Regulation in Deutschland in Relation zu anderen Staaten als restriktiv zu bezeichnen sei, wurde schon erwähnt. Im internationalen Vergleich fällt jedoch auf, dass Deutschland längst nicht das einzige Land ist, welches den Eingriff in die menschliche Keimbahn gesetzlich verbietet oder jedenfalls per Richtlinie untersagt. In einer Analyse der Rechtslage von insgesamt 39 Ländern stellen Araki und Ishii 2014 fest, dass in 29 der untersuchten Länder entweder ein „ban based on legislation" oder ein „ban based on guidelines"[299] existiert. Nachfolgend sollen die rechtlichen Situationen in den USA und in Großbritannien vorgestellt werden.[300]

In den USA gibt es kein Bundesgesetz, das die Manipulation von Keimbahnzellen regelt. Stattdessen unterliegt die Begutachtung gentherapeutischer Verfahren zum einen dem Recombinant DNA Advisory Committee (RAC), einer Abteilung des National Institutes of Health (NIH) und zum anderen der Food and Drug Administration (FDA). Während ersteres jedoch lediglich von der NIH geförderte Behandlungen

---

299 Araki und Ishii 2014, 9.
300 Die folgende Übersicht nationaler Regelungen stützt sich maßgeblich auf die detaillierte Ausarbeitung Dietrich Wagners zum Vergleich nationaler und internationaler Regelungen bezüglich des Keimbahneingriffs, welche schon mehrfach zitiert wurde, vgl. Wagner 2007, 99 ff. Auch bei Ludger Weß findet sich eine Übersicht zu den Regelungen in Großbritannien und den USA, vgl. Weß 1997, 64 ff.

prüft[301] – private Forschungsunternehmungen werden nicht kontrolliert – prüft die FDA jeden zur Zulassung gestellten gentherapeutischen Versuch, unabhängig davon, ob dieser privat oder staatlich finanziert wird. Allerdings bezieht sich deren Genehmigung oder Ablehnung ausschließlich auf die Aspekte der Sicherheit und Effizienz; ethische und soziale Gesichtspunkte werden nicht beachtet.[302] Zudem wird sich mit Keimbahneingriffen in den *Points to Consider*,[303] einem speziell für den Gentransfer in menschliche Zellen ausgearbeiteten Dokument, auf welches sich vor allem die RAC in ihrer Beurteilung stützt, nicht weiter auseinandergesetzt. Die Bereitschaft, dass sich auch private Forschungseinrichtungen einer freiwilligen Prüfung der RAC unterziehen, ist nicht unwesentlich, da die Fördergelder wertvoll sind. Die Vielzahl der US-amerikanischen privaten Reproduktionskliniken und die Tatsache, dass auch Kommerzialisierungsprozesse der gentherapeutischen Möglichkeiten eingesetzt haben,[304] geben jedoch „zu befürchten, daß bei einem Ausbleiben staatlicher Beschränkungen ein Abgleiten in das genetische *enhancement* die Folge wäre."[305] Dieser Befürchtung wird Vorschub geleistet, wenn etwa John Zhang, der maßgeblich an der Etablierung des Vorkern- bzw. Spindeltransfers beteiligt war, als Maßnahme, um Frauen mit mitochondrialen Krankheiten zu ermöglichen, ein gesundes Kind zu zeugen,[306] gegenüber der *Technology Review* äußert: "Everything we do is a step toward designer babies [...]. With nuclear transfer and gene editing together, you can really do anything you want."[307] Derlei Aussagen implizieren immer wieder die in vieler Hinsicht problematische Annahme, dass die *technischen* Hürden die Grenzen bestimmen.

In Großbritannien ist der Eingriff in die Keimbahn per Gesetz geregelt. Der Human Fertilisation and Embryology Act wurde 1990 verabschiedet und zuletzt 2008 aktualisiert. In ihm ist auch die Aufsicht der Human Fertilisation and Embryology Authority (HFEA) geregelt, welche eine Überwachungsbehörde aller Reproduktionskliniken Großbritanniens darstellt. Zudem ist sie für alle Fragen bezüglich der Forschung an Embryonen, wofür auf Antrag Lizenzen erteilt oder abgelehnt werden. In dem Gesetz ist unter anderem festgehalten, dass sowohl therapeutisches Klonen

---

301 „The NIH will not at present entertain proposals for germ line alterations [...]. Germ line alteration involves a specific attempt to introduce genetic changes into the germ (reproductive) cells of an individual, with the aim of changing the set of genes passed on to the individual's offspring", National Institutes of Health 2016, 100.

302 Vgl. Wagner 2007, 105.

303 Vgl. National Institutes of Health 2016.

304 Vgl. Wagner 2007, 105.

305 Wagner 2007, 106.

306 Vgl. S. 46 dieses Buches. Die Behandlungen selbst finden derzeit in Mexiko statt, da sie so in den USA nicht erlaubt sind.

307 *Technology Review* berichtet weiter: „Zhang's breakaway plans don't stop at spindle nuclear transfer. He says a future step will be to combine the technique with editing genes, so that parents can select hair or eye color, or maybe improve their children's IQ", Mullin 2017a.

als auch die Zeugung von Embryonen zu Forschungszwecken und das Forschen an Embryonen bis zum 14. Tag nach Befruchtung, bzw. bis zur Ausbildung des Primitivstreifens lizensiert werden können. Sogar für die Zeugung von und die Forschung an Mischwesen kann eine Lizenz erworben werden. Die Vergabe von Lizenzen richtet sich unter anderem nach dem *Code of Practice*, in dem etwa die legitimen Ziele der Forschung an Embryonen festgehalten sind. Dazu zählen u. a. die Verbesserung der Fruchtbarkeitsmethoden. Im Februar 2016 hat die HFEA die in Großbritannien erste Lizenz für die Geneditierung an überlebensfähigen Embryonen vergeben; die Ergebnisse einer ersten Studie zu der Möglichkeit, mithilfe der CRISPR/Cas-Methode die Bedingungen und molekularen Grundlagen der Entwicklung gesunder Embryonen zu erforschen, wurden bereits veröffentlicht.[308]

3.1.2 Übersicht zu internationalen Regelungen

Wagner verweist auch auf die Bedeutung internationaler Abkommen und Verbindlichkeiten hinsichtlich einer Keimbahnintervention. Nicht nur wegen der in einer globalisierten Welt gängigen Beziehungen und Partnerschaften von Menschen verschiedener Länder,[309] sondern auch wegen der Möglichkeit der Unterminierung durch die Verlagerung etwaiger Experimente und Behandlungen in Länder mit weniger restriktiven Vorschriften, sei es sinnvoll, eine internationale Vereinbarung zu treffen. Diesbezüglich äußerte sich im Oktober 2017 auch der deutsche Ethikrat und betont die Wichtigkeit Länder übergreifender Regelungen. Dies sei etwa in Form „von einer großen internationalen Konferenz, die deutlich machen könnte, dass genome editing zum Zwecke der therapeutisch motivierten Keimbahnveränderung eine Frage von grundsätzlich weltgesellschaftlicher und nicht nur wissenschaftlicher Bedeutung ist, über die Festlegung von global verbindlichen Sicherheitsstandards bis hin zu möglichen Resolutionen oder völkerrechtlichen Konventionen"[310] vorstellbar. Die Tatsache, dass die Findung international gültiger Regeln hinsichtlich der Keimbahnintervention verspreche, ein schwieriger und langwieriger Prozess zu werden, dürfe angesichts der Wichtigkeit dieses Themas nicht als Vorwand genutzt werden, derartige Bemühungen nicht zu initiieren. Sheila Jasanoff und J. Benjamin Hurlbut schlagen daher die Einführung einer globalen Aufsichtsstelle für die Genomeditierung vor.[311]

---

308 Vgl. Callaway 2016 und Fogarty et al. 2017 sowie S. 23 dieses Buches.
309 Sollte die Keimbahntherapie etwa in Deutschland verboten und in anderen Ländern erlaubt sein, wäre einer möglichen allmählichen Unterminierung der hiesigen Gesetzgebung durch Partnerschaften von Menschen mit stattgefundener Keimbahnintervention aus anderen Ländern kaum etwas entgegenzusetzen.
310 Deutscher Ethikrat 2017, 5.
311 Vgl. Jasanoff und Hurlbut 2018.

An bereits etablierten Organen ist zum einen die Parlamentarische Versammlung des Europarates zu nennen, die bereits 1982 in ihrer Empfehlung zur Genmanipulation feststellt, die „Rechte auf Leben und menschliche Würde schließen das Recht auf ein genetisches Erbe ein, in das nicht künstlich eingegriffen worden ist".[312] Ausgenommen hiervon seien allerdings „Gen-Manipulationen, die in Übereinstimmung mit bestimmten Grundsätzen erfolgen, die als voll vereinbar mit der Achtung der Menschenrechte gelten (wie z. B. im Bereich der therapeutischen Anwendungen)".[313] Diese Empfehlungen berücksichtigend und nach langer Diskussion wurde 1996 das „Übereinkommen zum Schutz der Menschenrechte und der Menschenwürde im Hinblick auf die Anwendung von Biologie und Medizin: Menschenrechtsübereinkommen zur Biomedizin des Europarats" (auch: Biomedizinkonvention) angenommen, welches seit 1997 auch für Nichtmitglieder zur Unterzeichnung aufliegt und seit dem 1. Dezember 1999 in Kraft getreten ist.[314] Hier ist in Artikel 13 festgehalten: „Eine Intervention, die auf die Veränderung des menschlichen Genoms gerichtet ist, darf nur zu präventiven, diagnostischen oder therapeutischen Zwecken und nur dann vorgenommen werden, wenn sie nicht darauf abzielt, eine Veränderung des Genoms von Nachkommen herbeizuführen."[315] Die Veränderungen der Gene in Keimzellen zu Forschungszwecken werden hierin nicht untersagt, da, solange die editierten Zellen nicht zur Befruchtung eingesetzt werden, auch keine Nachkommen entstehen, deren Genom verändert würde. Wagner verweist jedoch auf Artikel 18 der Konvention, der nicht nur einen angemessenen Umgang mit Embryonen in der Forschung fordert, sondern die Zeugung von Embryonen für Forschungszwecke verbietet.[316] Dass in den Erläuterungen zu den einzelnen Artikeln festhalten wurde, dass das Verbot insbesondere auch im Hinblick auf mögliche missbräuchliche Verwendung für die Methoden der Keimbahnintervention postuliert wurde und nicht nur wegen eines derzeit zu hohen technischen Risikos,[317] weist darauf

---

312 Deutscher Bundestag 1982, 12 ff, Empfehlung 934

313 Deutscher Bundestag 1982, 12 ff, Empfehlung 934. In zwei weiteren Empfehlungen wird der Keimbahneingriff ebenfalls thematisiert, vgl. Deutscher Bundestag 1986, 26 ff Empfehlung 1046; Deutscher Bundestag 1989a, 44 ff, Empfehlung 1100. U. a. lautet es in letzterer, *in vitro* Studien an Embryonen seien dann zulässig, „wenn es dabei zu keinem Eingriff in das nicht pathologische genetische Erbgut kommt", Deutscher Bundestag 1989a, 46. „Jede künstliche Veränderung der menschlichen Keimbahn sollte untersagt werden", heißt es jedoch an anderer Stelle, Deutscher Bundestag 1989a, 47; unmissverständlich klar gemacht wird allerdings die ablehnende Haltung gegenüber jeglichen Eingriffen, die über einen therapeutischen Einsatz hinausgingen.

314 Deutschland hat bis heute weder ratifiziert noch unterzeichnet, jedoch wegen anderer Vorbehalte als gegen Artikel 13, vgl. Wagner 2007, 131.

315 Europarat 1997b, Art. 13.

316 Vgl. Europarat 1997b, Artikel 18.

317 „Die eigentliche Sorge besteht darin, daß es irgendwann gelingt, das menschliche Genom mit Absicht so zu verändern, daß Individuen oder ganze Gruppen gezüchtet werden, die mit ganz bestimmten Merkmalen und gewünschten Eigenschaften ausgestattet sind", Europarat 1997a, Nr. 89.

hin, dass dieses Verbot auch über die Entwicklung einer technisch beherrschbaren Methode der Keimbahnintervention hinaus gelten solle.[318]

Zum anderen hat auf europäischer Ebene die European Group on Ethics in Science and New Technologies (EGE) der Europäischen Kommission ein Statement zur Genomeditierung veröffentlicht und sich für ein Moratorium bezüglich des klinischen Einsatzes der Genomeditierung ausgesprochen. Was die Erforschung der Technik jedoch betrifft, so seien sich nicht alle Mitglieder einig; manche sprechen sich auch gegen die Grundlagenforschung zur Keimbahntherapie aus.[319] Die EGE ruft in ihrer Stellungnahme zu einer breiten gesellschaftlichen Debatte auf und fordert die Europäische Kommission auf, die EGE für die Untersuchung der ethischen, wissenschaftlichen und regulatorischen Aspekte zu beauftragen.

Auch die United Nations Educational, Scientific and Cultural Organisation (UNESCO) verfügt mit ihrem International Bioethics Committee (IBC) über einen Ausschuss für bioethische Fragen, welcher unter anderem die „Allgemeine Erklärung über das menschliche Genom und Menschenrechte" verfasst hat; sie wurde 1997 von der 29. Generalversammlung angenommen. In dieser wird zum einen festgehalten, dass das menschliche Genom in einem symbolischen Sinne als Erbe der Menschheit zu betrachten sei,[320] und zum anderen wird in Artikel 24 die IBC aufgefordert, Verfahren aufzuzeigen, die der Würde des Menschen widersprechen könnten.[321] Einen ersten Report diesbezüglich reichte die IBC 2003 ein, in dem sie keinen Grund sehe, die Vorbehalte aus Artikel 24 zu verwerfen.[322] 2015 veröffentlichte die IBC eine Aktualisierung ihrer Betrachtung des menschlichen Genoms und der Menschenrechte. Darin spricht sie sich für ein Moratorium aus, „at least as long as the safety and efficacy of the procedures are not adequately proven as treatments."[323] An späterer Stelle wird ausdrücklich betont:

> Due to uncertainties on the effect of germline modification on the future generations, such interventions have been strongly discouraged or legally banned in many countries. There are exceptional cases where interventions on the genome may be undertaken only for preventive, diagnostic or therapeutic purposes, and only if the aim is not to introduce any heritable modifications in the genome.[324]

---

318 Vgl Wagner 2007, 130–131.
319 Vgl. European Group on Ethics in Science and New Technologies 2016.
320 Vgl. UNESCO 1997, Art. 1.
321 Vgl. UNESCO 1997, Art. 24.
322 International Bioethics Committee 2003, 11, Nr. 84.
323 International Bioethics Committee 2015, 3, b.
324 International Bioethics Committee 2015, 14, II.2.8.46.

Damit wäre jede beabsichtigte Änderung der Gene in der Keimbahn aber ausgenommen, lediglich die Keimbahnveränderungen in Nebenfolge einer anderen Therapie werden hierdurch abgedeckt.

Schließlich existieren auch Vorschriften der Europäischen Union (EU) zu Keimbahneingriffen. Zwar fehle es an einer Kompetenznorm, die es der Union erlaubte, die Intervention in der Keimbahn umfassend zu regeln, doch habe die EU im Rahmen ihrer Möglichkeiten einige (indirekte) Regelungen geschaffen, die für die Entwicklung der Methode bedeutend seien.[325] So werden etwa „Forschungstätigkeiten zur Veränderung des Erbguts des Menschen, durch die solche Änderungen vererbbar werden" nicht mit Mitteln des Siebten Forschungsrahmenprogramms der EU unterstützt – mit dem Zusatz: „Forschungstätigkeiten mit dem Ziel der Krebsbehandlung an den Gonaden können finanziert werden."[326] Auch im europäischen Patentrecht wird sich in der Biotechnologie-Richtlinie 98/44/EG auf die Editierung der menschlichen Keimbahn bezogen: „Verfahren zur Veränderung der genetischen Identität der Keimbahn des menschlichen Lebewesens" sowie „die Verwendung von menschlichen Embryonen zu industriellen oder kommerziellen Zwecken" sind danach nicht patentierbar, da „deren gewerbliche Verwertung gegen die öffentliche Ordnung oder die guten Sitten verstoßen würde", heißt es in Artikel 6 b) bzw. c) der entsprechenden Richtlinie.[327]

Nicht zuletzt verweist Wagner auch auf das Eugenikverbot der Europäischen Grundrechte-Charta, die in Artikel 3 „das Verbot eugenischer Praktiken, insbesondere derjenigen, welche die Selektion von Menschen zum Ziel haben" enthält. Hiervon könne zwar kein Verbot eines therapeutischen Eingriffs abgeleitet werden, das genetische Enhancement aber werde damit verworfen.

Abschließend bleibt festzuhalten, dass das Bestreben nach Regulation, sowohl national als auch international, nach vorangegangener Analyse und im Hinblick auf die derzeitigen naturwissenschaftlichen Entwicklungen nicht nur nötig, sondern auch dringlich umzusetzen ist. Für möglichst weitreichende Regulierungen ist es jedoch unabdingbar, auf nationaler Ebene zu beginnen. Dass eine restriktive Regulierung in Deutschland nicht zeitgemäß sei, ist dabei eine Ansichtsfrage. Deutschland könnte mit dieser Haltung ebenso gut eine Vorbildfunktion in diesem Kontext einnehmen. Dass in anderen Ländern andere Gesetze gelten und dies einen internationalen Konsens schwierig macht, kann dabei kein Hindernis sein, national eindeutige Regelungen zu schaffen.

Die Behauptungen, Normen könnten in einer globalisierten Welt nicht wirksam sein, wenn sie keine internationale Geltung besäßen, ist zwar vollkommen richtig, aber benutzt man sie, um sich gegen Regelungen auf nationaler Ebene auszusprechen, dann zäumt man das Roß von der

---

325 Vgl. Wagner 2007, 135–136.
326 Das Europäische Parlament und der Rat der Europäischen Union 2006, L 412/5, Art. 6.
327 Das Europäische Parlament und der Rat der Europäischen Union 1998, L 213/18, Art. 6.

falschen Seite auf. Die Regulierung beginnt selten auf internationaler Ebene: Nationalstaaten müssen Normen für ihre eigenen Gesellschaften entwickeln, bevor sie auch nur damit beginnen können, über die Schaffung eines internationalen Kontrollsystems nachzudenken.[328]

In Bezug auf die rechtliche Lage steht demzufolge an erster Stelle die eindeutige (Nach)Regulierung und -formulierung der bereits bestehenden deutschen Rechtstexte, namentlich vor allem des Embryonenschutzgesetzes. Dies insbesondere im Hinblick auf die beschriebenen Lücken und Uneindeutigkeiten. Ob eine Überarbeitung des Gesetzes in Richtung einer Liberalisierung geschehen sollte oder ob nicht vielmehr Anlass besteht, die Gesetze insbesondere hinsichtlich der Erforschung dieser scheinbar in Aussicht stehenden Therapieoption verschärfend anzupassen, wird sich erst im Anschluss an die noch zu führende Auseinandersetzung mit den einzelnen Begründungsversuchen beantworten lassen. Überlegungen zu einer möglichen Regulation der Zulassung einer Keimbahntherapie werden im Kapitel zu den gesellschaftspolitischen Argumenten angestellt.[329] Nachfolgend sollen jedoch zunächst die Definitionen einiger der in der Diskussion um die Intervention in die menschliche Keimbahn bedeutsamen Begriffe vorgenommen werden, bevor sich der Darstellung und Analyse der Argumente in dieser Debatte gewidmet wird.

3.2 Begriffe und Definitionen

Im ethischen Diskurs um die biotechnischen Möglichkeiten des genetischen Eingriffs in die menschliche Keimbahn geht es immer wieder auch um die Frage, ob dieser nicht allein therapeutischen Zwecken vorbehalten bleiben solle oder sogar müsse. Während in der aktuellen Grundlagenforschung insbesondere monogene Erkrankungen im Fokus der Wissenschaftler stehen,[330] werden seit Beginn der Erforschung genmanipulativer Eingriffe beständig auch Perspektiven auf Interventionen diskutiert, die den Menschen in seiner genetischen Ausstattung *verbessern* sollen. Üblicherweise wird in diesem Zusammenhang der englische Begriff „Enhancement" verwendet (wörtlich übersetzt „Verbesserung" oder „Steigerung") und dem Therapiebegriff entgegengesetzt.[331] Die Idee an sich ist so alt wie die Menschheit selbst; man kann sagen, der Mensch habe schon immer versucht, sich und seine Fähigkeiten zu vervollkommnen.[332] Auch der Gedanke, dies über die Verbesserung des Erbguts zu erreichen, ist nicht neu. Schon 1883 prägte Sir Francis Galton, ein Cousin Charles

---

328 Fukuyama 2004, 265
329 Vgl. Kapitel 3.3.3.5, S. 245 ff dieses Buches.
330 Vgl. Kapitel 2.3.2.1, S. 38 ff dieses Buches.
331 Vgl. exemplarisch Walters 1988, Anderson 1989, Fowler et al. 1989, Zimmermann 1991.
332 Vgl. hierzu auch S. 135 f dieses Buches.

Darwins, den Begriff der Eugenik[333] und war davon überzeugt, dass sich Talente und Charakterzüge den Mendel'schen Regeln folgend vererben. Er rief dazu auf, sich die Partner mit Hinblick auf eugenischen Nutzen auszusuchen.[334] Nachdem dieser Ansatz in den USA großen Anklang fand und ab 1907 in den USA eugenische Gesetze zur Zwangssterilisation bei u. a. psychisch kranken Menschen in Kraft traten,[335] erfuhr er in Deutschland eine weitere Ausdehnung. Im deutschen Nationalsozialismus unter Adolf Hitler erklärte dieser es zu des Staates Aufgabe „die Rasse in den Mittelpunkt des allgemeinen Lebens zu setzen" und „für ihre Reinhaltung zu sorgen."[336] Im Namen des Gesetzes zur Verhütung erbkranken Nachwuchses[337] wurden alleine 400.000 Frauen zwangssterilisiert.[338] Die später stattfindende Vernichtung „unwerten Lebens" kann in dieser Arbeit nicht ausführlich beleuchtet werden. Lioba Welling vermerkt allerdings hierzu, dass die Verkehrung in die Ideologie der Züchtung einer „Herrenrasse" und die unter dem Begriff der Euthanasie durchgeführten Tötungen mit Eugenik im eigentlichen Sinne nichts mehr zu tun hätten.[339] An dieser Stelle ist jedoch festzuhalten, dass die negative Eugenik, die das Ziel hat, negativ bewertete Erbanlagen zu verringern, in direktem Zusammenhang mit der positiven Eugenik steht, welche die Absicht verfolgt, positiv bewertete Anlagen zu selektieren. Wie Gina Maranto in diesem Kontext vermerkt, sei „der Wunsch, die Zahl der kränklichen Säuglinge zu verringern, von dem Wunsch, gesunde Säuglinge technisch zu produzieren, nicht immer zu trennen."[340]

Auch außerhalb der Genetik existieren Konzepte zum Enhancement. So findet es im Sport in Form von Doping statt, welches sich von der Errungenschaft durch eigene Leistung von Leistungen durch den Einsatz von verbotenen Substanzen abgrenzt.[341] In den Neurowissenschaften ist das Thema Neuro-Enhancement hochaktuell, wobei hier durch pharmakologische oder technische Verfahren die kognitiven Fähigkeiten gesunder Menschen gesteigert werden sollen.[342] Ungeachtet des Kontextes gibt es auch Bemühungen, den Enhancement-Begriff als das Überschreiten einer Linie vom

---

333 Altgriechisch *eũ*: gut, schön, wohl; griechisch *génesis*: Abstammung, das Entstandene; Eugenik bedeutet wörtlich so viel wie wohlgeboren, vgl. Kröner 1998, 694.

334 Vgl. Sandel 2015, 85.

335 Vgl. Sandel 2015, 65. Für eine Darstellung der Entwicklung eugenischer Ideen und Zusammenhänge zwischen Medizin und Eugenik vgl. Maranto 1998, 100 ff.

336 Hitler 1938, Mein Kampf, S. 446, zitiert nach Welling 2014, 47.

337 Vgl. Gesetz zur Verhütung erbkranken Nachwuchses, 1933.

338 Vgl. Welling 2014, 47–48.

339 Vgl. Welling 2014, 48-49.

340 Maranto 1998, 102. Für weiterführende Literatur bezüglich des Zusammenhangs zwischen positiver und negativer Eugenik und der Geschichte der Eugenik in Deutschland vgl. z. B. Weingart et al. 2017. Zu positiver und negativer Selektion vgl. auch S. 111, FN 558 dieses Buches.

341 Vgl. World Anti-Doping Agency 2015, Art. 1, Art. 2.

342 Vgl. Wulf et al. 2012, 30.

Natürlichen zum Un- oder Übernatürlichen zu definieren.[343] Dass aber eine solche Herangehensweise mindestens im Hinblick auf eine medizinethische Fragestellung unbrauchbar ist, liegt auf der Hand, werden doch tagtäglich unnatürliche Mittel (Prothesen, Pharmaka, Mikroskope u. v. m.) eingesetzt, ohne ein moralisches Dilemma auszulösen. Daher kann eine begriffliche Unterscheidung anhand von Natürlichkeitskriterien keiner ethischen Demarkationslinie dienlich gemacht werden.[344]

Unter der Prämisse einer ethisch relevanten Unterscheidung von genetischen Eingriffen, die mit therapeutischer Absicht vorgenommen werden und Interventionen, die gesunde Menschen *optimieren* sollen, erscheint für die vorliegende Folgenabschätzung dieser Möglichkeiten die Anwendung des Begriffspaares Therapie / Enhancement durchaus sinnvoll.[345] Dies nicht nur, weil es die geläufigste ist, sondern auch, weil Therapie bereits ein etablierter Begriff in der Medizin ist. Doch die Festlegung der Terminologie allein ist nicht ausreichend; wie sich spätestens in den Argumentationen der folgenden Kapitel zeigen wird, reicht Intuition möglicherweise nicht immer aus, um eine Zuordnung von Maßnahmen in eine der beiden Kategorien vorzunehmen und je näher man der vermeintlichen Grenze kommt, desto komplexer werden die Überlegungen. Daher soll der Versuch einer möglichst präzisen Definition unternommen werden.

3.2.1 Zu den Begriffen Therapie und Enhancement

Am häufigsten wird die Zuordnung von Maßnahmen nach der Auffassung vorgenommen, dass Therapie durch die Heilung von Krankheit zu definieren sei und Enhancement alles über die Heilung von Krankheit bzw. über die Aufrechterhaltung von Gesundheit hinausgehende bezeichne.[346] Einige Autoren kritisieren hieran, dass eine Grenze zwischen diesen Bereichen unweigerlich willkürlich sei und daher nicht haltbar oder gar ganz ohne Relevanz. Als Repräsentanten dieser Kritik sollen hier Allen Buchanan und seine Mitautoren genannt werden, die sich in ihrem Buch „From Chance to Choice" unter anderem intensiv mit der Frage nach einer möglichen moralischen Grenze auseinandersetzen und diese untersuchen. Um ihre Schlussfolgerung zu illustrieren, dass die Trennlinie aufgrund einer Therapie / Enhancement-Unterscheidung eine willkürliche und in Folge nur sehr begrenzt brauchbar sei, bedienen sie sich ei-

---

343 Vgl. Knoepffler und Savulescu 2009, 218–219.
344 Eine ausführliche Diskussion über Natürlichkeitsargumente wird in Kapitel 3.3.1.3, S. 124 ff dieses Buches abgehandelt.
345 Obgleich an dieser Stelle nicht determiniert werden soll, dass Therapie gleich moralisches und Enhancement gleich unmoralisches Handeln bedeutet.
346 Vgl. Juengst 1998, 29; Knoepffler und Savulescu 2009, 179.

nes oft zitierten Beispiels aus Allen und Fosts Aufsatz zur Wachstumshormontherapie
für klein gewachsene Menschen:

> Johnny is a short 11-year-old boy with documented GH [Growth-Hormone] deficiency resulting
> from a brain tumor. His parents are of average height. His predicted adult height without GH
> treatment is approximately 160 cm (5 feet 3 inches).
>
> Billy is a short 11-year-old boy with normal GH secretion according to current testing methods.
> However, his parents are extremely short, and he has a predicted adult height of 160 cm (5 feet
> 3 inches).[347]

Anhand dieses Beispiels und anderer ähnlicher Fälle wollen sie zeigen, dass – weil
beide (1) an den Nachteilen ihrer gleich kleinen Größe leiden, (2) es beiden gleichermaßen nicht möglich ist, ihre Größe selbst zu kontrollieren und (3) beide sich letztlich
an derselben *gesellschaftlich geprägten Normalgröße* orientieren – beiden eine Therapie zugänglich gemacht werden müsse. Eine Trennung von Therapie im Sinne von
Heilung der Krankheit „Tumor" (gleich zulässig) und Enhancement im Sinne von Verbesserung eines Gesunden (gleich unzulässig), schaffe hier eine willkürliche Grenze,
die dafür sorge, dass Billy *ungerechterweise* nicht behandelt werde, obwohl er doch
dieselben Nachteile durch seine kleine Größe erfahre wie Johnny.[348]

Aufgrund dieser von den Autoren empfundenen Ungerechtigkeit beanstanden
Buchanan et al., dass eine Unterscheidung von Therapie und Enhancement nicht notwendigerweise als Blaupause dienen könne für die Grenze zwischen verpflichtenden
Maßnahmen und freiwilligen (wie es beispielsweise wichtig ist für das Versicherungs-
system und die Übernahme von Leistungen). Ebenso wenig könne dies eins-zu-eins
für den Grenzübergang von Erlaubtem zu Verbotenem herangezogen werden (wie es
für juristische Konsequenzen relevant ist).[349] Sie unterstreichen diesen Einspruch,
indem sie vorführen, dass es längst nicht-therapeutische Eingriffe wie z. B. einen
Schwangerschaftsabbruch gebe, die von den Krankenkassen übernommen würden
(obgleich eine Schwangerschaft offenkundig nichts sei, von dem man *geheilt* werden
könne), genauso wie es therapeutische Maßnahmen gebe, die obwohl möglicherweise wirksam, nicht gesetzlich verpflichtend sein könnten wegen anderer Aspekte wie
eventuell Ressourcenknappheit.[350]

Eben wegen dieser Nicht-Übereinstimmung lehnen Buchanan et al. die Therapie / Enhancement-Unterscheidung ab und ziehen für die Beurteilung von genetischen Eingriffen das Prinzip der Chancengleichheit heran, angelehnt an John Rawls
„Theory of Justice". „In this view, equal opportunity not only requires that compe-

---

347 Allen und Fost 1990, 18; [Anm. d. Verf.].
348 Vgl. Buchanan et al. 2000, 115.
349 Vgl. Buchanan et al. 2000, 153.
350 Vgl. Buchanan et al. 2000, 108, 120.

tition be fair; it also requires efforts to bring people up to the threshold of normal functioning that enables them to compete under conditions of fairness."[351] Unter diesem Aspekt sei eine Unterscheidung von zulässiger Therapie und unzulässigem Enhancement nicht geeignet, da es durchaus Fälle gebe, in denen man unabhängig davon, ob eine Krankheit vorliege, genetisch eingreifen müsse, um eine faire Chancengleichheit herzustellen.[352] Diese Schlussfolgerung kommt unter folgenden zwei Bedingungen zustande: Erstens legen Buchanan et al. ein auf Christopher Boorse rekurrierendes biologistisches Krankheitsbild zugrunde: „Disease [...] consists of conditions that are adverse departures from normal species functioning."[353]. Zweitens setzen sie voraus, dass eine notwendige Verbindung zwischen einer so definierten Krankheit und (eingeschränkter) fairer Chancengleichheit bestehe. An ihrem eigenen Beispiel lässt sich jedoch zeigen, dass es nicht so sein muss, gerade in Anbetracht ihres letzten Einwands (3). Ob Johnny und Billy tatsächlich (die gleichen) Nachteile erfahren (1), hängt unmittelbar mit der sie umgebenden und prägenden Gesellschaft ab, in der sie leben und die möglicherweise eine Größennorm erst konstruiert. In diesem Falle offenbaren sich aber mehrere Schwierigkeiten: Wenn sich aufgrund günstiger gesellschaftlicher Rahmenbedingungen gar keine Nachteile wegen der geringen Größe ergäben, so dürfte folglich keinem von beiden eine Therapie zukommen, was mindestens in Johnnys Fall angesichts des diagnostizierten Tumors absurd erscheint. Vorausgesetzt wiederum, es würden sich doch mit der Größe verbundene gesellschaftliche Nachteile prognostizieren lassen, müsste man sich weiterhin fragen, ob es konsequenterweise nicht auch Aufgabe ebendieser Gesellschaft sein sollte, die Nachteile der kleinen Größe zu kompensieren und nicht die der Medizin. Dirk Lanzerath schreibt hierzu:

> Es besteht der Verdacht, dass mittels Enhancement-Techniken auf „medizinischem" Wege Probleme behoben werden sollen, die eher psychosozialer Natur sind, für deren Lösung es vielleicht andere, bessere oder effizientere Wege gibt und die außerhalb der Zuständigkeit der Medizin liegen.[354]

Diese Frage näher zu erörtern soll nicht Teil dieses Abschnitts sein,[355] dennoch zeigt sie auf, dass die Abkehr von der Therapie / Enhancement-Unterscheidung hin zu dem Prinzip der fairen Chancengleichheit für eine ethische Bewertung mindestens unter dem zuletzt genannten Aspekt der Verschiebung sozialer Probleme auf medizinische (Schein-) Lösungen problematisch wäre.

---

351 Buchanan et al. 2000, S. 74.
352 Vgl. Buchanan et al. 2000, 17.
353 Buchanan et al. 2000, 72; mehr zu diesem von Boorse geprägten Krankheitsverständnis im kommenden Abschnitt.
354 Lanzerath 2002, 322; vgl. hierzu auch S. 205 dieses Buches.
355 Für Argumente bezüglich gesellschaftspolitischer Fragen, vgl. 3.3.3, S. 195 ff.

Auch Nelson A. Wivel und LeRoy Walters nehmen Bezug auf das Beispiel des nicht-therapeutischen Einsatzes von Wachstumshormonen,[356] um aufzuzeigen, wie problematisch eine Grenzziehung ist, jedenfalls solange man sie an den Begriffen Therapie und Enhancement festmache und gleichzeitig annehme, diese Unterscheidung sei identisch mit derjenigen zwischen erlaubten bzw. gebotenen Eingriffen und freiwilligen bzw. verbotenen Maßnahmen. Ebenfalls um deutlich zu machen, dass nicht jeder unter Enhancement fallende Eingriff verboten sein solle und andererseits, um zu demonstrieren, dass es sehr wohl Enhancement-Eingriffe gebe, die, weil sie nicht gesundheitsbezogen sind, einen anderen moralischen Status innehaben, schlagen Walters und Julie G. Palmer eine andere Terminologie vor. *Health-related enhancements* sollen gegen *Non-health-related enhancements* abgegrenzt werden, um innerhalb dieser Domäne noch einmal zu unterscheiden.[357] Nichtsdestotrotz müssen auch sie einsehen, dass ebenso bei dieser Herangehensweise Fälle bleiben, in denen es schwierig ist, die genannten Kategorien plausibel anzuwenden. Gleich in einem ihrer ersten Fallbeispiele, in dem es um die Frage geht, ob es zulässig sein solle, das Schlafbedürfnis der Menschen mittels genetischem Eingriff zu verringern, müssen sie feststellen, dass man zwar nach ihrem Ansatz den Eingriff zumindest nicht verbieten könne, beklagen aber wiederum, dass Fragen nach Zugänglichkeit und Verteilung unbeantwortet bleiben;[358] zudem versäumen sie es, diese Art der Optimierung des Menschen einer ihrer beiden Kategorien zuzuordnen. Hier wird deutlich, dass es nicht unbedingt weniger schwierig ist, eine nicht willkürliche Grenze zwischen *Health-related enhancements* und *Non-health-related enhancements* zu ziehen, als zwischen Therapie und Enhancement. Die Erkenntnis daraus lautet, dass ein Wechsel der Terminologie nicht zwangsläufig eine Änderung der Problematik bewirkt.

In Betrachtung der bisherigen Kritik an der Therapie / Enhancement-Unterscheidung fällt auf, dass es vor allem die Nicht-Übereinstimmung von Therapie gleich erlaubt oder geboten und Enhancement gleich freiwillig oder verboten ist, die diese Distinktion willkürlich erscheinen lässt. Dass hier keine vollkommene Deckungsgleichheit vorliegt, ist jedoch ausreichend damit zu erklären, dass die verschiedenen Institutionen unterschiedliche Anforderungen an die jeweiligen Begriffsdefinitionen und ihre Grenzen stellen.[359] Dass diese Einrichtungen sich mit verschiedenen Problematiken auseinandersetzen müssen – das Rechtssystem z. B. mit der Frage, was rechtlich erlaubt und was verboten sein muss oder das Gesundheitssystem, was versicherungstechnisch verpflichtend oder freiwillig erstattet werden muss – bedingt, dass ihnen unterschiedliche Aspekte zur Grenzziehung dienen. Es leuchtet ein, dass ein

---

356 Vgl. Wivel und Walters 1993, 537.
357 Vgl. Walters und Palmer 1997, 110–112.
358 Vgl. Walters und Palmer 1997, 114.
359 Vgl. Yao 2006, 102ff; hier wird unterschieden zwischen medizinischen, politischen und ethischen Zwecken, die jeweils eigene Ansprüche an die Interpretation von Therapie und Enhancement stellen.

Gesundheitssystem nicht allein ethische Überlegungen zur Grundlage einer Kostenübernahme erklären kann, wenn man bedenkt, dass die Ressourcen beschränkt sind.
Dass diese für das Gesundheitssystem geltende Beschränkung aber wiederum Anlass
sein sollte, gar keine ethische Unterscheidung vorzunehmen, ist nicht plausibel. Wie
Buchanan et. al zwar feststellen, dürfe man von der begrifflichen Unterscheidung
nicht zu viel erwarten,[360] das macht sie aber nicht gänzlich unbrauchbar, wie sich
zeigen wird. Fuchuan Yao führt hierzu eine Unterscheidung drei verschiedener Arten
von „can" oder „cannot" aus: „(a) epistemological or moral, (b) technological, (c)
practical or resource related".[361] Ein ressourcenbezogenes „cannot" könne allenfalls
ein moralisches oder ein technologisches „can" beschränken, es stelle für sich alleine
aber kein ethisches Argument dar.

Der Zweck, für den eine Demarkationslinie definiert wird, hat also einen entscheidenden Anteil an ihrer Überzeugungskraft. Doch mindestens ebenso begründen
die dieser Definition innewohnenden Ideen und Grundbegriffe ihre Plausibilität und
Konsistenz. Um nun bei der Terminologie der Therapie / Enhancement-Unterscheidung bleiben zu können, müssen eben diesen Begriffen transparente und schlüssige
Konzepte zugrunde gelegt werden.

Hierzu unterbreitet Eric T. Juengst mehrere Ansätze, die sich je von einer unterschiedlichen Basis herleiten lassen und denen verschiedene Maßstäbe dienen, um
eine moralische Grenze sichtbar zu machen. Zunächst könne man sich bezüglich der
Trennlinie auf die Limitierung des ärztlichen Auftrags berufen. Bei diesem berufsba-
sierten Konzept erklärt die professionsbezogene Pflicht, wie sie auch in der Musterberufsordnung für Ärztinnen und Ärzte festgehalten ist, „der Gesundheit des einzelnen
Menschen und der Bevölkerung"[362] zu dienen, auch gleichzeitig deren Ziel, nämlich
die Gesundheit. Demzufolge trennt man in diesem Fall, wie eingangs geschildert:
Alles der Wiederherstellung und Aufrechterhaltung der Gesundheit dienende sei
Therapie, alles was darüber hinausgehe, sei Enhancement. Ähnlich äußert sich auch
Reinhard Merkel und vermerkt in diesem Zusammenhang, dass genetisches Enhancement das bezeichne, was nicht Teil des Angebots ärztlicher Dienste sei.[363] Juengst
selbst kritisiert an diesem Ansatz, dass hiermit nicht das Problem der Willkürlichkeit
gelöst werden könne, da der ärztliche Auftrag per se nicht ausreichend definiert sei
und somit Möglichkeiten für den Missbrauch eröffnet würden.[364] Zu dieser Art von Befürchtungen ist zu sagen, dass das Potential für Missbrauch oder Abgleiten in andere
Kontexte allein nicht ausreichen kann, eine Unternehmung per se zu unterlassen. Es
überzeugt nicht, insofern es keine hinreichende Evidenz dafür gibt, dass dieser Miss-

---

360 Vgl. Buchanan et al. 2000, 152.
361 Yao 2006, 171.
362 Bundesärztekammer 1997, § 1 Abs. 1.
363 Vgl. Merkel 2009, 179.
364 Vgl. Juengst 1998, 34.

brauch auch tatsächlich stattfindet, ebenso wenig wie ausgeschlossen werden sollte, dass auch andere Instanzen vor Missbrauch schützen.[365]

Eine weitere Herangehensweise, die Juengst anbietet, nimmt Bezug auf das „normal function model", welches James E. Sabin und Norman Daniels in einer Abhandlung zur Frage medizinischer Notwendigkeit von Behandlungen in einem Gesundheitsfürsorgemodell favorisieren[366]. Mit der Anwendung von Rawls „Theory of Justice" formuliert Norman Daniels schon in früheren Aufsätzen eine Unterscheidung, die vor allem im versicherungstechnischen Zusammenhang Klarheit schaffen soll über die Trennung notwendiger therapeutischer Behandlungen von optional verbessernden Maßnahmen. In Anlehnung an die schon weiter oben angedeutete, von Boorse durch statistische Normalverteilung ausgezeichnete, biostatistische Theorie von Krankheit (BST; biostatistical theory), stellt Daniels an die Therapie die Anforderung, den „theoretical account of the design of the organism"[367] zu erhalten und / oder wiederherzustellen. Zudem schreibt er von einer „natural functional organization of a typical member of a species"[368], die die spezies-typischen Funktionen beschreibe. Nach diesem Modell gilt all das, was der Wiederherstellung oder dem Erhalt des „species-typical functioning" diene, als Therapie und alles, was es überschreite, als Enhancement. Abgesehen davon, dass dieses Vorgehen mit der Einführung neuer problematischer, weil schwierig zu definierender Begriffe wie der der *Normalfunktion* oder *spezies-typischen* Funktionen eher mehr als weniger Unklarheiten schafft, wird auch hier wieder deutlich, dass das Vorhaben, Daniels System zur Ermittlung der von Versicherungen zu erstattenden medizinischen Maßnahmen ohne Weiteres auf eine ethische Fragestellung anzuwenden, scheitern muss, in Anbetracht der Tatsache, dass festgestellt wurde, dass der Zweck der Definition zumindest anteilig bestimmt, wie plausibel deren Einsatz letztlich ist.[369]

Ein dritter Ansatz Juengsts ist es, Therapie und Enhancement anhand des Krankheitsbegriffes voneinander zu trennen. Er ist ähnlich geartet wie die Berufung auf die Grenzen des ärztlichen Auftrags, nur dass hier die Orientierung speziell am Krankheitsbegriff stattfindet und nicht an einem Handlungsauftrag. Dies kommt auch dem anfangs beschriebenen allgemeinen Verständnis darüber, wie Therapie und Enhancement zu definieren seien, am ehesten entgegen. Juengst selbst kritisiert hieran zweierlei. Zunächst, dass jede Krankheits-basierte Herangehensweise mit der, wie er

---

365 Vgl. Yao 2006, 165; eine umfassende Diskussion zu *slippery slope*-Argumenten wird unter 3.3.3.4, S. 224 ff dieses Buches geführt; man denke z. B. auch an die Konferenz in Asilomar 1975 zur Erarbeitung freiwilliger Auflagen zum Umgang mit gentechnisch veränderten Organismen, vgl. Berg et al. 1975, und andere Formen professioneller Selbstregulierung.

366 Vgl. Sabin und Daniels 1994, 10.

367 Daniels 1985, 28.

368 Daniels 1985, 28.

369 Vgl. S. 73, FN 359, FN 361 dieses Buches.

es formuliert, „infamous nosological elasticity"[370] konfrontiert sei und es nicht allzu schwierig sei, einem Zustand einen Krankheitswert zuzuschreiben, wenn es darum gehe, eine Behandlung zu rechtfertigen. Insofern sei auch dieser Ansatz nicht geeignet, Missbrauchsmöglichkeiten auszuschließen, da die Definition von Krankheit zu einem zu großen Anteil in den Händen der Mediziner liege. Ein zweites Problem ähnelt dem ersten und beschreibt, dass häufig initial zu therapeutischen Zwecken etablierte Verfahren erst im *Nachhinein* zu Enhancement-Maßnahmen führen würden.[371] Hier gilt jedoch derselbe Einwand gegen Missbrauchsbefürchtungen wie bereits oben erwähnt.[372] Zudem muss auch ein entscheidender Vorteil dieses Ansatzes herausgestellt werden, den Juengst selbst formuliert:

> This interpretation has the advantages of being simple, intuitively appealing, and consistent with a good bit of biomedical behavior. Maladies are objectively observable phenomena and the traditional target of medical intervention. We can know maladies through diagnosis, and we can tell that we've gone beyond medicine when no pathology can be identified.[373]

Wenn Juengst hier von „maladies" schreibt, dann bezieht er sich auf Clouser et al., die wegen der vor allem im englischen Sprachraum mindestens ebenso ausgeprägten Unsicherheiten in Bezug auf den Krankheitsbegriff die Bezeichnung „malady"[374] eingeführt haben. Es werden im Englischen auch in der Alltagssprache diverse Krankheitsbegriffe unterschieden, die auf unterschiedliche Aspekte verweisen. Thomas Schramme merkt hierzu an: „,*disease*' bezeichnet ein Merkmal eines biologischen Organismus, ,*illness*' einen Modus des Seins und Erlebens und ,*sickness*' eine bestimmte soziale Rolle."[375] Es werden im Englischen demzufolge für die Unterscheidung der medizinischen, subjektiven und sozialen Aspekte von Krankheit unterschiedliche Begriffe verwendet. Und wenn man die bisherigen Interpretationen genauer betrachtet, so fällt auf, dass sich die mit ihnen verbundenen Schwierigkeiten letztlich – ob unter traditioneller oder veränderter Terminologie oder ob durch den ärztlichen Auftrag determiniert oder das „normal functioning" ausgedrückt – immer wieder auf eine unscharfe Begriffsbestimmung, meist von Krankheit bzw. Gesundheit zurückführen lassen. In diesem Sinne soll die nächste Aufgabe darin bestehen, sich genau mit diesen beiden Begriffen näher auseinanderzusetzen.

---

370 Juengst 1998, 34.
371 Vgl. Juengst 2004.
372 Vgl. S. 75, FN 365 dieses Buches.
373 Juengst 1998, 32.
374 „A person has a malady if and only if he or she has a condition, other than a rational belief or desire, such that he or she is suffering, or at increased risk of suffering, and evil (death, pain, disability, loss of freedom or opportunity, or loss of pleasure) in the absence of a distinct sustaining cause." Clouser et al. 1981, 36.
375 Schramme 2012, 14. Vgl. hierzu auch S. 206, FN 1015 dieses Buches.

3.2.2 Zu den Begriffen Gesundheit und Krankheit

Die Vorstellungen von Gesundheit und Krankheit befinden sich seit jeher im Wandel und was sie bedeuten, wird zuweilen alleine mit biologischen Fakten beschrieben, immer wieder aber auch in einen Kontext der jeweiligen Kultur und Historie gesetzt.[376] Während Seneca in der Antike die Auffassung vertrat, dass Krankheit körperlicher Schmerz, Verlust an Freude und Angst vor dem Sterben bedeute, beeinflusste im Mittelalter zunehmend die Theologie die Anschauung von Gesundheit und Krankheit. Nach dieser Ansicht sollte Krankheit nicht mehr als etwas rein Negatives, Gesundheit nicht als etwas absolut Positives bewertet werden, sondern die Begriffe erfuhren eine kosmologische Transzendenz. Mit Beginn der Neuzeit entstand mit dem Mediziner, Philosophen und Theologen Paracelsus eine weitere, ganzheitlichere Auffassung von Gesundheit und Krankheit. Nachdem diese Perspektive in der Wende vom 19. zum 20. Jahrhundert wieder stark auf eine naturwissenschaftliche Sichtweise reduziert worden war, wurden Stimmen für eine anthropologische Medizin laut und insbesondere Viktor von Weizsäcker und Karl Jaspers setzten sich für eine psychosomatische Medizin, bestehend aus naturwissenschaftlicher Erklärung und geisteswissenschaftlichem Verstehen ein.

Diese ganzheitliche Auffassung spiegelnd veröffentlichte 1946 die World Health Organisation (WHO; Weltgesundheitsorganisation) ihre bis heute gültige Definition von Gesundheit: „Health is a state of complete physical, mental and social well-being and not merely the absence of disease or infirmity."[377] Dass nicht nur das Fehlen von Krankheit angeführt wird, unterstützt das komplexe Verständnis von Gesundheit und bringt mit der Formulierung des Wohlbefindens die subjektive Perspektive in der Bewertung von Gesundheit zum Ausdruck. Krankheit sei demnach alles, was von dieser Vorstellung abweiche. Allerdings muss man sich fragen, ob eine solch holistische Definition praktische Anwendung finden kann. Zwar werden, wie es für ein ganzheitliches Modell wünschenswert ist, sowohl der biologische als auch der mentale und soziale Zusammenhang betont, doch genau diese breite Interpretationsmöglichkeit macht die gezielte Anwendung schwierig und kann in der Praxis kaum vollständig übernommen werden. So spielt im Versicherungsrecht z. B. maßgeblich die objektive, durch einen Arzt festgestellte Behandlungsbedürftigkeit eine Rolle.[378]

In Anbetracht der schon lange geführten Debatte über Gesundheits- und Krankheitskonzepte sowie deren Diversität kann hier nicht jedes Modell betrachtet werden. Es erscheint aber sinnvoll, einige dieser unterschiedlichen Ansätze zusammenzufassen und unter übergeordneten Aspekten zu betrachten. Wie David B. Resnik

---

376 Folgende Übersicht über die Vorstellungen von Gesundheit und Krankheit im Wandel der Zeit wurde entnommen aus Engelhardt, D. 1995, 15–29.
377 Preamble to the Constitution of WHO as adopted by the International Health Conference 1946.
378 Vgl. § 27 Art. 1 SGB V.

vorschlägt, lassen sich die Konzepte mindestens einteilen in wertneutrale (oder deskriptive) und wertbeladene (oder normative) Konzepte.[379] Zu den Vertretern des deskriptiven Modells zählt unter anderem Boorse mit seiner BST,[380] der zufolge Krankheiten „deviations from the natural functional organization of a typical member of a species"[381] darstellen. Boorse selbst versteht seine Interpretation als wertneutral, da er Gesundheit und Krankheit mit statistischen Werten und Abweichungen als messbar erklärt.[382] Wie allerdings Yao bemerkt, ist ein Charakteristikum von Normalverteilungsmustern der Einsatz von Standardabweichungen (SD), um festzustellen, inwieweit eine Differenz zu der statistischen Norm vorliegt. Um aber daraus folgern zu können, dass eine gewisse Anzahl von SD einen Krankheitswert hat, muss *jemand* ein Urteil darüber fällen, wo die Grenze vom Gesunden zum Pathologischen verläuft. Es bleibt also ein zumindest nicht völlig von Normen freier Prozess.[383] Auch Daniels' aus Boorses Krankheitskonzept weiterentwickelte These, dass sich über die statistischen Normen hinaus der „theoretical account of the design of the organism" durch Evolution und selektive Prozesse ergebe und daher am Ende dieses Prozesses typische Eigenschaften und Fähigkeiten quantifizierbar würden, weist dieses Problem auf.[384] Darüber hinaus muss angemerkt werden, dass es umso schwieriger werden dürfte, speziestypische Fähigkeiten in Zahlen anzugeben, je komplexer und weniger gut messbar diese Fähigkeiten sind. Die Anzahl der Herzschläge pro Minute wird man auszählen und statistisch auswerten können, doch fragt beispielsweise Erik Parens wie es diesbezüglich um psychologische Fähigkeiten und Funktionen wie moralische Sensitivität oder gutes Benehmen stehe.[385] Der Anspruch, eine rein deskriptive Definition von Krankheit herzuleiten, ist also offenbar nicht so ohne weiteres zu erfüllen, in Anbetracht der Tatsache, dass zumindest an der Basis der Definition normative Entscheidungen getroffen werden müssen.

Wendet man diese biologistische Vorstellung auf ein anderes Fallbeispiel an, wird man mit einer weiteren Schwierigkeit konfrontiert. Lawrie Reznek fragt, wie man nach dieser Auffassung mit einem Genie verfahren müsse. Nachdem eine Abweichung von der typischen Funktionsweise eines Speziesmitgliedes als Krankheit anzusehen sei, gelte ein besonders begabter Mensch nach diesem Prinzip als krank, da er Fähigkeiten oder Talente aufweise, die nicht typisch für seine Spezies seien.[386]

---

379 Vgl. Resnik 2000, 366.

380 Durch statistische Normalverteilung ausgezeichnete, biostatistische Theorie von Krankheit, vgl. S. 75, FN 367 dieses Buches.

381 Daniels 1985, 28, vgl. auch vorstehende FN.

382 Vgl. Boorse 1977; Boorse 2009; Boorse 2014.

383 Vgl. Yao 2006, 85–86.

384 Wie bereits erwähnt sind die Begriffe „natürliche Funktion" oder „typisches Mitglied" ebenfalls problematisch.

385 Parens 1998b, 7.

386 Vgl. Reznek 1995, 574.

Dieses Gedankenexperiment verdeutlicht, dass eine rein biologische Definition von Krankheit den Menschen nicht in seinem erweiterten Kontext begreift. Der Aspekt des persönlich empfundenen Leids oder des subjektiven Krankfühlens als Erweiterung der wertneutralen Definition könnte im genannten Fall aufzeigen, dass das nicht empfundene Leid oder die nicht wahrnehmbaren Nachteile Grund genug sind, den hochbegabten Menschen trotz seiner biologischen Abweichungen nicht als krank zu bezeichnen. Der gleiche Gedanke gilt z. B. auch für Homosexualität. Zwar behauptet man nach aktuellen Studienergebnissen[387] möglicherweise eine genetische bzw. epigenetische Korrelation nachweisen zu können, dennoch ist dies angemessener Weise keine Grundlage, Homosexualität als Krankheit zu bezeichnen.[388]

Im Gegensatz zu den wertneutralen Herangehensweisen konzentrieren sich die wertbeladenen Definitionen über die biologischen Ursachen einer Krankheit hinaus auf die persönlichen, sozialen und kulturellen Umstände.[389] Die Schwierigkeit einer rein normativen Beschreibung ist allerdings so abhängig von Kultur und Geschichte, dass es nahezu unmöglich wird, sie einheitlich anzuwenden. Während beispielsweise Schizophrenie in der westlichen Welt allgemein als Krankheit angesehen werden dürfte, gibt es Kulturkreise, in denen Menschen mit dieser Auffälligkeit als begnadet betrachtet werden.[390] Auch Christian Lenk führt Phänomene vor, bei denen es von dem gesellschaftlichen Umfeld abhängt, ob sie als Krankheit bezeichnet werden oder nicht. Er bringt hier das Beispiel der Legasthenie an. „In einer schriftlosen Gesellschaft kann es auch keine Legastheniker geben, diese Form der Behinderung ist dort unbekannt"[391], stellt er fest.

Statt sich über die Definition von Krankheit dem Therapie / Enhancement-Problem zu nähern, kann man auch, wie das Beispiel der WHO zeigt, zunächst den Begriff Gesundheit bestimmen und hiervon ausgehend festlegen, was Krankheit bedeutet. Hans-Georg Gadamer bietet folgende Interpretation an und offeriert damit eine wertbeladene Deutung: „Wenn man Gesundheit in Wahrheit nicht messen kann, so eben deswegen, weil sie ein Zustand der inneren Angemessenheit und der Übereinstimmung mit sich selbst ist, die man nicht durch eine andere Kontrolle überbieten kann."[392]

Ohne über die inhaltliche Aussage dieser Auffassung urteilen zu wollen, muss ein weiteres Mal festgestellt werden, dass diese weitreichenden Bestimmungen keine geeignete Basis für den zu besprechenden Zusammenhang bieten. Dies scheint noch

---

387 Vgl. Ngun und Vilain 2014, Balter 2015.
388 1990 strich die WHO Homosexualität aus ihrem Diagnoseklassifikationssystem *International Statistical Classification of Diseases and Related Health Problems* (ICD), vgl. World Medical Association, 2013.
389 Vgl. Resnik 2000, 366–367.
390 Vgl. Resnik 2000, 367.
391 Lenk 2011a, 76.
392 Gadamer 1993, 138–139.

deutlicher so zu sein, wenn man versucht, sich über die Gesundheit statt über den Begriff der Krankheit einer Definition zu nähern. Sofern Krankheit als Abweichung von Gadamers Vorstellung von Gesundheit gälte, wäre jeder Zustand, in dem sich ein Mensch nicht in völliger Übereinstimmung mit seinem Selbst fühlte, Rechtfertigung für einen *therapeutischen* Eingriff. Man muss aber davon ausgehen, dass es eine enorme Bandbreite und Varietät von Zuständen gibt, die als in diesem Sinne krankhaft anzuerkennen wären und eine Grenze zwischen Therapie und Enhancement wäre nicht nur schwierig festzulegen, sondern indes auch überflüssig. Ordnet man Krankheitsbekämpfung der Therapie und alles Darüberhinausgehende dem Enhancement mit dieser Interpretation von Gesundheit zu, dann gäbe es Enhancement in diesem Sinne gar nicht und jeder Eingriff könnte letztlich als Wiederherstellung oder Aufrechterhaltung der Gesundheit, d. i. innere Übereinstimmung, als therapeutisch bezeichnet werden. Hier zeigt sich also nicht nur das Problem des potenziellen Missbrauchs, welches wie erwähnt per se nicht allzu stark bewertet werden sollte, sondern es wird auch die anfangs aufgestellte Prämisse untergraben, dass möglicherweise doch unter ethischen Gesichtspunkten ein Unterschied zwischen Therapie und Enhancement existiert. Wie Roberto Mordacci zu derlei „value-relativity normativeness"- Konzepten[393] erwähnt, müsse man sich fragen, ob hier nicht das Risiko bestehe, „health" und „happiness" zu verwechseln.[394] Im Vergleich zur statistischen Norm, die sich aus Normalverteilungsmustern wie einer Gaußschen Glockenverteilung ergibt und deren Grenzbereich graduell verläuft, handelt es sich bei normativen Bestimmungen vielmehr um eine Entscheidungsfrage, nämlich ob von einer gewissen Idealvorstellung abgewichen wird – ja oder nein. Diese Idealvorstellung wiederum ist, wie bereits herausgearbeitet, nicht frei von individuellen und kulturellen Einflüssen und Ideen. Einen daraus folgenden Einwand gegen normative Modelle, sie seien wegen ebendieser kulturellen Unterschiede nicht global anwendbar, bewertet Mordacci als schwach, wenn man berücksichtige, dass es durchaus mehr universale als verschiedene medizinische Praxen auf der Welt gebe.[395] Er zitiert einen Gegeneinwand Leon R. Kass:

> But the fact that *some* form of medicine is *everywhere* practiced – whether by medicine man and faith healers or by trained neurosurgeons – is far more significant than the differences in nosology and explanation: It strongly suggests that healers do not fabricate the difference between being healthy and being unhealthy; they only try to learn about it, each in his own way.[396]

Die Schlussfolgerung, die Mordacci zieht, ist, dass für ein Gesundheitskonzept sowohl Normalität im Sinne statistischer Normalität als auch im Sinne von Normativität

---

393 Konzepte, die ausschließlich Bezug nehmen auf die kulturelle Abhängigkeit und Krankheit als ein rein gesellschaftliches Konstrukt deklarieren, vgl. Yao 2006, 93.
394 Vgl. Mordacci 1995, 480–481.
395 Vgl. Mordacci 1995, 485–486.
396 Kass 1975, 24.

eine Rolle spielen.[397] Aus dieser Überzeugung übernimmt er den von Georges Canguilhem geprägten Begriff der „biological normativeness"[398]. Dieses Modell „as the capacity of an organism to establish an active interrelation with its environment, provides a framework that permits us to consider biostatistical averages as *expressions* (not *causes*) of a normal biological life."[399]

Diesem Gedanken folgend schlägt Yao eine eigene Definition von Krankheit in Form eines Zwei-Komponenten-Modells vor: „A disease is (1) an adverse departure from normal species functioning – Boorse's definition, and in a sequential step (2) some (potential) physical or mental harms or bad consequences come with that abnormality."[400] Sicherlich kann auch hieran wieder kritisiert werden, dass Ausdrücke wie „bad consequences" ungenau bestimmte Begriffe darstellen, dennoch scheint eine Definition, die eben beide Aspekte beinhaltet (statistische / *objektive* und kulturelle / *subjektive* Normalität), am ehesten für die beabsichtigte Anwendung im Kontext des Einsatzes von CRISPR/Cas in der menschlichen Keimbahn geeignet zu sein.

Zusammenfassend wurde festgestellt, dass eine rein deskriptive Definition von Krankheit und Gesundheit insofern nicht ausreicht, als zum einen aufgrund rein statistischer Abweichungen eine Pathologisierung von nicht als Krankheit anzusehenden Phänomenen stattfinden kann[401] (z. B. bei Hochbegabungen und Homosexualität), zum anderen das Problem der Willkürlichkeit einer Grenzziehung zwischen im Normalbereich liegenden und davon abweichenden Phänomenen bestehen bleibt. Rein normative Ansätze, die den biologischen Aspekt außer Acht lassen und sich ausschließlich auf das Befinden des Subjektes und auf dessen gesellschaftlichen, kulturellen und zeitgeschichtlichen Kontext konzentrieren, kreieren indes einen derart großen Toleranzbereich, innerhalb dessen alles zur Therapie erklärt werden könnte, was das Individuum *glücklich* macht, sodass eine intendierte ethische Trennlinie von Therapie zu Enhancement überflüssig würde. Das angeführte Zwei-Komponenten-Modell von Yao ist insofern elegant, als es zwar die biologische Abnormität berücksichtigt, diese aber nicht als alleinige Bedingung eines als Krankheit zu bezeichnenden Phänomens zulässt. Die Bedingung, dass aus der biologischen Abweichung eine als *schlecht* empfundene Konsequenz resultiert, wird den Umständen gerecht, dass

---

[397] Auch andere Autoren ziehen ähnliche Schlüsse; Lenk schreibt z. B. von drei grundlegenden Aspekten von Gesundheit und Krankheit, die da seien: objektiv, subjektiv und relational im Sinne der Beschreibung von Gesundheit und Krankheit relativ zu der sozialen und biologischen Umwelt, vgl. Lenk 2011a, 68.

[398] Vgl. Canguilhem (1974).

[399] Mordacci 1995, 486.

[400] Yao 2006, 91.

[401] Hierzu auch Christoph Rehmann-Sutter: „Ich erinnere daran, daß die Medizin auch seit jeher durch die erscheinende Möglichkeit einer Therapierbarkeit zuweilen Pathologisierung von Leiden vornimmt", Rehmann-Sutter 1995b, 180.

es sowohl biologisch abweichende Erscheinungen gibt, die den Menschen aber nicht sich krank fühlen lassen, als auch, dass aus den geschilderten Gründen nicht prinzipiell jede als schlecht empfundene Konstitution eines Menschen hinreichend sein kann, um als krank und ggf. therapiebedürftig oder -berechtigt zu gelten. Weiterhin als problematisch ist der Begriff der *schlechten Konsequenzen* zu betrachten, da die Zuordnung subjektiv vorgenommen wird und damit als potentiell willkürlich kritisiert werden kann. Hierunter könnten beispielsweise wiederum gesellschaftlich konstruierte Schwierigkeiten fallen.

Dass Gesundheit und Krankheit sich so schwierig definieren und möglicherweise noch schwieriger voneinander trennen lassen, mag darin begründet liegen, dass sie letztlich gar keine Gegensätze darstellen. Wie Volker Becker herausstellt, enthalte „[d]er Komplex des menschlichen Seins [...] Gesundheit wie Krankheit als polare Komplementärfaktoren, von denen jeweils der eine gelegentlich überwiegt, vom anderen aufgehoben, adaptiert, – vielleicht auf einer anderen Regelebene – reguliert werden kann."[402] Dass die Übergänge vermutlich fließend sind und das Begriffspaar nicht zwangsläufig Gegensätze darstellt, vereinfacht die Problematik nicht, aber es vermittelt ein Gespür für die Limitation des Einsatzes von Grenzen, wo keine scharfen Grenzen sind.

Für die vorliegende Monographie bedeutet diese Einsicht nicht, dass eine Definition der Begriffe unnötig oder der Versuch einer Grenzziehung schon vorab zum Scheitern verurteilt ist, aber sie verweist darauf, dass es nahe der vermeintlichen Trennlinie eine Grauzone geben wird, innerhalb derer man Einzelfallanalysen vornehmen müssen wird. Aber auch das kann kein Grund sein, auf eine Unterscheidung als solche gänzlich zu verzichten. Auch Lenk plädiert für die Beibehaltung der Unterscheidung von Therapie und Enhancement „auch wenn sie im Einzelfall für eine genauere Betrachtung konkretisiert werden muss."[403] Erst hierdurch werde die „Herausarbeitung einzelner Problemlagen möglich, die einen ethisch und rechtlich vertretbaren Umgang mit dem Phänomen Enhancement und den weitgehenden Schutz möglicher Zielgruppen für Enhancement-Eingriffe erlauben."[404]

Allerdings soll auch nicht von vorneherein entschieden werden, dass es keine weiteren Kriterien geben könnte, die eine ethische Bewertung von Maßnahmen über den an ein Krankheitskonzept gebundenen Therapiebegriff hinaus möglich machen. Dietrich Wagner verweist hier z. B. auf Nutzen-Risiko-Kalkulationen und die Möglichkeit alternativer Maßnahmen, die auch jetzt schon in der Zulässigkeit von medizinischen Maßnahmen eine Rolle spielen.[405] Bevor ein Eingriff stattfindet, hat der behandelnde

---

402 Becker 1995, 3.
403 Lenk 2011b, 224.
404 Lenk 2011b, 224.
405 Vgl. Wagner 2007, 89.

Arzt[406] eine Abwägung vorzunehmen, ob geplanter Nutzen und abgeschätztes Risiko in einem angemessenen Verhältnis stehen und / oder ob sich bei einem alternativen Eingriff ein günstigeres Verhältnis ergibt. Gerade im Hinblick auf Enhancement-Maßnahmen könnte hier ein Missverhältnis entstehen, sofern postuliert werden darf, dass man sich umso eher mit technischen und medizinischen, aber auch gesellschaftlichen und gesellschaftspolitischen Risiken und Schwierigkeiten konfrontiert sieht, je mehr man sich von dem Ziel monogen konstituierter und gut verstandener Krankheiten wegbewegt hin zu Eigenschaften, denen komplexe genetische und epigenetische Zusammenhänge zugrunde liegen, die nach wie vor nicht vollständig verstanden sind. Intelligenz ist nur eine der vorgeschlagenen und an späterer Stelle noch zu diskutierenden Eigenschaften für optimierende Eingriffe, auf die dieses Argument zutrifft.

3.2.3 Zum Begriff der Prävention

Gerade dieser zuletzt erörterte Aspekt ist insbesondere auch bei dem bisher noch nicht erwähnten Bereich der medizinischen Prävention von Bedeutung. Speziell bezüglich dieser präventiven Maßnahmen zur Verhinderung der Entstehung einer Erkrankung oder deren Ausbruch[407] trifft im besonderen Maße zu, dass andere Kriterien außer der Zuordnung zu einer der Kategorien dazu beitragen könnten, eine Entscheidung darüber zu fällen, ob eine Maßnahme ethisch vertretbar wäre oder nicht. Die erwähnten Nutzen-Risiko-Kalkulationen beispielsweise könnten hier ebenso wie bei verbessernden Eingriffen ausschlaggebend sein. Ein gewisses Risiko wird man im Namen der Heilung einer Erkrankung, die sonst überhaupt nicht therapiert werden kann, eher in Kauf nehmen können, als ein, wie oben postuliertes, deutlich unüberschaubareres Risiko im Namen der Verhinderung einer Krankheit.[408] Insofern darf davon ausgegangen werden, dass sich ein ethisches Urteil über als möglicherweise zur Prävention zählende genetische Eingriffe ebenso weit an dem Krankheitskonzept festmachen lassen wird, wie das über Therapie und Enhance-

---

406 Im vorliegenden Buch wird bei der Bezeichnung von Personen- und Berufsgruppen vorzugsweise eine geschlechtsneutrale Form gewählt. Wegen der besseren Lesbarkeit wird stellenweise das generische Maskulinum (z. B. der Arzt) verwendet, es wird jedoch gleichermaßen die feminine Form (z. B. die Ärztin) impliziert und ist, sofern nicht anders erwähnt, als nicht-geschlechtsspezifisch zu verstehen.
407 Betont wird hier die Primärprävention; darüber hinaus beinhaltet die Präventionsmedizin auch die Früherkennung (Sekundär-) und Verhinderung von Folgeschäden bei bereits bestehender Erkrankung (Tertiärprävention), vgl. Robert Koch-Institut 2015, 241.
408 Vgl. Lenk 2011b, 224; darüber hinaus kann man über deren Ausbruchswahrscheinlichkeit oft nur Vermutungen anstellen – alleine eine gewisse genetische Anlage für eine bestimmte Erkrankung ist oft noch keine Garantie für deren Ausbildung und noch weniger lässt sie eine Aussage über die Schwere der Erkrankung zu.

ment-Maßnahmen. Zwar muss diesbezüglich die erste Bedingung dieser Definition (1) um die einer *gewissen / signifikanten Wahrscheinlichkeit* zu erkranken ergänzt werden, dennoch könnte auch hier das schädliche Potential, also die zweite Bedingung (2), ausschlaggebend sein, ob ein Eingriff unter ethischen Aspekten zu rechtfertigen wäre oder nicht.

Die erhöhte Schwierigkeit der Zuordnung von prophylaktischen Maßnahmen, die, wie Alex Mauron und Christoph Rehmann-Sutter schreiben, in der „empfindliche[n] Lücke"[409] zwischen der positiv konnotierten Therapie und dem negativ anmutenden Enhancement zu verzeichnen sind, ergibt sich aber nicht nur aus der Tatsache, dass die Grenzen unscharf sind. Ein präventiver Eingriff hat zwar einen voraushandelnden Charakter die Erkrankung betreffend – bis dato umfasst er aber nicht die Verhinderung einer Erkrankung eines *erst noch zu zeugenden* Individuums. Dieser Aspekt trifft nicht nur auf die Prävention zu. Ein bis hierhin noch nicht beleuchteter Gesichtspunkt betrifft die Gegebenheit, dass eine Keimbahntherapie – sei sie präventiv, therapeutisch oder optimierend intendiert – immer einen *noch zu zeugenden Menschen* betrifft. Daraus folgt eine bedeutende Konsequenz, die Rehmann-Sutter wie folgt formuliert: „Keimbahntherapie stellt sich [...] nicht in erster Linie als eine Behandlung der noch nicht gezeugten, sonst schwer kranken Kinder, sondern als eine Behandlung der *Eltern* dar."[410] Auch Thomas Luchsinger stellt hierzu fest:

> Keimbahntherapie ist *keine Therapie* im üblichen Sinne, sondern eine Methode der *Fortpflanzungsmedizin*. Es gibt zum Zeitpunkt der Keimbahntherapie noch keinen Patienten. Der Embryo wird erst mit Hinblick auf die Behandlung geschaffen. Es geht *nicht* um die Heilung erbkranker Personen, sondern um einen Versuch, Menschen, die um eine vererbbare Belastung wissen, trotzdem zu gesunden, biologisch eigenen Kindern zu verhelfen – ein grundsätzlich anderer Sachverhalt als die Behandlung eines präexistierenden Patienten.[411]

Inwiefern diese wichtige Erkenntnis das Urteil über die Möglichkeit der Intervention in die menschliche Keimbahn beeinflusst, ebenso welche weiteren Aspekte bei deren ethischer Beurteilung mittels der bis hierhin erarbeiteten Definitionen der Begriffe zu berücksichtigen sind, sowie die damit verbundene Risiko- und Folgenabschätzung sind Themen aller folgenden Kapitel und speziell Teil der Diskussion in Kap. 4.

---

409 Mauron und Rehmann-Sutter 1995, 32.
410 Rehmann-Sutter 1995b, 184. Dieser Aspekt spielt eine besondere Rolle im Rahmen der Diskussion der pragmatischen Argumente wie beispielsweise, dass die Keimbahntherapie als Teil des ärztlichen Auftrags gerechtfertigt sei, vgl. 3.3.2.3, S. 156 ff dieses Buches.
411 Luchsinger 2000, 228, vgl. vorstehende FN.

3.2.4 Fazit

Aufgabe dieses Abschnittes war es, für den vorliegenden Kontext plausible Definitionen von Therapie und Enhancement zu erarbeiten, die sich jeweils auf ein hinreichendes Verständnis von Krankheit gründen. Nachfolgend soll eine abschließende Ausformulierung dieser Begriffe stattfinden:

> Therapie ist der ärztliche Eingriff zur Heilung oder Linderung einer Krankheit.
>
> Medizinische Prävention ist der ärztliche Eingriff zur Vorbeugung des Erwerbs oder des Ausbruchs einer Krankheit.
>
> Enhancement bezeichnet über die Therapie hinausgehende Eingriffe ohne das Vorliegen einer Krankheit im folgenden Sinne:
>
> Eine Krankheit ist (1) eine auf biologischer Ebene feststellbare statistische Abweichung von der speziestypischen Norm, die (2) (potentiell) zu physischen, psychischen oder nicht anders als medizinisch zu begegnendem Leidensdruck führt.

Auf die Erwähnung der genannten *schlechten Konsequenzen* wird hier bewusst verzichtet, da insbesondere diese zu denen zählen könnten, die beispielsweise durch Änderung sozialer Strukturen eventuell vermeidbar wären.[412] Ein nicht anders als medizinisch zu begegnendem Leidensdruck beinhaltet möglicherweise ein ähnliches Problem; diese Formulierung legt jedoch nahe, dass nicht-medizinische Maßnahmen ggf. vorzuziehen sind. Es wurde schon darauf verwiesen, dass sich nahe der festgelegten Grenze Situationen finden lassen werden, in denen Einzelfallentscheidungen getroffen werden müssen, zu denen man eventuell weitere, über die Therapie / Enhancement-Unterscheidung hinausgehende Kriterien heranziehen muss. Um die ausformulierten Definitionen beispielhaft anzuwenden, soll noch einmal das Fallbeispiel von Billy und Johnny herangezogen werden.[413] Den erarbeiteten Bedeutungen zufolge wäre die Verabreichung des Wachstumshormons in Johnnys Fall, wegen der auf biologischer Ebene festzustellenden Abweichung von der speziestypischen Norm, also wegen des Mangels an Wachstumshormonen verursacht durch einen Tumor, als therapeutische Maßnahme zulässig. Billys Fall hingegen – daher haben die Autoren dieses Beispiel gewählt – markiert eine Grenzsituation. Da weder ein Hormonmangel vorliegt, den es auszugleichen gälte, noch sonstige nach obiger Definition als

---

412 Ebenso wird in Anbetracht der Tatsache, dass sie mehr noch als Krankheit holistischen Charakter zu haben scheint, bewusst auf die Ausformulierung einer Definition von Gesundheit verzichtet. Wenn nicht anders beschrieben, soll sie in diesem Buch in etwas reduktionistischer Art als Abwesenheit von Krankheit in obiger Definition gelten. Der *Wert* der Gesundheit wird indes noch einmal etwas näher unter 3.3.2.3, S. 156 ff dieses Buches betrachtet.
413 Vgl. S. 71 dieses Buches.

Krankheit zu wertenden Zustände festgestellt werden können, muss zunächst konstatiert werden, dass die Gabe eines Wachstumshormons in Billys Fall Enhancement bedeutete. Damit ein anderer, nicht in der pathologischen Abweichung von der Norm begründeter und dennoch nicht anders als medizinisch zu begegnender Leidensdruck die Verabreichung als Therapie rechtfertigen könnte, müsste zum einen ausgeschlossen sein, dass die Nachteile, die ein Individuum mit einer errechneten Größe von 1,60 m im Vergleich zu seinen größeren Mitmenschen zu erwarten hätte, nicht anders als medizinisch ausgeglichen werden könnten. Das scheint speziell in diesem Fall jedoch fragwürdig. Zum anderen müsste aber auch eben diese implizierte Aufgabe der Medizin, für *Chancengleichheit* zu sorgen, indem körperliche Abweichungen von der Norm ausgeglichen werden, überprüft werden.[414] Die Problematik verschärft sich, da ein Nachteil in diesem und auch im Falle der zu bewertenden Keimbahntherapie nur antizipiert werden kann. Billy hat aktuell keine Nachteile durch seine zukünftig leicht unterhalb der statistischen Normgröße liegende Körpergröße. Ob er sie in Zukunft erfahren wird, hängt in konkret diesem Fall jedoch ganz entscheidend von gesellschaftlichen und pragmatischen Faktoren ab. Zudem müsste die Entscheidung stellvertretend geschehen und ohne ausschließen zu können, dass die Nachteile erstens auch ausbleiben könnten und zweitens ihnen nicht auf anderem Wege begegnet werden könnte. Dies scheint in dem speziellen Fall nicht gegeben[415] und die Gabe des Hormons an Billy bliebe eine nicht-therapeutische, also dem Enhancement zuzurechnende Maßnahme. Das Beispiel verfehlt trotz der hier vorgenommenen Differenz zu der von den Autoren gezogenen Schlussfolgerung allerdings nicht seine Funktion und belegt die notwendige Präsenz von Einzelfallentscheidungen trotz des Bemühens um klare Definitionen.[416] Ebenso wurde allerdings betont, dass das alleinige Vorhandensein von Grenzfällen nicht den Verzicht auf die generelle Unterscheidung von Therapie und Enhancement bedeuten kann.[417] Auf eben dieser sowie den weiteren in diesem Kapitel erarbeiteten Definitionen der Begriffe basierend, finden nachfolgend die Argumentationen und Diskussion bezüglich der ethischen Vertretbarkeit eines Eingriffs in die menschliche Keimbahn statt.

---

414 Innerhalb dieses Buches kann keine umfassende Beschreibung des ärztlichen Auftrags erarbeitet werden. An späterer Stelle wird er jedoch konkret hinsichtlich der Keimbahntherapie hinterfragt, vgl. 3.3.2.3, S. 156 ff.

415 Es könnte näher liegen, beispielsweise Arbeitshöhen anzupassen, um etwaigen Nachteilen zu begegnen, und für gesellschaftliche Akzeptanz zu stimmen, als für die jahrelange Gabe eines Medikaments zu plädieren, welches wie jedes Medikament auch Nebenwirkungen verursachen kann, vgl. auch S. 72, FN 354 dieses Buches.

416 Allein die weiterführende Frage, wie es sich bei einer errechneten Körpergröße von beispielsweise 1,40 m oder 1,20 m verhielte, die familiär bedingt sei, verdeutlicht dies. Der Schwierigkeit, zu bestimmen, ab welcher Körpergröße mit Nachteilen zu rechnen sein könnte, denen nicht anders als medizinisch zu begegnen sei, kann jedoch an dieser Stelle nicht weiter nachgegangen werden.

417 Vgl. S. 82, FN 403, FN 404 dieses Buches.

3.3 Ethische Argumentation

Im Rahmen der Diskussion um die genetische Intervention in die menschliche Keimbahn werden in der Literatur sehr unterschiedlich geartete Argumente angeführt. Einer übergeordneten Unterteilung nach sollen – in Anlehnung an ein von Kurt Bayertz erarbeitetes Schema – kategorische Argumentationstypen von pragmatischen und gesellschaftspolitischen unterschieden werden.[418]

3.3.1 Kategorische Argumente

Mit kategorischen Argumenten wird ein Gebot oder Verbot einer Handlung aufgrund des Eingriffs an sich abgeleitet und nicht etwa im Hinblick auf dessen Konsequenzen begründet. Sie tragen absolute Geltung und sind im Gegensatz zu pragmatischen und gesellschaftspolitischen nicht durch Abwägung etwaiger Vor- und Nachteile außer Kraft zu setzen.[419] Das bedeutet im Falle der Keimbahntherapie, dass, selbst wenn postuliert werden könnte, dass eine praktische Anwendung nicht mit höheren technischen, medizinischen oder sozialen Risiken einherginge als eine somatische Gentherapie, sie ggf. trotzdem als moralisch unzulässig zu beurteilen wäre, wenn die Natur des Eingriffs nach kategorischen Argumenten *an sich verwerflich* ist.[420] Umgekehrt kann die *Therapie* eines noch zu zeugenden Menschen durch eine Keimbahnintervention als kategorisches Gebot aufgefasst werden. Ihre Absolutheit beruft sich jedoch auf weltanschauliche Fundamente, die sehr verschieden interpretiert und in einigen Aspekten nicht von allen geteilt werden.[421] Inwiefern sie dennoch einen Beitrag zur Findung eines ethischen Urteils und einer allgemein nachvollziehbaren Handlungsanweisung leisten, soll im Folgenden geprüft werden.

Eine Reihe der zu besprechenden Argumente sind in bioethischen Diskussionen nicht unbekannt. Ob in der Grundlagenforschung mit frühem menschlichen Leben, ob in der Debatte um die ethische Vertretbarkeit von Präimplantationsdiagnostik (PID) und Pränataldiagnose (PND), oder ob in der Diskussion um die Zulässigkeit von therapeutischem und reproduktivem Klonen: Es scheint immer wieder das Bedürfnis aufzutauchen, eine biotechnische Maßnahme, insbesondere wenn sie im Rahmen der Entstehung menschlichen Lebens vollzogen wird, möglichst umfassend, unumkehrbar und unabänderlich zu regulieren[422] oder im restriktivsten Fall zu verbieten. Da bereits eine umfangreiche bioethische Literatur zur Besprechung dieser grund-

---

418 Vgl. Bayertz 1991, 291 ff, oder auch Bayertz und Runtenberg 1997, 109 ff.
419 Vgl. Deutscher Bundestag 1987, 187.
420 Vgl. Bayertz und Runtenberg 1997, 109.
421 Vgl. Bayertz 1991, 315.
422 Vgl. beispielhaft Welling 2014, 154.

sätzlichen Fragen im Zusammenhang mit der künstlichen Erzeugung menschlichen Lebens und im Kontext der Frage, ob menschliches Leben einen intrinsischen Wert hat, existiert, kann in dieser Arbeit nicht jede Abzweigung dieser Diskussionen verfolgt werden. Dennoch sollen einige dieser Aspekte auf ihre Relevanz hin für das vorliegende Thema geprüft und entsprechend ausgeführt werden.

3.3.1.1 Religiöse Argumente und der Hybris-Gedanke

Noch bevor die Keimbahntherapie betreffende Argumente, die sich aus verschiedenen theologischen Perspektiven ableiten lassen, untersucht werden, sollen zunächst die religiösen Standpunkte bezüglich des ungeborenen menschlichen Lebens vorgestellt werden. Im Anschluss werden einige der durchaus unterschiedlichen Ansichten zum Umgang mit dem menschlichen Erbgut betrachtet.

Die katholische Kirche, als eine hinsichtlich der Biotechnik restriktivsten Glaubensgemeinschaften, formuliert ihre Position zum Umgang mit ungeborenem menschlichen Leben einheitlich und eindeutig:

> [D]ie Frucht der menschlichen Zeugung [erfordert] vom ersten Augenblick ihrer Existenz an, also von der Bildung der Zygote an, jene unbedingte Achtung, die man dem menschlichen Wesen in seiner leiblichen und geistigen Ganzheit sittlich schuldet. Ein menschliches Wesen muß vom Augenblick seiner Empfängnis an als Person geachtet und behandelt werden, und infolgedessen muß man ihm von diesem selben Augenblick an die Rechte der Person zuerkennen und darunter vor allem das unverletzliche Recht jedes unschuldigen menschlichen Wesens auf Leben.[423]

Im Hinblick auf einen vorgeburtlichen therapeutischen Eingriff sei dieser, sofern er auf die Förderung des Wohles des Individuums abziele, nicht unverhältnismäßige Risiken beherberge, unter der Zustimmung der Eltern stattfinde und ohne dessen Integrität zu verletzen oder die Lebensbedingungen zu verschlechtern, grundsätzlich als wünschenswert zu betrachten.[424] Er wird also prinzipiell nach den gleichen Kriterien beurteilt, wie jeder andere medizinische Eingriff. Im Falle der Keimbahntherapie jedoch sind weitere Aspekte zu beurteilen, wie dass diesem eine Befruchtung *in vitro* vorausgehen muss, ebenso wie eine Präimplantationsdiagnostik. Zwar wird auch die Frage nach der moralischen Zulässigkeit vorgeburtlicher Diagnostik positiv beantwortet, allerdings nur unter der Prämisse, dass das Ergebnis der Diagnose keine Verbindung zu einer Abtreibung herstelle;[425] die künstliche Befruchtung hingegen wird

---

423 Kongregation für die Glaubenslehre 1987, I, 1.
424 Vgl. Kongregation für die Glaubenslehre 1987, I, 3.
425 „Aber sie steht in schwerwiegender Weise im Gegensatz zum Moralgesetz, falls sie – je nachdem, wie die Ergebnisse ausfallen – die Möglichkeit in Erwägung zieht, eine Abtreibung durchzuführen", Kongregation für die Glaubenslehre 1987, I, 2.

ohne Ausnahme zurückgewiesen.[426] Da IVF und PID voraussichtlich dauerhaft Bestandteil einer Keimbahntherapie bleiben werden, wird die Katholische Kirche diese folglich auch weiterhin ablehnen müssen.

Prinzipiell stellt auch die evangelische Kirche in Deutschland das ungeborene Leben ab dem Zeitpunkt der Verschmelzung von Ei- und Samenzelle unter Schutz, doch kommt in bioethischen Debatten, die den moralischen Status des Embryos einbeziehen, auch stellenweise eine Bereitschaft zu Tage, diesen Schutz einer Abwägung auszusetzen, sofern Heilungsmöglichkeiten erforscht werden können.[427] Im Gegensatz zur katholischen Kirche wird jedoch weder eine die gesamte evangelische Glaubensgemeinschaft repräsentierende Ansicht formuliert, noch werden diesbezüglich Dekrete erlassen.

Im Judentum wird zum einen zwischen dem Embryo im Leib der Mutter und dem *in vitro* erzeugten Embryo außerhalb des Körpers unterschieden; letzterem stehe weit weniger Schutz zu, allein wegen der Tatsache, dass er kein Teil einer Mutter ist.[428] Doch auch innerhalb des Uterus stelle der Embryo vor der abgeschlossenen Nidation um den 40. Tag nach der Befruchtung, an welchem dem jüdischen Glauben zufolge die Seele einzieht, noch kein menschliches Leben dar.[429] Zwar werden beispielsweise auch vom Judentum Abtreibungsmaßnahmen verurteilt, jedoch wird der Embryo als Teil der Mutter gleich einem Organ angesehen, welches, um sie zu retten, auch entfernt werden könne.[430] Zur Person wird der Mensch nach jüdischem Glauben erst mit Beginn der Geburt.

Die Ansichten im Islam ähneln denen des Judentums. Auch nach dieser Anschauung beginnt der Embryo erst am 40. Tag nach der Befruchtung moralische Relevanz zu erlangen. Davor stellt er nur potentielles Leben dar, ohne besonderen Schutz zu genießen. Prinzipiell sollte auch nach islamischem Glauben nicht in den Prozess der Menschwerdung eingegriffen werden, jedoch verlaufe diese in Stadien mit jeweils unterschiedlichen moralischen Status. Die Schutzwürdigkeit steige mit der Nidation an, bis der Embryo am 120. Tag nach der Befruchtung beseelt würde und den Status einer Person mit allen Rechten erlange.[431]

Allein diese kurze Darstellung der unterschiedlichen Auffassungen des Stellenwertes ungeborenen Lebens macht bereits deutlich, dass diese vier großen monotheistischen Religionen nicht nur verschiedene Ansichten haben, was die Schutzwürdigkeit von Embryonen betrifft, sondern auch, dass innerhalb der Glaubensgemeinschaften darüber Uneinigkeit herrschen kann. Wie sich der moralische Status des Embryos im

---

426 Vgl. Kongregation für die Glaubenslehre 1987, II, 5.
427 Vgl. Evangelische Kirchen in Deutschland 13.08.2002; Kamann 2011.
428 Vgl. Rey-Stocker 2006, 140.
429 Vorher sei er „bloßes Wasser", Wallner 2010, 20–21.
430 Vgl. Kaminsky 1998, 83.
431 Vgl. Kaminsky 1998, 82–83.

Kontext säkularer Argumente beschreiben lässt, wird Teil des nächsten Unterkapitels sein.[432] Doch unabhängig vom Schutz des Embryos leitet sich ein immer wieder in bioethischen Debatten formuliertes kategorisches Argument von einem ganz bestimmten theologischen Verständnis eines Schöpfergottes und des Menschen als dessen Ebenbild ab, welcher nicht verändert werden dürfe. Wegen einer verurteilungswürdigen Anmaßung und Selbstüberschätzung – die darin liege, davon auszugehen, der Mensch selbst könne den Menschen nach eigenen und freien Vorstellungen erschaffen – richtet es sich deutlich gegen eine Zulassung einer Keimbahntherapie am Menschen. Vordergründig sind es Vertreter der katholischen Kirche, die sich auf diesen häufig als *Hybris*-Argument bezeichneten Gedanken berufen, welchem beständig mit dem Appell, *der Mensch dürfe nicht Gott spielen*, Ausdruck verliehen wird.[433] Doch muss bereits bei dieser Aussage festgestellt werden, dass diese wiederum nur eine von vielen Glaubensauffassungen darstellt, die nicht nur im Vergleich der Religionen miteinander, sondern auch innerhalb einer Glaubensgemeinschaft durchaus variieren können. In einem Bericht der *National Bioethics Advisory Commission* (NBAC), den der damalige US-Präsident Bill Clinton 1997 im Kontext der Möglichkeit der Erzeugung menschlicher Klone und mit der Absicht, ethische und rechtliche Fragen diesbezüglich zu eruieren, beauftragt hatte, befasst sich Kapitel sechs mit den Aspekten und Stellungnahmen von Theologen aus dem Judentum, dem Römischen Katholizismus, dem Protestantismus und dem Islam zu dieser neuen Biotechnologie.[434] Da die Debatten um die Erzeugung menschlicher Klone und die um den Eingriff in die menschliche Keimbahn inhaltlich miteinander verwandt sind, und zudem moralische Positionen und Werte religiöser Traditionen durchaus auch außerhalb dieser nachvollziehbar sein und zur säkularen Meinungsbildung beitragen können,[435] dürfen einige Aspekte dieses Berichts im vorliegenden Zusammenhang aufgeführt werden. Angesichts des herrschenden Pluralismus allerdings, kann im Rahmen dieser Arbeit nicht jede einzelne Position erläutert werden; dennoch sollen einige zentrale Ansichten aus den unterschiedlichen religiösen Interpretationen heraus vorgestellt werden.

Obgleich in dem Bericht der NBAC zwar zentrale Aussagen der Bibel über die Erschaffung des Menschen gemäß Genesis 1 und 2 herausgestellt werden können – wie beispielsweise, dass alle Menschen freie und moralisch handlungsfähige Wesen seien, mit daraus resultierender moralischer Verantwortung, oder dass alle Menschen das Ebenbild Gottes und fundamental gleich seien[436] – zeigt sich, dass diese je nach

---

432 Vgl. SKIP-Argumente S. 103 f dieses Buches.

433 Vgl. Walters und Palmer 1997, 84; Yao 2006, 47; Kass 2004, 129; Coady, C. A. J. 2010, 155 ff.

434 Vgl. National Bioethics Advisory Commission (NBAC) 1997, 39.

435 Vgl. National Bioethics Advisory Commission (NBAC) 1997, 42.

436 Ebenso, dass der Mensch ein verkörpertes Selbst sei, welches das Gottesbild durch seine Kreativität und sein Potential zur „Herrschaft" über die Natur ausdrücke und dennoch nicht Gott selbst sei. Letztlich sei der Mensch endlich und fehlbar. Vgl. National Bioethics Advisory Commission (NBAC) 1997, 43–44.

Ansatz unterschiedlich ausgelegt werden. Innerhalb drei zentraler Themen lassen sich diese Auslegungen erörtern: „responsible human dominion over nature; human dignity; and procreation and families."[437] Insbesondere in Bezug auf die Frage des ersten Themenkomplexes, nach der Bedeutung von verantwortlicher Herrschaft des Menschen über die Natur, wird die schon erwähnte Mahnung ausgesprochen, nicht Gott spielen zu sollen. Paul Ramsey schreibt: „Men ought not to play God before they learn to be men, and after they have learned to be men, they will not play God."[438] An dieser Haltung wird jedoch auch seitens religiöser Gemeinschaften selbst kritisiert, dass sie sehr unspezifisch und daher zu vage für eine moralische Richtlinie sei. Laut dem Bericht argumentiere Ted Peters, dass daraus nicht abzuleiten sei, wie sich Menschsein definiere. Insofern der Mensch seine gottgegebenen und nach Gottes Abbild erhaltenen Attribute wie Kreativität und Freiheit im Sinne eines „playing human" im Klonen einsetze, könne nicht zwangsläufig geschlossen werden, dass dies abzulehnen sei.[439] Der Herrschaftsauftrag des Menschen lässt sich dem Bericht zufolge aber vor allem auf drei verschiedene Arten verstehen:[440] Das prominenteste im römischen Katholizismus sei das Modell der „stewardship", in dem der Mensch wie ein Gärtner die Natur als zu bewahrendes Gut verwalten, pflegen und erhalten solle. Ein weiteres im Judentum und auch im Islam zu findendes Modell erkenne die Partnerschaft („partnership") des Menschen mit Gott an, der mit ihm die Schöpfung bewahre und darüber hinaus weiterentwickele.[441] Nach solcher Auffassung könne man rechtfertigen, der Mensch unterstütze mit Klonen oder eben mit Keimbahneingriffen den andauernden Prozess der Schöpfung als Partner an Gottes Seite. Einer dritten Auffassung zufolge, die beispielsweise manche Protestanten vertreten, sei der Mensch „created-co-creator", der Wissen erwerben und anwenden könne im Sinne einer Verbesserung des Menschen und der Welt.

Die Suche nach Wissen und Erkenntnis ist in keiner der Religionen per se problematisch. In dem Report wird beispielsweise von Schulen des Islams berichtet, nach denen alle wissenschaftliche Erkenntnis eine Offenbarung der göttlichen Schöpfung darstelle; anderen zufolge biete sich Wissen ohnehin nur dann zur Erkenntnis, wenn Gott es zulasse. Doch die Bewertung des Erlangens von Wissen an sich ist nicht zu verwechseln mit der Umsetzung dessen in eine Handlung oder Anwendung. Denn

---

437 National Bioethics Advisory Commission (NBAC) 1997, 44.
438 Ramsey 1970, 138.
439 Vgl. National Bioethics Advisory Commission (NBAC) 1997, 45.
440 Ähnlich auch in Coady, C. A. J. 2010, 155 ff: „domination, stewardship, and co-creation".
441 Im 1. Buch Mose heißt es: „Und Gott der HERR nahm den Menschen und setzte ihn in den Garten Eden, dass er ihn bebaute und bewahrte", 1. Mose 2, 15. Den Garten zu bebauen könne bedeuten, ihn an die menschlichen Bedürfnisse anzupassen und insofern auch zu verbessern. Zu bebauen *und* zu bewahren fordere vom Menschen die Verantwortung, eine Balance zwischen menschlichen und göttlichen Handlungen zu schaffen, vgl. hierzu wie auch zu nachfolgenden Ausführungen National Bioethics Advisory Commission (NBAC) 1997, 45–46.

obwohl alle unter Betracht stehenden Religionen die naturwissenschaftliche Suche nach Erkenntnis prinzipiell unterstützen, enthalten diese keine theologischen Interpretationen oder moralischen Implikationen. Gerade der sog. „technologische Imperativ" – in die Tat umzusetzen, was immer technisch möglich sei – werde häufig kritisiert. Manche seien der Ansicht, wissenschaftlicher Fortschritt bliebe ein optionales Ziel, das nicht unter Missachtung moralischer und menschlicher Grenzen verfolgt werden dürfe.

Ein weiterer Aspekt, der ebenfalls unterschiedlich in Abhängigkeit von der religiösen Anschauung betrachtet werden kann, betrifft mögliche unvorhersehbare Folgen des Einsatzes einer neuen Biotechnologie und die Verantwortbarkeit der Konsequenzen. Eine Ansicht sei es, wie ein orthodoxer Rabbi zitiert wird, dass, wenn der Mensch sein Bestes gebe und nach positiver Kosten-Nutzen-Kalkulation handele, sich Gott um die unvorhersehbaren Folgen kümmern werde.[442] Auch *slippery slope*-Argumenten könne dem Rabbi Tendler zufolge entgegengesetzt werden, dass, wenn eine nachfolgende Generation gelehrt werden könne, nicht zu stehlen oder zu töten, so könne sie auch vorbereitet werden, die Technologie nicht zur Zerstörung der Menschheit anzuwenden. Nichtsdestotrotz befürchten andere wiederum, dass derart *kreierende* Initiativen des Menschen wie Klonen oder Keimbahnveränderungen eine Form der Rebellion der Geschöpfe gegen den Schöpfer darstellen und eine solche zu katastrophalen Folgen bis hin zur Zerstörung des von Menschen Geschaffenen oder sogar des Menschen selbst führen könne. Doch um sich nicht wegen unspezifischer Auslegung ebenso angreifbar zu machen wie mit dem Aufruf, der Mensch solle nicht Gott spielen, muss diese Befürchtung untermauert werden, indem herausgestellt wird, worin diese Zerstörung bestehen könnte. Ein Argument, welches nicht nur im theologischen Kontext immer wieder angebracht wird, ist die Unantastbarkeit der Würde des Menschen.[443]

Dieses nächste der drei genannten zentralen Themen, die Menschenwürde und inwiefern sie tangiert wird von neuen biotechnischen Verfahren, soll jedoch erst im nächsten Unterkapitel behandelt werden,[444] da insbesondere dieses Argument eines derer ist, die auch außerhalb eines religiösen Zusammenhangs für die ethische Bewertung neuer Biotechniken herangezogen werden.

Die Bedeutung der menschlichen Fortpflanzung und der Familie stellt den dritten Themenkomplex dar, dem sich der Bericht in diesem Zusammenhang widmet. Was die Zeugung und Reproduktion betrifft, so sind die meisten Vertreter der katholischen Kirche, aber auch Protestanten wie Ramsey überzeugt, dass der Mensch nicht trennen dürfe, was Gott zusammengefügt habe: In diesem Fall die sexuelle Liebe und

---

442 Vgl. National Bioethics Advisory Commission (NBAC) 1997, 48.
443 Vgl. National Bioethics Advisory Commission (NBAC) 1997, 49 ff.
444 Vgl. 3.3.1.2, S. 96 ff dieses Buches.

die Fortpflanzung.[445] Für manche sei die Unterscheidung von *Zeugen* und *Machen* essentiell; die theologische Interpretation von *Zeugen* betone Ähnlichkeit, Identität und Gleichheit, im Gegensatz zum *Machen*, welches Unähnlichkeit, Entfremdung und Unterordnung impliziere. Andere Theologen nehmen keine so strikte Unterscheidung von Zeugen und Machen vor und sind bereit, manche Formen des Eingriffs in die Reproduktion des Menschen zu akzeptieren.[446] Doch eine weitere Sorge betrifft die Bedeutung solcher biotechnischen Maßnahmen für die Integrität der Familie, wobei hier insbesondere die Eltern-Kind-Beziehung gefährdet werden könne. In Bezug auf das im Bericht zu bewertende Klonen kommen hinsichtlich des reproduktiven Klonens vor allem problematische Fragen nach Abstammung, intergenerationalen Beziehungen und Verantwortungsbewusstsein auf, die von Bedeutung für die Institution Familie sein können.[447] Diesbezüglich rufe das therapeutische Klonen jedenfalls bei einigen islamischen und jüdischen Theologen weniger moralische Bedenken hervor. Die bloße Idee allerdings, dass biotechnische Verfahren potentiell das familiäre Gefüge verändern, reiche nach der protestantischen Ethikerin Nancy Duff ohnehin nicht aus, um theologisch oder moralisch von einem kategorischen Verbot zu überzeugen.[448]

An dieser Stelle darf nun also gefragt werden, inwiefern moralische Leitfäden aus theologisch hergeleiteten Anleitungen in einer säkularisierten Gemeinschaft einsichtig und rational begründbar übernommen sowie angeführt werden können und dürfen, sodass deren Gültigkeit nicht eine Glaubensfrage bleibt. Hierbei ist nicht nur relevant, welchen Stellenwert theologische Motive in einer pluralistischen Gesellschaft einnehmen, sondern auch welche dieser Aspekte einer rationalen Begründung überhaupt zugänglich gemacht werden können. Diese Frage verschärft sich angesichts des inter- und innerreligiösen Pluralismus, wegen dessen einerseits eine Gegenüberstellung von Religion und Wissenschaft mit der Intention, klare Gegensätze aufzufinden, scheitern muss, andererseits eine Religionen übergreifende Antwort als Orientierung zur Lösung ethischer Konflikte in der Biotechnologie nicht gegeben werden kann.[449] Dennoch, so stellt Wolfgang Bender fest, gebe es „zentrale Wörter und Begriffe, die auf die grundlegenden Urkunden der einzelnen Religionen zurückgehen und in den theologischen Reflexionen immer wieder thematisiert werden."[450]

---

445 Vgl. National Bioethics Advisory Commission (NBAC) 1997, 51.
446 So nehme auch nicht jeder Theologe eine Unterscheidung von zeugendem und vereinendem Geschlechtsverkehr vor – u. a. weil damit eine Ablehnung von Verhütungsmitteln einherginge. Vgl. National Bioethics Advisory Commission (NBAC) 1997, 52.
447 Wie beispielsweise Sorge um veränderte Rollenwahrnehmung innerhalb der Familie und daraus entstehenden Verantwortungsproblematiken. Vgl. National Bioethics Advisory Commission (NBAC) 1997, 54.
448 Vgl. National Bioethics Advisory Commission (NBAC) 1997, 54.
449 Vgl. Bender 2000, 113.
450 Bender 2000, 114.

Während *Schöpfung* und *Ebenbild Gottes* noch eindeutig religiöse Formeln darstellen, so vermitteln andere, wie die *Würde des Menschen* oder das *Herrschen über die Natur* oder das *Bewahren der Schöpfung* den Eindruck, es handele sich hierbei um eine Art Chiffren, die man möglicherweise in nicht theologische Debatten übersetzen könne.[451] Beim Versuch dies zu tun, stößt man schnell auf die komplexe weiterführende Frage: Was *genau* soll unantastbar und bewahrt bleiben? Was ist es, was in diesem Zusammenhang Menschen mit religiösen Argumenten im Namen der Heiligkeit des Göttlichen oder im Namen der Unantastbarkeit des als Ebenbild Gottes geschaffenen Menschen vor biotechnischen Eingriff zu schützen versuchen? Einleuchtend ist, dass Argumente, die ausschließlich auf religiösen oder anderweitig partikularen Annahmen basieren, nicht mehr oder weniger als eine Frage des Glaubens darstellen und ihnen im Interesse eines ethischen Urteilsbildungsprozesses nicht ohne weiteres ausschlaggebende Bedeutung zugesprochen werden kann. Schließlich, so bringt Welling ein naheliegendes Gegenargument an, könne man doch die Existenz Gottes und damit alle auf diesen bezogenen Handlungsanweisungen schlichtweg verneinen.[452]

Dass es dennoch Argumente gibt, die ebenso unter theologischen wie unter säkularen Gesichtspunkten für eine bioethische Entscheidung bedeutend sein können, zeigt das Beispiel der Menschenwürde. Diese soll, wie bereits erwähnt, im Anschluss an dieses Kapitel Objekt der Untersuchung sein. Weiterhin ergeben sich eventuell aus dem, was von Karl Rahner als moralischer Glaubensinstinkt bezeichnet wird, Aspekte, die auch außerhalb eines theistischen Zusammenhangs überzeugen können. Rahner sagt, es gebe ein globales Wissen, wo richtig und wo falsch geglaubt werde, ohne dass dieses Urteil analytisch reflektiert werden könne oder müsse.[453]

> Ein solcher globaler moralischer Vernunft- und Glaubensinstinkt kann es ruhig „riskieren", vorausgesetzt, dass er auch selbstkritisch ist, dass in seinem Urteil unreflektiert Momente enthalten sind, die als solche bloß „epochalen" Wesens sind, sich wandeln können und so einmal ein anderes Urteil später als dann richtig erscheinen lassen; ein solches Urteil kann dennoch jetzt in dieser Situation das richtige sein.[454]

Hierbei muss berücksichtig werden, dass Rahner den Begriff des Instinktes als eine bestimmte Art und Weise des Erkenntnisgewinns gebraucht und nicht in der Bedeutung einer unbewusst biologisch gesteuerten Verhaltensweise. Der Glaubensinstinkt sei eine Intuition, die aus einmal gewonnenen Vernunfteinsichten zu Urteilen kom-

---

451 Vgl. Bender 2000, 115; ähnlich auch Habermas: „Diese *Geschöpflichkeit* des Ebenbildes drückt eine Intuition aus, die in unserem Zusammenhang auch dem religiös Unmusikalischen etwas sagen kann", Habermas und Reemtsma 2016, 15.
452 Vgl. Welling 2014, 245.
453 Vgl. Bender 2000, 119.
454 Rahner 1967, Problem der genetischen Manipulation, Schriften zur Theologie VIII, 303-305, zitiert nach Hartmann 2005, 66-67, FN 199.

me, die, insbesondere auch wegen der gesammelten Erfahrungen nach getroffenen Entscheidungen, im Nachhinein mit Gründen belegt werden können.[455] Das Vertrauen in Intuitionen und Instinkte ist keine explizit theologische Verhaltensweise. Auch Kass beispielsweise schreibt der „Wisdom of Repugnance"[456] einen hohen Stellenwert zu. Diese *Weisheit der Abscheu* wird innerhalb der Besprechung sog. Natürlichkeitsargumente noch einmal genauer betrachtet werden,[457] dennoch zeichnet sich bereits an dieser Stelle ab, dass sich die Begründung dieses *Bauchgefühls* einer analytischen Herangehensweise weitgehend entziehen könnte. Wie Rahner jedoch behauptet, sei eine solche in diesem Kontext auch nicht erforderlich; Kass ist sogar der Meinung, es sei nicht angebracht, dieses intuitive Gefühl der Abscheu wegzurationalisieren.[458] Dennoch müssen die Diskursteilnehmer im Namen einer möglichst nachvollziehbaren und plausiblen Ableitung einer Position, ebendiese auch erläutern können – es reiche nicht aus, sie lediglich zu benennen, wenngleich man sich damit der Gefahr aussetze, in den eigenen Grundüberzeugungen verunsichert zu werden, falls sich die Begründungen als unzureichend oder unzutreffend herausstellen sollten.[459] Da sowohl aus Rahners, einer theologischen Perspektive, als auch beispielsweise von Kass' Standpunkt aus, als Vertreter des säkularen Pendants des Glaubensinstinkte, eine Begründung dieses *Bauchgefühls* auf rationalem Wege nicht erbracht werden kann – und auch gar nicht soll – muss für den vorliegenden Kontext zunächst festgehalten werden, dass Argumente, die auf Instinkten bzw. moralischen Intuitionen beruhen, an Überzeugungskraft einbüßen, solange man sie nicht auch einer analytischen Herangehensweise zugänglich macht. Ob die mit Instinkten begründete Abneigung gegen beispielsweise biotechnische Neuerungen einer solchen standhalten kann, soll noch einmal im säkularen Kontext der Natürlichkeitsargumente aufgenommen und untersucht werden. An dieser Stelle muss jedoch konstatiert werden, dass die Vorstellung alleine, der Glaubensinstinkt weise, ohne rational hinterfragt werden zu können, den *richtigen* Weg, nicht ausreichen kann, um ein möglichst von partikularen Anschauungen unabhängiges ethisches Urteil zu begründen.

Als Fazit können nun drei wichtige Aussagen zu den religiösen Perspektiven bezüglich eines therapeutischen Keimbahneingriffes zusammengefasst werden: (1) Es existieren sowohl inter- als auch innerreligiös unterschiedliche Bewertungen, was die Vorstellung eines sich selbst kreierenden Menschen betrifft, ganz in Abhängigkeit von der Auslegung der jeweiligen Glaubenstexte. (2) In einem weltanschaulich neutralen Rechtsstaat verbietet es sich, ein kategorisches Verbot oder Gebot aus einer der diversen religiösen Ansichten abzuleiten, allein deshalb, weil Teile der vielschichtigen

---

455 Vgl. Bender 2000, 119.
456 Kass 1997.
457 Vgl. 3.3.1.3, S. 124 ff dieses Buches.
458 Vgl. Kass 2004, 50.
459 Vgl. Bender 2000, 122–123.

Öffentlichkeit so geartete Argumente für die Herbeiführung eines solchen nicht nachvollziehen können. (3) Trotz dieser Feststellung bieten sich aus dem theologischen Kontext heraus vor allem zwei Motive an, die auch in einer liberalen, pluralistischen und säkularen Gesellschaft Anklang finden können. Zum einen die Menschenwürde, deren Schutzwürdigkeit nicht zuletzt in der Verfassung festgehalten ist, und zum anderen das instinktive Bauchgefühl, welches nicht nur Theologen antreibt, innezuhalten und aus der *Mitte ihrer persönlichen Überzeugung*[460] heraus Entscheidungen zu treffen. Beide Aspekte werden in den folgenden Unterkapiteln auf ihre Plausibilität im Kontext des Keimbahneingriffs hin untersucht, beginnend mit der Frage, inwiefern die Menschenwürde – und insbesondere auch wessen Menschenwürde – durch eine Intervention in die Keimbahn bedroht sein könnte.

3.3.1.2 Menschenwürde-Argumentation

Wie in der Besprechung der religiösen Aspekte im Hinblick auf eine Keimbahntherapie schon angedeutet wurde, existieren gewisse Argumente, welche partikulare Ansichten übergreifend vorgebracht und postuliert werden. Eines dieser Argumente, welches wie auch andere des kategorischen Typs nicht erst seit der Frage nach der ethischen Legitimität einer Keimbahntherapie angeführt wird, betrifft die nicht nur von Theologen und Ethikern herausgehobene, sondern auch in Artikel 1 Absatz 1 des Grundgesetzes festgehaltene *Unantastbarkeit der menschlichen Würde*[461] und deren potentielle Beeinträchtigung oder Verletzung durch neue biotechnologische Verfahren. Im Kontext der Folgenabschätzung einer Keimbahntherapie wird die Befürchtung der Verletzung der Menschenwürde in unterschiedlichen Zusammenhängen debattiert. Zum einen (1) wird sie in Bezug auf den für die Entwicklung und Überprüfung der Therapie notwendigen Verbrauch und die Verwerfung von Embryonen diskutiert. Wenngleich vorauszusehen ist, dass diese Abhängigkeit jedenfalls in der Grundlagenforschung nicht zwingend von Dauer sein muss,[462] ist darüber hinaus relevant, dass sowohl *vor* einer Keimbahntherapie zur Identifizierung etwaiger genetischer Erkrankungen, als auch *im Anschluss* an die Therapie für die Überprüfung der Wirksamkeit ein Embryo immer auf den Erfolg hin getestet werden müssen wird.[463] An dieser Stelle sieht man sich ein weiteres Mal mit einer altbekannten und dennoch nicht einheitlich geklärten Frage nach dem moralischen und rechtlichen Status des Embryos konfrontiert und damit, ab wann dem Menschen in seiner Entwicklung diese Würde zukommen und inwiefern sie in den sehr frühen Phasen des Lebens prakti-

---

460 Vgl. Bender 2000, 122.
461 „Die Würde des Menschen ist unantastbar. Sie zu achten und zu schützen ist Verpflichtung aller staatlicher Gewalt", Art. 1 Abs. 1 GG.
462 Vgl. Kap. 3.3.2.1, S. 144 ff dieses Buches.
463 Vgl. Der Bundesminister für Forschung und Technologie 1985, 45; Walters und Palmer 1997, 83–84.

sche Anerkennung finden kann und soll. Zum anderen (2) wird die Zulässigkeit einer Keimbahntherapie im Namen der Menschenwürde im Hinblick auf das zukünftige Individuum und beispielsweise dessen Recht auf ein nicht-manipuliertes Erbgut[464] in Frage gestellt.

Insbesondere in bioethischen Debatten dieser Art kommt dem Argument der Menschenwürde durch die im Gebot der Unantastbarkeit ebenso wie in der *Ewigkeitsklausel*[465] des Grundgesetzes ausgedrückte Unveräußerlichkeit eine exponierte Stellung zu. Überzeugt das Argument, entzieht es sich jedweder weiteren Abwägung. Diese Tatsache kann jedoch u. U. dazu führen, dass das Argument der Verletzung der Menschenwürde als „conversation stopper"[466] eingesetzt wird, um eine Debatte ein für alle Mal zu beenden. Mit ihrem Absolutheitsanspruch verbiete das Prinzip der Menschenwürde, wenn es angeführt werde, selbst Eingriffe, mit denen überhaupt keine erkennbaren Nachteile verbunden seien, da sie – entsprechend dem Typus eines kategorischen Arguments – ein Verbot jenseits aller Kosten-Nutzen-Abwägungen begründe.[467] Hinsichtlich dessen ist es umso wichtiger, die Zulässigkeit seiner Anwendung zu prüfen. Um eine Aussage darüber treffen zu können, ob und inwiefern mit der Menschenwürde *gegen* oder möglicherweise auch *für* eine therapeutische Keimbahnintervention plausibel argumentiert werden kann, muss vorab ein Verständnis darüber herrschen, was unter dieser zu verstehen ist und wer deren Träger sein kann. Immer wieder wird sich in der Literatur um eine allgemeingültige Auffassung ebendieser Fragen bemüht. In der folgenden Betrachtung sollen zum einen übersichtlich die Interpretationsansätze des ersten Artikels des Grundgesetzes und dessen Anwendbarkeit in den vorliegenden Fragen untersucht, zum anderen die Versuche erweiterter Menschenwürdekonzepte, und inwiefern sie ein ethisches Urteil für oder gegen eine Keimbahntherapie begründen könnten, geprüft werden.

Nach Martin Nettesheim lassen sich vor allem drei Interpretationen erkennen, wie das Konzept der in der Verfassung festgehaltenen Würde des Menschen definiert werden könnte: als metaphysische Eigenschaft (inhärent – durch Gott, oder Vernunftbegabung, oder naturrechtlich begründet), als Zuschreibung oder Zuerkennung (gesellschaftlich zugeschrieben oder anerkannt) oder als die Anlage und Fähigkeit, sich als Mensch oder zum Menschen zu entwickeln (speziesabhängig).[468] In dieser knappen Darstellung unterschiedlicher Interpretationen werden die semantischen Feinheiten der Differenzierungen kaum deutlich. Es muss jedoch darauf aufmerksam gemacht werden, dass es einen Unterschied bedeutet, ob Würde gesellschaftlich *zu-*

---

464 Wie es etwa der Europarat formuliert hat, vgl. S. 65, FN 312 dieses Buches.
465 „Eine Änderung dieses Grundgesetzes, durch welche [...] die in den Artikeln 1 und 20 niedergelegten Grundsätze berührt werden, ist unzulässig", Art. 79 Abs. 3 GG.
466 Vgl. Birnbacher 1995, 4, Birnbacher 2006, 84; Ulfrid Neumann schreibt von einer „Inflation des Menschen-Würdearguments", Neumann 1998, 155.
467 Vgl. Neumann 1998, 154–155.
468 Vgl. Nettesheim 2005, 89–95, s. a. Wagner 2007, 54.

gesprochen wird und somit ein gesellschaftliches Konstrukt darstellt, welches dem Wort nach theoretisch dekonstruiert werden könnte, oder ob Würde *zuerkannt* wird. In letzterem Fall ist sie vorhanden und die Zuerkennung besteht in einem gesellschaftlichen Akt. Ebenso der semantische Unterschied, sich *als* oder *zu* einem Menschen zu entwickeln, legt bedeutende Differenzen offen: Entwickelt sich ein Wesen *als* Mensch, ist es kontingent Mensch, von Beginn seiner Existenz an.[469] Entwickelt sich ein Wesen *zum* Menschen, ist es zuvor jedenfalls nicht in seiner späteren Bedeutung Mensch. Schon allein in diesen Formulierungen werden also unterschiedliche Vorverständnisse deutlich. Was das vom Grundgesetz geschützte Gut betrifft, basiere dieses am ehesten auf einem Würdekonzept, welches sich aus dem Selbstverständnis eines autonomen, selbstbestimmungsfähigen Wesens mit dem Potential zur Entwicklung einer Personalität ergebe. Für das Verfassungsrecht sei es irrelevant, wie sich diese Fähigkeit begründe (Biologie, Religion oder Philosophie), entscheidend sei, „daß wir von unserem je eigenen Ausgangspunkt darin übereinstimmen können, daß wir uns jeweils Würde zuschreiben."[470] Dass auf religiöse, naturrechtliche oder andere weltanschauliche Ableitungen der Menschenwürde im Grundgesetz verzichtet werde, entspreche dem pluralistisch-liberalen und säkularisierten Charakter eines modernen Verfassungsstaates. Andernfalls „bestünde die Gefahr, daß die Norm im Glaubenskonflikt der Interpreten zerrieben würde."[471]

Doch möglicherweise bleibt es gerade wegen dieses notwendigerweise von Anschauungen unabhängigen bzw. Anschauungen übergreifenden Konzepts unklar, ob das Menschenwürde-Argument in allen Anwendungen *dieselbe* Bedeutung hat, insbesondere wenn es um die Zuerkennung bzw. Zusprechung des Menschenwürdeschutzes für ungeborenes Leben geht. Luchsinger merkt in diesem Zusammenhang an, dass über die Ableitung der Würde des Menschen hinaus der semantische Teil in jedem Fall von der Gesellschaft gefunden und entwickelt werden müsse.[472]

Dass der Begriff der Menschenwürde Unbestimmtheiten aufweist, oder dass sie zuweilen *benutzt* wird, um eine Diskussion zu beenden, wirft die Frage auf, ob sie das nicht letztendlich zur Leerformel mache. Wie Dieter Birnbacher diesbezüglich feststellt,[473] erschöpfe sie sich aber nicht in dieser einen Funktion, bioethische Debatten kategorisch zu beenden,[474] sondern weise einen Bedeutungskern auf, der sich über alle Verwendungen des Menschenwürdebegriffs erstrecke. Dieser bestehe in der gemeinsamen Überzeugung, dass dem Menschen als Individuum (und als Gattung)[475]

---

469 Vgl. BVerfGE 88, 203 [251].
470 Nettesheim 2005, 93.
471 Nettesheim 2005, 91.
472 Vgl. Luchsinger 2000, 53.
473 Diese Feststellung ist allerdings kein expliziter Beitrag zur Interpretation des Art. 1 Abs. 1 GG; somit also argumentativ nicht im System des Rechts verordnet.
474 Vgl. Birnbacher 2006, 84.
475 Vgl. S. 109 ff dieses Buches.

eine besondere Stellung zukomme, die ihn über alle anderen Gattungen und deren Individuen hinaushebe und die von Fähigkeiten, Leistungen und auch dem Entwicklungsstand unabhängig sei. Er führt drei für die Geltung des Bedeutungskerns der Menschenwürde wichtige Konsequenzen an: Egalitarismus, Speziesismus und Nichtabstufbarkeit.[476] Unabhängig davon, ob die Würde sich von einem religiösen, naturrechtlichen oder philosophischen Menschenbild ableite,[477] oder ob das Konzept einer gesellschaftlich konstituierten Würde vertreten wird, die sich in gegenseitiger Anerkennung und Respekt sowie dem Versprechen von sozialer Achtung niederschlage,[478] oder ob man sich auf ein Konzept beruft, dass dem Menschen Würde zukommen lässt, wegen der Befähigung sich zur Person zu entwickeln,[479] beschreibt die erste der drei von Birnbacher gefolgerten Gemeinsamkeiten, der Egalitarismus, dass die Menschenwürde allen Menschen zukomme. Ungeachtet seiner Fähigkeiten und Potentiale besitze jedes der Gattung Mensch zugehörige Individuum Würde – also auch derjenige, der zur Ausbildung menschenspezifischer Fähigkeiten, wie beispielsweise verbalisierter Sprache, nicht fähig sei. Weiterhin bedeute der Speziesismus, dass ausschließlich den der Gattung Mensch zugehörigen Individuen diese Würde zukomme und die Nichtabstufbarkeit beschreibe schließlich, dass diese nicht graduell sei, im Sinne von, es gebe „kein Mehr oder Weniger" an Würde.[480]

Wenngleich Birnbacher diese grundlegenden Gemeinsamkeiten des Menschenwürdebegriffs herausstellt, muss beachtet werden, dass die Vorbedingung, die bloße Artzugehörigkeit zur Gattung Homo sapiens begründe die Sonderstellung des Menschen und die Anerkennung seiner Würde, schon eine Setzung und Begründung dieser Würde vorwegnimmt, die nicht unbedingt von allen geteilt wird. Peter Singer z. B. stellt diese Grundannahme in Zweifel und führt sie auf spezifisch religiöse Prämissen zurück, die unser Menschenbild nach wie vor prägen.[481] Zur Anerkennung von Würde im Sinne eines absolut zu schützenden Guts sieht er als Voraussetzung beispielsweise die Fähigkeit zur Empfindung. Als typisch menschliche Eigenschaften führt er an: „[U]nser Selbstbewusstsein, unsere menschliche Rationalität, unser Sittlichkeitsgefühl, unsere Autonomie oder eine Kombination davon"[482] – diese Eigenschaften, nicht aber die bloße Spezieszugehörigkeit, seien ausschlaggebend. „Wenn wir uns fragen, ob es falsch ist, ein Lebewesen zu töten, müssen wir sicherlich darauf achten, welche

---

476 Vgl. Birnbacher 2006, 84–85, auch für die folgenden Ausführungen.
477 Vgl. Nettesheim 2005, 89f.
478 Vgl. Hofmann 1993, 364; Kritik s. Bielefeldt 2008, 19.
479 Vgl. Nettesheim 2005, 93.
480 Birnbacher 2006, 85.
481 „Zwei christliche Vorstellungen sind wohl dafür verantwortlich, daß wir dem menschlichen Leben einen so hohen Wert beimessen: Die Vorstellung, daß jedes menschliche Wesen ‚nach dem Bilde Gottes' geschaffen wurde, und der Glaube, daß allein menschliche Wesen eine ‚unsterbliche Seele' besitzen", Singer 1995, 86.
482 Singer 1995, 84.

Eigenschaften es hat, nicht aber darauf, welcher Art es angehört.“[483] Diese Verlegung auf „Eigenschaften“ führt notwendigerweise dazu, etwa bestimmten Menschenaffen und auch anderen Tieren ein Tötungsverbot zuzuerkennen – schwerstbehinderten Neugeborenen oder auch schwer dementen Menschen jedoch abzusprechen. Es handelt sich um zwei grundverschiedene Ansätze; verfolgt man den ersten, so kommt nach Birnbacher einem Embryo im Sinne eines Gattungsangehörigen Würde zu (wengleich in anderer normativer Gewichtung, als einem geborenen Menschen),[484] einem intelligenten, empfindungsfähigen Nicht-Menschen aber nicht (wie z. B. hochentwickelten Menschenaffen oder hypothetischen Außerirdischen).[485] Hingegen müsse nach Singers Überzeugung die Würde empfindungsfähiger Nicht-Menschen durchaus anerkannt werden, sofern sie „fühlen, denken und für die Zukunft planen wie wir“[486]; frühe Embryonen allerdings, die weder ein Nervensystem noch ein Gehirn besitzen und somit zur Empfindung nicht fähig sind, seien weniger schützenswert.[487] Diese beiden Auffassungen sind unvereinbar und stehen hier unversöhnlich nebeneinander.

Als Zwischenfazit muss festgehalten werden, dass bei dem Bemühen, eine klare Definition und Begründung der Würde des Menschen unabhängig von der Beeinflussung durch partikulare Anschauungen zu formulieren, es so scheint, dass „eine positive Umschreibung des Gegenstandes, auf dessen Schutz Art. 1 Abs. 1 GG zielt, nicht gelingen kann“.[488] Diesbezüglich wird häufig Theodor Heuss‘ Charakterisierung des Menschenwürdesatzes als eine „nicht interpretierte These“ zitiert.[489] Auch andere Autoren schreiben von einer notwendigen Offenheit der Definition, da andernfalls die Gefahr von Ausschlüssen bestehe. Ebenso finden sich aber auch Überlegungen zu einer möglichst engen Definition, um inflationären und unangebrachten Gebrauch („conversation stopper“) sowie partikular gesellschaftlicher Einvernahme durch Überhöhung vorzubeugen. Hasso Hofmann schlägt vor:

> Nicht die schlechteste Lösung des Problems besteht darin, dieser Vorschrift, wenn nicht überhaupt die Rechtsqualität oder den Regelungscharakter, so doch jedenfalls in einer Strategie der

---

483 Singer 1995, 84.

484 S. weiter unten.

485 Birnbacher 2006, 85.

486 Singer 1995, 85. Nettesheim vermerkt hierzu, dass die Ausgrenzung alles Nichtmenschlichen vom Schutz der Würde solange gerechtfertigt sei, „wie die Annahme gerechtfertigt ist, daß das Moralvermögen allein dem Menschen zukommt“, Nettesheim 2005, 94.

487 „[...] we should consider exactly what a human embryo is. Of course, it changes as it develops, but at all the stages at which it can now be kept alive outside the body, it lacks any of the anatomical features of a human being, including, most importantly, a brain and a nervous system. Hence it could not possibly suffer in any way from the experimentation,“ Singer 1999, 101.

488 *Ph. Kunig*, in: I. von Münch/Ph. Kunig (Hrsg.), Grundgesetzkommentar, 5. Aufl. 2000, Art. 1 Rdnr. 22, zitiert nach Nettesheim 2005, 78.

489 Vgl. z. B. in Nettesheim 2005, 76, Menke 2012, 145, Welling 2014, 120.

Minimierung einen bestimmten theoretischen Gehalt abzusprechen und ihre Bedeutung auf das in praxi Selbstverständliche einzuengen, auf das also, was nach allgemeiner Überzeugung auch dann gelten würde, wenn es diesen Artikel gar nicht gäbe.[490]

Einen weiteren Ansatz, sich der Bedeutung der Menschenwürde zu nähern, beschreibt Nettesheim. Er besteht darin aufzuzeigen, auf welche Art sie verletzt werden kann.[491] Schließlich war die Tatsache, dass sie schon zahlreichen Gefährdungslagen ausgesetzt worden ist, der Anlass, sie unter staatlichen Schutz zu stellen.[492] Nach Günter Dürigs Objektformel wird sie verletzt, „wenn der konkrete Mensch zum Objekt, zu einem bloßen Mittel, zur vertretbaren Größe herabgewürdigt wird"[493]. Diese Formel, die Immanuel Kants Verständnis des Prinzips der Achtung von Menschenwürde[494] entlehnt ist, hat das Bundesverfassungsgericht (BVerfG) schon häufig zur Grundlage seiner Rechtsprechung gemacht.[495]

An der Objektformel wird zuweilen aber auch Kritik geübt, v. a. der Art, dass es unvermeidbar sei, dass in vielen Situationen des Lebens jeder Mensch auch als Mittel und nicht nur als Zweck behandelt werde.[496] Und in der Tat ist es nahezu unumgänglich, dass Menschen sich untereinander *auch* zu ihren eigenen Zwecken gebrauchen (beispielsweise nutzen wir Taxifahrer für unsere Zwecke oder die Servicekraft im Restaurant u. v. m.). Doch in genau solchen alltäglichen Situationen komme die Anerkennung der menschlichen Würde zum Tragen.[497] Die Betroffenen, die als Mittel gebraucht werden, müssen zu jedem Zeitpunkt die Möglichkeit haben, sich *zugleich* als selbstbestimmtes Subjekt zu verstehen, um in ihrer Würde unangetastet zu bleiben. Eine Verletzung der Würde liegt indes vor, wenn Entscheidungen getroffen werden, „in die aber die Interessen und das Wohl dieser Würdeträger nicht mit dem ihm zukommenden Gewicht eingeflossen sind"[498] – wenn die Würdeträger also zum *bloßen*[499] Mittel zum Zweck oder gegen ihren Willen[500] zum Zweck werden.

---

490 Hofmann 1993, 356.
491 Vgl. hierzu Nettesheim 2005, 78–79.
492 Vgl. Nettesheim 2005, 91; vgl auch in Starck 2002, 91.
493 G. Dürig, in: Th. Maunz/G. Dürig (Hrsg.), Grundgesetz. Kommentar, Loseblattsammlung, Stand 2002, Art. 1 Abs. 1 Rdnr. 28, zitiert nach Nettesheim 2005, 80.
494 „Die Menschheit selbst ist eine Würde; denn der Mensch kann von keinem Menschen [...] bloß als Mittel, sondern muss jederzeit zugleich als Zweck gebraucht werden und darin besteht eben seine Würde", Kant.
495 Vergleiche beispielsweise im Beschluss vom 16.07.1969: „Es widerspricht der menschlichen Würde, den Menschen zum bloßen Objekt im Staat zu machen", BVerfG 27, 1 [6]; ähnlich im Urteil vom 21.06.1977, vgl. BVerfG 45, 187 [228].
496 Vgl. Bielefeldt 2008, 18, FN 57.
497 Vgl. Bielefeldt 2008, 18.
498 Nettesheim 2005, 82.
499 Vgl. Neumann 1998, 161.
500 Vgl. Luchsinger 2000, 52.

Vor diesem Hintergrund ist nun also zunächst zu prüfen, ob im konkreten Fall der Anwendung einer Keimbahntherapie eine Verletzung der Menschenwürde der betroffenen Embryonen vorliegt (1). Insofern für die Erzeugung von Embryonen zu Forschungszwecken konstatiert werden darf, dass in diesem Zusammenhang der Embryo ausschließlich für die Gewinnung neuen Wissens und wissenschaftlichen Fortschritts gezeugt wird, ihm also kein Selbstzweck zukommt,[501] muss festgehalten werden, dass in diesem Sinne ein Verstoß gegen die Objektformel und folglich eine Verletzung der Würde des Embryos vorliegt.[502] Auf diese Weise ausgedrückt, begründete es ein kategorisches Verbot. Jedoch muss beispielsweise die Möglichkeit der Verwendung von „überzähligen" Embryonen bedacht werden, die bei einer IVF entstehen können, beispielsweise, weil die Mutter auf eine Implantation verzichtet, oder aber vor dieser erkrankt oder verstirbt, und deren Schicksal auf drei Optionen hinausläuft: Entweder man lässt sie absterben oder man gibt sie für die sog. „Embryonenadoption" frei oder aber für die Forschung.[503] Wobei an dieser Stelle auf erhebliche Bedenken hingewiesen werden muss, was die Angebot-Nachfrage-Situation beträfe. Die Zulassung weiterer Verfahren, die „überzählige" Embryonen überhaupt erst entstehen lassen, könnte zu einem Druck für die Freigabe zur Forschung an ihnen führen.[504] Der Deutsche Ethikrat fordert daher „eine konsequente Vermeidung überzähliger Embryonen durch eine vornherein festgelegte numerische Beschränkung ihrer Erzeugung auf die Anzahl, die tatsächlich übertragen werden soll. Eine an der Wahrscheinlichkeit des Behandlungserfolges ausgerichtete Beschränkung reicht demnach nicht."[505] Allein für das eine Experiment Mitalipovs sollen um die 150 Embryonen erzeugt und verbraucht worden sein.[506] Ein weiterer Aspekt, der hier erwähnt werden muss, auf den im Rahmen dieses Buches jedoch nicht ausführlich eingegangen werden kann, betrifft auch die Verfügbarkeit von Eizellen und Spermien. Während letztere komplikationslos gewonnen werden können, ist die Gewinnung von Eizellen, wie aus dem beschriebenen Ablauf zur IVF hervorgeht, mit deutlich mehr Aufwand und Risiken verbunden.[507] Ein gesteigerter Bedarf an Eizellen könnte zu einer Zunahme der Spenden führen, die ohnehin wegen der damit verbundenen Strapazen und Risiken und ebenso wegen der Sorge, dass finanzielle Notlagen der Spenderinnen ausgenutzt werden, kritisch zu bewerten ist.[508] Dennoch stellt der Hinweis auf die Existenz von nicht zwangsläufig zu Forschungszwecken gezeugten Embryonen jedenfalls die absolute Geltung eines

---

501 Vgl. Welling 2014, 149–150.
502 Vgl. Sacksofsky 2001, 75.
503 Vgl. Schneider 2002b, 120. Die Kryokonservierung stellt eine weitere Option dar, die jedoch – soll sie nicht auf unbestimmte Zeit andauern – ebenso auf die drei genannten Möglichkeiten hinausläuft.
504 Vgl. Schneider 2002b, 122.
505 Deutscher Ethikrat 2016, 92.
506 Vgl. Mullin 2017b.
507 Vgl. 2.4, S. 49 ff dieses Buches sowie Eppinette 2017.
508 Für weiterführende Literatur diesbezüglich vgl. auch Schneider 2003.

Verbotes der (Entwicklung) der Keimbahntherapie in Frage.[509] Doch auch ohne diesen Hinweis muss in Anbetracht des Vollzugs der Relativierung des Schutzes in anderen Zusammenhängen, wie beispielsweise in der Abtreibungsdebatte, hinterfragt werden, ob dem Embryo Würde und Schutzwürdigkeit in *derselben* Bedeutung, wie dem geborenen Menschen, zuerkannt wird.

In Deutschland gilt sowohl nach dem Embryonenschutzgesetz als auch nach dem Stammzellgesetz bereits die befruchtete, entwicklungsfähige, menschliche Eizelle vom Zeitpunkt der Kernverschmelzung an als Embryo, ebenfalls auch eine dem Embryo entnommene totipotente Zelle.[510] Im gesellschaftlichen Diskurs allerdings herrscht längst keine Einigkeit darüber, welcher moralische Status einem (insbesondere sehr frühen) Embryo zukommen soll.[511] Die in dieser Diskussion mit dem Akronym SKIP[512] abgekürzten und als klassisch bezeichneten Argumente im Zusammenhang mit der Anerkennung der Würde des menschlichen Embryos sowie einer daraus resultierenden absoluten Schutzwürdigkeit werden im Folgenden in Kürze als Syllogismen vorgestellt.[513]

Speziesargument (S)
1. Jedes Mitglied der Spezies Mensch hat Würde.
2. Jeder menschliche Embryo ist Mitglied der Spezies Mensch.
3. Also: Jeder menschliche Embryo hat Würde.

Alle Mitglieder der Spezies Homo sapiens seien demnach zugleich Mitglieder derselben moralischen Gemeinschaft, ausnahmslos. Vertreter dieses Arguments kritisieren die Einschränkung der Anerkennung von Würde auf Träger von subjektiven Interessen und Eigenschaften, da es unter anderem im Kontrast zu „der klassischen Ontologie stehe, die bereits dem Sein als solchem Werthaftigkeit und Bejahungswürdigkeit zuspricht".[514] Neugeborene, geistig stark behinderte Menschen und Komatöse, denen derlei Eigenschaften ebenso fehlen wie Embryonen, sind alle schützenswert, da sie

---

509 Zudem muss auf die Existenz nicht entwicklungsfähiger Embryonen verwiesen werden, die auch in Deutschland nicht nach EschG geschützt sind, da es sich auf „entwicklungsfähige" Embryonen bezieht, vgl. § 8 Abs. 1, 2 EschG.
510 Vgl. § 8 Abs. 1 EschG., § 3 (4) StZG sowie auch S. 51, FN 249 dieses Buches. Unter totipotenten Zellen sind diejenigen zu verstehen, die noch das Potential besitzen, sich zu einem vollständigen, eigenen Organismus zu entwickeln. Die Totipotenz beschreibt ebenfalls das Vermögen einer Zelle sich alle Gewebetypen differenzieren zu können, inklusive zu Keimbahnzellen. Für weiterführende Literatur bezogen auf die Definition und Zuschreibung von Totipotenz vgl. z. B. Heinemann 2005, 90 f.
511 Vgl. Nettesheim 2005, 96.
512 SKIP = Spezies-, Kontinuitäts-, Identitäts- und Potentialitätsargument. Vgl. beispielsweise Damschen und Schönecker 2003, Klar et al. 2007.
513 Die Darstellung erfolgt in Anlehnung an Damschen und Schönecker 2003 und Klar et al. 2007.
514 Klar et al. 2007, 22.

zur Spezies Mensch gehören. Gegner sehen hier einen naturalistischen Fehlschluss, wenn aus der bloßen biologischen Zugehörigkeit auf eine moralische Schutzwürdigkeit geschlossen werde.[515]

Kontinuitätsargument (K)

1. Jedes menschliche Wesen, das aktual φ[516] ist, hat Würde.
2. Jeder menschliche Embryo wird sich, unter normalen Bedingungen, kontinuierlich (ohne moralrelevante Einschnitte) zu einem menschlichen Wesen entwickeln, das aktual φ ist.
3. Also: Jeder menschliche Embryo hat Würde.

Befürworter dieses Arguments weisen vor allem auf die unzulässige Willkür einer Zäsur hin und nehmen wegen der kontinuierlichen Entwicklung eine Schutzwürdigkeit ab der Keimzellverschmelzung an. Dass es biologisch gesehen durchaus funktionelle Meilensteine gebe (Einnistung, Erscheinen des Primitivstreifens unter anderem), könne keinen Rückschluss auf moralische Einschnitte rechtfertigen (naturalistischer Fehlschluss). Kritiker hingegen mahnen an, dass das Argument voraussetze, was es zu beweisen gelte, nämlich, dass es keinen moralrelevanten Einschnitt gebe. Ein naturalistischer Fehlschluss liege nicht vor, da die biologischen Meilensteine durchaus gute Gründe liefern könnten, Moralunterschiede abzuleiten (wie das Einsetzen der Schmerzempfindung z. B.).

Identitätsargument (I)

1. Jedes Wesen, das aktual φ ist, hat Würde.
2. Erwachsene Menschen, die aktual φ sind, sind mit (den) Embryonen (die sie einmal waren) in moralrelevanter Hinsicht *identisch*.
3. Jeder Embryo hat Würde.

Die Begründung dieses Arguments ähnelt der des Kontinuitätsarguments. Verfolge man das Leben eines erwachsenen Menschen in die Vergangenheit, komme man zu dem Schluss, der Embryo hatte schon dieselbe Identität wie der spätere Erwachsene; ihm komme daher dieselbe Würde zu. Die Identität, so die Kritiker, könne aber nur schwierig schon im Embryonalstadium als ausgebildet betrachtet werden (jedenfalls bis zum Ausschluss von z. B. Mehrlings- oder Fusionsbildung). Zudem stelle sich das

---

515 Vgl. Klar et al. 2007, 22. Eine ausführlichere Besprechung zum naturalistischen Fehlschluss, dem vermeintlich unzulässigen Rückschluss von Sein auf Sollen, findet unter 3.3.1.3 dieses Buches statt; vgl. insbesondere S. 125, FN 636.

516 Mit φ meinen die Autoren Wesen, die Eigenschaften und Fähigkeiten wie beispielsweise „Autonomie […], moralische Autonomie […], kognitive Fähigkeiten […], Selbstbewußtsein […], Präferenzen […], Wünsche, Interessen und Leidensfähigkeit" besitzen, Damschen und Schönecker 2003, 3.

Abgrenzungsproblem, da der frühe Embryo noch undifferenziert sei und aus ihm beispielsweise auch die Plazenta hervorgehe.

Potentialitätsargument (P)
1. Jedes Wesen, das potentiell φ ist, hat Würde.
2. Jeder menschliche Embryo ist ein Wesen, das potentiell φ ist.
3. Also: Jeder menschliche Embryo hat Würde.

Da wir beispielsweise Neugeborene und Komatöse, obwohl sie die Eigenschaften, die ein Wesen, das φ ist, aufweist, nicht oder noch nicht oder nicht mehr besitzen, so behandeln, als besäßen sie sie, da sie diese potentiell besitzen, müssen wir entsprechend mit Embryonen verfahren, da sie auf die gleiche Weise potentiell Wesen mit diesen Eigenschaften seien. Gegner dieser Art der Argumentation wenden ein, dass dann auch Ei- und Samenzellen bereits dieser Schutz zukommen müsse.

Der Diskurs um den moralischen Status des Embryos ist nicht abgeschlossen und es finden sich sowohl Befürworter der Geltung aller einzelnen SKIP-Argumente als auch solche, die ihrer Gesamtheit die Überzeugungskraft zuschreiben. Es ergeben sich jedoch auch Probleme aus den je einzelnen Positionen. Die detaillierte Besprechung aller Pro und Kontra Aspekte der einzelnen Argumente kann im Rahmen dieses Buches nicht fortgesetzt werden. Es versteht sich allerdings von selbst, dass die Befürwortung oder Ablehnung einzelner SKIP-Argumente folgenreiche pragmatische Konsequenzen haben kann. Diese wiederum werden immer wieder Teil der Betrachtung dieser Arbeit sein. Das zuletzt genannte, das Potentialitätsargument, sei vielleicht das einflussreichste laut Damschen et al.[517] Und tatsächlich gibt es Bemühungen, den Menschenwürdeschutz auf unbefruchtete Eizellen auszuweiten.[518] Christian Starck merkt hierzu an:

> Wenn man den Menschenwürdeschutz in jedem Fall erst mit dem Entstehen neuen menschlichen Lebens [...] beginnen ließe, so könnten mögliche Manipulationen an den Keimzellen nicht angemessen erfaßt werden, obwohl diese unmittelbar auf die Erzeugung menschlichen Lebens gerichtet sein können. Es kann unter diesem Gesichtspunkt des Würdeschutzes keinen Unterschied machen, ob z. B. eine genetische Manipulation an der befruchteten Eizelle oder an der *zur Befruchtung vorgesehenen* Eizelle vorgenommen wird.[519]

Ulfrid Neumann kritisiert hieran: „Wird die Menschenwürde in dieser Weise kleingerechnet, so lässt sich insbesondere die Absolutheit des Prinzips [...] nicht mehr auf-

---

517 Damschen und Schönecker 2003, 5.
518 Vgl. Welling 2014, 136.
519 Starck 2002, 95.

rechterhalten."[520] Selbstverständlich gebe es Situationen, in denen die „Würde der Eizelle" hinter anderen Rechten und Interessen zurücktreten müsse. Dies wird schon in vorangegangenen Diskussionen deutlich, etwa um die Abtreibungsfrage oder die nach pränataler Diagnostik (PND), die potentiell die Abtreibungsfrage nach sich zieht.[521] Angesichts der Komplexität dieser Debatten können sie an dieser Stelle nicht weiter geführt werden, aber es zeigt sich, dass der Embryo viel mehr als Gut denn als Rechtsperson geschützt wird.[522] An dieser Stelle wird ein bisher noch nicht beachteter Aspekt deutlich: Wenn das Bundesverfassungsgericht feststellt, dass das Leben die „vitale Basis der Menschenwürde"[523] sei, könnte davon ausgegangen werden, das Recht auf Leben und die Unantastbarkeit der Würde seien voneinander abhängig verbunden. Doch an einer Gleichsetzung von Art. 1 Abs. 1 und Art. 2 Abs. 2 GG[524] wird vielfach Kritik geübt. Welling kritisiert hieran, dass diese Schlussfolgerung einen naturalistischen Fehlschluss darstelle. Zwar stimme es, dass nur menschlichem Leben auch Menschenwürde zukommen könnte, [d]as Faktum des Lebens und das empirisch damit im Kontext stehende Faktum der Grundrechtsausübung lassen jedoch keinen normativen Zusammenhang zwischen dem Recht auf Leben und der Gewährleistung der Menschenwürde begründen."[525] Ihrer Ansicht nach sei das menschliche Leben, welchem Menschenwürde zukomme, „lediglich eine Teilmenge allen menschlichen Lebens."[526] Die Verneinung eines kausalen Zusammenhangs kann aber auch anders hergeleitet werden. Tatsächlich nämlich, so schreibt beispielsweise Ute Sacksofsky, bedeute der Verlust des Lebens keineswegs zwingend eine Verletzung seiner Würde und verweist dabei auf Soldaten oder Feuerwehrleute, die im Einsatz ihr Leben riskieren. Der Umkehrschluss sei ebenso ungültig, wie die Folter veranschauliche. Mit einer Menschenwürdeverletzung gehe nicht unbedingt gleichzeitig der Verlust des Lebens einher.[527] Auch Christoph Menke schreibt, dass es keinen deduktiven Zusammenhang zwischen Menschenwürde und Menschenrechten gebe. „Die ‚Abfolge‘ zwischen Menschenwürde und Menschenrechten, wie sie das deutsche Grundgesetz zum Ausdruck bringt, darf daher nicht so verstanden werden, dass die Menschen-

---

520 Neumann 1998, 155; hinzukommt, dass in Anbetracht der enormen Anzahl von Eizellen, die über die fruchtbare Lebenszeit einer Frau produziert werden, ein umfassender Schutz von diesen unmöglich erscheint. Vgl. Welling 2014, 136. Vor dem „Kleinrechnen" der Menschenwürde warnt auch schon Dürig: „Art 1. Abs. 1 ist keine ‚kleine Münze‘, – etwa im Sinne eines erweiterten Ehrschutzes oder einer Abwehr von Geschmacklosigkeiten. Genauso schlimm wie seine Nichtbeachtung wäre seine ‚Abnutzung‘", G. Dürig, in: Th. Maunz/G. Dürig (Hrsg.), Grundgesetz, Art. 1 Rdnrn. 16, 29 mit Fn. 1, zitiert nach Böckenförde-Wunderlich 2002, 152, FN 36.
521 Vgl. Kollek 2009, 230.
522 Vgl. Merkel 2001; Nettesheim 2005, 96–97.
523 BVerfGE 39, 1 [42]), Urteil vom 25.02.1975.
524 „Jeder hat das Recht auf Leben und körperliche Unversehrtheit", Art. 2 Abs. 2 Satz 1 GG.
525 Welling 2014, 128.
526 Welling 2014, 128.
527 Vgl. Sacksofsky 2001, 40.

würde den (Ableitungs-)Grund der Menschenrechte bezeichnet. Der Begriff der Menschenwürde erinnert vielmehr an die (Sinn-)Voraussetzung, ohne die von Menschenrechten gar nicht die Rede sein könnte."[528] Unabhängig davon, welche Überzeugung zu dem Schluss führt, dass die Anerkennung von Würde nicht gleichzusetzen ist mit dem Recht auf Leben, hat diese Feststellung selbstverständlich Konsequenzen. Obgleich Art. 2 Abs. 2 Satz 1 GG einen „Höchstwert"[529] darstellt, ist dieses Grundrecht im Vergleich zur Würde *nicht* unantastbar; es entzieht sich *nicht* jedweder Abwägung.

Reinhard Merkel riskiert, wie er selbst sagt, den Versuch einer pointierten Formel im Rahmen der Untersuchung der Reichweite des Art. 1 Abs. 1 GG in Bezug auf den Embryo. „Embryonenschutz ist Potenzialitätsschutz, Potenzialitätsschutz ist Solidaritätspflicht, Solidaritätspflichten sind abwägbar."[530] Unter anderem aufgrund der etablierten Abtreibungspraxis ergebe sich seiner Ansicht nach kein absoluter Schutz: Obwohl die Würde des Menschen nach der Verfassung unantastbar und somit mit anderen Rechtsgütern nicht abzuwägen ist, und obwohl das Bundesverfassungsgericht sich in beiden seiner Abtreibungsentscheidungen[531] für die Inklusion ungeborenen Lebens unter den Schutz der in Art. 1 Abs. 1 festgehaltenen Pflicht ausspricht, werde eine ebensolche Abwägung im Abtreibungsprozess vorgenommen und gebilligt. Nach dem geltenden § 219 Abs. 1 des Strafgesetzbuchs (StGB) ist eine Tötung des Embryos gerechtfertigt „wenn der Frau durch das Austragen des Kindes eine Belastung erwächst, die so schwer und außergewöhnlich ist, daß sie die zumutbare Opfergrenze übersteigt".[532] Hier muss Merkel jedoch entgegengehalten werden, dass im Falle einer Abtreibungsentscheidung eine einzigartige Konfliktsituation entsteht. „[D]ie Kollision von Menschenwürde des ungeborenen Lebens einerseits und Menschenwürde der schwangeren Frau"[533] stelle nach Bundesverfassungsgericht ein einzigartiges Zuordnungsproblem dar, welches in der besonderen und als „Einheit in Zweiheit"[534] bezeichneten Situation begründet sei. Diese einzigartige Situation ergibt sich hingegen nicht während der *in vitro* gezeugte Embryo nicht Teil seiner Mutter ist. Seine Würde konfligiert in einem solchen Fall höchstens mit wissenschaftlichen Forschungsinteressen. Sacksofsky merkt hierzu an: „Das Gewicht der Gründe, das eine Frau für einen Abbruch der Schwangerschaft geltend machen kann, ist so groß, daß alle Interessen, die für eine Tötung eines Embryos *in vitro* geltend gemacht werden

---

528 Menke 2012, 145.
529 Vgl. beispielsweise BverfGE 39, 1 [42]; 46, 160 [164].
530 Vgl. Merkel 2001.
531 „Wo menschliches Leben existiert, kommt ihm Menschenwürde zu; es ist nicht entscheidend, ob der Träger sich dieser Würde bewußt ist und sie selbst zu wahren weiß", BverfGE 39, 1 [41]; „Menschenwürde kommt schon dem ungeborenen menschlichen Leben zu, nicht erst dem menschlichen Leben nach der Geburt oder bei ausgebildeter Personalität", BverfGE 88, 203 [251].
532 § 219, Abs. 1 StGB; die Straffreiheit ist an eine verpflichtende Beratung gebunden.
533 BverfGE 88, 203 [342].
534 BverfGE 88, 203 [342].

könnten, dahinter bei weitem zurückbleiben."[535] Es sei demnach festzustellen, dass „aus den Regelungen über den Schwangerschaftsabbruch keine Folgerungen für die Situation des Embryos *in vitro* gezogen werden können."[536] Ähnlich äußert sich hierzu auch Kathrin Braun:

> Anders stellt sich jedoch die Situation in Bezug auf Embryonen im Reagenzglas dar. In diesem Fall konfligieren weder die Würde noch Lebensrecht der Embryonen mit der Würde der Frau. Die Frau wird in keinster Weise instrumentalisiert, wenn die Embryonen außerhalb ihres Leibes vor Vernichtung und Benutzung bewahrt werden. In diesem Falle ist die Würde menschlicher Embryonen unbedingt zu schützen.[537]

Traute Schroeder-Kurth ermahnt in diesem Kontext, die Besonderheiten der Konfliktsituation bezüglich eines Schwangerschaftsabbruchs nicht zu verkennen und vermerkt: „Wir müssen für die Wahrnehmung dieses Konfliktes wach bleiben und darin immer wieder das unerträgliche Überschreiten der Grenzen ärztlichen Handelns als entschuldbare Notlösung für diese individuelle Schwangere erkennen."[538] Die Frage, ob dem Embryo Menschenwürde in derselben Bedeutung zukommt wie dem geborenen Menschen und in welcher Situation sein Recht auf Leben hinter anderen Interessen zurücksteht, bleibt dennoch aus verfassungsinterpretatorischer Sicht bisher uneinheitlich beantwortet. Während Welling in ihrer Arbeit zu den Grenzen der Begründungsressourcen eines säkularen Rechtsstaates zu genetischem Enhancement zu dem Schluss kommt, dass jedenfalls „mit keinem der klassisch-juristischen Interpretationen des Art. 1 I 1 GG eine Ausdehnung dieser Verfassungsnorm auf die Zygote beziehungsweise den pränidativen Embryo"[539] gelinge, konstatiert Sacksofsky in ihrem Gutachten zum verfassungsrechtlichen Status des Embryos, dass „die Einwände gegen einen Menschenwürdeschutz des Embryos *in vitro* insgesamt nicht überzeugen"[540] und dem Embryo *in vitro* der Schutz des Art. 1 Abs. 1 GG zustehe. Die Interpretationen variieren, ein höchstrichterliches Urteil des BVerfG liegt hierzu bislang nicht vor.

Angesichts dieser strittigen Lage kann für ein moralisches Urteil diese *klassische* Auslegung des Grundgesetzes allein nicht ausreichen und es wird deutlich, dass sich das Konzept der Würde des Menschen mehrdimensional begreifen lässt. Birnbacher

---

535 Sacksofsky 2001, 30; ähnlich bei Düwell: "Das Besondere dieses Konfliktes besteht darin, daß der Embryo/Fetus mit der Schwangeren in einer Weise verbunden ist, die den Konflikt unabweisbar macht. [...] Diese Situation ist ganz anders geartet als im Fall der Embryonenforschung, wo diese Unabweisbarkeit des Konflikts nicht gegeben ist", Düwell 2000, 99.
536 Sacksofsky 2001, 32.
537 Braun 2003, 162.
538 Schroeder-Kurth 1991, 32.
539 Welling 2014, 136.
540 Sacksofsky 2001, 53.

nimmt beispielsweise eine Abstufung des normativen Gehaltes verschiedener Anwendungsgebiete der Menschenwürde vor:[541] es gebe eine erste, normativ stärkste Bedeutung der Würde, die alle geborenen, lebenden Menschen umfasse.[542] Einen weiteren, normativ schwächeren Anwendungsbereich, der alle menschlichen Wesen der biologischen Gattung Mensch beinhalte (einschließlich menschlicher Leichname und Embryonen) und letztlich eine dritte, normativ schwächste Bedeutung, der die Gattung Mensch als Ganze umfasse. Letztere bezieht sich im Gegenteil zu den erst genannten, die je das Individuum betreffen, auf ein Kollektiv. Seiner Abstufung folgend kommt dem Embryo zwar sowohl als Individuum als auch im Rahmen eines Repräsentanten der Gattung Mensch Würde zu, allerdings beide Male nicht in ihrer starken normativen Bedeutung und folglich nicht mit allen damit verbundenen Rechten.[543] Bei Verletzungen der Würde im schwächeren normativen Sinne gehe es nicht um den Schutz einzelner Individuen und deren Rechte, „sondern um eine Beeinträchtigung der Identität und Eindeutigkeit der Gattung als ganzer."[544]

Parallel zu derlei philosophisch gattungsethischen Überlegungen formuliert Sacksofsky, basierend auf einem subjektiven und objektiven Konstitutionsprinzip des ersten Artikels des Grundgesetzes, eine Möglichkeit, den Embryo zu inkludieren. Eine Wirkung des objektiven Schutzprinzips setze nicht unbedingt den einzelnen Embryo als Grundrechtsträger voraus, dennoch könne „in manchen Fällen der Embryo *in vitro* als ‚Repräsentant' der Menschheit vom Schutz des Art. 1 Abs. 1 GG erfaßt werden."[545] Dieses Postulat gründet auf dem Ergebnis ihrer Untersuchung, ob der erste Artikel des Grundgesetzes über die unzweifelhaft notwendige Bezogenheit auf den Einzelnen hinaus weitere Geltungsbereiche ausweise. Sacksofskys Ansicht nach müsse diese Frage bejaht werden, da es beispielsweise im Rahmen eines gentechnischen Eingriffs dazu kommen könne, dass „grundlegende Symmetrie-Bedingungen, die Grundvoraussetzung der Demokratie sind, in Frage gestellt" werden.[546] Dies etwa, falls sich mit der Manipulation der Gene des Kindes der Erwartungshorizont an dieses verändere und / oder dessen Kontingenzgefühl aufgehoben werde, womit

---

541 Vgl. Birnbacher 2006, 86 ff.

542 Nur diese starke Bedeutung impliziere den Anspruch auf bestimmte Rechte, wie von Demütigungen verschont werden zu müssen, oder nicht zu ausschließlich fremden Zwecken instrumentalisiert werden zu dürfen, vgl. Birnbacher 2006, 86–87.

543 Die Zusprechung *aller* mit dem starken Begriff der Menschenwürde verbundenen Rechte erscheint Birnbacher nicht sinnvoll, da ein Embryo beispielsweise nicht gedemütigt werden könne, vgl. Birnbacher 2006, 87.

544 Birnbacher 2006, 88.

545 Sacksofsky 2001, 59–60. Welling führt noch weitere Autoren und deren Bemühungen an, nicht nur das Individuum und dessen Würde, sondern ein ganzes Menschenbild unter Schutz zu stellen: „*Josef Isensee*, der von der Würde der ‚*Menschheit überhaupt*', des ‚*Menschengeschlechts*' spricht" oder Ernst Benda, der ableite, dass keine „Entwicklungen zulässig sein dürfen, die irreparable Manipulationen am Bild des Menschen vornehmen", Welling 2014, 238.

546 Sacksofsky 2001, 58.

sich insbesondere Jürgen Habermas auseinandersetzt. Auf dessen gattungsethische Argumentation wird im Verlauf noch näher eingegangen,[547] an dieser Stelle sei jedoch bereits Clemens Kauffmanns und Eva Odzucks Auslegung von gattungsethischen Überlegungen im Kontext demokratischer Grundvoraussetzungen genannt:

> Das gattungsethische Argument von Habermas lässt sich also demokratietheoretisch so reformulieren, dass bestimmte politische Entscheidungen in den Lebenswissenschaften durch die ideellen Grundlagen des politischen Entscheidungssystems nicht „gedeckt" wären und man sich daher mit solchen Entscheidungen von dem tragenden Fundament des demokratischen Verfassungsstaates entfernen würde.[548]

Doch an derartigen Versuchen, den Geltungsbereich der Menschenwürde weiter zu fassen, wird auch Kritik geübt: „Daher lässt sich festhalten, dass eine objektive Dimension der Grundrechte nicht deren subjektiv-rechtlichen Charakter verdrängen und über die Tatsache, dass deren primäres Schutzziel der individuelle Träger des jeweiligen Grundrechts ist, hinwegtäuschen kann."[549] Ein Schutz, der vollständig vom Träger losgelöst sei, könne nicht über eine in Grundrechten zum Ausdruck kommende Werteordnung begründet werden, zumal das Bundesverfassungsgericht selbst betont habe, dass die Grundrechte in erster Linie individuelle Rechte seien.[550] Diesem Einwand entziehe sich allerdings Sacksofskys Argument, wie sie selbst sagt. Das vorgeschlagene Konzept befasse sich mit den *Bedingungen*, unter denen Würde-Träger überhaupt *erst entstehen* können. Insofern gebe es kein Individuum, dessen Wille überspielt werden könne. Diese Bedingungen aber können im Falle genetischer Manipulation durchaus verändert oder beeinträchtigt sein.[551]

Die Bewertung, ob die für die Entwicklung der Keimbahntherapie notwendige Forschung an Embryonen eine Verletzung der Würde des Embryos im Sinne der Objektformel darstellt, bricht sich letztlich am moralischen Status des vorgeburtlichen Lebens, der wie bis hierhin erörtert, uneinheitlich bewertet wird.[552] Wegen dieser Uneinigkeit darüber, ob der Schutz des Embryos kategorisch gelten muss, bleibt die Besprechung dieses Aspektes – ebenso wie der Einwand, dass, sobald eine effektive Keimbahntherapie entwickelt wäre, das Argument der Forschung an Embryonen überholt sein würde – als Teil der pragmatischen Argumentation offen.[553] Gleichwohl stellt sich die Frage, wie mit solchem Wissen verfahren werden soll, wenn es durch

---

547 Siehe Jürgen Habermas' Einwand, vgl. ab S. 112 dieses Buches.
548 Kauffmann und Odzuck 2016, 127.
549 Welling 2014, 160.
550 Vgl. Welling 2014, 160.
551 Vgl. Sacksofsky 2001, 58–60; hierbei bezieht Sacksofsky sich vor allem auf die Ausführungen von Jürgen Habermas, vgl. S. 109, FN 546 dieses Buches.
552 Vgl. Schroeder-Kurth 2000, 175.
553 Vgl. 3.3.2.1, S. 144 ff dieses Buches.

andere erst einmal erworben worden ist, wie etwa Reiner Wimmer oder Marcus Düwell thematisieren.[554] Insofern gibt es Anlass, weiter zu erörtern, wie unter ethischen Aspekten die voraussichtlich *dauerhaft* notwendige Präimplantationsdiagnostik vor und nach der Therapie zu bewerten ist; man wird sowohl testen müssen, wie die genetische Konstellation sich darstellt, um gezielt therapieren zu können, als auch das Ergebnis im Anschluss der Intervention.[555] Gerade letztere könne nicht im mutmaßlichem Interesse des Embryos an der Diagnostik zur Einleitung einer Therapie zugelassen werden: „Ein Eingriff, der allein dem Interesse der Eltern dient, und eine Implantation gegebenenfalls verhindern soll, den Interessen des Embryos also fundamental zuwiderläuft, kann nicht durch Zustimmung der Eltern gerechtfertigt werden."[556] Tatsächlich aber ist in Deutschland die PID unter strengen Auflagen und in (bisher) nur wenigen Indikationen seit Ende 2011 zulässig[557] und könnte auch im Falle einer PID nach Keimbahntherapie unter Berufung auf ähnliche Umstände Zuspruch erfahren.[558] Das vorangegangene Zitat legt indes nahe, dass der ethische Diskurs um die PID nicht abgeschlossen ist; er kann im Rahmen dieser Arbeit jedoch nicht fortgesetzt werden.

Wie bereits am Eingang des Kapitels erwähnt, gilt es nicht nur eine Verletzung der Menschenwürde des Embryos (1), sondern ebenso des zukünftigen Menschen und seiner eigenen Nachkommen (2) durch den genetischen Eingriff in die Keimbahn zu prüfen. Schon im vorangegangenen Kapitel wurde angedeutet, dass sich eine Urteilsfindung umso komplexer und unübersichtlicher zu gestalten scheint, je mehr man sich von der Behandlung schwerer monogener Erkrankungen entfernt, hin zu der Optimierung von Fähigkeiten und Eigenschaften. Die besondere Problematik letzterer Eingriffe wird in Kap. 3.3.3.4 besprochen; an dieser Stelle soll nun beurteilt werden, ob es den durch eine Keimbahnintervention therapierten zukünftigen Menschen in seiner Würde verletzt, wenn sein Erbgut noch vor seiner Geburt manipuliert wird, um ihn vor einer Krankheit zu bewahren.

Zunächst könnte das Nicht-Einholen der „informierten Zustimmung" (*informed consent*) des Patienten, der ja noch gar nicht existiert, zur Annahme führen, der Eingriff verletze seine Würde im Sinne einer Verletzung seiner Selbstbestimmung. Das Nicht-Vorliegen dieser Zustimmung wird diesbezüglich zuweilen als zu verurteilende Fremdbestimmung betrachtet, wie beispielsweise Jürgen Habermas ausführt. Er be-

---

554 Vgl. Wimmer 1991, 208; Düwell 2000, 100.
555 Vgl. Walters und Palmer 1997, 83–84; s. a. S. 96, FN 463 dieses Buches.
556 Sacksofsky 2001, 72.
557 Vgl. § 3 a EschG.
558 Die Zulassung der PID in Fällen mit „hohe[m] Risiko einer schwerwiegenden Erbkrankheit" oder „zur Feststellung einer schwerwiegenden Schädigung des Embryos" (§ 3 a EschG) erfolgt im Sinne einer *negativen* Selektion, bei der Embryonen mit unerwünschten Merkmalen nicht für den Transfer ausgewählt werden, im Gegensatz zur *positiven* Selektion, bei der es um die Auswahl von Embryonen mit bestimmten Merkmalen geht, vgl. Domasch 2007, 144–145.

tont, dass es „einseitig und irreversibel" in die Identitätsbildung einer künftigen Person eingreife, die Gene eines Menschen zu verändern. „Der programmierten Person, der das Bewusstsein der Kontingenz naturwüchsiger biographischer Ausgangsbedingungen genommen wird, fehlt eine mentale Bedingung, die erfüllt werden muss, wenn sie für ihr Leben retrospektiv die alleinige Verantwortung übernehmen soll."[559] An dieser Stelle muss allerdings in Zweifel gestellt werden, ob dies im selben Maße für ein therapeutisches Szenario wie für einen optimierenden Eingriff bedeutsam sein kann. Habermas selbst muss jedenfalls einsehen, dass in seine Beweisführung einer Fremdbestimmung durch genetische Veränderung einige Bedingungen „stillschweigend eingegangen sind", von denen zwei lauten, dass sich der Betroffene als „eine in einzelnen genetischen Merkmalen veränderte Person" verstehe, „während sie es ablehnt, sich die genetische Veränderung als ‚Teil ihrer Person' zu Eigen zu machen".[560] Dies darf aber im Falle eines eine Krankheit verhindernden Eingriffs kritisch hinterfragt werden und er selbst schreibt dazu: „Alle therapeutischen Eingriffe, auch die pränatalen, müssen von einem mindestens kontrafaktisch zu unterstellenden Konsens der möglicherweise Betroffenen selbst abhängig gemacht werden."[561] Im Falle einer Therapie wird dieser Konsens auch in anderen Bereichen und Situationen der Medizin unterstellt, in denen eine Entscheidung für oder gegen eine Behandlung hinsichtlich des mutmaßlichen Willens des Patienten getroffen werden muss. Diese u. U. schwierige Situation ergibt sich etwa bei Minderjährigen, bei Menschen, die im Koma liegen oder auch bei Menschen, deren kognitiven Fähigkeiten so weit eingeschränkt sind, dass eine Entscheidung im Sinne einer informierten Zustimmung vom Patienten selbst nicht getroffen werden kann. Insofern gilt dieses Problem nicht explizit für den Keimbahneingriff. Es könne sogar umgekehrt im Namen der Würde des zu Therapierenden *für* einen solchen Eingriff argumentiert werden, wie Rehmann-Sutter hierzu anführt, wenn man ihn hierdurch vor schwerstem Leiden bewahre. Eine Keimbahntherapie könne in bestimmten Fällen ein Leben in Würde überhaupt erst ermöglichen.[562] In der Tat finden sich einige Befürworter der Keimbahntherapie, die es sogar hinsichtlich der Menschenwürde als *geboten* erachten, sie anzuwenden.[563] Hans-Martin Sass vermerkt hierzu folgendes:

> Ebenso wie es dem Menschenrecht und der Menschenwürde widerspricht, jemanden zu versklaven oder zum Krüppel zu schlagen, so wird es auch Menschenrecht und Menschenwürde

---

559 Habermas 2002, 287; Anm. d. Verf.: folgende FN war im Original enthalten: „Die Ausgangsbedingungen für die eigene Lebensgeschichte sind auch unter einer religiösen Beschreibung der Willkür eines peer entzogen."
560 Habermas 2002, 290.
561 Habermas 2002, 292; vgl. auch Habermas 2001, 91–92.
562 Vgl. Rehmann-Sutter 1995b, 180.
563 Vgl. Neumann 1998, 153, Schmid 1995.

widersprechen, jemanden, wenn die Technik zur Verfügung steht, als Schwerstbehinderten zur Welt kommen zu lassen, den man von seiner Erbanomalie auch hätte heilen können.[564]

Walters und Palmer gehen zumindest soweit zu sagen:

> Insofar as we can anticipate the needs and wants of future generations, we think that any reasonable future person would prefer health to serious disease and would therefore welcome a germline intervention in his or her family line that effectively prevented cystic fibrosis from being transmitted to him or her.[565]

Hier ist allerdings Vorsicht geboten. Abgesehen davon, dass diese Feststellung gewissermaßen einen Gesundheitsimperativ suggeriert,[566] macht das Vorliegen einer Krankheit den Erkrankten nicht automatisch zum Befürworter aller vorstellbaren Heilbehandlungen allein aufgrund seines Gesundheitszustandes. Ina Praetorius schreibt hierzu, dass es unter Kranken ebenso dezidierte Kritikerinnen und Kritiker medizinischer Hochtechnologie gebe wie unter Gesunden und dass die unterstellte einheitlich forschungsfreundliche Einstellung Erkrankter schlichtweg ein Fehlschluss sei.[567] Gerade in der Diskussion um die ethische Zulässigkeit von neuen medizinischen Verfahren werde das Leid der Kranken allzu oft als Trumpfkarte ausgespielt, ohne dass es einen Beweis dafür gebe, dass diese eine einheitliche Meinung für jedweden medizinischen Fortschritt vertreten. Dieser Hinweis spielt vor allem eine Rolle hinsichtlich der gesellschaftspolitischen Diskussion und beispielweise des Umgangs einer Gesellschaft mit Menschen mit Behinderung. Da hieraus allerdings weder geschlossen werden kann, dass die Durchführung noch die Unterlassung eines genetischen Eingriffs die Menschenwürde verletzt, soll dieser Aspekt noch zurückgestellt werden. Er erlangt allerdings in der späteren Diskussion durchaus noch einmal Bedeutung.[568] Bezüglich eines therapeutisch intendierten Eingriffs jedoch mag es tatsächlich schwierig sein, zu argumentieren, das Bewahren vor einer Krankheit verletze die Würde des sodann geheilten Individuums.[569] Luchsinger merkt zu den damit verbundenen Paradoxien an:

> Ein Verbot der Eingriffe in die Keimbahn im Namen der Menschenwürde derer, die noch nicht sind, dürfte in der Praxis oft bewirken, dass diese gar nicht gezeugt werden – die betroffenen Eltern würden auf in vitro-Fertilisation (IvF) und Nachkommen verzichten. [...] Die Menschenwürde hätte also zur Folge, die Existenz jener zu verhindern, deren Würde sie schützen will, eine

---

564 Sass 1991, 11.
565 Walters und Palmer 1997, 86.
566 „Gleichgültig ob man ‚dafür‘ oder ‚dagegen‘ ist, ob man für die eine oder die andere Auffassung von Gesundheit und Krankheit ist: man *hat* gesund zu sein", Mazumdar 2008, 350.
567 Praetorius 2001, 45.
568 Vgl. 3.3.3, S. 195 ff dieses Buches.
569 Vgl. Welling 2014, 142.

letztlich eugenische Zielsetzung: Eher, als dass sie „unwürdig", mit einem veränderten Genom gezeugt werden, sollen sie gar nicht gezeugt werden.[570]

Die Argumentation im Namen der Würde *für* die Keimbahnintervention allein mit der Begründung, dass das zu therapierende Individuum ohne den Eingriff gar nicht gezeugt würde, muss allerdings kritisch betrachtet werden. An dieser Stelle stößt man auf ein interessantes Phänomen, welches als *Nicht-Identitätsproblem* bezeichnet wird.[571] Diesem Paradigma zufolge geht es um die Frage, ob einem zukünftigen Individuum gegenüber Pflichten bestehen können, eine bestimmte Maßnahme zu ergreifen oder zu unterlassen, wenn die Existenz genau dieses Individuums von ebendieser Maßnahme selbst abhängt.[572] Kann eine Handlung, die einem Menschen die Existenz überhaupt erst ermöglicht, genau diesem Menschen schaden?[573] Einige Vertreter des Nicht-Identitätsproblems legen diesem bestimmte Annahmen zugrunde, wie beispielsweise, dass eine Handlung nur schädlich sein könne, wenn sie auch tatsächlich *jemandem* schade.[574] „Wenn man über Schädigungen spricht, so vergleicht man üblicherweise den gegenwärtigen Zustand einer gegebenen Person mit dem Zustand, den sie hätte, wenn die schädigende Aktion nicht erfolgt wäre."[575] Die Grundannahme bestehe darin, dass eine Handlung, die dazu führe, dass eine Person existiere, niemals eine diese Person schädigende Handlung sein könne, selbst wenn die Person tatsächlich wegen der Behandlung mit ungewollten Wirkungen zu leben hätte. Konkret an einem Beispiel bedeutet dies: Einem Individuum, welches dank eines Keimbahneingriffs zwar von einer Erbkrankheit verschont zur Welt käme, aber unter Nebeneffekten der Therapie litte, würde dem Paradigma des Nicht-Identitätsproblems gemäß dennoch kein Schaden zugefügt worden sein, denn andernfalls, ohne Keimbahntherapie, gäbe es dieses Individuum überhaupt nicht, sondern ein anderes oder gar keines, jedenfalls aber nicht dasselbe. Dieses eine Individuum existierte in dieser Konstellation nur wegen des Eingriffs. Änderte man den Eingriff, oder die Umstände, sodass keine Nebeneffekte mehr aufträten, litte das resultierende Individuum zwar nicht mehr unter Nebenwirkungen, dennoch wäre es ein anderes – man hätte nicht das erstere vor den Nebeneffekten verschont, sondern ein anderes zur Existenz gebracht. „The idea is this. The person we may at first consider the most obvious victim of the wrong act on closer inspection seems unable to exist at all in the absence of the undesirable condition. Yet, that person's life is – we are to suppose – clearly worth

---

570 Luchsinger 2000, 98.
571 Oder auch Paradox zukünftiger Individuen; der Problematik nach könnte man es auch als Nicht-Existenzproblem bezeichnen; in der Literatur wird es am ehesten unter dem Begriff des Nicht-Identitätsproblems diskutiert, vgl. beispielsweise Kavka 1982.
572 Vgl. Roberts 2013, 3634.
573 Vgl. Kavka 1982.
574 „Some believe that *what is bad must be bad for someone*", Parfit 1984, 363.
575 Tremmel 2013, 186.

living."[576] John Robertson referiert ein Beispiel Derek Parfits, um diese Annahme zu verdeutlichen:

> Derek Parfit captures this point well in his example of a woman who is told by her physician that if she gets pregnant while on a certain medication she will give birth to a child with a mild deformity, such as a withered arm, but if she waits a month, she can conceive a perfectly normal child. If the woman refuses to wait and has the child with the withered arm, she has not harmed that child, because there is no way that this *particular* child could have been born normal.[577]

Ein ähnliches Beispiel führt Julian Savulescu an: „Imagine you select an Embryo A and it develops cancer (or severe asthma) in later life. You have not harmed A unless A's life is not worth living (hardly plausible) because A would not have existed if you had acted otherwise."[578] Solange ein Leben lebenswert sei,[579] könne eine dieses Leben hervorrufende Handlung diesem Individuum nicht schaden.[580] Die Autoren räumen ein, dass man der Frau nichtsdestotrotz moralisch falsches Handeln vorwerfen könne; dies aber nicht, weil sie *diesem* ihrem Kind geschadet habe, „but because she has violated a norm against offending persons who are troubled by gratuitous suffering."[581] Es hätte eine einfache Alternative gegeben zu keinem Kind bzw. Kind mit Beeinträchtigung, nämlich einen Monat zu warten. So hätte sie ohne größere Einschränkung ein gesundes, wenn auch anderes Kind, bekommen können – eine Option, die sich bei der Frage nach dem Einsatz einer Keimbahntherapie so nicht bietet. Insofern ist dieses konstruierte Beispiel nicht ohne weiteres auf die hier zu führende Debatte zu übertragen, dennoch verdeutlicht es die Nicht-Identitätsproblematik, die sich auch offenbart, wenn man über die Keimbahntherapie diskutiert. Denn wie vorangegangen Luchsinger suggeriert, muss man davon ausgehen, dass es nicht immer um die Entscheidung gehen wird: Keimbahntherapie oder Nachwuchs mit Erkrankung, sondern auch – vielleicht sogar häufiger – um die Entscheidung: Keimbahntherapie oder kein Nachwuchs. Es stellt sich also in der Tat die Frage: Ist Sein immer besser als Nicht-Sein? Sei es so und führte man das metaphysische Argument ins logische Extrem, so Katrin Platzer, käme man zu der absurden Schlussfolgerung, dass einem Menschen jedes Leid zugemutet werden dürfe, unter der Voraussetzung, dass die Al-

---

576 Roberts 2013, 3634.
577 Robertson 1994, 76; Anm. d. Verf.: Folgende Fußnote war im Original enthalten: „Derek Parfit, ‚On Doing the Best for Our Children,' in *Ethics and Population*, ed. M. D. Bayles (Cambridge, Mass.: Schenkman, 1976)".
578 Savulescu 2001, 422. Vgl. hierzu auch Buchanan et al. 2000, 224 ff.
579 Auf den Begriff „lebenswert" wird hier nicht näher eingegangen; Jörg Tremmel und auch Parfit gehen allerdings durchaus davon aus, dass es auch Leben gibt, die nicht lebenswert sind, vgl. Tremmel 2013, 186.
580 Vgl. Tremmel 2013, 185–186.
581 Robertson 1994, 76.

ternative Nicht-Sein gewesen wäre.[582] „Die Nichtzeugung bzw. Nichterzeugung eines potentiellen Menschen" so lässt sich mit Neumann ergänzen, „kann daher niemals dessen Rechte oder Interessen beeinträchtigen. Dagegen kann seine Zeugung bzw. Erzeugung sehr wohl Rechte, Interessen und die Würde des künftigen Individuums verletzen."[583] Hiermit wird einem Grundprinzip des Nicht-Identitätsproblems widersprochen. An dieser Stelle sei auch ein Hinweis von Onora O'Neill angeführt. Mit Blick auf die Frage, inwiefern die Rechte eines zukünftigen Menschen beeinflusst werden könnten, der nicht zur Existenz gebracht werde, stellt sie einen Vergleich zwischen Kontrazeption bzw. einem sehr frühen Schwangerschaftsabbruch und Fortpflanzung an. Sie stellt fest, dass man bei der Verhütung die Rechte und das Wohlbefinden eines zukünftigen Kindes vernachlässigen könne, da es um das Ziel gehe, *keine* Nachkommen zu zeugen und daher kein Kind zur Existenz kommen werde, dessen Rechte verletzt werden könnten. In Fragen der Reproduktion müssen im Gegensatz dazu das Interesse und die persönliche Autonomie der Eltern dem primären Ziel, dem Kind „adequate and lasting care and support" zukommen zu lassen, im Zweifelsfall untergeordnet werden.[584] Auch hieraus lässt sich ableiten, dass die Nichtzeugung eines Menschen kaum als Verletzung seiner Rechte angesehen werden kann – dass seine Zeugung jedoch unweigerlich mit der Berücksichtigung der Rechte und Interessen des zukünftigen Individuums einhergeht.

Die Frage, ob eine zur Zeugung notwendige Maßnahme überhaupt oder aber niemals dem gezeugten Individuum schaden kann, bleibt abhängig von der weiterführenden Frage, ob es Schaden geben kann, der ein Leben lebensunwert sein lässt und insofern eine Verschlechterung im Vergleich zum Nicht-Sein bedeutet. Tatsächlich wurden und werden sog. *wrongful life*-Fälle[585] auch vor Gericht verhandelt. In den USA gibt es z. B. Klagen, in denen Kindern, die durch Fehldiagnosen der die Mütter behandelnden Ärzte nicht abgetrieben wurden und die infolgedessen mit einer Erkrankung oder Behinderung zur Welt kamen, ein Schadensersatz zugesprochen wurde.[586] Diese sind in der Tat sehr selten. In den meisten Fällen werden derlei Klagen abgewiesen;[587] so auch in Deutschland. Hierzulande wird einem aus dieser Schadensersatzforderung zu folgernden Anspruch auf Nicht-Existenz nicht entsprochen.[588] Eine prinzipielle Befürwortung der Keimbahntherapie im Namen der Menschenwür-

---

582 Vgl. Platzer 2000, 127.
583 Neumann 1998, 156.
584 Vgl. O'Neill 2007, 61–62.
585 „[D]ie ,*wrongful life* '-Klage [bezeichnet] den Anspruch eines behinderten Kindes, das ohne eine Pflichtverletzung des Arztes bei der Beratung oder Behandlung seiner Eltern nicht geboren worden wäre", Lejeune 2009, 5.
586 Beispielsweise Supreme Court of California 1982, Turpin vs. Sortini, vgl. Picker 1995, 130.
587 Vgl. Picker 1995, 6–7.
588 Vgl. Beispielhaft das Urteil des Bundesgerichtshofs (BGH) vom 18.01.1983: „Ein Ersatzanspruch des Kindes gegen den Arzt besteht nicht", BGHZ 86, 240.

de bleibt jedoch – zumindest unter dem Aspekt, dass es das Individuum ohne Therapie womöglich gar nicht gäbe – schwierig, da schlechterdings ein Nicht-Sein nicht als unwürdig bezeichnet werden kann.

Eine kategorische Ablehnung allerdings allein aufgrund der Tatsache zu rechtfertigen, das Individuum habe ein Recht auf ein nicht-manipuliertes Erbgut, da es seine Menschenwürde berühre, es im Rahmen einer Therapie zu verändern, scheint ebenfalls nicht hinreichend begründbar zu sein. Wie Wolfgang van den Daele hierzu schreibt, könne eines Menschen Status als Person allein (und mithin die Anerkennung seiner Würde) nicht durch Veränderung der genetischen Ausgangsbasis berührt werden, da die Zuschreibung dieses Status die genetische *Naturwüchsigkeit* nicht als Grundlage der Anerkennung von Rechten voraussetze.[589] Dass genetisch manipulierten Personen wegen eben dieser Manipulation Menschenwürde und daraus erwachsende Menschenrechte vorenthalten werden könnten, ist also nicht überzeugend. Birnbacher weist diesbezüglich darauf hin, dass es eine Verschiebung des Verständnisses über das Prinzip der Menschenwürde in eine biologische Richtung gebe. „Nicht mehr Würde im Sinne der Unantastbarkeit von Freiheit, Privatsphäre, Selbstachtung und Existenzminimum stehen im Vordergrund, sondern Würde im Sinne der Unantastbarkeit biologischer Strukturen und Verläufe"[590]. Ob es tatsächlich eine Sakrosanktheit biologischer Substrate wie der DNA geben kann, wird im anschließenden Unterkapitel diskutiert werden.[591] Dies scheint aber auch nicht vordergründig das Anliegen derjenigen zu sein, die in dem Eingriff in die menschliche Keimbahn eine Bedrohung der Würde des Menschen sehen. Jürgen Habermas argumentiert im Kontext der Diskussion um reproduktives Klonen, dass der konkrete Schaden nicht in der Vorenthaltung von Rechten aufgrund vorgenommener genetischer Veränderungen bestehe, sondern vielmehr in dem aus dieser Manipulation resultierenden gestörten Selbstverständnis, das zur Beeinträchtigung *des Gebrauchs* dieser Rechte führe. Aus der „Verunsicherung des Statusbewusstseins eines Trägers von Bürgerrechten" heraus, laufe er Gefahr „mit dem Bewusstsein der Kontingenz seiner naturwüchsigen Herkunft eine mentale Voraussetzung für den Zugang zu einem Status einzubüßen, durch den er als Rechtsperson in den tatsächlichen Genuss gleicher Rechte gelangen kann."[592] Diesem Einwand Habermas' fehle es allerdings an überprüfbarer Plausibilität. Dass die Ausbildung des Autonomiebewusstseins von dem *bloßen* Wissen um einen vorgeburtlich vorgenommenen therapeutischen Eingriff abhängig sein soll, darauf gebe es keinen Hinweis, auch nicht seitens der Sozialforschung, wendet van

---

589 Vgl. van den Daele 2005, 256; Neumann 1998, 156.
590 Birnbacher 2006.
591 Vgl. 3.3.1.3, S. 124 ff dieses Buches.
592 Habermas 2002, 285.

den Daele ein.[593] Dass bisher jedoch keine empirische Überprüfung vorliegt, muss nicht notwendigerweise heißen, dass Habermas' Befürchtung unbedeutend ist. Fehlt einem Menschen die „Kontingenz seiner naturwüchsigen Herkunft", könnten sich möglicherweise durchaus andere mentale Voraussetzungen beispielsweise in einem veränderten Bewusstsein hinsichtlich des sich bedingungslos angenommen Fühlens ergeben.[594] Jedoch, so räumt auch Habermas selbst ein, geht es bei dieser Art der Argumentation eher um die Vorbeugung einer „schleichenden Eingewöhnung einer liberalen Eugenik"[595]. Damit aber drohe Habermas das Feld der Menschenwürdeargumentation zu verlassen – eine Verteidigung der Ablehnung einer biotechnischen Maßnahme mit Verweis auf den möglicherweise dadurch begünstigten „Übergang zu einer positiven Eugenik"[596] verorte sich vielmehr im Topos der sog. *slippery slope*-Argumente.[597] Dass aber die Verwendung solcher Begründungen, die die Gefahr des Abgleitens auf die schiefe Bahn prognostizieren, für die Rechtfertigung eines Verbots der Keimbahnintervention problematisch sind, lässt sich schon wegen der dieser Prognose zugrunde gelegten Prämisse erahnen, dass unser moralisches Bewusstsein nicht imstande sein soll, Differenzierungen entlang dieser schiefen Bahn nachzuvollziehen.[598] Auch die Möglichkeit effektiver Regulationsmechanismen wird innerhalb dieser Dammbruchargumentationen häufig geleugnet. Das bedeutet jedoch zunächst lediglich, dass diese Art der Argumentation an anderer Stelle fortgesetzt werden muss; nicht, dass ihr prinzipiell keine Bedeutung zukommt.[599]

Des Weiteren wird bisweilen diskutiert, ob ein Mensch, der aufgrund eines Keimbahneingriffes von einer schweren Krankheit verschont bliebe, eine andere Persönlichkeit entwickeln würde können, würde der Eingriff in sein Erbgut nicht vorgenommen werden.[600] Es scheint keinen Zweifel daran zu geben, dass insbesondere schwere Erkrankungen einen prägenden Eindruck auf die Entwicklung und Ausbil-

---

593 Vgl. van den Daele 2005, 257; ähnlich bei Bostrom 2005, 212; auch Düwell schreibt: „Da der Würdestatus des Menschen auf seiner Besonderheit beruht, die er als personales Wesen aufweist, ist es wenig aussichtsreich zu behaupten, seine ‚genetische Disposition' dürfe grundsätzlich nicht verändert werden", Düwell 2000, 97.

594 Weitere Ausführungen Habermas' und anderer Autoren zu einer möglichen Veränderung der Selbstwahrnehmung finden sich in der Argumentation zur elterlichen Autonomie, vgl. 3.3.2.4, v. a. ab S. 176.

595 Habermas 2001, 49.

596 Habermas 2002, 296.

597 Vgl. van den Daele 2005, 257.

598 van den Daele 2005, 258.

599 Weitere Ausführungen zur *slippery slope*-Argumentation unter 3.3.3.4, S. 224 ff dieses Buches.

600 Vgl. Wagner 2007, 76; diesem Argument zufolge läge also die Verletzung der Würde in der Verhinderung der Ausbildung seiner *ursprünglichen* Persönlichkeit.

dung der Persönlichkeit haben.[601] An dieser Stelle wendet Wagner allerdings überzeugend ein, dass damit auch jede andere medizinische Maßnahme zur Bewahrung
vor einer Krankheit diskreditiert würde.[602] Außerdem basiert die Annahme, der genetische Keimbahneingriff per se definiere die Person, die therapiert würde, quasi
neu, auf der überholten Denkfigur eines genetischen Determinismus. Dass weitaus
mehr Faktoren zur Ausbildung der individuellen Persönlichkeit beitragen, gilt mittlerweile als bewiesen.[603] Abgesehen davon kämen unter dem Aspekt eines Verbotes
der Keimbahnintervention aufgrund persönlichkeitsverändernden Potentials auch
viele weitere Einwirkungen, die die künftige Persönlichkeit eines Kindes beeinflussen
(wie beispielsweise Bildung oder das soziale Umfeld) unter den Verdacht, unzulässig
im Namen der Menschenwürde zu sein.[604] Es mutet tatsächlich kontraintuitiv an, zu
behaupten, man dürfe jemanden nicht heilen, da er sonst nicht die Persönlichkeit
ausbilden könnte, die er ausbilden würde, behandelte man ihn nicht. „Dies wäre ja
eine Pflicht zur Krankheit und ein unakzeptabler Paternalismus, wissen zu wollen,
daß die Betroffenen lieber mit der Krankheit als ohne sie leben wollen", schreibt auch
Rehmann-Sutter.[605]

Wenn also angenommen werden darf, dass allein die mögliche Veränderung der
Persönlichkeit im Vergleich zur Persönlichkeit, die sich ohne den therapeutischen
Eingriff entwickeln würde, kein valides Kontraargument sein kann, stellt sich spätestens an dieser Stelle die Frage, was *genau* zu schützen versucht wird, wenn unter der
Überschrift der Menschenwürde Begründungen vorgebracht werden. Francis Fukuyama schreibt hierzu:

> Diese längere Diskussion über menschliche Würde hat das Ziel, die folgende Frage zu beant
> worten: Was wollen wir eigentlich vor allen zukünftigen Fortschritten der Biotechnologie schüt
> zen? Die Antwort kann nur lauten: Wir wollen die Totalität unserer komplexen, entwickelten Natur
> gegen Versuche der Selbstmanipulation schützen, wir wollen weder die Einheit noch die Kon
> tinuität der menschlichen Natur und damit die Menschenrechte, die sich darauf gründen, zer
> stören.[606]

---

601 Eine vor allem religiöse Vorstellung (*Krankheit-als-Prüfung-Gedanke*); dass Leid Ursache von
Tugenden sein könne, haben schon die Stoiker postuliert; nichtsdestotrotz akzeptieren die meisten
Religionen die Bekämpfung von Krankheit und Gebrechen, vgl. Siep 2005, 170–171.
602 Vgl. Wagner 2007, 76.
603 Vgl. Buchanan et al. 2000, 23ff; Wagner 2007; Welling 2014, 214–222.
604 Vgl. Wagner 2007, 76.
605 Rehmann-Sutter 1995b, 182. Erwin Bernat zitiert diesbezüglich Dieter Birnbacher: „Die Behauptung, ein Mensch habe ein Interesse, ‚mit einer vermeidbaren Krankheit oder Behinderung geboren
zu werden', ist aber nicht bloß empirisch widerlegbar, sondern schlicht abwegig.", Bernat 2000, 71;
Anm. d. Verf.: Folgende Fußnote war im Originaltext enthalten: „Birnbacher 1989, S. 218".
606 Fukuyama 2004, 240.

Doch das, was Fukuyama unter den Schutz vor den biotechnischen Fortschritten zu stellen beabsichtigt und was er an dieser Stelle als „Totalität" und „Komplexität" der „menschlichen Natur" nennt, leitet sich von einem speziellen, auf der *unberührten Natur des Menschen* ruhenden Menschenbild ab.[607] Eine individuelle Vorstellung dessen, was die *Natur des Menschen* sein soll, für eine Begründung heranzuziehen, ein kategorisches Verbot der Keimbahnintervention im Sinne der Menschenwürde zu rechtfertigen, kann allerdings nicht überzeugen, insofern die persönliche Idealvorstellung dessen, wie die Natur des Menschen sein soll, keine normative Gültigkeit erlangen kann. Robert Ranisch und Julian Savulescu schreiben hierzu:

> Die Vorstellung, die menschliche Biologie mittels Gentechnik umzugestalten, mag derjenige anstößig finden, der eine ganz bestimmte Vorstellung davon hat, wie wir mit der menschlichen Gattung umzugehen haben. Das Menschenwürde-Argument offenbart in diesen Fällen aber vielmehr psychosoziale Faktoren, als dass es auf eine Verletzung der Würde der direkt Betroffenen hinweist.[608]

Mit dieser Aussage beziehen sie sich auf eine von Birnbacher dargelegte Feststellung. Rekurrierend auf die von ihm ausgemachten Menschenwürde-Anwendungsfelder – in einer starken und in zwei schwächeren normativen Bedeutungen – macht er deutlich:

> Nur bei Würdeverletzungen im ersten Sinn wird ein Mensch durch die Würdeverletzung geschädigt. Im zweiten und im dritten Sinn kann allenfalls von einer symbolischen Schädigung die Rede sein; Würdeverletzungen dieser Art verletzen im wesentlichen [sic] die Gefühle Dritter. Sie verletzen Gefühle von Achtung und Unantastbarkeit und Vorstellungen davon, wie mit dem Menschen als Gattung angemessen umzugehen ist.[609]

Auch van Daele führt hierzu aus, da sich derartige Argumentationen kaum plausibel machen ließen, mutiere die vom Grundgesetz geforderte Achtung für die Person zur Achtung ihrer biologischen Ausstattung. Damit schliche sich „das Heteronome schlechthin in den Begriff der Würde ein."[610] Auch dieser Ansatz scheitert, ebenso wie der der potentiellen Veränderung der Persönlichkeit, an mangelnder Überzeugungskraft, eine Keimbahntherapie aus ethischen Gesichtspunkten im Hinblick auf die Würde der Betroffenen kategorisch abzulehnen. Das heißt dennoch nicht, dass die von Birnbacher genannten *Gefühle Dritter* oder die Idee einer Gattungswürde keine Gültigkeit haben. Sie stellen durchaus Aspekte dar, die – zwar ohne die apodiktische Wirkungskraft kategorischer Argumente – dennoch tauglich sein könnten, in Abwä-

---

607 Die ausführliche Besprechung zur Natürlichkeitsargumenten findet im nachfolgenden Unterkapitel statt, vgl. 3.3.1.3, S. 124 ff.
608 Knoepffler und Savulescu 2009, 43.
609 Birnbacher 2006, 306.
610 van den Daele 2005, 248.

gung mit den weiteren pragmatischen und gesellschaftspolitischen Argumenten zu treten.

Schließlich muss auch nach einer Verletzung der Würde im Sinne der Objektformel gefragt werden. Von einer fragwürdigen Instrumentalisierung des gezeugten Individuums durch einen genetischen Eingriff auszugehen erscheint allerdings problematisch, sofern man bedenkt, dass jedenfalls in einem therapeutischen Szenario nicht das zukünftige Individuum, sondern die Technik der Keimbahntherapie instrumentalisiert wird; die *Therapie* ist Mittel zum Zweck der *Erzeugung*. Das Individuum hingegen wird nicht mehr oder weniger instrumentalisiert, als ein natürlich gezeugtes Kind und eine Verletzung im Sinne der Objektformel daraus abzuleiten, dass der Zeugung eines Kindes ein Zweck zugrunde liegt, mutet absurd an, da es unmöglich scheint, überhaupt einen völlig frei von eigenen Zwecken gearteten Kinderwunsch zu formulieren.[611] „Es ist aber nicht zu sehen, warum es moralisch bedenklich sein soll, ein Kind zu einem bestimmten Zweck zu zeugen. z. B. zu dem Zweck, einem bereits vorhandenen Kind ein Geschwister zu verschaffen",[612] merkt Birnbacher hierzu an. Hier kommt wieder die Tatsache zum Tragen, dass ein Mensch niemals als *bloßes* Mittel zum Zweck dienen darf.[613] Birnbacher vermerkt hierzu, dass es keineswegs so sei, „dass eine Instrumentalisierung der Fortpflanzung zu bestimmten Zwecken notwendig damit verbunden ist, dass der auf diese Weise Gezeugte selbst zum Gegenstand einer kritikwürdigen Instrumentalisierung oder einer anderweitigen Schädigung gemacht wird."[614] Hierzu soll aber erwähnt werden, dass er diese Argumentation im Kontext der Vertretbarkeit des reproduktiven Klonens verwendet. Doch sowohl beim Klonen als auch beim Enhancement durch Keimbahntherapie darf nicht umstandslos davon ausgegangen werden, dass hier nicht doch eine Instrumentalisierung beispielsweise im Sinne einer übersteigerten Vorstellung der Reichweite der elterlichen Autonomie vorliegen kann.[615] Diesbezüglich sei ein weiteres Mal darauf hingewiesen, dass sich die Ausführungen in diesem Kapitel mit dem therapeutischen Einsatz der Keimbahntherapie beschäftigen. Und in eben diesem Fall lässt sich eine Instrumentalisierung nicht plausibel darlegen.[616]

---

611 Übersicht zu Kinderwunschmotiven einer IVF Gruppe s. Hillemanns und Schillinger 1989, 322; hier fallen die meisten Frauen-Stimmen auf die Antworten: „Ich will ein Kind weil,… ein Kind einfach zur Ehe gehört" und „… ich meinem Partner ein Kind schenken will".

612 Birnbacher 2006, 308; vgl. auch Neumann 1998, 161.

613 Vgl. S. 101, dieses Buches.

614 Birnbacher 2006, 308.

615 Die Kinderwunschmotive beim Klonen oder Enhancement-Eingriffen könnten sich durchaus ethisch relevant von denen natürlich gezeugter Kinder unterscheiden, vgl. Welling 2014, 149.

616 An dieser Stelle sei darauf hingewiesen, dass in anderen Zusammenhängen beispielsweise von der Herabsetzung zu einem Objekt gesprochen wird, wenn allein durch die *„Imagination* völliger Berechenbarkeit" [Hervorhebungen im Original] einem Subjekt die Determiniertheit seines Verhaltens suggeriert werde. Wenn es also so behandelt werde, dass es davon ausgehen müsse, völlig berechenbar – wie ein Objekt – erfassbar zu sein, vgl. Richter 2016, 214.

In der Zusammenschau des bisher Erörterten kann festgehalten werden, dass es Argumentationen *gegen* eine kategorische ethische Ablehnung der Keimbahntherapie im Namen der Würde des Menschen ebenso an Überzeugungskraft mangelt, wie denjenigen, die *für* ein kategorisches Verbot angebracht werden. *Für* die genetische Intervention als ein Gebot mit der Menschenwürde zu argumentieren, gelänge nur mittels der Überzeugung, dass das nicht verhinderte Leid wiederum die Würde des Individuums verletzte. Es kann aber weder pauschal behauptet werden, dass ein Leben mit einer bestimmten Krankheit tatsächlich die Würde desjenigen beeinträchtigt, noch, dass es die Würde eines *jemanden* verletzen kann, nicht gezeugt zu werden. Es gelingt im Gegenzug jedoch ebenfalls nicht ohne Einwand, eine therapeutische Keimbahnintervention unter Verwendung des Menschenwürde-Arguments kategorisch abzulehnen. Weder die nicht einholbare „informierte Zustimmung" des zukünftigen Individuums und seiner Nachkommen, noch die genetische Manipulation zu Therapiezwecken an sich, können nach vorangegangener Betrachtung ein ethisch absolutes Verbot einer Keimbahntherapie hinreichend begründen. Auch die potentiell aus dem Eingriff resultierende, im Vergleich zum hypothetischen, nicht-therapierten Individuum, veränderte Persönlichkeit ist nicht Anlass genug, sich für ein kategorisches Verbot auszusprechen, genauso wenig wie das Ergebnis der Analyse eines Verstoßes gegen das Instrumentalisierungsverbot oder die Selbstbestimmung. Das muss nun aber nicht bedeuten, dass die Bedenken, die im Rahmen der Menschenwürde-Argumentation angebracht werden, an sich nicht in die ethische Bewertung der Keimbahnintervention beim Menschen einfließen können.

Festzuhalten bleibt an dieser Stelle ein weiteres Mal, dass in jenes Gesamturteil sowohl unter derzeitigen Bedingungen, wie auch in absehbarer Zukunft, immer zusätzlich die Beurteilung der PID und des Umgangs mit frühembryonalem Leben integriert werden muss. Dies ist umso relevanter, als die Keimbahntherapie zuweilen als Alternative angepriesen wird, sollte man ethische Bedenken gegenüber beispielsweise einer PID mit selektivem Embryonentransfer haben.[617] Es kann derzeit nicht nachvollzogen werden, wie die Überprüfung einer Keimbahntherapie ohne den anschließenden selektiven Embryonentransfer auskommen soll,[618] insofern muss dieser weitere Teil der ethischen Bewertung der Keimbahntherapie an dieser Stelle offen bleiben.[619]

Ebenso hinterlassen aber auch die Idee der Gattungsethik oder die Überlegung eines objektiven Menschenwürdeschutzes, die den Embryo oder aber auch den zukünftigen Menschen weniger im Hinblick auf seine Würde als Individuum, als vielmehr

---

617 Vgl. Wagner 2007, 49.
618 Vgl. Düwell 2000, 100.
619 Relevant wird dieser Aspekt u. a. noch in der Ausführung der pragmatischen Argumente vor allem die Bedingungen (der Entwicklung) der Keimbahn 3.3.2.1 und die alternativen Methoden 3.3.2.3 betreffend.

angesichts seiner Funktion als Repräsentant eines schützenswerten Menschenbildes gegen biotechnische Eingriffe absichern sollen, sowohl interessante Einsichten als auch offene Fragen. Schon Kant hat in seiner Tugendlehre von menschlichem Verhalten geschrieben, welches nicht nur eines Einzelnen Würde angreift, sondern selbst „dem Zuschauer Schamröte abjag[t], zu einer Gattung zu gehören, mit der man so verfahren darf."[620] Kant bezieht sich in diesem Fall auf „die Menschheit selbst entehrende Strafen",[621] die selbstverständlich nicht mit insbesondere *therapeutischen* Engriffen in die Keimbahn gleichzusetzen sind. Dennoch machen diese Vorschläge einer die gesamte Menschheit betreffenden Würde darauf aufmerksam, dass über die Grundrechte des zu zeugenden Individuums hinaus eine Dimension der menschlichen Würde zu existieren scheint, die eine gewisse Vorstellung dessen, *was der Mensch ist*, schützen soll. Auch an anderer Stelle bringt Kant die Vorstellung einer die einzelnen Menschen übergreifenden Idee von Würde zum Ausdruck. Eine der Selbstzweckformeln des kategorischen Imperativs Kants lautet: „Handle so, daß du die Menschheit sowohl in deiner Person, als in der Person eines jeden anderen jederzeit zugleich als Zweck, niemals bloß als Mittel brauchst."[622] Kathrin Braun deutet hieraus, dass Würde zu haben und ein Zweck an sich zu sein bei Kant gleichbedeutend sei. „‚Menschheit' ist dabei eben nicht einfach eine biologische Gattung unter anderen, sondern auch ein empathischer Begriff, eine regulative Idee."[623] Und obwohl Verfassungsrechte Individualrechte darstellen und prinzipiell einer pluralistisch säkularisierten Gesellschaft keine partikularen Anschauungen aufoktroyiert werden dürfen, kann letztlich auch das Verfassungsrecht nicht völlig ohne ein ihm zugrunde gelegtes Menschenbild oder *regulativen Idee* hiervon auskommen, „das auf der einen Seite den für richtig gehaltenen Einsichten der Naturwissenschaften (*Darwin* etc.) entspricht, darüber hinaus aber an dem *normativen Selbstverständnis des Menschen* als autonomen, sprach- und handlungsfähigen Subjekt mit moralischer Verantwortung (Person) anknüpft."[624] Das bedeutet ohne Frage nicht, dass eine beliebige Gattungsethik in das Grundgesetz hineingelesen werden dürfe, aber immerhin ist eine verfassungsrechtliche Vorstellung eines bestimmten Menschenbildes existent.[625]

Das Fazit muss an dieser Stelle lauten, dass sich weder eine generelle Befürwortung einer therapeutischen Keimbahnintervention im Namen der Menschenwürde noch ein kategorisches Verbot aufgrund ethischer Bedenken bezüglich der Verletzung der Würde eines keimbahntherapierten Menschen hinreichend begründen lassen. Im Hinblick aber vor allem auf den Umgang mit vorgeburtlichem Leben sowie auch auf

620 Kant 1990, 355, § 39.
621 Kant 1990, 355, § 39.
622 Kant 1986, 65 [429]
623 Braun 2000, 70.
624 Nettesheim 2005, 109.
625 Eines, das beispielsweise gegen die Bildung von Mischwesen, sog. Chimären oder Hybridwesen abgesichert wird, vgl. § 7 EschG; vgl. auch Sacksofsky 2001, 59.

die Frage, was das Menschenbild im Sinne eines *Wesens des Menschen* ausmacht, welches im Rahmen der Menschenwürdeargumentation allzu häufig zu schützen versucht wird, bleiben ethische Bedenken und Klärungsbedarf bestehen. Letzterer, der vermeintlich notwendige Schutz des *Wesens des Menschen* vor genetischen Interventionen in der Keimbahn, wird vielfach nicht nur mit der Menschenwürde, sondern ebenso mit Natürlichkeitsargumenten begründet. Diese sind Gegenstand des folgenden Kapitels.

3.3.1.3 Natürlichkeitsargumente

Im dritten und letzten Themenkomplex der kategorischen Argumente im Kontext der Bewertung therapeutischer Keimbahninterventionen sollen die schon erwähnten Natürlichkeitsargumente betrachtet werden. Hierunter sind vornehmlich Einwände gegen biotechnische Verfahren zu verstehen, deren Absolutheitsanspruch mit der Unantastbarkeit der *Natur des Menschen* begründet wird.[626] Angesichts dieses hohen Anspruchs muss zunächst bestimmt werden, was gemeint ist, wenn die *menschliche Natur* unter absoluten Schutz vor Eingriffen zu stellen versucht wird. Der Begriff der Natürlichkeit kann in diesem Zusammenhang unter anderem als ein vergleichender verstanden werden; in diesem Fall geht es um die Abgrenzung des natürlich Entstandenen zum künstlich Gemachten.[627] Und dies insbesondere im Hinblick auf das Ziel bzw. das Ergebnis einer Intervention. Denn es darf zu diesem frühen Zeitpunkt schon kritisch angemerkt werden, dass die Künstlichkeit eines genetischen Eingriffs – sowohl per se als auch im Sinne der Änderung eines von der Natur vorgegebenen Verlaufs – kaum als moralisch verwerflich beurteilt werden kann. Wie schon zu den Unterscheidungskriterien einer Therapie / Enhancement-Distinktion festgestellt werden konnte, werden in etlichen medizinischen und auch nichtmedizinischen Bereichen unnatürliche Mittel verwendet und künstliche Eingriffe in natürliche Prozesse vorgenommen, ohne dass sie ethische Bedenken hinsichtlich einer Veränderung der Natur des Menschen hervorrufen.[628] Eher, so stellt David Heyd fest, könne die *Tiefe* solcher Eingriffe in das Erbgut bezüglich der nachhaltigen Änderung eines Menschen und seiner Nachkommen moralische Bedenken hervorheben.[629] Einige in derlei Zusammenhängen bisweilen als Biokonservative[630] bezeichnete Gegner vererbbarer Eingriffe beim Menschen, begreifen den Schutz der menschlichen genetischen Identität

---

626 In verschiedenen Varianten findet sich dieses Argument etwa bei Habermas 2001 und Fukuyama 2004.

627 Vgl. beispielhaft Welling 2014, 245.

628 Vgl. Heyd 2005, 64; Welling 2014, 248; s. a. 3.2.1, S. 70 dieses Buches.

629 Vgl. Heyd 2005, 63.

630 Bei Clarke und Roache werden beispielsweise Francis Fukuyama, Leon Kass und Michael Sandel als Biokonservative bezeichnet und deren Position der der Bioliberalen, wie etwa Nick Bostrom, gegenübergestellt, vgl. Clarke und Roache 2009, 58 ff.

vor Manipulationen als das Bewahren der *Natur des Menschen* oder des *menschlichen Wesens*. Diese biologische Auffassung kann einerseits verstanden werden als die Erklärung des menschlichen Genoms zum „innersten Platz des Seins"[631] des Individuums, bis hin zur Beschreibung als „secular equivalent of the soul."[632] Andererseits wird die genetische Ausstattung beispielsweise von Fukuyama als die Voraussetzung beschrieben, die es dem Menschen „erlaubt, ein vollständiges Menschenwesen zu werden, und diese Ausstattung unterscheidet den Menschen entscheidend von anderen Lebewesen."[633] Dies mache den von ihm so bezeichneten *Faktor X* aus, der die „Essenz des Humanen"[634] und Ursache für die menschliche Würde sei – auf diesen *Faktor X* wird im Weiteren noch einmal zurückzukommen sein. Die Bedeutung eines ethischen Unterschieds hinsichtlich einer Überschreitung der Grenze vom natürlich Gewordenen zum artifiziell Gemachten kann aber auch in einer dem theologischen Hybris-Argument ähnelnden Überschätzung menschlicher Fähigkeiten gesucht werden. Vertreter dieser Art der Natürlichkeitsargumente sehen in der Evolution einen dem Menschen und der menschlichen Erkenntnisfähigkeit überlegenen Prozess, in welchen erfolgreich und möglicherweise sogar verbessernd im Rahmen genetischer Keimbahninterventionen eingreifen können zu glauben, eine verurteilungswürdige Anmaßung darstelle.[635]

Es zeigen sich also verschiedene Facetten innerhalb der Argumentation gegen eine genetische Veränderung der Keimbahn im Namen der zu schützenden Natur des Menschen. Bei der Beurteilung dieser Aspekte muss jedoch nicht nur berücksichtigt werden, dass eine prinzipielle Ablehnung aufgrund der künstlichen Eigenschaft des Eingriffs an sich aus oben genannten Gründen kritisch ins Gewicht fallen muss, sondern ebenso, dass sich die Befürworter dieser Art von Beweisführung gegenüber dem Vorwurf eines Sein-Sollen-Fehlschlusses, eines naturalistischen Fehlschlusses argumentativ rechtfertigen können müssen. Dieser besagt nach George E. Moore, dass allein wegen der Tatsache, dass eine natürliche Gegebenheit als *gut* empfunden wird, nicht automatisch geschlossen werden könne, dass dies automatisch *normal* im Sinne von *normativ* sei: „[I]t was pointed out that by natural there might here be meant either normal or necessary, and that neither the normal nor the necessary could be seriously supposed to be either always good or the only good things",[636] oder anders ausgedrückt: Allein wegen der Tatsache, dass etwas (*gut*) ist, wie es ist, kann man nicht schließen, dass es auch so sein soll. Ähnlich, dennoch ohne einen Rückgriff

---

631 Welling 2014, 253.
632 Stock und Campbell 2000, 118; vgl. auch Welling 2014, 253.
633 Fukuyama 2004, 239.
634 Fukuyama 2004, 211.
635 Dieser Aspekt spielt ebenfalls eine maßgebliche Rolle in der Risikoanalyse und der Bewertung des sog. Nichtwissens, vgl. 3.3.2.2, insbesondere S. 149 ff dieses Buches.
636 Moore 1959, 58.

auf die wertende Bezeichnung *gut*, die eigens zu definieren wäre, formuliert es auch schon David Hume:

> [W]hen of a sudden I am surpriz'd to find, that instead of the usual copulations of propositions, *is*, and *is not*, I meet with no proposition that is not connected with an *ought*, or an *ought not*. This change is imperceptible; but is, however, of the last consequence. For as this *ought*, or *ought not*, expresses some new relation or affirmation, 'tis necessary that it shou'd be observ'd and explain'd; and at the same time that a reason should be given, for what seems altogether inconceivable, how this new relation can be a deduction from others, which are entirely different from it.[637]

Eine Ableitung normativer Aussagen allein von deskriptiven Sachverhalten sei nicht ohne weiteres möglich.[638] Vor diesem Hintergrund müssen Begründungen einer gewissen Heiligsprechung der Natur oder des natürlich Entstandenen ebenso wie einer vermeintlichen Weisheit der Evolution gegen derlei Vorwürfe verteidigt werden können, wenn sie plausibel angewendet werden sollen.[639] Ob sie standhalten können oder inwiefern, falls dem nicht so sein sollte, sie dennoch einen Beitrag zur Diskussion um die ethische Vertretbarkeit der Keimbahntherapie abseits ihres Absolutheitsanspruchs leisten können, wird Gegenstand der folgenden Untersuchung sein.

Ein bekannter Befürworter kategorischer Ablehnung genetischer Interventionen in der menschlichen Keimbahn im Sinne des Schutzes des *Wesens* des Menschen, welches letztlich begründet liege in seiner genetischen Ausstattung, ist, wie bereits angeklungen, Francis Fukuyama. Mit der schon erwähnten und von ihm als *Faktor X* bezeichneten *Essenz des Humanen* sei eine wesentlich menschliche Qualität gemeint, die sich aus der ebenfalls bereits im Kontext der Menschenwürdeargumentation zitierten „Totalität unserer komplexen, entwickelten Natur"[640] ergebe. Diese müsse ihm zufolge mit absoluter Geltung vor interventionellen Maßnahmen geschützt werden, da andernfalls der Verlust der Würde und damit der Menschenrechte drohe.[641] Diese Ansicht setzt nicht nur, wie im vorangegangenen Unterkapitel erläutert, ein bestimmtes Menschenbild voraus, welches sich auf Naturwüchsigkeit gründet, um akzeptiert werden zu können. David Hull fragt sich auch, wie man etwas derart Kostbares wie die Menschenwürde – und meint damit insbesondere Rechte – auf eine solch vorübergehende Konstruktion wie die menschliche Biologie abstellen könne. Er sieht keinen Grund, einen Faktor X oder die Essenz des Humanen, die alle Menschen gleichstelle und somit ihre gleichen Rechte begründe, ausgerechnet in der Biologie

---

637 Hume 1896, 469.
638 Diese Sein-Sollen-Dichotomie wird auch als *Humes Gesetz* bezeichnet.
639 Vgl. beispielhaft Ranisch und Savulescu: „Wird ein Verweis auf die Natur des Menschen gebracht, um Verbote gegenüber biotechnischen Maßnahmen zu formulieren, muss zudem plausibel gezeigt werden, woher das Natürliche seine normative Kraft erfährt", Ranisch und Savulescu 2009, 42.
640 Fukuyama 2004, 240; vgl. auch S. 119, FN 606 dieses Buches, sowie Hauskeller 2009, 173.
641 Vgl. Fukuyama 2004, 240.

des Menschen zu suchen; und dies vor allem nicht, weil er kein biologisches Substrat für diese Annahme ausmachen kann. Biologisch betrachtet seien die Menschen nicht gleich[642] und zudem sei ihr Konstrukt der genetischen Identität Ergebnis evolutionärer Prozesse. Ein Prozess aber ist ein Vorgang und damit unterliegt sein Resultat der Veränderung; insofern stelle die Biologie des Menschen Hulls Ansicht nach kein gut gewähltes Fundament für die Ableitung normativer Begriffe dar.

> [T]hese ordinary conceptions have no foundation in biology as a technical discipline. To make matters even worse, I do not see why the existence of human universals is all that important. Perhaps all and only people have apposable thumbs, use tools, live in true societies, or what have you. I think that such attributions are either false or vacuous, but even if they were true and significant, the distributions of these particular characters is largely a matter of evolutionary happenstance. I for one would be extremely uneasy to base something as important as human rights on such temporary contingencies. Given the character of the evolutionary process, it is extremely unlikely that all human beings are essentially the same, but even if we are, I fail to see why it matters. I fail to see, for example, why we must all be essentially the same to have rights.[643]

Ganz ähnlich argumentiert auch Tristram Engelhardt. Als Produkt der Evolution sei die menschliche Natur eine provisorische Struktur, die auch anders aussehen könne und „die weiterhin durch scheinbar blinde physische Kräfte umgestaltet werden wird."[644] Er kommt daher zu dem Schluss: „Ein naturalistisches Verständnis des Zustandekommens der menschlichen Natur liefert keine Basis um der menschlichen Natur einen intrinsischen Wert oder Würde zuzuschreiben."[645] Fukuyama räumt indes ein, dass wir nicht notwendigerweise alle gleich sein müssen, um Rechte zu besitzen, wendet aber ein, dass wir jedenfalls in einer *gewissen Hinsicht gleich* sein müssen, um *gleiche* Rechte zu besitzen[646] – dies alle Menschen Vereinende sei der genannte *Faktor X*, der sich, wie beschrieben, letztlich aus der komplex entwickelten Natur, mithin seiner genetischen Identität ergebe. Habermas' Ansicht, dass die Befürchtung nicht darin bestehe, einem genetisch veränderten Individuum würden gewisse Rechte abgesprochen werden, sondern dass es im *Gebrauch* dieser Rechte allein wegen der Tatsache, genetisch manipuliert worden zu sein, eingeschränkt werde, wurde ebenfalls schon im Rahmen der Menschenwürdeargumentation ausgeführt.[647] An

---

642 Dass die Menschen genetisch nicht identisch sind, wurde zahlreich durch Feststellung der genetischen Unterschiede und Besonderheiten, sowohl der Populationen untereinander als auch der Individuen einer Population untereinander, gezeigt, vgl. beispielsweise Edwards, A. W. F. 2003, Albrecht 2015.
643 Hull 1986, 4.
644 Engelhardt, H. 2005, 40–41.
645 Engelhardt, H. 2005, 41.
646 Vgl. Fukuyama 2004, 215.
647 Vgl. S. 117 dieses Buches.

dieser Stelle darf noch einmal wiederholt werden, dass gegen diese Ableitung der Würde und Rechte von dem natürlich Entstandenen eingewendet wird, dass die Anerkennung von Grundrechten die genetische Naturwüchsigkeit nicht voraussetze.[648]

Ein weiterer Vertreter einer Naturphilosophie, der eine Verknüpfung von Natürlichem und dem, wie etwas sein soll, postuliert, ist Klaus Michael Meyer-Abich. Zur Natur des Menschen schreibt er: „Die Antwort auf die Grundfrage der Ethik, wie zu leben sei, besagt nicht, was man soll, sondern wer man der eigenen Natur nach ist. In der Differenz des jeweiligen Seins zum eigentlichen Sein ist das letztere die Natur, in der man sich selbst erkennt."[649] Die Natur des Menschen sei das *eigentliche Sein*, welches durch diese Bestimmung bereits ein Seinsollen in sich zum Ausdruck bringe, so dass es keinen fehlschlüssigen Rückgriff auf einen Übergang von Sein zu Sollen brauche.[650] Diese Aussage setzt aber gewissermaßen voraus, was zu beweisen gesucht wird. Im vorliegenden Kontext gilt es nur für denjenigen, der zum einen die genetische Identität zu der eigentlichen Natur des Menschen erklärt und zum anderen an ihr implizites Seinsollen glaubt. Meyer-Abich fügt allerdings hinzu, dass die Erkenntnis, dass es einen Unterschied des Sinns der Begriffe Sein und Sollen gebe, nicht bedeute, „daß es entsprechend getrennte Sphären in der Wirklichkeit gibt, etwa die Natur als das Reich des Seins und die Freiheit als das des Sollens." Es gehe insbesondere darum, „daß man sich nicht auf Beispiele gegen den Allgemeinheitsanspruch der Dichotomie von Sein und Sollen zu beschränken braucht, sondern ihm umgekehrt entgegenhalten kann, daß Sein und Sollen in unserer Wahrnehmung der Wirklichkeit in der Regel nicht auseinandertreten."[651] Doch bei dieser Formulierung drängt sich die Frage auf, ob damit gleichsam *alle* Aspekte der biologischen Struktur maßgeblich, und so wie sie sein sollen, sind.[652] Dies steht vor allem hinsichtlich der für den Menschen durchaus nachteiligen Aspekte der Natur im Zweifel. Birnbacher merkt hierzu an: „Die Natur, so wie sie sich in der Erfahrung zeigt, kann allenfalls in ausgewählten Aspekten als Vorbild für menschliches Handeln gelten. Als Ganzes ist sie dazu wenig geeignet, denn im Ganzen erweist sie sich als allzu gleichgültig gegen menschliches Wohl."[653] Es gebe durchaus Anteile der Natur, die als Werte oder Verhaltensmodelle dienlich seien, jedoch sei es der Mensch, der diese Aspekte als Maßstab festlege, nicht die Natur selbst. Nick Bostrom argumentiert ähnlich und verweist auf die „horrors of nature" wie „[c]ancer, malaria, dementia, aging, starvation, unnecessary suffering, and cognitive shortcomings".[654] Gegen den prinzipiellen Vorwurf, es sei ethisch nicht vertretbar, gentherapeutisch in die Keimbahn einzugreifen,

---

648 Vgl. S. 117, FN 589 dieses Buches.
649 Meyer-Abich 1997, 293.
650 Vgl. Meyer-Abich 1997, 294.
651 Meyer-Abich 1997, 296.
652 Vgl. Hübner 2014, 32, FN 10.
653 Birnbacher 2006, 79.
654 Bostrom 2005, 205.

weil der Eingriff einen natürlichen Verlauf einer Krankheit verhindere, lässt sich in der Tat derselbe Einwand entgegenbringen, wie dass der Eingriff an sich einen unnatürlichen, weil künstliche Mittel einsetzenden Charakter hat: Der Mensch lässt in vielerlei Hinsicht – nicht nur im medizinischen Bereich – der Natur gerade nicht freien Lauf und dies löst in weiten Bereichen auch keine ethischen Dilemmata aus.[655] Doch die Idee, wie sie beispielsweise Fukuyama vertritt, dass der bloße Eingriff in die genetische Konstitution die ethisch zu verwerfende Änderung der Natur des Menschen bedeute, wird von diesem Einwand nicht abgedeckt. Dies gilt insofern, als dass die Keimbahntherapie von den Eingriffen, wie sie der Mensch bisher vornimmt, im Grundsatz verschieden ist; zumindest unter der Vorstellung, die Natur des Menschen sei seine natürlich entwickelte genetische Struktur – denn die konnte bisher in der Tat nicht willentlich verändert werden. Und Fukuyamas Antwort auf derlei Einwände, wie, dass die Natur immerhin auch schlechte Dinge wie Krankheiten hervorbringe oder, dass der Mensch auch in vielen anderen Bereichen der Natur nicht ihren Lauf lasse, lautet:

> Die genetische Lotterie wird von vielen als unfair verurteilt, denn sie verdammt manche Menschen zu weniger Intelligenz oder schlechterem Aussehen oder zu vielerlei Arten von Unzulänglichkeit. Doch in einem anderen Sinne ist sie außerordentlich egalitär, da jeder mitspielen muß, ganz gleich welcher sozialen Schicht, Rasse oder ethnischen Gruppe er angehört.[656]

Ohne zu bewerten, ob diese Entgegnung in sich plausibel ist, begründet sie dennoch weniger naturbiologisch kategorisch die Unantastbarkeit des menschlichen Genoms, als mehr im Hinblick auf mögliche gesellschaftlich relevante Konsequenzen. Die normative Kraft der biologischen Konstitution lässt sie nach wie vor nicht ausreichend gerechtfertigt. Auch Rehmann-Sutter, der schlussfolgert, das menschliche Genom verliere „durch den bloßen Umstand, daß wir punktuell gestalterisch darauf Einfluß nehmen, den Charakter einer Naturanlage und bekommt den Charakter eines Artefakts"[657], sieht seine Sorge vielmehr in möglichen gesellschaftlichen Folgen, wie er weiter ausführt. „Denn auch das teilweise Nichtverändern ist eine Entscheidung, die fortan Menschen zugerechnet werden muss. [...] Meine Besorgnis wäre an diesem Punkt nicht so groß, wenn unsere gegenwärtige Gesellschaft nicht schon heute

---

655 Birnbacher 2006, 163; vgl. auch S. 124, FN 628 dieses Buches. Dies leugnen im Übrigen die sog. Biokonservativen ebenfalls nicht, vgl. beispielhaft Kass: „By his very nature, man is the animal constantly looking for ways to better his life through artful means and devices; man is the animal with what Rousseau called ‚perfectibility'", Kass 2003a, 21.
656 Fukuyama 2004, 220.
657 Rehmann-Sutter 1995b, 180–181.

abweichendes Leben diskriminierte."[658] Die Befürchtungen, die Allokation solcher Therapie- und Behandlungsmöglichkeiten betreffend oder die einer drohenden Stigmatisierung und Diskriminierung von Menschen mit Behinderung sind – wie einige andere Aspekte dieser Abhandlung – speziell hinsichtlich der Bewertung von Maßnahmen der reproduktiven Medizin nicht gänzlich neu. Sie sollen im Teil der gesellschaftspolitischen Argumente auf ihre Berechtigung in Bezug auf die mögliche Zulassung einer Keimbahntherapie untersucht werden. An dieser Stelle liefern sie jedoch keinen Beitrag für die Klärung, ob die Änderung des Status des Genoms von *Naturanlage* zu *Artefakt* die Änderung der *Natur des Menschen* bedeuten kann oder wie diese ggf. ethisch bewertet werden muss. Rehmann-Sutter bezieht seinen Einwand vorliegend auch auf explizit therapeutische Eingriffe. Ob sich dieser jedoch tatsächlich mit der Unantastbarkeit der Gene begründen lässt, muss weiterhin bezweifelt werden. Im Kontext von Veränderungen in der Keimbahn als möglicher Nebeneffekt einer somatischen Gentherapie schreibt er folgendes:

> Sie werden in jedem Fall behandelt werden müssen als *Menschen* im vollen Sinn mit allen Rechtsansprüchen, genau gleich wie Menschen, die an Wirkungen natürlicher Genveränderungen zu leiden haben, also gleich wie alle Kranken und Leidenden. […] Eine Rechtskategorie „genmanipulierter Menschen" wird es nie geben dürfen, dies wäre ein Verstoß gegen die grundlegendsten Gleichheitsgrundsätze und gegen die fundamentalsten der Menschenrechte. Auf Grund von Nebenwirkungen vergangener Gentherapien Erkrankte werden exakt dieselben Ansprüche auf Respekt und Behandlung haben dürfen wie „natürlich" Kranke.[659]

In anderen Worten: Das, was sie als Menschen ausmacht, verändert sich offenbar durch die (unbeabsichtigte) Veränderung ihrer Gene bzw. Keimbahn nicht.

Ludwig Siep versucht die Pflicht zur Bewahrung der menschlichen Körperlichkeit (der ihre genetische Identität zugrunde liege und die untrennbar mit der jeweiligen Person verbunden sei) zu begründen mit der Ansicht, dass sie als eine Art gemeinsames „Erbe'" verstanden[660] werden könne. Er vergleicht dies mit anderem, allgemein als wertvoll erachtetem Naturerbe und stellt in Frage, wieso die Wahrung der Konstitution des Menschen nicht als mindestens ebenso wertvoll erachtet wird.[661] Immerhin sei des Menschen bisherige Verfasstheit die „Bedingung gesellschaftlicher Güter und Grundlage sozialer Normen."[662] Doch abgesehen davon, dass diese Art der Begründung erneut auf ein gesellschaftspolitisches Feld verweist, stellt Siep selbst fest, dass die Änderung dieses Erbes „im Hinblick auf schwere, mit hoher Wahrscheinlichkeit

---

658 Rehmann-Sutter 1995b, 181; ähnlich formuliert in Ach 2004, 179. Auf diesen Einwand wird im Kontext der elterlichen Autonomie, vgl. 3.3.2.4, S. 176 ff, und insbesondere unter der gesellschaftspolitischen Argumentation, vgl. 3.3.3, S. 195 ff, noch einmal zurückzukommen sein.
659 Rehmann-Sutter 1995a, 166.
660 Siep 2005, 167, 172.
661 Vgl. Siep 2005, 168–169.
662 Siep 2005, 172.

auftretende Krankheiten oder Einschränkungen"[663] verantwortet werden könne – solange eine gerechte Verteilung garantiert sei.

Ein Zwischenfazit muss lauten, dass keine oder keine ausreichend starke normative Kraft der genetischen Konstitution eines Menschen gerechtfertigt werden kann, die ein kategorisches Verbot einer Keimbahntherapie zufriedenstellend begründen könnte; dies einerseits, weil man, um dem naturalistischen Fehlschluss zu entgehen, nicht ohne Weiteres von dem Ist- auf den Soll-Zustand schließen kann. Andererseits kann – sofern an der Vorstellung, des Menschen Natur sei sein natürlich entstandenes Genom, festgehalten wird – dieser Fehlschluss nur umgangen werden, indem der Natürlichkeit ein primärer Wert zuerkannt wird. Dietmar Hübner schreibt diesbezüglich: „Vielmehr muss die Forderung nach Natürlichkeit den Status einer primären Norm innehaben, die möglicherweise mit anderen gleichrangigen Normen konkurriert und gegen diese abzuwägen ist, aber nicht als bloßes Korollar aus fundamentaleren Grundsätzen deduziert wurde."[664] Diese primäre Norm der Natürlichkeit muss sich ihrerseits allgemein nachvollziehbar begründen lassen und Kritiker weisen derlei Vorstellungen immer wieder als nicht normativ gültiges naturalistisches Menschenbild zurück.[665] Dennoch wurde ebenfalls aufgedeckt, dass eine ethische Bewertung technischer Eingriffe am Menschen ohne Rekurs auf eine *gewisse* Vorstellung von dem, was der Mensch ist oder sein soll, kaum möglich ist. Dies hebt auch Michael Hauskeller hervor und kritisiert wiederum an den Befürwortern insbesondere optimierender genetischer Keimbahneingriffe:

> Obwohl also Befürworter menschlicher Verbesserung jedesmal, wenn „Biokonservative" wie Fukuyama oder Leon Kass von menschlicher Natur sprechen, leugnen, dass es so etwas wie eine menschliche Natur gebe oder dass, wenn es sie gäbe, sie jedenfalls keine normative Bedeutung habe, rekurrieren sie selbst auf ein implizites Verständnis von menschlicher Natur, [...] das jedoch genauso wertbehaftet und normativ ist, wie das derer, die sich ihnen entgegenstellen; und es ist weitaus spekulativer. [...] Sie appellieren vielmehr an unser Selbstverständnis als menschliche Wesen, um uns davon zu überzeugen, dass wir die Menschenverbesserung begrüßen müssen, wenn wir uns treu bleiben wollen. Das ist eine Frage der persönlichen Überzeugung, die man entweder teilt oder nicht.[666]

Es bleibt folglich festzustellen, dass ein Rückgriff auf ein bestimmtes Verständnis der Natur des Menschen allein eben nicht ohne nachvollziehbare Begründung einen

---

663 Siep 2005, 172.

664 Hübner 2014, 32. Er verweist auf eine detaillierte Auseinandersetzung Birnbachers mit dem metaethischen naturalistischen Fehlschluss und inwiefern er bei unterschiedlichen Natürlichkeitsargumenten nachweisbar sei; vgl. hierzu Birnbacher 2006, 149–156.

665 Wie bereits in der Menschenwürdediskussion dargelegt worden ist, birgt es Schwierigkeiten, ein auf einem bestimmten Menschenverständnis ruhendes Urteil für eine nachvollziehbare und verallgemeinerbare ethische Bewertung heranzuziehen, vgl. S. 120 dieses Buches.

666 Hauskeller 2009, 174–175.

so hohen normativen Stellenwert erlangen kann, um kategorisch einen speziell therapeutischen Eingriff zu verbieten. Stellenweise wird jedoch die Auslassung einer eben solchen Begründung beklagt.[667] Fukuyama ist dennoch einer derer, die sich bemühen, die Unantastbarkeit des natürlich Entstandenen nicht unerklärt zu lassen und begründet sie unter anderem mit dem schon eingangs erwähnten Respekt vor einer gewissen Weisheit der Evolution. Unter einer solchen Herleitung scheint es angebracht zu sein, Abstand zu nehmen von der schwierig nachvollziehbar zu belegenden Annahme, das Genom des Menschen habe einen primären Wert und sei daher schützenswert, und sich der Fragestellung zuzuwenden, wieso speziell das Attribut des durch die Evolution Entstandenen das Wertvolle an des Menschen Genen sein könnte. Er schreibt folgendes:

> Es gibt gute und vernünftige Gründe, die natürliche Ordnung der Dinge zu achten und nicht zu meinen, die Menschen könnten diese durch gelegentliche Eingriffe ohne weiteres verbessern. Das hat sich im Hinblick auf die Umwelt erwiesen: Ökosysteme sind stets ein zusammenhängendes Ganzes, dessen Komplexität wir meist nicht begreifen; der Bau eines Staudamms oder die Einführung einer agrarischen Monokultur in einer bestimmten Gegend stört verborgene Zusammenhänge und vernichtet das Gleichgewicht des Systems in völlig unerwarteter Weise.[668]

Dieses Zitat kann als repräsentativ erachtet werden für diese Art der Begründung. Sie ist verwandt mit dem Charakter der unter den pragmatischen Argumenten geführten Risikoargumentation des ungewussten Nichtwissens und verweist auf unvorhersehbare Folgen vermeintlich gut überschaubarer, einzelner Eingriffe in das komplexe und nach wie vor in seiner Funktionsweise naturwissenschaftlich nicht vollständig verstandene Genom und Epigenom des Menschen.[669] Fukuyama führt an anderer Stelle aus, dass die Gefahren der Genmanipulation noch viel größer seien als beispielsweise die des Klonens, angesichts der mannigfaltigen Zusammenhänge von Geno- und Phänotyp.

> Das Gesetz der unbeabsichtigten Folgen würde hier in höchstem Maße zur Geltung kommen: Ein Gen, das sich gegen eine bestimmte Krankheitsgefahr auswirkt, kann sekundäre oder tertiäre Konsequenzen haben, die zu dem Zeitpunkt unbekannt sind, da das Gen „umgebaut" wird; sie zeigen sich möglicherweise erst Jahre oder gar eine Generation später.[670]

---

667 „Obwohl Kass, Sandel und Fukuyama betonen, wie wichtig es ist, das Besondere des Menschen zu schützen und anzuerkennen, verpassen alle drei die Gelegenheit, zu erklären, worum es sich bei dieser besonderen Eigenschaft handelt", Clarke und Roache 2009, 58.
668 Fukuyama 2004, 142.
669 Vgl. Höhn 2000, 52; vgl. auch 3.3.2.2, S. 147 ff dieses Buches.
670 Fukuyama 2004, 117.

Tatsächlich gibt es, wie schon im naturwissenschaftlichen Teil beschrieben, scheinbar nachteilige Mutationen, die sich sekundär als vorteilhaft in anderen Situationen erweisen, wie das Beispiel der in ehemaligen Malaria-Endemiegebieten gehäuft auftretenden genetisch bedingten Sichelzellanämie zeigt, die ihre Träger vor der gefährlichen Ausprägung der Malaria schützt.[671] Hierzu zählt etwa auch der Zusammenhang zwischen einer Mutation im CCR5-Gen und dem West-Nil-Virus. Eine homozygote Mutation im CCR5-Gen, welches einen Rezeptor kodiert, den das HI-Virus zum Eintritt in die Zelle benötigt, sorgt für eine HI-Virus-Resistenz. Massiv erhöht hingegen ist bei dieser Mutation jedoch die Anfälligkeit für eine Infektion mit dem West-Nil-Virus.[672] Diese Beispiele stellen keine Einzelphänomene dar und in Anbetracht der vielen noch unverstandenen Verhältnisse und Interaktionen des Genoms mit epigenetischen Faktoren und der Umwelt, ist die Entdeckung weiterer solcher Zusammenhänge hochwahrscheinlich; ob jedoch jemals alle dieser teils komplexen Abhängigkeiten aufgeklärt werden können, bleibt zu bezweifeln.[673] Auch Holger Höhn schreibt bezüglich seiner Überlegungen zu indirekter und direkter Genmanipulation des Menschen:

> Der Mensch ist das Ergebnis einer unendlich langen Evolution […]. Jede über die natürlichen Mutationsraten hinausgehende „Beschleunigung" der Evolution, etwa durch direkte Genmanipulation, würde die in jahrmillionenlangen Zeiträumen gewachsene Harmonie der biologischen Grundstruktur des Menschen gefährden.
> Kritiker dieser Argumentation führen an, daß der Mensch nun beileibe nicht die optimalste Lebensform darstelle. Die Persistenz seiner atavistischen Stammhirnfunktionen, seine zahlreichen Krankheiten und letztlich seine Sterblichkeit seien deutliche Imperfektionen der biologischen Konstruktion des Menschen, deren Korrektur doch als ein lohnendes Ziel gentechnologischer Grundlagenforschung angesehen werden müsse. Hierzu ist zu sagen, daß es auch in der belebten Natur kein „free lunch" gibt und das aus energetischen Gründen auch nicht geben kann. Jede Veränderung der Konstruktion eines Organs oder einer Spezies hat ihren Preis, solange sie unter den auf der Erde gegebenen Umweltbedingungen abläuft. Dieser Preis besteht in der (überwiegend schädlichen) Rückwirkung auf andere Organsysteme oder Lebewesen.[674]

Hier wird ein weiteres Mal auf ein ebenfalls zu der Besprechung des ungewussten Nichtwissens gehöriges Phänomen verwiesen: So etwas wie „free lunch" scheint es in der Natur nicht zu geben. Und selbst augenscheinliche Verbesserungen der Fähigkeit eines Menschen können negative Rückwirkungen auf andere Fähigkeiten haben, wie beispielhaft der Fall des Gedächtniskünstlers Solomon Shereshevskii zeigt, dessen enorme Gedächtnisleistung die Wahrnehmung und Entwicklung etlicher anderer Fähigkeiten einschränkte.[675] Insbesondere in der Diskussion um Enhancement, also den

---

671 Vgl. S. 41, FN 188 dieses Buches.
672 Vgl. Lim et al. 2008.
673 Vgl. 3.3.2.2, S. 147 ff dieses Buches.
674 Höhn 2000, 45.
675 Vgl. S. 183 dieses Buches.

Menschen optimierende Maßnahmen, wird auf diese unbekannten Abhängigkeiten und Wechselwirkungen verwiesen, die jedoch ebenso bei der Therapie von Krankheiten eine Rolle spielen können. Auch das Verändern einzelner Gene, auch punktuelle Manipulationen könnten in einem derart komplex entwickelten System ungeahnte Nebenwirkungen verursachen.

Letztlich muss jedoch festgestellt werden, dass ein intrinsisch normativer Wert des Natürlichen und im Speziellen der genetischen Konstitution des Menschen nicht allgemein nachvollziehbar darzulegen ist.[676] Nach dieser Feststellung ist das Feld der Natürlichkeitsargumentation aber noch nicht erschöpft; es werden in der Literatur über die biologische Beschaffenheit des Menschen hinausgehende Interpretationen der Natur des Menschen diskutiert. Heyd kommt zu dem Schluss, dass „der Widerstand gegen das Herumpfuschen an der menschlichen Natur" über die Argumente der Sakrosanktheit seiner Gene hinausgehe.[677] Er macht dies an einem Vergleich zu anderen in ihrer gentechnischen Natur veränderten Organismen unserer Welt, wie beispielsweise Rosen, fest und folgert, dass die menschliche Natur „paradoxerweise genau deswegen heiliger als Blumen" sei, „weil die Menschen nicht bloß Teil der Natur sind!"[678] Konzepte dieser über die Natur des Menschen als seine biologische Ausstattung hinausgehende Interpretationen verweisen auf dem Menschen besondere, inhärente oder auszeichnende Fähigkeiten und Merkmale; Bayertz bietet diesbezüglich an, dass man das menschliche „Wesen'" als *Teil* der menschlichen Natur betrachten könne; „rationales Denken, intentionales Handeln und Moral sind dann gerade das, was die spezifisch *menschliche* ‚Natur' ausmacht."[679] Heyd schreibt von „dem Vermögen des freien Willens, der Existenz einer Seele, der Sprachfähigkeit oder der Fähigkeit ein kontemplatives Leben zu führen".[680] Ganz besonders die Ausübung von Kultur wird immer wieder als *das* wesentliche menschliche Merkmal benannt und Dietmar Hübner verweist auf eine lange philosophische Tradition, die kulturelle Betätigung des Menschen als dessen *zweite Natur*, im Unterschied zu seiner ersten, biologischen, zu bezeichnen.[681] Auch Birnbacher beruft sich auf den Menschen als „ein Kulturwesen, und Kultur zielt nicht nur auf die Überwindung von Zufall und naturgegebenen Mängeln, sondern auch auf eine die natürlichen Vor-

---

676 Dies jedenfalls nicht ohne Rekurs auf einen primären Wert der Natur, der wiederum nicht für alle nachvollziehbar sein muss, vgl. S. 131, FN 664.
677 Heyd 2005, 63.
678 Heyd 2005, 63; letztlich sei daraus zu schließen, „dass die Verletzung der Natur von Rosen durch genetische Manipulation größer ist als entsprechende Verletzungen der ‚menschlichen Natur', da nur Menschen eine ‚Natur' haben, die für Änderungen durch genetische Eingriffe nicht empfänglich ist", Heyd 2005, 64.
679 Bayertz 2005, 18.
680 Heyd 2005, 64.
681 Vgl. Hübner 2014, 33

gaben überbietende Selbstgestaltung."[682] In dieser Formulierung steckt das Motiv des Menschen als Mängelwesen, wie ihn schon Arnold Gehlen charakterisiert hat.

> Der Grundgedanke ist der, daß die sämtlichen „Mängel" der menschlichen Konstitution, welche unter natürlichen, sozusagen tierischen Bedingungen eine höchste Belastung seiner Lebensfähigkeit darstellen, vom Menschen selbsttätig und handelnd gerade zu Mitteln seiner Existenz gemacht werden, worin die Bestimmung des Menschen zu Handlung und seine unvergleichliche Sonderstellung zuletzt beruhen.[683]

Weil des Menschen biologische Ausstattung ihn in einer natürlichen Umwelt anderen Tieren gegenüber benachteiligt lässt, sei er darauf angewiesen, mangels seiner Fähigkeit zur biologischen Anpassung, die Natur durch Kultur und Technik an sich anzupassen.[684] Dabei habe sich die Idee der Vervollkommnung des Menschen mit Aufkommen eines mechanistischen Weltbildes in der frühen Neuzeit wesentlich verändert, stellt Bettina Kratz fest:

> Es erschien nun in zunehmenden Maße die Perfektion dieser „Konstruktion" Mensch erstrebenswert, während in vormechanistischem Denken eine sittliche Vervollkommnung in unterschiedlichen Spielarten angestrebt wurde. Mit diesem Wandel einhergehend ist die zunehmende Orientierung des Menschen an einem von ihm selbst gemachten „Optimum seiner selbst" – der Gerätewelt. [...] Es scheint, als könnten wir nur noch eine negative, durch Mängel gegenüber der Gerätewelt begründete Sonderstellung des Menschen ausmachen, die technisch behoben werden müsse.[685]

Eine Kategorie dieser Technik stellt die sog. Anthropotechnik[686] dar, die zu nutzen nach Ansicht der Befürworter einer solchen auch in Gestalt einer Keimbahnintervention, wie Hübner reflektiert, die Bestimmung des Menschen als Kulturwesen geradezu bekräftige.[687] Heyd schreibt, dass solange ein gentechnischer Eingriff nicht die Eigenschaften berühre, die die eigentliche Natur des Menschen ausmachen,[688] sei dieser immun gegenüber kritischen Argumenten, die sich auf die menschliche Natur beru-

---

682 Birnbacher 2006, 96.

683 Gehlen 1997, 37.

684 Ähnlich auch bei Birnbacher 2006, 95; auch Kant hat schon auf die spärliche biologische Ausstattung des Menschen verwiesen, vgl. Kant 1784, Dritter Satz; vgl. auch Hübner 2014, 43.

685 Kratz 1989, 146–147.

686 Anthropotechniken lassen sich beschreiben als das „Tableau der menschlichen ‚Arbeiten an sich selbst'", Sloterdijk 2009, 23. Folglich ist sie eine Technik, die den Menschen selbst zum Gegenstand dieser macht; es sind hierunter Maßnahmen zur Änderung der genetischen Konstitution des Menschen ebenso zu verstehen wie Verfahren zur Gestaltung, Bildung, Erziehung, Sozialisation und Zivilisierung des Menschen, vgl. Klug 2010, 18.

687 Vgl. Hübner 2014, 33.

688 Die er als bereits zitierte Fähigkeiten interpretiert, vgl. S. 134, FN 680 dieses Buches.

fen.[689] Unter diesem Aspekt argumentieren die Verteidiger sowohl therapeutischer als auch optimierender Keimbahneingriffe, dass nicht nur eine Verletzung der ersten Natur des Menschen nicht nachgewiesen bzw. deren normative Bedeutung nicht plausibel gemacht werden könne, sondern dass es sogar seine zweite, die wesentliche Natur, nämlich mangels biologischer Attribute der Umwelt mit aus seiner Kultur hervorgegangenen Mitteln entgegenzutreten, regelrecht *verlange*, dass er auch seine genetische Ausstattung gemäß seiner neuen technischen Möglichkeiten anpasse und womöglich verbessere. Dieser Schlussfolgerung ist nicht nur der schon erläuterte Aspekt der Unüberschaubarkeit der Folgen von Eingriffen in derart komplexe Systeme, wie das des menschlichen Genoms, entgegenzubringen – schließlich bedeutet die Eröffnung einer neuen technischen Möglichkeit nicht gleichsam die Offenbarung aller damit verbundenen Konsequenzen – sondern auch die Frage, ob nicht eventuell sogar ein Widerspruch zwischen der Deutung des Menschen als Kulturwesen und der scheinbar konsequenten Nutzung der Technik zur Umgestaltung ausgerechnet seiner Biologie besteht. Hübner widmet sich genau diesem Gesichtspunkt und bringt ihn folgendermaßen auf den Punkt:

> Wenn Menschen Schwierigkeiten zu bewältigen haben – wenn sie durch wilde Tiere bedroht werden, wenn sie unzureichende Nahrung vorfinden, wenn sie von kalter Witterung heimgesucht werden –, dann liegt ihre spezifisch menschliche Antwort darin, kultürliche Mittel zur Verbesserung ihrer Lage zu erfinden und einzusetzen, etwa Waffen zu bauen, Jagdformen zu entwickeln oder Kleidung anzufertigen. Es gehört nicht zum menschlichen Wesen – im Sinne der zweiten, definierenden Natur des Menschen als Kulturwesen –, schnellere Beine, schärfere Krallen oder ein dichteres Fell auszubilden, und zwar weder auf dem unbewussten Weg natürlicher evolutiver Veränderung noch durch den bewussten Einsatz von seinerseits kultürlichen Mitteln. Solch eine biologische Anpassung würde in der Tat einen Verlust des Humanen bedeuten, aber nicht in dem Sinne, dass hierdurch eine *nicht artgemäße Substanz* entstünde, ein Einzelwesen oder eine Spezies jenseits der Gattung *homo sapiens*. Vielmehr würde hiermit eine *nicht wesensgemäße Replik* erfolgen, eine Bewältigung von Problemen durch körperliche oder mentale Ausstattung statt durch Kooperation und Technik, wie es die *humane Lebensform* eigentlich ausmacht.[690]

Es sei Hübner und seinem so bezeichneten *Kultürlichkeitsargument* nach nicht die Änderung der ersten, sondern der Verlust der zweiten Natur des Menschen, der das normativ Brisante darstelle. „Der Mensch *wird nicht zum Nichtmenschen*, weil er die Vorgaben seiner biologisch-naturalen Ausstattung verändert. Aber *er agiert als Nichtmensch*, wenn er mit dieser manipulierten Ausstattung seine Existenz be-

---

689 Vgl. Heyd 2005, 63.
690 Hübner 2014, 35.

streitet."[691] In seinem Abschlusswort macht er klar, dass auch dieses „Kultürlich-keit-statt-Natürlichkeit-Argument" nicht in jedem Einzelfall ausschlaggebend sein müsse. Insbesondere bei medizinisch therapeutischer Intention sei eine in die menschliche Biologie eingreifende Anthropotechnik, demnach auch Keimbahn-therapie, denkbar. Es scheint jedoch umso mehr Bedeutung zu erlangen, je eher die Intervention Enhancement statt Therapie zum Ziel hat. In der Tat stellt es im Falle einer *Aufrüstung* des Menschen eine plausible Gegenfrage zu dem Argument dar, welches auf der Notwendigkeit des Menschen zur kulturellen, d. h. technischen Antwort auf seine natürliche Umwelt und die sich ihm bietenden Widrigkeiten, gründet. Weshalb gerade ein so beschriebener Mensch sich – seiner als Kulturwesen definierten Natur zum Widerspruch – die eben *nicht* zur Bewältigung seiner Auf-gaben wesentliche biologische Natur anpassen sollte, kann man sich insbesondere in Anbetracht der Möglichkeit von Alternativen fragen. Eine Keimbahntherapie kann in vielerlei Hinsicht mehr der Reproduktionsmedizin, denn einer klassischen The-rapie zugeordnet werden.[692] Es stehen einem Paar mit genetischer Disposition für eine Erbkrankheit jedoch auch andere Optionen offen, wie beispielsweise die PID mit folgendem selektivem Embryonentransfer. Dieses Verfahren ist zweifelsohne ei-gens moralisch fragwürdig und ruft in einigen Aspekten ähnliche ethische Bedenken hervor wie der Keimbahneingriff selbst. Doch davon abgesehen, dass sich hinsicht-lich der Tiefe dieser Verfahren im Vergleich auch deutliche Unterschiede feststellen lassen, bleibt eine weitere Alternative auch immer der Verzicht auf genetisch eigenen Nachwuchs. Für die ausführliche Besprechung dieser Aspekte sei auf das folgende Kapitel über die pragmatischen Argumente verwiesen; an dieser Stelle dient die Dar-stellung der Alternativen dennoch der Feststellung, dass es durchaus der Menschen als Kulturwesen definierenden Natur näher stehen könnte, kulturtechnische Verfah-ren anzuwenden, als Anthropotechnik. Dies vermag kein kategorisches Verbot von Eingriffen in die menschliche Keimbahn unter Berufung auf die Verletzung seiner Natur zu begründen, aber es stellt dennoch kritisch die Argumentationsweise der Befürworter der Keimbahnintervention, die sich auf des Menschen Natur als Kultur-wesen beziehen, in Zweifel.

Dass, obwohl die zurückweisenden Argumente – wie das des naturalistischen Fehlschlusses oder der Feststellung, dass sich ein primär normativer Wert des na-türlich Entstandenen kaum plausibel darlegen lässt – bekannt sind, und obwohl an mancher Stelle eher andere Befürchtungen – wie die Verteilungsgerechtigkeit oder Dammbruchszenarien betreffend – der ursächliche Grund für die ablehnende Hal-tung sind, in der Literatur immer wieder auf diese Natürlichkeitsargumente zu treffen

---

691 Hübner 2014, 52; auch Michael Sandel greift diesen Punkt auf: „Aber unsere Natur zu verändern, damit sie in die Welt passt, und nicht umgekehrt, ist in der Tat die tiefste Form der Entmachtung", Sandel 2015, 118.
692 Vgl. S. 84, FN 410, FN 411 dieses Buches.

ist, kann einen Hinweis darauf darstellen, dass es letztlich um ein *intuitives Gefühl* gehen könnte, dem in Form von kategorischen Argumentationen Ausdruck verliehen wird. Wie schon Birnbacher zu den Begründungsversuchen eines Verbots der Keimbahntherapie wegen einer mutmaßlichen Verletzung der menschlichen Würde festgestellt hat, kann sich hinter solch einem Argument auch eine Verletzung von *Gefühlen Dritter* verbergen, welche diese nicht anders auszudrücken vermögen.[693] Kass äußert sich diesbezüglich: „It is difficult to put this disquiet into words. We are in an area where initial repugnances are hard to translate into sound moral arguments."[694] Michael Sandel drückt es folgendermaßen aus:

> Die meisten Menschen finden mindestens einige Formen der genetischen Zurichtung beunruhigend. Aber es ist nicht einfach, den Ursprung unserer Beunruhigung in Worte zu fassen. Die gewohnten Begriffe des moralischen und politischen Diskurses gestatten es nur mit Mühe, auf den Punkt zu bringen, was daran falsch ist, unsere Natur neu zu arrangieren.[695]

Die Schwierigkeit, dieses Gefühl auf den Punkt zu bringen, so verstehen es Stephen Clarke und Rebecca Roache, sei darin begründet, dass sich das Unbehagen der Autoren jedenfalls teilweise auf Intuitionen zurückführen lasse.[696] Und Intuitionen stellen in der Tat eine weitere Facette von Begründungsversuchen innerhalb der Natürlichkeitsargumentation gegen die Manipulation der menschlichen Keimbahn dar. Vergleichbar mit dem unter den religiösen Argumenten besprochenen Glaubensinstinkt, mit dessen Hilfe man intuitiv wissen könne, was *richtig* sei, der sich einer rationalen Analyse aber entziehe,[697] schreibt beispielsweise Kass von der *Weisheit der Abscheu*.[698] Diese beschreibt er als ein intuitives Wissen zu ethischen Entscheidungen, insbesondere im Rahmen der Bewertung der Möglichkeit des Klonens menschlicher Individuen, und spricht ihr einen hohen Wert, wenn nicht sogar den entscheidenden Wert zu.[699] Dem Vorwurf, es könne kein Argument geltend gemacht werden, das sich nicht analytisch und rational begründen lasse,[700] entgegnet er, dass diese Weisheit der Abscheu einer analytischen Herangehensweise zur Hinterfragung gar nicht zugänglich[701] und diese letztlich auch nicht nötig – sogar falsch sei:

> Can anyone really give an argument fully adequate to the horror which is father-daughter incest (even with consent), or having sex with animals, or mutilating a corpse, or eating human flesh or

---

693 Vgl. S. 120 dieses Buches.
694 Kass 2003a, 17.
695 Sandel 2015, 27.
696 Vgl. Clarke und Roache 2009, 57.
697 Vgl. S. 94 f dieses Buches.
698 Vgl. Kass 1997.
699 Vgl. Kass 1997, 20.
700 Vgl. ähnlich bei Clarke und Roache 2009, 63.
701 Vgl. Kass 2004, 153.

even just (just!) raping or murdering another human being? Would anybody's failure to give full rational justification for his or her revulsion at these practices make that revulsion ethically suspect? Not at all. On the contrary, we are suspicious of those who think that they can rationalize away our horror, say, by trying to explain the enormity of incest with arguments only about the genetic risks of inbreeding.[702]

Dieses von Arthur Caplan auch als Yuk-Factor[703] bezeichnete Phänomen des guten oder schlechten *Bauchgefühls*, der *Intuition*, ruft kontroverse Meinungen hervor. Einerseits bestehen Autoren wie Kass darauf, dass Ekel oder Abscheu möglicherweise die letzte Stimme darstellen, die für die Verteidigung des zentralen Kerns des Menschlichen spricht, andererseits stehen Philosophen wie Peter Singer für die Ansicht ein, dass Gefühle und Intuitionen letztendlich keine Bedeutung für ethische Entscheidungen haben *dürfen*. Die Mehrheit der Stimmen ist jedoch zwischen diesen beiden Polen gelegen und sucht die Versöhnung von Intuition und Ratio.[704] Das von Rawls als „reflective equilibrium"[705] bezeichnete Vorgehen soll genau diese Annäherung umsetzen und neue sowie bereits bestehende Ansichten und Urteile, Intuitionen und Beobachtungen andauernder Revision und Wiederherstellung unterziehen, um letztlich ein kohärentes Set an Überzeugungen zu erhalten. Nach dieser Methode soll ein reflektiertes Gleichgewicht entstehen (im Deutschen wird der Begriff *Überlegungsgleichgewicht* gebraucht)[706], welches in seiner Gesamtheit als moralisches Urteil und Antwort auf ethische Fragen herangezogen werden könne.[707] Singer kritisiert hieran, dass „the model of reflective equilibrium [...] appears to rule out such an answer, because it assumes that our moral institutions are some kind of data from which we can learn what we ought to do."[708] Doch wie Stephen Clarke hierzu vermerkt, sei die Vorstellung von intuitiven Gefühlen als Überbringer von Daten gar nicht so weit her geholt. In der Tat handele es sich bei Intuitionen um Übermittler unbewusster Informationen an den bewussten Teil des Verstandes, die sich entwickelt haben, um bei Entscheidungen als Hilfe zu dienen.[709] Diesen Aspekt der moralischen Intuitionen nicht prinzipiell leugnend, macht Singer darauf aufmerksam, dass sich die unmittelbaren, emotional basierten Reaktionen entwickelt haben, als der Mensch noch in wesentlich kleineren sozialen Gruppen lebte, wobei sich die Entscheidungsfelder und

---

702 Kass 1997, 20; ähnlich wieder in Kass 2004, 150. „In this age in which everything is held to be permissible so long as it is freely done, and in which our bodies are regarded as mere instruments of our autonomous rational will, revulsion may be the only voice left that speaks up to defend the central core of our humanity."
703 Vgl. Schmitt 2008.
704 Vgl. Clarke und Roache 2009, 67.
705 Rawls 2005, 20.
706 Clarke und Roache 2009, 67.
707 Vgl. Daniels 2016.
708 Singer 2005, 346.
709 Vgl. Clarke und Roache 2009, 69.

Herausforderungen geändert haben. Die intuitiven Gefühle passten schlichtweg nicht auf heutige, moderne Entscheidungsfragen, da die Umstände und der Kontext ihrer Entstehung vollkommen andere waren, als die, in denen der Mensch sich heute befinde. Zur Beantwortung und Bewältigung ethisch zweifelhafter Fragestellungen müsse der heutige Mensch andere Prinzipien nutzen, vordergründig den Verstand und die Vernunft, um eine Situation als moralisch gut oder schlecht zu bewerten.[710] Singer weist somit die Brauchbarkeit von intuitiven Gefühlen nahezu absolut zurück und dies nicht zuletzt wegen der Gefahr, dass Bauchgefühle auch in eine falsche Richtung lenken können, nämlich insbesondere dann, wenn die ursprünglich für eine Reaktion ursächliche Situation nun eine andere sei und dennoch *unvernünftiger Weise* das gleiche ablehnende Gefühl hervorrufe.[711]

Schaut man sich die von Kass genannten Situationen an, in denen die Intuition uns anleite, moralisch richtig von falsch zu trennen, so fällt auf, dass einige davon durchaus eine vernünftige Entscheidung begründen können. Dass Menschen allgemein eine Abneigung gegen Inzest empfinden, kann beispielsweise mit dem evolutionären Nachteil von Nachfahren mit inzuchtbedingten Erbkrankheiten erklärt werden.[712] Verzichte man aber aus Vernunftgründen auf Nachwuchs in einer interfamiliären Paarbeziehung, bleibe bei vielen Menschen die Abscheu bestehen, obwohl der rationale Grund dafür wegfiele.[713] Jonathan Haidt macht zudem auf die kulturellen und sozialen Einflüsse auf Intuitionen aufmerksam, die eine große Bandbreite von vorstellbaren moralischen Urteilen ermögliche, die wiederum nicht von allen geteilt werden.[714] In dieser Hinsicht wird auch Kass kritisiert, der fälschlicherweise voraussetze, dass nahezu alle Menschen eine Abneigung in diesem Fall gegen das Klonen empfänden. Dies entspräche aber nicht der Realität.[715]

Intuitionen aufgrund dieser Einwände jedoch vollkommen zu verwerfen, wie es beispielsweise Singer vorschlägt, erscheint zu radikal. Dies nicht nur aufgrund der Tatsache, dass einige Intuitionen sich durchaus mit vernunftbasierten Erklärungen begründen lassen, sondern insbesondere, weil das Phänomen dieser schwierig in Worte und rationale Argumente zu fassenden Gefühle der Ablehnung bei jedenfalls vielen, wenngleich nicht allen, *existent* ist. Der grundsätzliche Vorzug der Bauchentscheidung vor einer rationalen Abwägung, wie Kass im Glauben an die *Weisheit der Abscheu* befürwortet, muss in Anbetracht der Ausführungen zu möglicherweise *überholten*, evolutionär bedingten, doch letztlich rational zu „enttarnenden" Intuitionen ebenso in Zweifel gestellt werden, wie die generelle Ablehnung. Ein Modell wie das

---

710 Singer 2005, 347–348.
711 Vgl. Singer 2005, 338.
712 Vgl. Clarke und Roache 2009, 69.
713 Vgl. Clarke und Roache 2009, 70.
714 Vgl. Haidt 2001.
715 Vgl. Clarke und Roache 2009, 59.

des Überlegungsgleichgewichts scheint hier den angemessenen Kompromiss darzustellen, der in ständiger Neubetrachtung und Reevaluation der Bedingungen und Beobachtungen von Intuitionen sowie Vernunft basierten Erkenntnissen eine Entscheidung zu finden sucht, die rational nachvollziehbar ist und dennoch die Bauchgefühle nicht unberücksichtigt lässt. Für das Vorankommen des Diskurses sei es allerdings unverzichtbar, dass den Intuitionen auf den Grund gegangen werde. Die schlichtweg unbegründbare Ablehnung als alleinige Grundlage für eine moralische Entscheidung heranzuziehen, kann schon wegen der besagten kulturellen und sozialen Einflüsse auf derartige Bauchgefühle nicht als vertretbar gelten. Dass manche Menschen beispielsweise nach wie vor Homosexualität als unmoralisch empfinden, könnte unmöglich ein allgemein gültiges ethisches Urteil begründen.[716]

Da Kass die erläuterte Position speziell hinsichtlich des Klonens artikuliert, muss an dieser Stelle ein weiteres Mal darauf verwiesen werden, dass sich diese Abscheu wohl am wenigsten gegen therapeutische Eingriffe und am stärksten gegen die Veränderung und Verbesserung von Fähigkeiten und Merkmalen des Menschen richtet. Die letztendliche Ablehnung auch therapeutischer Keimbahninterventionen resultiert insbesondere bei Kass jedoch aus der Befürchtung heraus, dass sich keine Grenze ziehen lasse zwischen Therapie und Enhancement.[717] Diese Art der Argumentation wird wie bereits verwiesen jedoch erst an späterer Stelle diskutiert.

In Zusammenschau aller erörterten Aspekte zu der Frage, ob Keimbahninterventionen einen ethisch nicht vertretbaren und daher absolut abzulehnenden Verstoß gegen die Natur des Menschen darstellen, muss ähnlich dem Fazit zur Menschenwürdeargumentation festgestellt werden, dass sich ein Verbot mit diesen kategorischen Begründungsversuchen kaum allgemein nachvollziehbar begründen lässt. So wenig plausibel wie sich ein intrinsisch normativer Wert der unberührten Biologie des Menschen darlegen lässt, kann jedoch ein generelles Gebot zur genetischen Manipulation aus der Natur des Menschen als Kulturwesen geschlussfolgert werden. Dies nicht nur unter dem Aspekt des von Hübner ausgeführten Kultürlichkeitsarguments, sondern ganz besonders wegen der *Tiefe*, der weitreichenden und eben nicht mit bisherigen technischen Eingriffen vergleichbaren Konsequenzen für die genetische Konstitution postinterventionell gezeugter Nachkommen und aller derer folgenden Nachkommen. Speziell hinsichtlich dieses Gesichtspunkts muss weiterhin parallel zu der Schlussfolgerung aus dem vergangenen Kapitel wiederholt werden, dass die Befürchtung eines drohenden Verlusts der Natur oder des Wesens des Menschen umso mehr an Plausibilität gewinnt, je weiter sich die Diskussion von therapeutischen zu optimierenden Maßnahmen hin verschiebt, wie sich im folgenden Gesamtfazit der kategorischen Argumente ebenso wie in der späteren Diskussion zeigen wird.

---

716 Vgl. Clarke und Roache 2009, 63.
717 Vgl. Kass 2003b.

3.3.1.4 Fazit

In Anbetracht aller ausgeführten kategorischen Argumente gegen Keimbahninterventionen können weder die Würde noch die Natur des Menschen im therapeutischen Szenario ohne Rückgriff auf religiöse oder andere partikulare Anschauungen als unmittelbar bedroht betrachtet werden. Insbesondere, da diese Weltanschauungen und religiösen Ansichten, wie erläutert, wegen ihrer Vielfalt nicht oder nur sehr bedingt die Grundlage für ein allgemein nachvollziehbar ethisches Gesamturteil bilden dürfen. Doch einigen Philosophen wie etwa Ranisch und Savulescu zufolge sei auch die optimierende Manipulation der Gene zur naturwissenschaftlich bisher kontrafaktischen Möglichkeit der Steigerung menschlicher Fähigkeiten wie Intelligenz, Schlafbedürfnis oder die Beeinflussung des Alterungsprozesses im Sinne der Natur des Menschen als technisches Wesen erlaubt, wenn nicht sogar geboten.[718] Wenn jedoch Heyd schreibt, dass die Gentechnologie nur immun gegenüber kritischen Argumenten sei, die sich auf die menschliche Natur berufen, insofern sie „die Kräfte und Eigenschaften nicht berührt", die diese ausmachen,[719] dann darf sehr wohl bezweifelt werden, ob das Wesen des Menschen durch Enhancement nicht doch in nicht vertretbarer Weise verändert würde. Hier kommen beispielsweise der Aspekt der möglicherweise unüberschaubaren Neben- und Wechselwirkungen eines Eingriffs in das Genom und die Gesichtspunkte des Nichtwissens ins Spiel. Sie könnten, wie in der Risikoargumentation aufgezeigt wird,[720] nahelegen, dass über die technischen Risiken hinausgehende, unvorhersehbare und nicht auszuschließende Gefahren von Eingriffen in derart komplex und über lange Zeit entwickelte Systeme, wie die menschliche Biologie es ist, existieren. Diese könnten zum einen darin bestehen, Menschen mit unzulässiger Veränderung ihrer *ersten Natur* hervorzubringen. Unzulässig beispielsweise, weil im Sinne eines *no free lunch*[721] eine den Menschen auszeichnende Fähigkeit zugunsten einer anderen eingeschränkt werden oder verloren gehen könnte. Unzulässig möglicherweise aber auch im Habermas'schen Sinne, weil Enhancement-Maßnahmen – eher als therapeutische – eine Änderung der biologischen Natur bedeuten könnten, die zu einer gestörten Selbstwahrnehmung führen und damit einhergehend zu eingeschränkter Selbstbestimmtheit führen könnten. Zum anderen könnten diese Gefahren aber auch darin bestehen, dass Menschen gezeugt würden, deren *zweite Natur* im Hübner'schen Sinne so verändert würde, dass sie als Nicht-Menschen agierten. Den Widrigkeiten des Lebens zu begegnen mit der Aufbesserung seiner biologischen Ausstattung, widerspricht dem Kultürlichkeitsargument zufolge

---

718 Ranisch und Savulescu 2009, 22.
719 Nämlich ihm zufolge das „Vermögen des freien Willens, [...] Sprachfähigkeit, [...] oder [...] ein kontemplatives Leben zu führen", Heyd 2005, 64, vgl. auch S. 134, FN 680 dieses Buches.
720 Vgl. 3.3.2.2, S. 147 ff dieses Buches.
721 Vgl. S. 133 dieses Buches.

der zweiten Natur des Menschen, seinem Kulturwesen, und dies ganz besonders im Hinblick auf Enhancement.[722]

Nicht zuletzt darf antizipiert werden, dass sich sowohl die als eher pragmatisch und gesellschaftspolitisch einzuordnenden Argumente, wie das mögliche Risiko von Stigmatisierung und Verteilungsungerechtigkeit, als auch die intuitiven Abneigungen, bei Enhancement-Maßnahmen bedeutsamer als bei therapeutischen präsentieren werden. Und allein die Tatsache, dass sie weniger die kategorischen Argumente begründen, als eigens zu diskutierende Einwände darstellen, kann nicht bedeuten, dass sie nicht plausibel sind. Sie müssen lediglich an anderer Stelle ausgeführt werden.

Schlussendlich kann jedoch eine kategorisch ethische Ablehnung zumindest therapeutischer Keimbahninterventionen mit Bezug auf die Menschenwürde oder die Natur des Menschen im Sinne einer allgemein nachvollziehbaren, von partikularen Ansichten weitgehend unabhängigen Urteilsbildung nicht hergeleitet werden.

3.3.2 Pragmatische Argumente

Im Gegensatz zu den kategorischen Argumenten, die die Natur des Eingriffs an sich betreffen und keiner Abwägung zugänglich sind, stützen sich die pragmatischen Argumente auf eine ebensolche Abwägung. Statt mit apodiktischen Begründungen einen Keimbahneingriff für geboten zu halten oder verbieten zu wollen, wird unter dem pragmatischen Argumentationstypus nach *Bedingungen* gesucht, unter denen ein Eingriff zulässig oder unzulässig sein könnte.[723] Soll die Zulässigkeit einer Keimbahntherapie anhand solcher Gründe und Abwägungen geprüft werden, bietet sich folglich eine Risiko-Nutzen-Evaluation an. Die für diese Erhebung unerlässlichen Elemente des denkbaren Nutzens – wobei unter anderem herauszuarbeiten sein wird, *wem* dieser mögliche Nutzen zugutekommen könnte – und eine Abschätzung der aktuell bestehenden und möglicherweise weiterhin bestehenden Risiken eines Eingriffs in die menschliche Keimbahn sind Bestandteile dieses Kapitels. In den folgenden Unterkapiteln wird unter anderem der medizinische Nutzen sowie die schon im vorangegangenen Themenkomplex an mancher Stelle angeklungene Annahme, dass es eine, die positive Risiko-Nutzen-Abwägung vorausgesetzt, ärztliche Verpflichtung zur therapeutischen Keimbahnintervention gebe, geprüft. Weiterhin wird den Fragen nach der Reichweite der elterlichen Verantwortung im Sinne einer reproduktiven Frei-

---

722 Dass die Verbesserung seiner Fähigkeiten, beispielsweise Intelligenz, wiederum eingesetzt werden könne, um kulturelle Lösungen für Probleme zu entwickeln, ist Hübner bewusst, vgl. Hübner 2014, 36. Nichtsdestotrotz greift sein Argument, insofern erst die biologische Aufbesserung den Menschen zur Entwicklung neuer Technik befähigte.
723 Vgl. Bayertz und Runtenberg 1997, 110.

heit oder Gesundheit auf den Grund gegangen, die nicht selten zur Rechtfertigung einer Intervention in das Erbgut herangezogen wird. Die insbesondere technischen Risiken[724] des Verfahrens betreffenden Fragen nach der medizinischen Sicherheit der Maßnahme, die häufig als Begründung gegen eine *derzeitige* Verantwortbarkeit und für einen daraus folgenden *derzeitigen* Verzicht eines Keimbahneingriffs dargelegt werden, sind Teil der Risikoargumentation. Hierunter fällt auch die Beachtung der Aspekte des sog. ungewussten Nichtwissens. Allen vorangestellt werden soll jedoch die Betrachtung eines weiteren pragmatischen Arguments, welches sich auf Aspekte im Zusammenhang mit Forschung an Embryonen und der Zulässigkeit eines Eingriffs an nicht zustimmungsfähigen Embryonen per se bezieht.

3.3.2.1 Forschung an Embryonen für die Entwicklung der Keimbahntherapie

Ob die Frage nach dem Umgang mit Embryonen, sei es in der derzeitigen Forschungsphase oder in Bezug auf den Eingriff selbst, wie beispielsweise die notwendige mehrfache PID, überhaupt einen pragmatischen, also der Abwägung zugänglichen, Einwand darstellt, hängt maßgeblich davon ab, welcher moralische Status dem Embryo zuerkannt wird. Die Kriterien und Bewertungsmaßstäbe, die bei den Bemühungen zum Einsatz kommen, diesen Status zu bestimmen, wurden bereits im Kapitel zur Menschenwürde formuliert und ausgearbeitet.[725] Dort musste jedoch schon festgestellt werden, dass schlichtweg keine gesellschaftliche Einigkeit darüber herrscht, inwiefern und unter welchen Umständen dem Embryo absolute oder abgestufte Schutzwürdigkeit zustehen soll. Wird ihm Menschenwürde zuteil in derselben Bedeutung wie geborenen Menschen, muss das Argument kategorisch gelten, dass die für eine Entwicklung einer effektiven Keimbahntherapie notwendige Forschung an und Verwerfung von Embryonen ethisch nicht zulässig sein kann. Auch die Enquete-Kommission „Chancen und Risiken der Gentechnologie" bewertet die Produktion von Embryonen nicht nur im Hinblick auf das eigentliche Experiment und Verwerfung, sondern auch hinsichtlich der für eine Überprüfung der Wirksamkeit notwendigen *in vitro* Kultivierung über viele Wochen als Instrumentalisierung des Embryos. „Damit würde menschliches Leben bloßes Mittel zum Zweck, ohne eigenen Wert."[726]

Doch wie aufgezeigt wurde, besteht hinsichtlich eben dieses absolut gültigen Schutzes im Namen der Würde des Menschen Uneinigkeit, wenngleich in Deutschland die Herstellung von Embryonen allein zu Forschungszwecken verboten ist. Auch die schon erwähnte und im Ausland bestehende Möglichkeit, an „überzähligen"[727] Embryonen zu forschen, ist bis dato hierzulande verboten – Forderungen, dieses Verbot

---

724 Argumente, die gesellschaftspolitische Risiken betreffen, werden unter 3.3.3, S. 195 ff dieses Buches behandelt.
725 Vgl. SKIP-Argumente, vgl. S. 103, FN 512 dieses Buches.
726 Deutscher Bundestag 1987, 189; vgl. dazu auch S. 102, FN 502 dieses Buches.
727 Vgl. S. 102, FN 503 dieses Buches.

aufzubrechen, werden jedoch gerade hinsichtlich der Forschung zu Keimbahninterventionen laut. Einige Mitglieder der Wissenschaftsakademie Leopoldina beispielsweise plädieren für die Verwendung von aus IVF-Behandlungen übrig gebliebenen Embryonen zu Forschungszwecken, die andernfalls verworfen würden.[728] Demnach sollen Experimente an einer „eingegrenzten Gruppe früher Embryonen ohne faktische Überlebenschance nur durchgeführt werden dürfen, wenn wissenschaftlich dargelegt werden kann, dass sie hochrangigen Forschungszielen dienen"[729], die im konkreten Fall nach Meinung der Autoren unter anderem durch die Erforschung der menschlichen Embryonalentwicklung und der Effekte und Nebeneffekte einer Keimbahnintervention repräsentiert werden.[730] An dieser Stelle darf jedoch nicht die Möglichkeit einer Embryonenadoption vergessen werden.

> Diejenigen, die den Embryo in vitro von Anfang an unter dem Schutz des Lebensrechts oder sogar der Menschenwürde sehen, befürworten die Embryospende / Embryoadoption als Möglichkeit, dem […] überzähligen Embryo in vitro die Chance einer Lebensperspektive zu geben. Diese Zulässigkeit ergibt sich allerdings nur im Sinne einer Notstandsüberlegung, da in erster Linie die Verantwortung darin besteht, die Bedingungen zu vermeiden, unter denen dieser Notstand überhaupt entsteht.[731]

Ganz abgesehen von der Problematik beispielsweise, dass sich aus einer Freigabe auch ein Druck seitens der Nachfrage bilden[732] und dieser der Verantwortung, Bedingungen zu vermeiden, unter denen „überzählige" Embryonen entstehen, entgegenwirken könnte, muss doch festgestellt werden, dass die Frage nach einer Freigabe „überzähliger" Embryonen zur Forschung deren moralischen Status an dieser Stelle nicht klären kann, sondern deren Klärung vielmehr voraussetzte.

Nicht zuletzt darf auf einen Hinweis Kathleen Nolans verwiesen werden, der speziell in der Diskussion hinsichtlich (der Erforschung) eines Keimbahneingriffs an einem Embryo interessant ist. Sie sieht einen Widerspruch in der Annahme einerseits, der Embryo sei der Patient und habe einen Anspruch auf eine Therapie, und der Notwendigkeit andererseits, für die Entwicklung dieser Therapie Forschung an eben diesen Embryonen zu betreiben und fragt: „Does it not seem awkward to argue for the development of these therapies on the basis of their clinical (i. e., individual) merit while at the same time accepting with equanimity research that involves destroying developing embryos in order to assess the effects of our interventions?"[733]

---

728 Vgl. Bonas et al. 2017, 11.
729 Bonas et al. 2017, 13; vgl. auch S. 48, FN 229 dieses Buches.
730 Vgl. Bonas et al. 2017, 7–8.
731 Deutscher Ethikrat 2016, 92.
732 Vgl. S. 102, FN 505 dieses Buches.
733 Nolan 1991, 615. Vgl. hierzu auch in Weß 1997, 60.

Auf weitere Fragen und Schwierigkeiten die mit der Benennung des Patienten einer Keimbahntherapie assoziiert sind wird im Verlauf noch eingegangen.[734] Was den moralischen Status des Embryos speziell in Bezug auf die Forschung an Embryonen betrifft, muss angesichts der erläuterten strittigen Lage auf eine weitere Ausführung verzichtet werden. Stattdessen darf noch einmal der Hinweis Düwells und Wimmers hervorgehoben werden, dass das nötige Wissen zur Entwicklung einer Keimbahntheorie auch im Ausland erarbeitet werden könnte; in diesem Fall würde sich die Frage nach den Forschungsbedingungen zur Keimbahntherapie möglicherweise auflösen.[735] „Allerdings wäre es unmoralisch, darauf zu spekulieren, dass andere dieses Mittel und die Methoden entwickeln, während man selbst die Hände ‚sauber' hält",[736] merkt Wimmer weiter an. Es scheint indes auch nicht im Interesse der Wissenschaftler des Skripts der Leopoldina zu liegen, die Forschung anderer Wissenschaftlern anderer Länder zu überlassen. Sie argumentieren, eine eng begrenzte Weiterentwicklung des geltenden Rechts ermögliche es, „dass Deutschland sich nicht nur an der entsprechenden internationalen Forschung selbst, sondern auch an der internationalen Gestaltung der (rechts-)ethischen Rahmenbedingungen dieser Forschung und damit an völlig neuen Behandlungsmöglichkeiten genetischer Erkrankungen beteiligen kann."[737] Es muss jedoch weiterhin beachtet werden, dass eine juristische Legitimation nicht gleichzusetzen wäre mit einer ethischen Legitimation. Insofern gilt für das Argument der Embryonen verbrauchenden Forschung zur Entwicklung einer Keimbahntherapie, dass sein Überzeugungsgewicht abhängig bleibt von dem moralisch nicht einheitlich bestimmten Status des Embryos.

Letztendlich aber zählt dieses Argument zu denjenigen, die theoretisch von der wissenschaftlichen Entwicklung überholt werden könnten.[738] Es kann tatsächlich nicht ausgeschlossen werden, dass eine Methode entwickelt werden könnte, die eine Verwerfung von Embryonen und eine Erfolgsselektion überflüssig machen könnten – wenngleich dieser Gedanke unter heutigem Forschungsstand sehr fern liegt.[739] Doch auch wegen der Möglichkeit, dass andere das Wissen erwerben könnten und es eines Tages zugänglich sein könnte, ohne länger auf die Forschung an Embryonen angewiesen zu sein, besteht Anlass, die ethische Bewertung der Keimbahntherapie nicht ausschließlich auf die Bedingungen ihrer Entwicklung zu reduzieren. Diese Feststellung muss nicht zur Ignoranz der Problematik führen; doch selbst wenn man

---

734 Vgl. v. a. 3.3.2.3, S. 156 ff dieses Buches.

735 Vgl. S. 111, FN 554 dieses Buches.

736 Wimmer 1991, 208.

737 Bonas et al. 2017, 13.

738 Vgl. Graumann 2006, 222.

739 Vgl. Wagner 2007, 50. Zu diesen Methoden könnte beispielsweise der Eingriff in die Gameten, also in die Eizellen oder Spermien gehören, noch bevor ein Embryo gezeugt wird, vgl. 2.3.1.2.3, S. 34 dieses Buches. Dass hiervon jedoch andere Argumente unberührt bleiben könnten, zeigen Bemühungen wie die, einzelne Keimzellen unter den Menschenwürdeschutz stellen zu wollen, vgl. ebd., S. 105, FN 519.

unter ethischen Gesichtspunkten die Entwicklung der Keimbahntherapie ablehnte, hielte man damit die Forschung an anderen Orten nicht auf. Wenn es zutrifft, dass das nötige Wissen für den effektiven Einsatz von CRISPR/Cas in der Keimbahn augenscheinlich unweigerlich erworben werden wird, muss man sich darauf einstellen, damit konfrontiert zu werden; das Argument der nicht vertretbaren Forschung an Embryonen wird dann möglicherweise nicht mehr valide bzw. von der Faktizität der Ergebnisse überholt worden sein.

Mit Blick auf die in der Literatur immer wieder so oder so ähnlich geäußerte Mahnung, dass ein Eingriff in die Keimbahn *derzeit* unter den *momentanen* technischen Bedingungen ethisch nicht vertretbar sei, könnte davon ausgegangen werden, auch das Argument der technischen Risiken werde von der Wissenschaft eingeholt werden. Es wird impliziert, dass die verfahrenstechnischen Risiken, die zum jetzigen Zeitpunkt die Intervention noch verbieten, in Zukunft vermieden oder jedenfalls ausreichend gut eingeschätzt werden können. Ob diese Prognose plausibel ist und welche Faktoren sie u. U. weniger plausibel erscheinen lassen, soll Untersuchungsgegenstand des nächsten Unterkapitels sein.

3.3.2.2 Risikoargumentation

Dass die technischen Risiken wie beispielsweise *off target*-Effekte, ungewollte Insertionen oder Deletionen, Mosaikbildung oder Translokationen[740] heute noch ein zu großes Risiko für jeglichen klinischen Einsatz am Menschen darstellen, bezweifelt derzeit keiner. Auch die längst nicht vollständig aufgeklärte Interaktion der Gene mit der Umwelt, die vielen vor allem die Epigenetik betreffenden Fragezeichen und deren noch nicht erfasste Bedeutung für das Manipulieren der menschlichen Gene in der Keimbahn stellen bis dato einsichtige Hürden dar, die einen zukunftsnahen klinischen Einsatz in die Ferne rücken lassen. Dennoch werden alle technischen Risiken immer wieder als zeitlich begrenztes Problem beschrieben, insbesondere in Anbetracht der ebenfalls zu erwähnenden technischen Fortschritte, die erzielt werden. Dass es jedoch darauf hinauslaufen könne, dass diese Hürden nicht nur *noch* nicht überwunden sind, sondern möglicherweise *niemals* überwunden werden können, auch darauf verweisen manche Teilnehmer der Diskussion. Dabei steht weniger die Vermutung im Vordergrund, dass fahrlässig oder gar mutwillig ein Eingriff zu früh zugelassen werden könne, sondern vielmehr die Befürchtung, dass dies unter einer scheinbaren, einer trügerischen Sicherheit geschehen könnte. Rehmann-Sutter hat daher die Sorge, dass zu früh eine Entwarnung gegenüber den technischen Risiken ausgesprochen werden könnte. „Dies wird nicht aus Schlamperei oder aus Unachtsamkeit der Wissenschaftler geschehen, sondern aus methodischen Schwierigkeiten heraus, in denen sich eine wissenschaftliche Sicherheitsabschätzung immer

---

740 Vgl. 2.2.3, S. 20 ff dieses Buches.

befindet."[741] Ohne Frage ist der Eingriff in die menschliche Keimbahn nicht die erste Maßnahme, die Schwierigkeiten in der Sicherheitsabschätzung aufwirft. Sie stellt aber wegen der schon mehrfach im Text beschriebenen *Tiefe* und *Reichweite*, die die Weitergabe der Manipulation an die folgenden Generationen betrifft, dennoch auch eine völlig neue medizintechnische Handlung dar, auf welche andere Sicherheitsabschätzungen nicht ohne Weiteres zu übertragen wären.

Um das Gefahrenpotential einer neuen Technik abschätzen zu können wird in manchen Bereichen auf eine Formel zurückgegriffen, nach welcher sich das Risiko (R) aus dem Produkt der Wahrscheinlichkeit (p), mit der ein Schaden als Folge einer Technik eintritt, mit der Größe des resultierenden Schadens (c) ergibt.[742] Regine Kollek weist jedoch auf die Schwierigkeit in der Tauglichkeit dieser Formel in Bezug auf die Risikoevaluation freigesetzter transgener Organismen hin: „Das Problem dieser Formel ist, daß weder Eintrittswahrscheinlichkeiten noch Schadenshöhen in biologischen Systemen einfach zu bestimmen sind."[743] Dies liege nicht an mangelndem Wissen, sondern in erster Linie an der Komplexität, die lebende Organismen und Systeme aufweisen. Konsequenzen der Veränderung einzelner Komponenten des Systems können nur bedingt vorausgesehen werden[744]. Rehmann-Sutter sieht die Schwierigkeit in dem methodischen Reduktionismus der Modellbildung, wie sie in der Forschung üblich ist. Jedes Experiment isoliere einen Naturzusammenhang aus seinem natürlichen Kontext, um dann bestimmte Aspekte der Wirkung von Eingriffen voraussagen zu können. Im Falle der Risikoanalyse werde nun aber nicht erwartet, dass die positive Wirkung einer Maßnahme auf ein System geprüft werde, sondern, dass „Aussagen gewonnen werden darüber, was in Systemen natürlicher Komplexität tatsächlich geschehen könnte – *neben* der erwünschten Wirkung."[745] Für die Risikoanalyse sei der methodische Reduktionismus vollkommen ungeeignet:

> Denn die Risiken bestehen nicht nur darin, was vom Modell aus an Nebenwirkungen erwartet werden muß, sondern darin, was in der Natur selbst geschehen *könnte*. [...] Das ist eine paradoxe Situation der Risikoforschung überhaupt: Sie muß Aussagen machen über das, was (noch) nicht gesehen werden kann. Je weniger gesehen wird, desto sicherer scheint die Einschätzung einer Technik. In der Risikoforschung herrscht daher eine teuflische Logik: Je weniger wir noch wissen, desto sicherer wähnen wir uns, obwohl wir uns tatsächlich in einem Horizont größerer Unsicherheit befinden.[746]

---

741 Rehmann-Sutter 1995b, 179.
742 R = p × c lautet die dazugehörige Formel, vgl. Kollek 1997, 125.
743 Kollek 1997, 125.
744 Vgl. Kollek 1997, 136.
745 Rehmann-Sutter 1995b, 178.
746 Rehmann-Sutter 1995b, 178–179.

Damit deutet er auf eine Problematik hin, die ein Phänomen beschreibt, dass die Erzeugung von wissenschaftlichem Wissen nicht nur einen Zugewinn von Erkenntnis über Dinge, die fortan als gewusst gelten, darstelle, sondern auch die Schaffung von Unsicherheiten und Nichtwissen bedeute. Peter Wehling schreibt in diesem Zusammenhang von der „Schattenseite der Verwissenschaftlichung".[747] Er stellt fest, dass weder die einstige Annahme einer linearen und homogenen Verwissenschaftlichung aller gesellschaftlichen Lebensbereiche, die alle anderen Wissensformen verdränge, zutreffend die tatsächliche Situation widerspiegele, noch die aktuellere Ansicht, dass in der Wissensgesellschaft die Bedeutung des Wissens zwar zu-, die der Wissenschaft selbst aber abnehme. Zum einen stelle die Wissenschaft nach wie vor diejenige gesellschaftliche Instanz dar, die „über den Wahrheitsgehalt der Wissensansprüche anderer gesellschaftlicher Akteure befindet."[748] Zum anderen bleibe es dennoch fraglich, ob die Wissenschaft diesen an sie gestellten Anspruch überhaupt erfüllen könne. Wissenschaftliches Wissen muss, um seinen Wahrheitsgehalt zu beweisen, überprüft werden. Es gebe aber Situationen, in denen eine Gesellschaft ihre normativen Vorstellungen „unter Bedingungen *ungewissen* oder *gänzlich fehlenden* Wissens"[749] in Frage stellen müsse. Als Beispiel nennt er die Forschung an embryonalen Stammzellen, für die, ohne dass es einen Wahrheitsbeweis für deren Nutzen in praktikablen Therapiemöglichkeiten gebe, entschieden werden müsse, wie mit menschlichen Embryonen verfahren werden dürfe. Um eine vermittelnde Position zwischen den Polen der Vorherrschaft und dem Bedeutungsverlust der Wissenschaft zu finden, formuliert er folgende Feststellung: Es sei weniger von einer schwindenden Relevanz der Wissenschaft „als vielmehr des gesicherten wissenschaftlichen Wissens zu sprechen – was aber gewissermaßen kompensiert wird durch eine wachsende gesellschaftliche Bedeutung des wissenschaftlichen Nichtwissens."[750] Um diese Feststellung in einen nachvollziehbaren Kontext auch für die vorliegende Situation zu überführen, muss zunächst darauf verwiesen werden, dass es bei der Beschreibung von Nichtwissen nicht etwa um den *Gegensatz* zu Wissen geht, wie Nico Stehr etwa an der Verwendung des Begriffs kritisiert. Dieser mahnt, der „statische Kontrast eines Entweder-oder führt uns nur in den Abgrund des arbiträren und fraglos langweiligen Gegensatzes von rational und irrational oder von Erkenntnis und Meinung" und stellt fest: „Wissen repräsentiert ein Kontinuum, das man nicht einfach zerschneiden kann." Er beklagt sich über den Mangel an Bemühungen, den Begriff des Nichtwissens zu definieren und postuliert schlichtweg: „Warum ist Nichtwissen so schwer zu fassen? Weil es Nichtwissen nicht gibt."[751] Im Folgenden geht es indes um die dieser Aussage

---

747 Vgl. auch für die weiteren Ausführungen Wehling 2003.
748 Wehling 2003, 120.
749 Wehling 2003, 121.
750 Wehling 2003, 121.
751 Stehr 2013, 48.

entgegenzuhaltenden und sehr wohl von Peter Wehling sehr präzise definierte Bedeutungen und Dimensionen des Nichtwissens.

Nachdem dieser Nichtwissen zunächst von dem Begriff des Risikos bezüglich der dem Risiko impliziten Kalkulierbarkeit und Beherrschbarkeit der Gefährdungen abgrenzt, stellt er fest, dass nicht einfach nur ein *quantitatives* Kontinuum abnehmenden Wissens zwischen Risiko, Ungewissheit und Nichtwissen bestehe, es gebe vor allem eine *qualitative* Differenz. „Nichtwissen ist demnach nicht einfach die stufenweise Steigerung von Risiko, sondern die (potentielle) Negation auch und gerade von Risikokalkulationen".[752] Auch den Unterschied zu Irrtümern hebt er hervor: „Wenn man Nichtwissen ganz allgemein als ‚Abwesenheit von Wissen' begreift und Wissen dabei nicht auf wahres Wissen einschränkt, dann wird die Differenz zum Irrtum als unwahrem Wissen deutlich."[753] Ebenso müsse klargestellt werden, dass es nicht schlicht um das Bewusstsein gehe „daß Wissen fallibel und insoweit prinzipiell vorläufig ist und daß nicht auszuschließen ist, daß dadurch auch der Stand der Wissenschaft im Lichte neuer Erkenntnis irgendwann revidiert werden muß",[754] wie van den Daele im Kontext der Beurteilung des Verfahrens zur Technikfolgenabschätzung von genmanipulierten herbizidresistenten Pflanzen in der Landwirtschaft das Nichtwissen charakterisiert. Wehling zufolge grenze es sich von dieser grundsätzlichen Fallibilität wissenschaftlicher Erkenntnis dadurch ab, dass es nicht um die Veränderung verfügbaren Wissens gehe, sondern um die „Ausdehnung von Räumen *gänzlich fehlenden* Wissens." Mit neuem Wissen nehme nicht nur Wissen über Nichtwissen zu, sondern „vielmehr auch das *Nicht*wissen über unser Nichtwissen".[755] Schließlich beschreibt er drei Dimensionen des Nichtwissens: Die erste bezieht sich auf eine Unterscheidung, „ob man weiß, was man nicht weiß [...] oder ob auch das unbekannt bleibt", die zweite betrifft die Intentionalität, also ob es sich bei dem Ungewussten um gewolltes oder unbeabsichtigtes Nichtwissen handelt, und eine dritte beschreibt den Unterschied auf die zeitliche Dauerhaftigkeit von Nichtwissen, bei welchem die Pole von einerseits „Noch-Nicht-Wissen" und andererseits „Nicht-Wissen-Können" gebildet werden. Das Nicht-Wissen-Können sei charakterisiert als „unauflösbar eingeschätztes Nichtwissen". Prinzipiell seien Abstufungen zwischen den Polen vorhanden und manches Noch-Nicht-Wissen könne grundsätzlich in Wissen überführt werden; anderes nicht. Um welche Art des Nichtwissens es sich handele, könne tatsächlich nicht ex ante festgestellt werden und gerade in der Wissenschaft habe man sich daher häufig auf das Wagnis der Entscheidung unter Nichtwissen einzustellen.[756] Ob sich Nichtwissen

---

752 Wehling 2003, 123.
753 Wehling 2003, 124.
754 van den Daele und Neidhardt 1996, 311.
755 Wehling 2003, 124.
756 Vgl. Wehling 2003, 126.

in Wissen verwandeln lasse, sei demzufolge ein Akt des Glaubens, auf dem letztlich aber die gesamte Akzeptanz eines Verfahrens ruhe.

Im Zusammenhang mit dem Eingriff in die menschliche Keimbahn kann nun gefragt werden, ob es zutrifft, wie van den Daele zu den herbizidresistenten Pflanzen konstatiert, dass „man weiß was man weiß und was man nicht weiß und wo die Grenzen wissenschaftlicher Aussagen liegen" und diese „als normales Risiko in Kauf zu nehmen"[757] seien oder ob es hinsichtlich insbesondere der von Wehling beschrieben ersten und dritten Dimension des Nichtwissens Aspekte gibt, die darauf hindeuten könnten, dass es sich bei diesen um hinreichende Gründe handelt, die verbleibenden Unsicherheiten als nicht vertretbares Risiko einer Zulassung der Technik einzustufen.

Nicht nur Rehmann-Sutter befürchtet unüberschaubare Folgen wegen der Komplexität natürlicher Vorgänge, die im Modell nur unzureichend nachzustellen seien. Sigrid Graumann beklagt, dass die Vorstellung des Austauschs eines „kranken" gegen ein „gesundes" Gen und der resultierenden Heilung des Behandelten auf einem strengen genetischen Determinismus beruhe, der längst überholt sei. Dass die Steuerung von Lebensprozessen vielmehr auf das komplexe Zusammenspiel von Genen und Umweltfaktoren zurückzuführen sei, wurde schon mehrfach betont.[758] „Das heißt aber, dass genetische Eingriffe ein Spiel von Versuch und Irrtum darstellen",[759] schließt Graumann. An dieser Stelle wiederholt sich ein Einwand Fukuyamas, der zur Achtung der „natürliche(n) Ordnung der Dinge" aufruft, um nicht „verborgene Zusammenhänge" und „das Gleichgewicht des Systems in völlig unerwarteter Weise" zu stören.[760] Dieser ist hinsichtlich der Risikoabschätzung jedoch noch einmal aus einem anderen Blickwinkel als innerhalb der Natürlichkeitsargumentation zu betrachten: Hier geht es nicht um die Zurückhaltung wegen einer von der Natürlichkeit abgeleiteten normativ gültigen Unantastbarkeit der menschlichen Keimbahn, sondern um eine möglicherweise gebotene Zurückhaltung aus Gründen der Nichteinschätzbarkeit des Nichtwissens um die potentiellen (Neben-)Effekte eines Eingriffs in ein so komplex gewachsenes und stark mit anderen Faktoren und Systemen interagierendes System, wie es das Genom ist.[761] Das Argument der technischen Fortschritte und der durchaus bemerkenswert rasanten Fortentwicklung der CRISPR/Cas Methode seit Entdeckung ihres Potentials für die Gentherapie wird hierbei nicht ignoriert, doch reicht es aus,

---

757 van den Daele 1996, 310.
758 Vgl. S. 119, FN 603 dieses Buches.
759 Graumann 2006, 220.
760 Fukuyama 2004, 142; an dieser Stelle ist noch einmal auf die Zusammenhänge zwischen der Malaria-Resistenz bei heterozygoter Sichelzellanämie oder zwischen dem massiv erhöhten Risiko der Ansteckung mit West-Nil-Virus bei einer Mutation in dem für das HI-Virus wichtige Gen CCR5 hinzuweisen, vgl. S. 41, FN 188 und S. 133, FN 671 dieses Buches. Vgl. auch Hauskeller 2009, 172.
761 Vgl. hierzu auch Höhn 2000, 44, der hinsichtlich der Komplexität beispielsweise daran erinnert, dass ein und dieselbe Basenabfolge für mehrere Genprodukte kodieren kann, wie es schon im naturwissenschaftlichen Teil dieses Buches beschrieben wurde, vgl. 2.1.3, S. 10 ff.

„Erkenntnislücken durch weitere Forschung schrittweise zu schließen, sofern das möglich ist, und im Übrigen die Grenzen unseres Wissens als normales Risiko in Kauf zu nehmen"?[762] In Rekurs auf Rehmann-Sutters Bedenken, die Zulassung könne gerade wegen der Zuversicht, Erkenntnislücken insoweit schließen zu können, dass darüberhinausgehende Unkenntnisse als in Kauf zu nehmendes Restrisiko gelten müssen, muss ausdrücklich auch noch einmal auf die methodischen Hürden hingewiesen werden. Sollte es Nichtwissen in der ersten Dimension als gänzlich unerkanntes, oder Nichtwissen in der dritten Dimension als Nicht-Wissen-Können im Kontext des Keimbahneingriffs geben, könnte dies für die Abschätzung der Konsequenzen einer solchen Intervention bedeuten, dass „man weder weiß, *was* man nicht weiß, noch, *ob* man überhaupt irgend etwas Relevantes nicht weiß."[763] Wenn man nicht weiß, wo überhaupt nach einem Risiko zu suchen wäre, kann es auch nicht umfassend abgeschätzt werden. Methoden, die erkanntes Nichtwissen untersuchen und bestimmte Risiken ausschließen, sagen nichts über das möglicherweise unerkannte Nichtwissen aus. „Lack of data does not constitute negative data. We simply do not know what the long-term risks may be from genetically engineering human cells"[764], wie W. French Anderson dazu bemerkt. Roland Kipke bezeichnet es als „teilweise Augenwischerei" zu behaupten, man prüfe vor einem klinischen Einsatz die Nutzen- und Risikosituation, da ebendiese Erforschung der noch nicht be- oder erkannten Risiken zum Teil nur erfolgen kann, „indem man die Keimbahn von Embryonen manipuliert, die implantiert, ausgetragen und geboren werden."[765] Dies sei unverantwortbar, da Menschen ohne bewiesenen Nutzen unbekannten Risiken ausgesetzt würden. Außerdem wird hier ein weiteres Mal auf das Problem des zeitlichen Aspekts, den die Offenbarung von Langzeiteffekten der Manipulation der Keimbahn beinhaltet, hingewiesen. Dass für eine solche Evaluation im Übrigen auch eine lebenslange klinische Beobachtung der geneditierten Menschen nötig wäre, wird kaum thematisiert. Doch neben allen Abwägungen, was den *informed consent* angeht, ist doch eine Einwilligung, lebenslang ein Studienobjekt zu sein, (und darüber hinaus gälte dies auch für dessen Kinder und Kindeskinder),[766] nicht so einfach vorauszusetzen, wie die zu einem therapeutischen Eingriff wegen einer schweren Erkrankung. Dieser vorab gegebenen Zustimmung müssten die manipulierten Individuen widersprechen können – dann wäre jedoch die forschungsunterstützende Langzeitbeobachtung nicht mehr gewährleistet. Hierauf spielt auch Schroeder-Kurth an, wenn sie von mehreren Generationen von Wissen-

---

[762] van den Daele 1996, 310.
[763] Wehling 2003, 125.
[764] Anderson 2000, 46.
[765] Kipke et al. 2017, 250.
[766] Vgl. z. B. auch Araki und Ishii 2014, 9–10.

schaftlern spricht, die nötig seien, um die Ergebnisse eines Eingriffs auszuwerten.[767] Wie schwierig sich eine solche, für eine genauere Abschätzung der Konsequenzen auf lange Sicht nötige Langzeitbeobachtung gestalten ließe, legt zum Beispiel die Studie des Schweizerischen Nationalfonds SESAM (*Swiss Etiological Study of Adjustment and Mental Health*) nahe. 3.000 Kinder sollten 2005 von der 20. Schwangerschaftswoche an über 20 Jahre hinweg in gewissen Abständen untersucht und befragt werden, um die Faktoren für eine gesunde seelische Entwicklung zu erforschen. Die Kernstudie wurde noch vor Beginn wiedereingestellt, da sich nicht annähernd ausreichend Mütter fanden, die einer solchen Beobachtung zustimmen wollten.[768] Falls hinzukommen sollte, dass die zukünftigen Wissenschaftler nicht wissen könnten, nach welchen Nebeneffekten zu suchen wäre, könnten negative Folgen noch viel länger unerkannt bleiben.

> It could be argued that injection of a therapeutic gene into a human zygote may be possible without any apparent ill effect, so why not try it? Unfortunately, one can only know that there is a problem when one knows how to look for it. But we do not know what to look for. The only way to measure an effect now, with our present state of ignorance, is either to have a gross defect or death. We simply cannot know what the effect is in the zygote when an exogenous gene is injected, whether we "see" any problems or not.[769]

Es könnte dagegengehalten werden, ein relevanter Schaden offenbarte sich zwangsläufig und könnte gar nicht unerkannt bleiben. Dem wäre jedoch das Beispiel der lange unerkannt gebliebenen ozonschädigenden Wirkung des FCKW zu entgegnen.

> Dass diese als besonders sicher geltende Verbindungen in die Stratosphäre aufsteigen können, dort unter Einfluss von UV-Licht aufgebrochen werden und das freiwerdende Chlor die Ozonschicht angreift, blieb rund 45 Jahre außerhalb des Wahrnehmungs- und Erwartungshorizonts der Wissenschaft und wurde auch dann eher „zufällig" und auf Umwegen entdeckt.[770]

Es gibt nicht wenige solcher Beispiele, die verdeutlichen, dass auch punktuelle, in ihren Auswirkungen vermeintlich gut einzuschätzende Eingriffe in komplex funktionierende und mit vielen Interaktionsfaktoren im Wechselspiel stehende Systeme für dramatische und vollkommen überraschend aufgetretene Konsequenzen verantwortlich gemacht werden können. Gegner einer Zurückhaltung aus Gründen möglicher nicht vorhersehbarer oder nicht zu erkennender Folgen argumentieren unter anderem mit

---

767 Vgl. S. 174, FN 867 dieses Buches. Ähnlich äußert sich auch Höhn hinsichtlich der langen menschlichen Reproduktionszeit und der Tatsache, dass beispielsweise einige Gene erst im Erwachsenenalter exprimiert werden, vgl. Höhn 2000, 43.
768 Vgl. Eidgenössisches Departement des Innern 2009.
769 Anderson 2000, 47.
770 Wehling 2003, 127; Anm. d. Verf.: Das Zitat enthält folgenden Literaturhinweis: Böschen 2000: 41 ff.

der Tatsache, dass es generell keinen Eingriff ohne Risiko gebe.[771] Andere halten die Annahme, das Genom sei zu komplex, um mit sicheren Vorhersagen eingreifen zu können, für schlichtweg technikfeindlich.

> This is Luddite mysticism, a warning against hubris. The genome is undoubtedly complex, and before we allow potential parents to apply germline therapies we should understand their consequences reasonably well. But we already have certain knowledge that genetic disease and disability is a bad thing (despite the arguments of disability advocates to the contrary) and that the potential benefits of genetic enhancement are enormous. The burden of proof for the product safety of genetic therapy needs to be finite, achievable, and balanced against these known benefits. Alleged risks to descendants ten generations from now are irrelevant. Our ability to fix any mistakes will rapidly advance in every decade.[772]

In diesem Zitat stecken neben der Kritik der puren Technikfeindlichkeit auch weitere anzuzweifelnde Gedanken, wie das angeblich enorme positive Potential genetischen Enhancements, welches insbesondere im Kontext der gesellschaftspolitischen Argumente erörtert werden soll,[773] aber auch die Auffassung, man könne in der Zukunft etwaige Fehler ohne Weiteres korrigieren. Wehling warnt, dass selbst wenn zuvor unentdecktes Nichtwissen schließlich erkannt werde, dies keine Garantie dafür biete, „dass es zügig in erfolgreiche wissenschaftliche Problemlösungen übersetzt werden kann;"[774] die Problematik der Irreversibilität des Eingriffs löst sich nicht dadurch auf, dass es prinzipiell möglich sein könnte, Fehler zu entdecken. Dass sie in Zukunft korrigierbar sein sollen, setzt im Gegensatz zu der beklagten Technikfeindlichkeit doch sehr großes Vertrauen in die Technik voraus. Jörg Vogel spricht auf der Jahrestagung des Deutschen Ethikrats 2016 von prinzipieller Reversibilität einer Intervention in die menschliche Keimbahn: „Wenn Sie es schaffen, eine einzelne Base in einer Richtung auszutauschen, dann können Sie es auch wieder in die andere Richtung austauschen und sogar den Wildtyp-Zustand wiederherstellen."[775] Selbst wenn man, wie kurz darauf Karl Welte in der Podiumsdiskussion hinzufügt, mit bestimmten Mechanismen gewissen Schäden oder Risiken vorbeugen könnte[776] – indem beispielsweise Gene so programmiert werden, dass sie sich nach einer gewissen Zeit selbst deaktivieren, oder indem Mechanismen eingebaut werden, die bei schädlicher Entwicklung eine Apoptose der Zelle einleiten und diese somit den Schaden nicht weitergeben kann – muss doch eines beachtet werden: Wenn mögliche zukünftige Nebenwirkungen einer Keimbahntherapie sich heute und unter dem Aspekt der Dimension des Nicht-wissen-Kön-

---

771 Vgl. Koshland 2000, 25.
772 Hughes 2000, 130–131.
773 Vgl. 3.3.3, S. 195 ff dieses Buches.
774 Wehling 2003, 127.
775 Vogel 2016, 13.
776 Vgl. Welte 2016, 19.

nens des Nichtwissens auch zukünftig nicht einschätzen oder nicht einmal erahnen lassen sowie wenn unter demselben Aspekt mögliche Schäden zwar erkannt, jedoch ihr tatsächliches Zustandekommen wiederum nur vermutet oder nicht gewusst werden könnte, dann scheint die Kritik des Ludditentums in Technizismus umzuschlagen. Es ist nicht einsichtig, dass ein durch einen bestimmten Eingriff entstandener Schaden, der im Sinne ungewussten Nichtwissens aufgrund unüberschaubarer und nicht einsehbarer Konsequenzen durch Manipulation des überaus komplexen Systems Genom entsteht, durch einen ebensolchen Eingriff rückgängig zu machen wäre. Zumal diese Korrektur dann u. U. am Erwachsenen, oder jedenfalls geborenen Menschen stattfinden müsste, mit all den Nachteilen einer somatischen bzw. symptomatischen Therapie, die heute als Vorteile der Keimbahntherapie bewertet werden. Tatsächlich scheint es doch plausibler, den Versuch, einen Fehler mit derselben Art der Manipulation rückgängig machen zu wollen, am ehesten hinsichtlich des Risikos so zu bewerten, wie den ersten, der den Schaden bewirkt hat; er könnte ebenso weitere ungeahnte Nebeneffekte auslösen.

Letztlich müsste nicht einmal zwingenderweise die Technik selbst angezweifelt werden, um ein unüberschaubares Risiko zu postulieren; Technikfeindlichkeit beschreibt nicht treffend die Art der Zurückhaltung aufgrund der Möglichkeit ungewussten Nichtwissens. Es muss nicht ausgeschlossen sein, dass es eine funktionierende Technik geben kann, doch die menschliche Fähigkeit, diese zu entwickeln und deren Folgen richtig ein- und abschätzen zu können, ist nach den ausgeführten Dimensionen des Nichtwissens eventuell nicht nur temporär eingeschränkt, sondern schlechterdings begrenzt. Untermauert werden könnte dieser Gesichtspunkt beispielsweise mit Aspekten der Chaostheorie, einem Teilgebiet der Nichtlinearen Dynamik, die sich unter anderem mit dem sog. deterministischen Chaos beschäftigt.[777] Minimal unterschiedliche Anfangsbedingungen können ihr zufolge im Langzeitverhalten zu dramatisch anderen Ergebnissen führen. Vor diesem Hintergrund und mit dem Wissen, dass die Funktion und das Funktionieren des Genoms eben nicht linear sind – die Interaktion genetischer und nicht-genetischer Faktoren steht außer Frage – und mit dem Wissen, dass so vieles über diese Interaktionen nicht bekannt ist, lässt sich nun hinsichtlich Wehlings Ausführungen zu Nichtwissen fragen, welche Rolle diese Aspekte für die Risikoanalyse und Sicherheitsabschätzung spielen.

Nach Wehling könnte es wie dargestellt Nichtwissen geben, welches sich nicht in Wissen überführen lässt; wie schon erwähnt, lasse sich diese Position nicht im Vorhinein beweisen, ebenso wenig wie diejenige, dass sich etwaige, noch nicht vorauszusehende Fehler korrigieren lassen werden. Insofern gehe es insbesondere in wissenschaftlichen Fragen, die gesellschaftliche Folgen haben oder haben könnten, um einen Vertrauensvorschuss in die Wissenschaft.[778] Wie weit dieser reicht oder reichen

---

777 Vgl. beispielsweise Ganikhodjaev et al. 2014.
778 Vgl. Wehling 2003, 126.

muss, ob er begründbar oder abzulehnen ist, hängt wesentlich damit zusammen, welches Gewicht den Dimensionen des Nichtwissens in der Wissenschaft beigemessen wird. Die Meinungen gehen spätestens an dieser Stelle auseinander. Paul Billings schreibt:

> I am not sure what level of assuredness would be required for the implementation of human control over the evolution and design of its DNA. Even to ask such a question, in my view, reflects both a reckless temerity and a blindness to the many ways human culture has already modified forces at work in the natural world.[779]

Andere sehen trotz des Wissens um Nichtwissen, hierin nicht zwingend eine Begründung, den Eingriff in ein komplexes System zu unterlassen. Nick Bostrom und Anders Sandberg vermerken etwa, dass „selbst bei fehlendem Gesamtverständnis des zu verbessernden Subsystems" ein Interventionsversuch nicht grundsätzlich unratsam sei.[780] Entscheidend sei jedoch, dass man wissen müsse, „warum ein sehr komplex entwickeltes System bestimmte Eigenschaften aufweist"; andernfalls müsse ein beträchtliches Risiko in Betracht gezogen werden, „dass etwas bei unserem Modifizierungsversuch schiefgeht."[781] Eben dieses *warum* dürfte in Anbetracht etwa der vorangegangenen Ausführungen insbesondere in Hinblick auf unbekannte, verborgene Zusammenhänge allerdings ungewusst bleiben. Ob dies als Restrisiko hinzunehmen sein wird, muss sich nicht zuletzt in der Abwägung mit dem voraussehbaren Nutzen zeigen. Dieser könnte in den prima facie vielversprechenden therapeutischen Möglichkeiten bestehen. Die aus dem Argument der Chance auf Heilung des Nachwuchses genetisch belasteter Paare – oder der grundsätzlichen Chance dieser Paare auf genetisch eigenen, gesunden Nachwuchs – mutmaßlich resultierende gebotene Zulassung im Sinne des ärztlichen Auftrages ist Gegenstand der Untersuchung des nächsten Unterkapitels.

3.3.2.3 Ärztlicher Auftrag

In der Musterberufsordnung (MBO) für Ärztinnen und Ärzte heißt es zur „Aufgabe des Arztes", wie bereits im Abschnitt zu den Begriffen und Definitionen von Therapie und Enhancement zitiert:[782] „Der Arzt dient der Gesundheit des einzelnen Menschen und der Bevölkerung", sowie weiterhin im zweiten Absatz: „Aufgabe des Arztes ist es, das Leben zu erhalten, die Gesundheit zu schützen und wiederherzustellen, Leiden zu lindern und an der Erhaltung der natürlichen Lebensgrundlagen in Hinblick auf

---

779 Billings 2000, 129.
780 Bostrom und Sandberg 2009, 118.
781 Bostrom und Sandberg 2009, 117.
782 Vgl. S. 74, FN 362 dieses Buches.

ihre Bedeutung für die Gesundheit der Menschen mitzuwirken."[783] Einen Patienten zu therapieren, d. h. seine Erkrankung zu heilen oder sein Leid zu lindern, ist ärztliche Aufgabe.[784] Um die Zulässigkeit einer Therapie zu bewerten, ganz gleich ob unter medizinischen, juristischen oder ethischen Gesichtspunkten, muss diese unter anderem einer Risiko-Nutzen-Evaluation und Abwägung unterzogen werden.[785] Im Hinblick auf dieses Abwägen wird sich in der Literatur insbesondere auf die *technischen Risiken* für das Individuum bezogen. Bayertz führt beispielsweise zur „tech-nischen' Sicherheit" einer jeden Therapie aus: „Das Risiko muß möglichst klein, zu-mindest kleiner sein als das Risiko der Nichtbehandlung; der mögliche Schaden, den der Patient durch den Eingriff erleidet, muß durch den damit verbundenen Nutzen aufgewogen werden."[786] Anderson schreibt von den immer gleichen Fragen bezüg-lich jeder Art der neuen Therapie, sei sie chirurgisch, medikamentös oder eine neue Medizintechnik: „What are the potential risks for the patient? What are the potential benefits for the patient? Is the ratio of risks to benefits appropriate for the patient?"[787] Speziell hinsichtlich der Keimbahntherapie heißt es bei van den Daele hierzu, dass diese als medizinische Technik nicht anders bewertet werden könne als die somati-sche Gentherapie".[788] Dem stimmt soweit auch Bayertz zu und ausgehend von den im medizinischen Handeln gängigen Prinzipien „der *Wohlfahrt*, der *Nichtschädigung*, der *Autonomie* und der *Gerechtigkeit*"[789] sowie unter der Voraussetzung technischer Sicherheit, kommt er zu dem Schluss, dass eine moralische Linie zwischen zuläs-sigen und unzulässigen Eingriffen „nicht auf die ‚ontologische' Differenz zwischen Körper- und Keimbahnzellen zurückgeführt werden"[790] könne. Gleichwohl bedürfe dieser Befund einer Qualifikation im Hinblick auf die Konsequenzen, wie er schreibt. Da ein Fehler in der Behandlung sich bei der Keimbahntherapie im Unterschied zur somatischen Gentherapie auf potentiell alle Nachkommen auswirkt, ist das Risiko ungleich größer – die Anforderungen an die Sicherheit der Maßnahme hätten folglich schärfer zu sein und diese Anforderungen seien derzeit nicht erfüllt. Geht man nun aber von einer – allerdings momentan kontrafaktischen – technischen Kontrollierbar-keit einer therapeutischen Keimbahnintervention aus, sei es manchen Befürwortern

---

783 Bundesärztekammer 1997, § 1 Abs. 1, 2.

784 „Ziel ärztlichen Handelns ist die Therapie. Alle Maßnahmen des Arztes sollen letztlich die Vo-raussetzung für eine Behandlung des Kranken schaffen", Gerok 2007, 16

785 Speziell für die Gentherapie entwickelte Abwägungsvorgänge finden sich beispielsweise in den „Richtlinien zum Gentransfer in menschliche Körperzellen" der BÄK, vgl. Bundesärztekammer 1995.

786 Bayertz 1991, 293.

787 Anderson 2000, 44.

788 van den Daele 1985, 193.

789 Bayertz 1991, 294. Diese gängigen sog. mittleren Prinzipien basieren auf dem Vier-Prinzipien-Modell von Tom L. Beauchamp und James F. Childress, beschrieben in dem Buch „Principles of Bio-medical Ethics", vgl. Beauchamp und Childress 1994.

790 Bayertz 1991, 294.

zufolge geradezu eine ärztliche Verpflichtung, diese Art der Therapie anzubieten und durchzuführen.[791] Hier könnte jedoch der bereits von Rehmann-Sutter und Luchsinger angemerkte Einwand noch einmal Bedeutung erlangen, dass es sich bei der Keimbahntherapie viel mehr um eine Maßnahme der Reproduktionsmedizin als um eine klassische Therapie handele.[792] Es gehe nicht um die Heilung erbkranker Personen, sondern darum, Eltern mit genetischer Disposition zu gesunden, genetisch eigenen Kindern zu verhelfen. Dieser Einwand ist stimmig, sofern die Manipulation von Keimzellen gemeint ist; in diesem Fall wird in der Tat eine Therapie eines erst noch zu zeugenden Individuums vorgenommen. Der Mensch, dessen Keimzellen behandelt werden, erfährt selbst keine Heilung oder Linderung seiner Erkrankung, da die Behandlung seine Körperzellen nicht berührt. Es handelt sich also um die vorzeitige Behandlung eines noch nicht existenten Menschen. Eher kann noch im Falle einer Keimbahntherapie nach PID im Anschluss an eine IVF von einer eigentlichen Therapie gesprochen werden. Wenngleich vielfach darüber debattiert wird, ob ein im Vierzellstadium befindlicher Keim vor Ausschluss der Mehrlingsbildung als Individuum bezeichnet werden könne, ist jedenfalls der Embryo zum Zeitpunkt der Zellentnahme zur Diagnostik und der ggf. anschließenden Keimbahnintervention bereits gezeugt und könnte als Therapieempfänger und damit als Patient angesehen werden. Ob hieraus jedoch eine medizinische Verpflichtung resultiert, ist damit nicht geklärt. Wagner schreibt:

> Dagegen läßt sich einwenden, daß eine medizinische Verpflichtung zur Krankheitsbekämpfung nur gegenüber lebenden Menschen besteht. […] Das Argument der medizinischen Verpflichtung kann daher nicht überzeugen, sofern das vom Gendefekt zu befreiende Individuum, das ja erst im Rahmen der Behandlung künstlich gezeugt werden soll, im Mittelpunkt der Betrachtung steht.[793]

Doch führt er weiter aus, dass in Anbetracht der Rede von *reproduktiver Gesundheit* eine Annahme der medizinischen Verpflichtung dennoch nicht fern liege. Unter reproduktiver Gesundheit ist nach dem Report der Weltbevölkerungskonferenz von 1994 (International Conference on Population and Development; ICPD) folgendes zu verstehen:

> Reproductive health therefore implies that people are able to have a satisfying and safe sex life and that they have the capability to reproduce and the freedom to decide if, when and how often to do so. Implicit in this last condition are the right of men and women to be informed and to have access to safe, effective, affordable and acceptable methods of family planning of their choice […]. In line with the above definition of reproductive health, reproductive health care is defined

---

791 Vgl. beispielsweise Argumente bei Fowler et al. 1989, 154–155, Zimmerman 1991, 596, Wivel und Walters 1993, 536.
792 Vgl. S. 84, FN 410, FN 411 dieses Buches.
793 Wagner 2007, 42.

as the constellation of methods, techniques and services that contribute to reproductive health and well-being by preventing and solving reproductive health problems.[794]

Hieraus jedoch eine ärztliche Pflicht abzuleiten, stellte eine Neuinterpretation des Begriffs dar, der sich doch insbesondere auf das Recht auf Information und Bereitstellung von Mitteln zur sicheren Familienplanung bezieht. Es ergibt sich demnach ein Abwehrrecht, was den staatlichen Eingriff in die Fortpflanzung betrifft, wie es etwa durch das Recht auf Aufklärung zur Verhütung von Schwangerschaften und Geschlechtskrankheiten und auf den Schwangerschaftsabbruch verkörpert wird. Es stellt kein Anspruchsrecht auf künstliche Befruchtung dar.[795] Was nun den einzelnen Arzt angeht, so lässt sich auch nach der MBO feststellen, dass dieser zu einer IVF oder zu einem Embryonentransfer jedenfalls nicht verpflichtet werden kann.[796] Doch im Falle von Sterilität führt die MBO die künstliche Befruchtung unter den „Pflichten in besonderen medizinischen Situationen"[797] auf. Selbst wenn also Gründe für die Annahme geltend gemacht werden können, die Keimbahntherapie sei eher der Reproduktionsmedizin zuzurechnen als der Heilung von Krankheit im eigentlichen Sinne, ist damit nicht letzthin die Frage beantwortet, ob sie nicht dennoch im Rahmen des ärztlichen Auftrags, wenn nicht verpflichtend, dann zumindest zulässig sein muss. Rehmann-Sutter erinnert in diesem Zusammenhang jedoch daran, dass die „Medizin auch seit jeher durch die erscheinende Möglichkeit einer Therapierbarkeit zuweilen Pathologisierung von Leiden vornimmt."[798] So sei die Kinderlosigkeit mit Aufkommen der Reproduktionstechniken „vom Status eines besonderen *Schicksals* in den Status einer *Krankheit* übergegangen."[799] Gregory Fowler et al. bemerken diesbezüglich allerdings: "In pursuing their goal of helping individuals realize their own reproductive goals, medical genetics places more emphasis on respecting their patient's autonomy than almost any other medical speciality"[800]. Die Autonomie des Patienten spielt in der Arzt-Patienten-Beziehung zweifelsohne eine wichtige Rolle – doch kann sie den Eingriff und die Veränderung potentiell aller Nachkommen rechtfertigen? Dies scheint eher eine Frage der *elterlichen* Autonomie[801] in Bezug auf ihre Kinder zu sein, als eine Frage der Autonomie des Patienten, da der von Fowler et al. als Patient bezeichnete Mensch streng genommen eben *nicht* den Patienten, sondern ein prospektives Elternteil eines zukünftigen Patienten darstellt.

---

794 United Nations 1995, 40.

795 Auf die philosophische Unterscheidung von Rechten, vollständigen und unvollständigen Pflichten und Tugenden und Wünschen kann an dieser Stelle nur verwiesen werden. Hinsichtlich des Arzt-Patienten-Verhältnisses vgl. etwa Engelhardt, D. 2012.

796 Bundesärztekammer 1997, A2363 Nr. 15 (2).

797 Bundesärztekammer 1997, A2363 IV.

798 Rehmann-Sutter 1995b, 180, vgl. auch schon S. 81, FN 401 dieses Buches.

799 Rehmann-Sutter 1995b, 180.

800 Fowler et al. 1989, 158.

801 Vgl. 3.3.2.4, S. 176 ff dieses Buches.

Da diese Schwierigkeit aber in der Literatur nur zurückhaltend thematisiert wird,[802] soll sie vorerst zurückgestellt und zunächst gefragt werden, welche Patientengruppe und welche Indikationen sich ergeben würden, postulierte man eine ärztliche Pflicht. In diesem Kontext muss sich auch der Problematik eines hypothetisch zulässigen Anwendungsbereichs gewidmet werden. Sollte eine Keimbahntherapie zukünftig Teil ärztlichen Handelns sein, stellen viele Diskursteilnehmer die Forderung nach strenger Regulation, um eine deutliche Grenze zum *Designer-Baby* und Enhancement zu ziehen.[803] Prinzipiell sind zwei regulierende Maßnahmen vorstellbar: Eine Indikationsliste oder eine Einteilung und Begrenzung nach Schweregrad der Krankheiten. Eine abgeschlossene Liste mit Krankheiten, für die ein Keimbahneingriff zulässig ist, führt jedoch zum Ausschluss bis dato zwar nicht behandelbarer, aber möglicherweise in der Zukunft therapierbarer, ebenso schwerer Erkrankungen.[804] Eine Beschränkung auf schwerste Erbkrankheiten hängt jedoch unmittelbar mit dem Krankheitsbegriff zusammen. Sie könne – so die Befürchtung der Kritiker – in Anbetracht der antizipierten Möglichkeit in Zukunft nicht nur monogene, sondern auch komplexe Krankheiten und Krankheitsdispositionen eliminieren zu können, nicht gehalten werden. Diese besonderen Fragen nach einer möglichen Regulation und Zugänglichkeit, ebenso Dammbruchargumente wie die befürchtete Unmöglichkeit, einen Keimbahneingriff auf bestimmte Fälle zu beschränken, werden unter den gesellschaftspolitischen Argumenten[805] diskutiert. Tatsache ist, dass der Verweis auf die ohne einen Eingriff in die Keimbahn nicht zu therapierenden Krankheiten einen wesentlichen Aspekt der Argumentation der Befürworter darstellt.

Die Häufigkeit von genetisch bedingten Krankheitsursachen wird mit etwa 35–54 pro 1.000 Individuen angegeben, wobei der mit Abstand größte Anteil davon auf somatische Mutationen zurückzuführen ist.[806] Mutationen also, die nach der Zeugung während der Embryonalentwicklung oder im späteren Leben z. B. durch äußere Einflüsse entstehen. Nahezu alle genetischen Erkrankungen sind einzeln selten; in der Gesamtheit machen sie allerdings einen wesentlichen Anteil aller Krankheitsursachen aus,

---

802 Luchsinger bemängelt, dass außer Christoph-Rehmann-Sutter und ihm selbst kaum einer diesen Aspekt weiter beachtet, vgl. Luchsinger 2000, 228. Erwähnung findet er jedoch noch bei: Graumann 2006, 221 und Schroeder-Kurth 2000, 171.

803 Vgl. beispielsweise Rehmann-Sutter 1995b, 179.

804 Rehmann-Sutter schreibt, „wenn die Krankheitenliste abgeschlossen bliebe, könnte dem Gebot der Rechtsgleichheit (gleiche Fälle sollen gleich behandelt werden) nicht Genüge getan werden", Rehmann-Sutter 1995b, 178. Auch Hans-Martin Sass merkt an: „Eine solche Liste müsste die Schwere der Anomalie und die Sicherheit des Eingriffs zum Maßstab der Intervention machen." Er befürchtet jedoch eine hieraus resultierende „Änderung der Akzeptanz von unbehandelten Trägern von Erbkrankheiten", Sass 1991, 12. Diese Befürchtungen fallen jedoch in den Bereich der gesellschaftspolitischen Argumentation, vgl. 3.3.3.2, S. 210 ff dieses Buches.

805 Vgl. 3.3.3, S. 195 ff dieses Buches.

806 Siegenthaler 2006, 27.

zumal für eine Vielzahl von multifaktoriellen Erkrankungen, wie beispielsweise für die Krebsentstehung, genetische Prä- oder Dispositionen vermutet werden oder schon nachgewiesen wurden. In der Tat gibt es für einige der wohl in Zukunft am ehesten in der Keimbahn zu therapierenden monogenen Erbkrankheiten keine kurative Behandlung. Mario R. Capecchi führt als Beispiel die neurodegenerative Erkrankung Chorea Huntington (HD; Huntington's disease) an,[807] die bis dato weder geheilt, noch effektiv behandelt werden kann. Die Erkrankung beginnt häufig um das 40. Lebensjahr Symptome zu zeitigen und die Betroffenen leiden unter Degeneration vor allem der für die Bewegung zuständigen Nervengebiete; im späteren Stadium entwickelt sich oftmals eine Demenz. In den meisten Fällen versterben die Patienten etwa 20 Jahre nach Symptombeginn.[808] Da die der HD zugrunde liegende Mutation autosomal-dominant vererbt wird, muss im Falle eines für diese Krankheit homozygoten Elternteils (eines mit zwei Kopien derselben Mutation), von einem Vererbungsrisiko von 100 % ausgegangen werden; die Eltern haben (derzeit) keine Chance auf ein nicht betroffenes, genetisch eigenes Kind. Zwar sei dies ein besonderer und äußerst seltener Fall, wie Capecchi selbst vermerkt, dennoch sei er plausibel in Anbetracht der Tatsache, dass viele dieser Individuen (betroffene) Kinder haben und es ein Recht auf genetisch eigene Kinder gebe.[809] Hier muss jedoch noch einmal deutlich darauf hingewiesen werden, wie überaus selten eine derartige Konstellation tatsächlich ist: Dass ein Elternteil zwei Kopien einer dominanten Mutation besitzt, oder auch, dass beide Elternteile für dieselbe rezessive Mutation homozygot sind, ist alles andere als ein Regelfall. Für die HD gilt etwa, ausgehend von einer Allelfrequenz in Nordamerika, Europa und Australien von 5,7 von 100.000,[810] dass die statistische Wahrscheinlichkeit für ein homozygotes Vorliegen der HD-Mutation bei ca. 3 zu 1.000.000.000 liegt (nach dem Hardy Weinberg Gesetz entspricht die Zahl der Erkrankten in Deutschland in etwa der Heterozygotenzahl; homozygote Individuen sind demnach extrem seltener).[811] Auch für die geringe Wahrscheinlichkeit, dass beide Elternteile für dieselbe autosomal-rezessive Erkrankung homozygot sind, gibt die Enquete-Kommission „Chancen und Risiken der Gentechnologie" folgende Beispiele an: Zystische Fibrose: 1 zu 4.000.000; Phenylketonurie: 1 zu 100.000.000; Galaktosämie: 1 zu 5.000.000.000.[812] Es besteht also, wie auch im naturwissenschaftlichen Teil dieser Arbeit bereits aufgezeigt, in den

---

807 Vgl. Capecchi 2000, 32–33.

808 Vgl. Wyant et al. 2017.

809 Vgl. Capecchi 2000, 33. Dass dies so sei, wird vielfach bezweifelt und in Frage gestellt. Es ist u. a. unklar, wovon sich dieses Recht ableiten sollte, jedoch muss dieser Aspekt an dieser Stelle noch zurückgestellt und zu einem späteren Zeitpunkt im Text wieder aufgenommen werden, vgl. S. 169, FN 848 dieses Buches.

810 Vgl. Pringsheim et al. 2012.

811 Diese rechnerische kann von der tatsächlichen Wahrscheinlichkeit abweichen, da Patienten sich z. B. über Patientengruppen und andere Netzwerke treffen und finden können.

812 Vgl. Deutscher Bundestag 1987, 186.

allermeisten Fällen von genetisch belasteten Eltern-in-spe mindestens eine 25 %ige Chance auf ein nicht betroffenes Kind.[813] Wegen dieser Tatsache wird in der Literatur immer wieder nach der eigentlichen Indikation für einen therapeutischen Keimbahneingriff gefragt.[814] Denn die Möglichkeit, in der Keimbahn zu intervenieren setzt die Verfügbarkeit des Embryos *in vitro* voraus[815] – sowohl für die Diagnose, als auch ggf. für die Behandlung.[816] Zu der IVF kommt es überhaupt erst, weil die Eltern um ihre genetische Disposition wissen – das ist aber bei weitem nicht immer der Fall, da bei autosomal-rezessiven Erkrankungen zum einen die Heterozygotenfrequenz ungleich höher liegen kann als die Zahl der tatsächlich Erkrankten. Die klinisch unauffälligen Konduktoren einer vererbbaren Erkrankung „müßte man mittels breit angelegten Screening-Untersuchungen ausfindig machen, damit dann die homozygoten Nachkommen aus Risikopartnerschaften von zwei Heterozygoten rechtzeitig behandelt werden könnten", gibt Hansjakob Müller zu bedenken.[817] Zum anderen entsteht die Mehrzahl an Behinderungen und Krankheiten durch spontane Mutationen; in diesem Fall sind die Eltern vollkommen unauffällig und hätten augenscheinlich keinen Anlass, eine IVF mit anschließender Diagnostik und Therapie zu wünschen bzw. auf sich zu nehmen. Diese Feststellung soll verdeutlichen, dass die Keimbahntherapie in ihrer Vorstellung als Heilmittel von insbesondere monogenen Erbkrankheiten, wenn überhaupt, nur eine Option für sehr wenige Paare darstellt, nämlich für die, die um ihre genetische Konstellation wissen.[818] Diesen Paaren stehen aber Alternativen zur Verfügung, um Kinder ohne die hereditäre Krankheit zu bekommen.

> Prenatal diagnosis followed by abortion is already a widely used method of preventing genetic disease. Preimplantation selection is an option offered at a growing number of fertility centers. Both of these alternatives may provide less risky and less expensive methods of preventing genetic disease than germ-line gene therapy.[819]

In Anbetracht der Tatsache also, dass für einen keimbahntherapeutischen Eingriff ein Embryo *in vitro* gezeugt und anschließend per PID diagnostiziert werden muss, stellt sich die Frage, wieso im Anschluss nicht ein gesunder Embryo – den es wie aufgezeigt in den allermeisten Fällen der Vererbung monogener Krankheiten geben wird – ausgewählt und implantiert wird, ohne einen mit möglicherweise unüberschaubaren Risiken verbundenen Eingriff in das Erbgut des Embryos vornehmen zu müssen. Auch

---

813 Vgl. 2.4, S. 49 ff dieses Buches; auch S. 49, FN 238.
814 Graumann 2006, 221–222.
815 Sofern der Eingriff nicht bereits in den Gameten stattfindet.
816 Und dies wird jedenfalls auf absehbare Zeit auch erforderlich bleiben, vgl. S. 96, FN 463, S. 111, FN 555 dieses Buches.
817 Müller 1995, 51.
818 Vgl. Luchsinger 2000, 230.
819 Walters und Palmer 1997, 75.

die sog. *Schwangerschaft auf Probe*, eine Schwangerschaft, die unter dem Vorbehalt eingegangen wird, sie bei Vorliegen einer schwerwiegenden Krankheit oder Behinderung des Ungeborenen – feststellbar durch PND – wieder zu beenden, ist eine alternative Möglichkeit, trotz genetischer Disposition ein gesundes Kind zur Welt zu bringen. Selbstverständlich darf hierbei nicht außer Acht gelassen werden, dass diese Alternativen eigene ethische Schwierigkeiten aufwerfen; der Einsatz von PND und ggf. folgendem Abbruch bzw. PID mit Selektion werden nicht alleine dadurch ethisch vertretbar, weil sie das angestrebte Ziel der Keimbahntherapie weniger risikoreich erreichen können.[820] Auf die moralischen Schwierigkeiten dieser alternativen Maßnahmen kann an dieser Stelle allerdings nur hingewiesen werden. Hinzukommt jedoch, dass diese Methoden keine Alternative darstellen für die seltenen Fälle der 100 %igen Vererbung von Mutationen, beispielsweise aber auch keine Alternative darstellen für mitochondriale Krankheiten oder polygene Vererbungsgänge. Mitochondriopathien werden stets zu 100 % vererbt, welches in der Besonderheit begründet liegt, dass ein Nachkomme ausschließlich die mitochondrialen Gene der Mutter erhält – bei der Vererbung der mitochondrialen DNA (mtDNA) handelt es sich um einen rein maternalen Erbgang. Die derzeit einzige Option für Betroffene, genetisch eigene und gesunde Kinder zu bekommen, liegt in der sehr umstrittenen Mitochondrien-Ersatz-Therapie, wie sie kürzlich in Großbritannien zugelassen wurde.[821] Da sich bei dieser aber ähnlich geartete ethische Fragen ergeben wie bei der Keimbahntherapie selbst, fällt es schwer, die eine als der anderen Alternative vorzustellen, zumal auch bei der Mitochondrien-Ersatz-Therapie eine generationenübergreifende Veränderung vorgenommen wird. Ein gezeugter Junge wird seine mtDNA zwar nicht an seine Nachkommen weitergeben können, ein Mädchen hingegen vererbt sie zu 100 %. Die Besonderheiten und Argumente bezüglich der Mitochondrien-Ersatz-Therapie können im Rahmen dieser Arbeit nicht diskutiert werden; dennoch wird deutlich, dass die alternativen Möglichkeiten wie PND und möglicher Abort bzw. PID mit anschließender Embryonenselektion eben nicht in allen Fällen einen Weg darstellen, gesunde und genetisch eigene Kinder zu bekommen. Burke Zimmerman et al. schreiben hierzu:

> This argument is, however, centered very much in the present, and does not anticipate the changing nature of medical practice. [...] There is no question that screening and selection offers a relatively simple and low-risk means to control these [single gene] diseases within families. In the future, however, when the incidence of these disorders has been greatly reduced or virtually eliminated, the emphasis will necessarily shift to the subtler and genetically more complex disorders, for which screening and selection will be of little use. GLGT [germ-line gene therapy] on the other hand, offers the possibility of greatly lowering the risk of heart attacks, many forms of cancer, behavioral disorders, and auto-immune diseases.[822]

---

820 Vgl. Düwell 2000, 101.
821 Zu mitochondrialen Erkrankungen vgl. S. 46 dieses Buches.
822 Zimmerman 1991, 605, [Anm. d. Verf.]; ähnlich bei Fowler et al. 1989, 162.

Zimmerman sieht durchaus ein, dass es für einige der für die Keimbahntherapie vorgeschlagenen Erkrankungen tatsächlich etablierte und sicherere Verfahren gibt, als die Keimbahnintervention. Doch was die polygenen, komplexeren Erbkrankheiten und Dispositionen angehe, da hülfen weder Screening noch Selektion. Zu dieser Vorstellung muss aber zum wiederholten Male darauf hingewiesen werden, dass die Realisierung der Keimbahntherapie von komplexen, multifaktoriellen Krankheiten wie Krebs, Verhaltensstörungen oder Autoimmunkrankheiten nach wie vor ein reines Wunschdenken darstellt. Traute Schroeder-Kurth kritisiert, dass selbst medizinische Bioethiker monogene und multifaktoriell bedingte Krankheiten gleichermaßen als Beispiele für die Notwendigkeit der Keimbahntherapie nennen, als seien diese alle in gleicher Weise zugänglich für einen therapeutischen Keimbahneingriff.[823] Interessanterweise entwarnt Zimmerman, dass die Befürchtung des Einsatzes der Keimbahnintervention zu Enhancement-Zwecken unrealistisch sei, mit folgendem Argument:

> It should be kept in mind that while the more common genetic pathologies may be governed by a single gene that obeys simple mendelian genetics, the genetic basis for cognative [sic!] and behavioral characteristics is likely to be far more complex, involving tens or hundreds of different genes, and therefore increasing the complexity of intervention accordingly.[824]

Während er also den Einsatz von optimierenden Keimbahninterventionen ablehnt, weil alle für einen solchen Eingriff in Frage kommenden *Eigenschaften* zu komplex und multifaktoriell beeinflusst werden, rechtfertigt er den therapeutischen Einsatz mit der Begründung, dass es für viele komplexe und multifaktoriell bedingte *Erkrankungen* keine alternativen Möglichkeiten gebe. Hier liegt ein Widerspruch vor und Marcus Düwell stellt angesichts der Berufung auf Erkrankungen, deren Vererbung auch auf anderem Wege vermieden werden könne, die Frage, „ob man sich nicht doch die Option des ‚enhancement', der Verbesserung offenhalten möchte."[825] Der optimierende Keimbahneingriff wird zwar – jedenfalls auf den ersten Blick – von den allermeisten Diskussionsteilnehmern abgelehnt, doch muss man hinsichtlich des Widerspruchs zwischen der scheinbar greifbaren Vision von machbaren komplexen therapeutischen Eingriffen und der offensichtlichen Fiktion der Verbesserung von menschlichen Eigenschaften dennoch Düwells Bedenken ernst nehmen. Und auch ganz offiziell finden sich einige Befürworter des Einsatzes der CRISPR/Cas-Technologie für Enhancement. Manche von ihnen plädieren sogar dafür, dass es falsch sei,

---

823 „[Arthur L.] Caplan nennt als Beispiele [...]: Spina bifida, Anencephalus und Duchenne'sche Muskeldystrophie (DMD). Dies weist auf seine Unkenntnis der genetischen Grundlagen hin: Nur die DMD ist eine monogen X-gebundene Erkrankung, Spina bifida und Anencephalus sind multifaktoriell bedingt und werden sich einer KBT entziehen", Schroeder-Kurth 2000, 167; [Anm. d. Verf.].
824 Zimmerman 1991, 606.
825 Düwell 2000, 101.

nicht zu verbessern: „Wir sollten die genetischen Möglichkeiten erhöhen, die unseren Kindern ein gutes Leben ermöglichen",[826] schreiben Robert Ranisch und Julian Savulescu. Da ein therapeutischer Eingriff in die Keimbahn aufgrund des hohen Wertes der Gesundheit ethisch verpflichtend sei, könne für Enhancement nur dasselbe gelten, denn „[d]er Behandlung von Krankheit liegt dasselbe Ziel zugrunde wie Enhancement: die Förderung des Wohlbefindens und damit die Erhöhung der Chancen auf ein gutes Leben."[827] Dies sei so, weil Gesundheit an sich nicht wertvoll sei, sondern sie instrumentellen Wert habe, nämlich die Bedingung zu sein für ein gutes Leben. Diesem diene die Therapie ebenso wie das Enhancement, insofern gebe es keinen Unterschied in der ethischen Zulässigkeit. In der Tat formuliert auch die WHO ihre Definition von Gesundheit über den Zustand vollkommenen körperlichen, geistigen und sozialen *Wohlbefindens*[828], um deutlich zu machen, dass es, um sich gesund zu fühlen, nicht unbedingt ausreicht, körperlich schadensfrei zu sein. Und wenn es in der MBO für Ärztinnen und Ärzte heißt, der Arzt diene der Gesundheit, dann ist dem sicherlich zuzustimmen, dass von ihm mehr erwartet wird, als die reine „Reparatur von Funktionsdefekten"[829]. Wenn die Medizin sich darauf zurückzöge, Krankheiten zu eliminieren und die totale Kontrolle über krankheitsverursachende Faktoren zu erlangen, drohe sie totalitär zu werden, bemerkt in diesem Zusammenhang auch Rehmann-Sutter. Er ist der Meinung, das Ziel der Medizin im Zeichen menschlicher Solidarität sei das gelingende Leben – die Heilung oder Vermeidung von Krankheit ein dazu oft nötiges Mittel.[830] Ihm zufolge stellt Gesundheit eine Kraft, ein Vermögen dar, mit Unvollkommenheiten umgehen zu können, wie Trauer, Leid und Tod. Da diese drei Widerfahrnisse für ein gelingendes Leben unverzichtbar seien und Gesundheit eine Kraft sei, mit diesen Erfahrungen umzugehen, ähnelt Rehmann-Sutters ebenfalls instrumentelle Interpretation von Gesundheit im Vergleich der Ranischs und Savulescus. Doch zieht er deutlich andere Konsequenzen, denn er schlussfolgert daraus weder eine Pflicht zur Therapie und noch weniger zu Enhancement, sondern deckt einen Kurzschluss auf: Dieser könne seiner Meinung nach zur fälschlichen Annahme führen, Ärzte seien unter der Voraussetzung technischer Sicherheit zum therapeutischen und eventuell auch optimierenden Einsatz von Keimbahninterventionen im Sinne des Dienstes an der Gesundheit verpflichtet. Darin bestehe eine „Verkürzung der medizinischen Ethik",[831] nämlich Medizin als biotechnische Serviceleistung zu betrachten. Gehe es ausschließlich um die Kontrolle krankmachender Faktoren und

---

826 Ranisch und Savulescu 2009, 33.
827 Ranisch und Savulescu 2009, 33.
828 Vgl. S. 77 dieses Buches.
829 Rehmann-Sutter 1995b, 185. Hier wäre nur die statistische Normalität relevant, nicht aber die normative. Nach dem für diese Monographie erarbeiteten Konzept von Gesundheit reicht es aber nicht aus, nur die statistische Normalität zu berücksichtigen, vgl. 3.2.4, S. 85 dieses Buches.
830 Rehmann-Sutter 1995b, 186.
831 Rehmann-Sutter 1995b, 185.

die Eliminierung von Funktionsdefekten, würde die Befreiung von Krankheit und Leiden *selbst zum Zweck*.[832] Da aber das übergeordnete Ziel das gelingende Leben sei, sei
zum einen damit nicht gesetzt, dass ein Mensch mit einer Krankheit kein gelingendes
Leben führen könne. Höhn merkt hierzu an:

> Es gibt keinen dümmeren Satz als „mens sana in corpore sano". Auch ein Mensch im Rollstuhl,
> ein Kind mit Down-Syndrom, ein krebskranker Mensch kann sich gesund fühlen, wenn ihn seine
> Umwelt akzeptiert und ihm das Streben nach Glückseligkeit, wie es in der amerikanischen Ver-
> fassung heißt, zugesteht und ermöglicht.[833]

Gesundheit sei *eine* Ressource zur Bewältigung anderer Bestandteile eines gelin-
genden Lebens, nicht die Voraussetzung für eben solches. Auch Sandel warnt davor, der Gesundheit einen *rein* instrumentellen Wert zuzuschreiben; sie sei kein
zu maximierendes Gut. Innerhalb einer gewissen Bandbreite sei mehr Gesundheit
möglicherweise besser als weniger, dennoch strebe kaum einer danach „ein Gesund-
heitsvirtuose zu werden",[834] wie er sagt. „Anders als die Talente und Merkmale, die
Erfolg in einer Wettbewerbsgesellschaft bringen, ist Gesundheit ein begrenztes Gut;
Eltern können für ihre Kinder danach streben, ohne zu riskieren, in einem immer
weiter eskalierenden Rüstungswettlauf hineingezogen zu werden."[835] Zum anderen
sei es nach Rehmann-Sutter eine „anmaßende Verantwortung, welche wir für die
genetische Bürde der zukünftigen Generationen" zu tragen glauben, nämlich Erbkrankheiten eliminieren zu wollen. Dies stelle puren Technizismus dar, insbesondere
in Anbetracht der zur Verfügung stehenden, möglicherweise sanfteren Methoden,[836]
eigene gesunde Kinder zu bekommen. In der Tat vermittelt ein Ausdruck wie die *Eliminierung* einer Krankheit den Eindruck, man könne sie durch Keimbahneingriffe
ausrotten. Diese Vorstellung kann nicht als realistisches Szenario angesehen werden:
„Ein nachhaltiger Einfluß auf den Gen-Pool [...] kann nur in tausenden von Jahren
realisiert werden. Dieses könnte nur unter massivem Druck zur Zwangs-IVF mit
Zwangs-PID und Zwangs-KBT durchgesetzt werden."[837] Hinzu kommt, dass es Auf-

---

832 Bayertz bespricht diese Problematik unter der Überschrift „Das Argument der falschen Prioritä-
tensetzung", unter welchem er die „Blindheit gegenüber den psychosomatischen, sozialen und ökologischen Faktoren der Krankheitsentstehung, eine einseitige Bevorzugung kurativer Maßnahmen
gegenüber der Prävention sowie der High-tech-Medizin gegenüber anderen Therapieformen" versteht. Bayertz 1991, 301.
833 Höhn 2000, 50.
834 Sandel 2015, 70.
835 Sandel 2015, 70.
836 Wenngleich die vorgestellten alternativen Methoden eigene moralische Schwierigkeiten aufwerfen, können sie hinsichtlich der Eingriffstiefe als „sanfter" bezeichnet werden. So z. B. auch bei
Schroeder-Kurth 2000, 174.
837 Schroeder-Kurth 2000, 166. Sehr ähnlich auch in Müller 1995, 51, vgl. S. 162, FN 817 dieses Buches.

gabe des Arztes ist, den Patienten mit *geeigneten* Untersuchungs- und Behandlungs-
methoden zu versorgen. Die Vorannahme, die Keimbahntherapie sei das sicherste
und effektivste und somit angemessenste Verfahren, die Vererbung einer Krankheit
zu vermeiden, ist aber wie erwähnt eine *kontra*faktische. Und obwohl vorauszusehen
ist, dass sich technische Risiken und verfahrenstechnische Hürden noch ausbessern
lassen werden und tatsächlich eine Zunahme der technischen Sicherheit erwartet
werden darf, hängt die Beurteilung der Risikoabschätzung, wie im vorangegangenen
Unterkapitel erarbeitet wurde, maßgeblich von der Einordnung des Nichtwissens ab.
Wird das Postulat angenommen, dass die Risiken unüberschaubar bleiben – auch in
Zukunft – entfällt eine grundsätzliche Voraussetzung für die Zulassung eines medizinischen Verfahrens. Zumal es für einige der vorgeschlagenen Anwendungen die beschriebenen Alternativen gibt. Die vorderste Regel für einen Arzt lautet nach wie vor:
Primum non nocere – Zu allererst nicht schaden!

An dieser Stelle soll nun noch einmal der Aspekt aufgenommen werden, dass
es zum Zeitpunkt eines Eingriffs in die Keimbahn gar kein erkranktes Individuum
gibt, bzw. das Individuum erst in Hinblick auf die Therapie überhaupt gezeugt wird.
Rehmann-Sutter stellt treffend fest:

> Keimbahntherapie ist in allen vorstellbaren Szenarien ein Eingriff, der vorbereitet und durch-
> geführt werden muss, bevor der Mensch, dessen Erbkrankheit behandelt werden soll, am Leben
> ist. Es steht deshalb *immer* eine erste Alternative daneben offen: der freiwillige Verzicht auf
> Nachkommen.[838]

Dieser Einwand führt zu der Frage, ob – selbst, wenn die Reproduktionsmedizin ak-
zeptierter Teil des ärztlichen Auftrags ist – hier nicht dennoch eine Pathologisierung
oder Medikalisierung vorgenommen wird. Ausgangspunkt für die Fortpflanzungsmedizin ist die Absicht, ungewollt kinderlosen Paaren zu genetisch eigenen Nachkommen zu verhelfen. Dass sie unter den *besonderen* medizinischen Pflichten aufgeführt
wird, verdeutlicht, dass einige Maßnahmen der Reproduktionsmedizin weniger dem
eigentlichen traditionellen Auftrag des Arztes entsprechen, Krankheiten und Leid zu
heilen oder zu lindern, als mehr der sog. „wunscherfüllenden Medizin". Man muss
sich dazu Folgendes vergegenwärtigen: Bei der PID beispielsweise werden bei der
negativen Selektion gesunde Embryonen ausgewählt und die kranken verworfen; dadurch wird selbstverständlich kein kranker Embryo geheilt – im Ergebnis bekommen
die Eltern aber ein gesundes Wunschkind. Doch auch bei der Keimbahntherapie gilt:
die Eltern selbst werden nicht ärztlich behandelt im Sinne einer Krankheit heilen-
den Maßnahme. Eine eventuell vorliegende Erbkrankheit wird ebenso wenig geheilt,
wie eine eventuell vorliegende und u. U. als Krankheit zu bezeichnende Kinderlosig-

---

838 Rehmann-Sutter 1995b, 184. Vgl. ebenso in Luchsinger 2000, 231.

keit – im Ergebnis aber bekommen die Eltern ein gesundes Wunschkind.[839] Dass es sich bei der Fortpflanzungsmedizin um weniger traditionelle Aufgaben der Medizin handelt, schlägt sich auch in den Voraussetzungen für spezielle Methoden und Qualitätssicherung in der (Muster-)Richtlinie zur Durchführung assistierter Reproduktion nieder. Während Eizellspende und Leihmutterschaft in Deutschland verboten sind,[840] sind Samenspende und die heterologe Insemination, also die Einbringung eines fremden Spendersamens in die Zervix, bzw. den Uterus oder die Tuben der Frau, gesetzlich nicht mit einem Verbot belegt. Laut Richtlinie hierzu ist die Erfassung von „phänotypischen Merkmalen wie Blutgruppe, Augenfarbe, Haarfarbe, Körpergröße, Körperstatur und Ethnie"[841] sinnvoll. Dass nun per (vermeintlicher)[842] Wunschwahl von Haar- und Augenfarbe (selbst wenn sie dazu dienen, durch „Ähnlichkeit mit den Eltern die Akzeptanz und Integration des Kindes"[843] zu befördern) keine Krankheit im klassisch therapeutischen Sinne geheilt, sondern der Wunsch von kinderlosen Paaren nach dem gesunden, eigenen Nachwuchs erfüllt wird, verdeutlicht sich auch anhand solcher Formulierungen. Die Reproduktionsmedizin ist ungeachtet dessen inzwischen als ärztliche Tätigkeit etabliert und anerkannt.[844]

An dieser Stelle muss nun noch einmal auf Rehmann-Sutters und Luchsingers Hinweis auf die Möglichkeit zur Entscheidung, kinderlos zu bleiben, aufmerksam gemacht werden.[845] Selbst Paaren, die eine PND mit ggf. folgendem Abbruch der Schwangerschaft oder PID mit anschließender Selektion ablehnen, steht diese Option offen: Auf diese Weise kann die Weitergabe einer Erbkrankheit grundsätzlich sicher und zuverlässig ausgeschlossen werden. Das Leid der (Nicht-)Eltern wird hierbei nicht ignoriert, jedoch wird ihm anders als auf medizinischem Wege begegnet:

> Das Leiden am unerfüllbaren Kinderwunsch ist nicht ein Leiden, das aus einem körperlichen Defekt entsteht, sondern ein Leiden aus der Abweichung von einer sozial gesetzten Norm. Es ist eigentlich ein Leiden aus einer gesellschaftlichen Diskriminierung abweichenden Lebens. Kinderlosigkeit wird deshalb als schlimm empfunden, weil vor allem den Frauen seit Jahrhunderten gesagt wird, ihre einzige mögliche Erfüllung liege in der Mutterschaft, und weil vor allem den

---

839 Für einen Einblick in das Themenfeld der sog. wunscherfüllenden Medizin vgl. z. B. Kettner 2009.
840 § 1 Abs 1 EschG.
841 Bundesärztekammer 2006, A 1397.
842 Selbstverständlich treten die ausgesuchten Merkmale nur mit einer gewissen Wahrscheinlichkeit auf; es soll immer wieder darauf hingewiesen werden, dass es keinen genetischen Determinismus gibt.
843 Eberbach 2009, 228. Eberbach führt zu den Voraussetzungen für heterologe Insemination weiter aus, dass es nicht zu übersehen sei, „dass damit ein großer Schritt zum ‚Wunschkind' in des Wortes voller Bedeutung gegangen wurde", ebd.
844 Vgl. Eberbach 2009, 227.
845 Vgl. S. 167, FN 838 dieses Buches.

Männern gesagt wird, ihre einzige letzte Erfüllung liege in der Zeugung von physischen (d. h. genetisch eigenen) Nachkommen.[846]

Sigrid Graumann merkt sehr ähnlich hierzu an:

> Wenn hier von einem Leiden gesprochen werden kann, ist es aber keines, welches direkt auf die Folgen einer Krankheit zurückzuführen ist. Letztlich ist es das Leiden an der Nichterfüllung der sozial gesetzten Norm der Elternschaft. Damit kann festgehalten werden, dass von einer Therapie im Namen des Embryos nicht gesprochen werden kann. [...] Der Wunsch nach genetisch eigenen, gesunden Nachkommen kann und sollte aus ethischer Sicht allerdings kritisch hinterfragt werden.[847]

Unabhängig von ihrer rechtlichen Zulässigkeit wird in Frage gestellt, ob Maßnahmen zur Erfüllung eines sonst unerfüllbaren Wunsches nach genetisch eigenen Kindern überhaupt in den Bereich ärztlicher Aufgaben fallen. Die Beantwortung dieser Frage hängt maßgeblich davon ab, ob es ein Recht oder einen Anspruch auf eigene bzw. gesunde Kinder geben kann. Düwell vermerkt dazu:

> Die Legitimität der Keimbahntherapie würde voraussetzen, daß es ein *Recht auf ein gesundes Kind* gibt. Es ist fraglich, woher sich dieses Recht begründet. Bei der Pränataldiagnostik kann man darauf verweisen, daß es bei der Gefahr schwerer Erbkrankheiten einen moralisch schützenswerten Entscheidungsspielraum der Schwangeren gibt, der einen Abbruch legitimieren kann [...]. Ein solches Entscheidungsrecht der Schwangeren in einer Konfliktsituation ist aber etwas anderes als das positive Recht auf die Erzeugung eines gesunden Kindes.[848]

Wie einige andere ist auch diese Frage in der Biowissenschaft nicht neu und wird insbesondere seit der Möglichkeit der PID diskutiert. Juristisch gesehen ist ein solches Recht auf ein eigenes, gesundes Kind nicht festgehalten. Im Gegenteil wurde beispielsweise 2014 vor dem Bundessozialgericht (BSG) die Klage eines Mannes mit CADASIL[849] auf Kostenerstattung für die PID abgewiesen. Nachdem seine Frau zwei erfolglose IVF-PID-Behandlungen in Belgien hatte durchführen lassen, forderte ihr Mann die rund 21.600 Euro sowie die Kostenübernahme weiterer IVF-PID-Zyklen von der Krankenkasse vor Gericht ein. Das BSG lehnte die Klage ab und erklärte im Urteil vom 18.11.2014, dass die künstliche Erschaffung eines Embryos und dessen Bewertung nach medizinischen Kriterien der Vermeidung zukünftigen Leidens eines eigenständigen Wesens diene – nicht der Behandlung eines vorhandenen Leidens bei dem

---

846 Rehmann-Sutter 1995b, 184.
847 Graumann 2006, 221; vgl. auch Lanzerath 2002, 322, sowie S. 72, FN 354 dieses Buches.
848 Düwell 2000, 102.
849 Zerebrale autosomal dominante Arteriopathie mit subkortikalen Infarkten und Leukoenzephalopathie.

Kläger.[850] Das Paar sei auch nicht unfruchtbar.[851] Schon 2012 wurde der Antrag einer Schwangeren, die wegen einer vererbbaren Augenerkrankung die Sequenzierung seiner DNA forderte, vom Landessozialgericht (LSG) zurückgewiesen. Die Antragstellerin wollte über diesen „Umweg" feststellen lassen, ob ihr Kind die Genmutation, die zur Blindheit führen kann, geerbt haben könnte. Im Beschluss heißt es dazu:

> Die Antragstellerin verkennt, dass auch das Leben ihres ungeborenen Kindes unter dem Schutz der Verfassung steht; es ist nicht ersichtlich, dass es Grundrechte der Antragstellerin gebieten [...], die es ermöglichen, zu klären, ob bei ihrem Kind gesundheitliche Beeinträchtigungen vorliegen, allein mit dem Ziel, dessen Leben zu beenden.[852]

Ein Recht auf ein eigenes, gesundes Kind kann demnach nicht vom Recht abgeleitet werden, doch es bleibt die Frage, ob es einen moralischen Anspruch auf gesunde Kinder gibt, den die Medizin im Sinne der „Pflichten in besonderen medizinischen Situationen" zu erfüllen haben könnte. Im Vorwort des Richtlinienentwurfs zur Präimplantationsdiagnostik heißt es, dass die Bundesärztekammer (BÄK) eine Regelung der PID anstrebe, die „die Achtung der Menschen ernst nimmt, die an der Furcht vor einem genetisch bedingt schwerstkranken Kind gesundheitlich zu zerbrechen drohen."[853] Wenn allerdings aus einem *Kinderwunsch* ein *Wunschkind* wird – ein Kind, welches sich die Eltern gesund wünschen – muss erneut nach einer Instrumentalisierung gefragt werden. Zwar konnte festgestellt werden, dass es nahezu keinen vollkommen von eigenen Zwecken freien Kinderwunsch zu geben scheint,[854] jedoch stellt die Beschränkung auf den Wunsch nach einem *gesunden* Kind eine Bedingung für die Annahme des Kindes dar, welche als Instrumentalisierung aufgefasst werden könnte. Mirjam und Ruben Zimmermann schreiben hierzu, dass ein Embryo „nicht zum Mittel der Furchtbekämpfung seiner Eltern angesichts ihres Wunsches auf ein gesundes, eigenes Kind eingesetzt werden"[855] kann.

Das Recht auf ein eigenes, gesundes Kind kann weder rechtlich noch moralisch dargelegt oder nachvollzogen werden. Inwieweit Eltern ihre Autonomie in Sachen Kinderwunsch und Wunschkinder geltend machen dürfen und können, soll Thema des anschließenden Unterkapitels sein.

---

850 Vgl. BSGE 117, 212 [15, 17].
851 Der Zweck der IVF-PID-Behandlung der Frau des Klägers liege „wie dargelegt – darin, befruchtete Eizellen zu untersuchen und sie ggf. absterben zu lassen, wenn sie nach ärztlicher Erkenntnis den CADASIL verursachenden Gendefekt auf dem Chromosom 19 aufweisen, nicht aber in der Herbeiführung einer Schwangerschaft", BSGE 117, 212 [18].
852 LSG NRW [7], Beschluss vom 26.01.2012.
853 Bundesärztekammer 2000, A 526.
854 Vgl. S. 121, FN 611 dieses Buches.
855 Zimmermann und Zimmermann 2000, A 3489.

Spätestens an dieser Stelle darf nun nicht nur bezweifelt werden, dass eine ärztliche Pflicht gegenüber zukünftigen Patienten besteht, sondern Zimmermann und Zimmermann stellen hinsichtlich der PID sogar die Frage, ob „es mit dem Ethos ärztlichen Handelns vereinbar [sei], eine solche Konfliktsituation absichtlich herbeizuführen? Rechtfertigt es die Notlage der zukünftigen Mutter, eine Situation künstlich herbeizuführen, die mit hoher Wahrscheinlichkeit die Tötung eines menschlichen Embryos zur Folge hat?"[856] Dieser Gedanke lässt sich nicht umstandslos auf die Keimbahntherapie übertragen, da jedenfalls die *Absicht* besteht, den Embryo zu heilen und nicht von vorneherein, ihn zu verwerfen; dennoch liegt hier vor allem die Betonung auf dem *zukünftigen* Aspekt der Konfliktsituation. Es wird *nicht* infrage gestellt, ob es ärztlich vertretbar sei, einen Embryo zu zeugen, der mit einer gewissen Wahrscheinlichkeit eine Krankheit erben wird, sondern ob es vertretbar sein kann, die Situation, die die Eltern überhaupt erst in den Konflikt bringen wird, im Falle einer Auffälligkeit entscheiden zu müssen, ob sie diesen Embryo selektieren oder – unter Voraussetzung der Möglichkeit der Keimbahntherapie – den Versuch einer Heilung riskieren wollen, bewusst herbeizuführen. Möglicherweise scheint die Entscheidung für den Versuch einer Heilung konfliktfreier zu sein, als für das Verwerfen eines betroffenen Embryos. Dennoch ist mit dieser Frage unlösbar auch die Problematik einer erfolglosen Behandlung verknüpft.[857] Trotz der kontrafaktischen Annahme, das Verfahren sei in Zukunft sicher und erprobt und im Vergleich zu anderen Maßnahmen mit weniger Risiken verbunden, gibt es kein Verfahren, welches *vollkommen* risikofrei ist. Ganz abgesehen von den unüberschaubaren Risiken des unerkannten Nichtwissens besteht also immer die Möglichkeit einer erfolglosen Behandlung oder eines Behandlungsfehlers. Während das Ergebnis der ersteren vergleichbar ist mit dem des Nichtstuns (das Individuum erkrankt an der Erbkrankheit, die es durch den Eingriff zu behandeln galt),[858] kann letzterer zu unbeabsichtigten Veränderungen führen, die von wenig wahrscheinlichen folgenlosen Änderungen bis zu deutlich wahrscheinlicheren pathologischen, möglicherweise tödlichen oder stark die Lebensqualität einschränkenden Änderungen reichen könnten. Beide Fälle führten wohl am ehesten zu einem Verwerfen des Embryos, sofern sie denn erkannt würden – oder werden *könnten*. Käme ein ungewollt krankes oder behindertes Kind zur Welt, ergäbe sich ein ähnliches Dilemma wie bei den bereits im Zusammenhang mit der Menschenwürde beschriebenen sog. *wrongful life* - Fällen, die heute schon Teil der Realität sind und vor Gericht verhandelt werden.[859] Fehlerhafte Keimbahneingriffe führten also entweder zu einem Verwerfen des Embryos (wie es bei einer IVF-PID-Behandlung von vorneherein mit erkrankten Embryonen geschieht) oder zu einem Kind mit einer

---

856 Zimmermann und Zimmermann 2000, A 3487.
857 Vgl. Schroeder-Kurth 2000, 168–169.
858 Vgl. Rehmann-Sutter 1995b, 177.
859 Vgl. S. 116 dieses Buches.

Krankheit oder Behinderung, deren Ausprägung von keiner Beeinträchtigung bis hin zur Lebensunfähigkeit reichen könnte. So oder so drohte dem Kind, von seinen Eltern nicht angenommen zu werden, da diese sich mit der Entscheidung für den Eingriff ja genau gegen eine Erkrankung *absichern* wollten. Die Möglichkeit einer erfolglosen Behandlung oder eines Behandlungsfehlers besteht selbstverständlich auch in allen anderen Bereichen der Medizin; die Folgen können jedoch unvergleichlich weitreichender sein, als in den allermeisten anderen Anwendungsfeldern der Medizin. Sollte bei einer fehlerhaften Behandlung beispielsweise ein zeugungsfähiges Individuum entstehen, vererbt sich dieser Fehler weiter, entfaltet möglicherweise erst in nachfolgenden Generationen schädliches Potential.[860]

In einer ersten Bewertung des bisher Erörterten lässt sich feststellen, dass jedenfalls eine ärztliche *Pflicht* zum therapeutischen Einsatz der Keimbahnintervention nicht konstatiert werden kann. Zunächst muss der Eingriff richtig zugeordnet werden, nämlich am ehesten in den Bereich der Reproduktionsmedizin. Ein Patient ist zum Zeitpunkt der Intervention noch nicht geboren und wird überhaupt erst in Hinblick auf den Eingriff geschaffen. Dies allein ist kritisch zu betrachten, auch wenn es bereits bei der mittlerweile auch in Deutschland zugelassenen PID geschieht. In Anbetracht der Tatsache, dass im Falle einer IVF-PID-Behandlung ein Embryo sogar im Wissen gezeugt wird, ihn absterben zu lassen, sollte er die gesuchte Mutation aufweisen, könnte man diesbezüglich die Keimbahntherapie bevorzugen, da der Embryo zwar ebenfalls im Wissen, dass er höchstwahrscheinlich von einer schweren Erbkrankheit betroffen sein wird, aber zumindest mit Hinblick auf dessen Therapie und nicht auf dessen Verwerfung gezeugt wird.[861] Dennoch kann die rechtliche Zulassung des einen Verfahrens nicht die ethische Vertretbarkeit eines anderen rechtfertigen, insbesondere nicht, da einerseits auch bei der PID nach wie vor erhebliche moralische Bedenken bestehen, andererseits die Konflikte, die durch Misserfolge und speziell Behandlungsfehler bei einer Keimbahnintervention entstehen könnten, nicht vergleichbar sind.

Obwohl festgestellt werden konnte, dass die Reproduktionsmedizin als Teil ärztlichen Handelns akzeptiert ist, muss weiterhin darauf verwiesen werden, dass ein Recht auf ein gesundes Kind sich nicht herleiten lässt. Ob die Keimbahntherapie jedoch verboten werden kann, wenn kontrafaktisch vorausgesetzt wird, dass sie risikoloser als alternative Maßnahmen sei, bleibt noch unbeantwortet. Kann es gegen das ärztliche Ethos sein, einen Keimbahneingriff zu therapeutischen Zwecken vorzu-

---

860 Vgl. 3.3.2.2, S. 147 ff dieses Buches.
861 Im Falle der Keimbahntherapie an einem Embryo könnte man tatsächlich von diesem als Patienten und dessen beabsichtigter Heilung sprechen. Bei der PID wird in der Tat kein Kind vor einer Krankheit bewahrt. Diagnostizierte erkrankte Embryonen kommen gar nicht erst zur Welt und können insofern auch vor nichts bewahrt werden. Gesunde Embryonen waren nie erkrankt und werden daher ebenso wenig vor einer Krankheit bewahrt.

nehmen, wenn es den Patienten noch gar nicht gibt? In der Medizin nehmen Ärzte in verschiedensten Bereichen Eingriffe vor, bei denen bei dem Patienten keine medizinische Indikation besteht. Plastische Chirurgie, Wachstumshormonbehandlungen ohne Hormonmangel oder auch im Rahmen von Lebendspenden der Eingriff beim Spender, bei dem selbst keine Indikation für die Entfernung seines gesunden Organs besteht. Diese Eingriffe werden auf unterschiedliche Art und Weise gerechtfertigt und werfen jeder für sich genuine ethische Problematiken auf, auf die an dieser Stelle nur hingewiesen werden kann. In jedem Fall aber muss ein Patient im Sinne eines *informed consent* umfassend informiert werden und zustimmen. Dass in besonderen medizinischen Fällen eine Zustimmung antizipiert oder stellvertretend von den Eltern erteilt werden kann, wurde bereits in der Diskussion zur Menschenwürde dargelegt.[862] Doch dieser Zustimmung muss bekanntermaßen eine Aufklärung der Risiko-Nutzen-Lage vorausgehen. Inwieweit diese stattfinden kann, unter Berücksichtigung der möglicherweise unüberschaubaren Restrisiken, muss infrage gestellt bleiben. Es scheint aber fern des ärztlichen Ethos zu liegen, prospektiven Eltern in Anwesenheit alternativer Möglichkeiten eine Familie zu gründen, zu einem Eingriff zu raten, dessen Risiken wohl dauerhaft nur teilweise bekannt sein werden und nur schwer gegen das Risiko einer möglichen Erkrankung abgewogen werden können.

Um einen Eindruck zu bekommen, was es für den Ablauf eines Eingriffs und dessen *unmittelbarste* Folgeneinsicht bedeutete, würde man die Keimbahntherapie in das ärztliche Behandlungsrepertoire aufnehmen, erinnert Schroeder-Kurth an den Aufwand allein einer außerkorporalen *in vitro* Befruchtung – ohne PID, ohne Eingriff in die Keimbahn. Die von dem Deutschen IVF-Register veröffentlichten Zahlen lassen erahnen, welche Strapazen eine IVF-Behandlung für ein Paar und insbesondere für die Frau bedeutet. Wie bereits erwähnt, lag die *baby-take-home-rate* 2015 nach IVF-Behandlung bei 20,5 %.[863] Jede fünfte Behandlung führte demnach zur Geburt eines Kindes. Zwar erfolgt diesbezüglich häufig der Hinweis, dass auch die sexuelle Reproduktion in nur etwa einem Drittel der Fälle einer Befruchtung zu einer Lebendgeburt führe,[864] doch sind die Herausforderungen, die einer IVF-Behandlung vorausgehend bewältigt werden müssen, unvergleichbar.[865] Die Erfolgsaussichten sind in hohem Maße von der zugrunde liegenden Störung der Fruchtbarkeit und dem Alter der Frau abhängig; doch selbst unter optimalen Bedingungen muss die Behandlung häufig wiederholt werden. Hinzu kommen das eigene Sicherheitsrisiko einer PID für den Embryo[866] und die unklare Erfolgsrate eines Keimbahneingriffs an sich, dessen Ergebnis wiederum zunächst per PID geprüft werden müsste. Die Erfolgschancen mithilfe

---

862 Vgl. S. 96 ff dieses Buches.
863 Vgl. Deutsches IVF-Register 2017, 24, vgl. auch S. 50 ff dieses Buches.
864 Vgl. Bonas et al. 2017, 11, FN 18, vgl. auch S. 53, FN 262 dieses Buches.
865 Für den Ablauf einer IVF-Behandlung vgl. S. 50 ff dieses Buches.
866 Vgl. S. 54 dieses Buches.

einer IVF/PID/KBT-Behandlung ein (genetisch unbelastetes) Kind zur Welt zu bringen sind demzufolge vor allem von der Gesamtheit der einzelnen Erfolgsaussichten der jeweiligen Behandlungsschritte abhängig. Um eine möglichst hohe Effizienz zu erreichen, könnte dies bedeuten, dass eventuell mehr Embryonen gezeugt oder mehr IVF/PID/KBT-Behandlungen stattfinden müsste als im Vergleich zu einem IVF/PID-Zyklus. Sollte nun ein Eingriff trotz der Hürden augenscheinlich erfolgreich gewesen sein, lässt sich das Ergebnis doch erst im erwachsenen Alter und insbesondere in der nachfolgenden und den darauffolgenden Generationen überprüfen.

> Gerade bei diesen Überlegungen fällt auf, dass die Diskutierenden sich keine Gedanken für den zeitlichen Umfang derartiger Experimente machen: Experimentelle Menschen, bei denen Keimbahntherapie mit oder ohne medizinische Indikationen zur Leidensverminderung oder zur Lebensverbesserung bis zum Lebensende durchgeführt würde, verlangen 2–4 Wissenschaftler-Generationen (bis zu 100 Jahren), um den Versuch wissenschaftlich auszuwerten![867]

Einem solchen generationenübergreifenden Monitoren auch der Kinder und Kindeskinder der geneditierten Menschen, wie es für die wissenschaftliche Evaluation eines Keimbahneingriffs notwendig wäre, könnte keiner der Betroffenen, die beobachtet werden müssten, zustimmen. Auch die US-National Academies of Sciences, Engineering, and Medicine verweisen auf diesen Aspekt, zeigen sich aber zuversichtlich, ausreichend Betroffene zu Langzeitstudien *ermutigen* zu können, um verwertbare Ergebnisse einer Nachbeobachtung zu erhalten.[868] Diese Ansicht trägt jedoch wenig zur Beantwortung der Frage bei, wie es ethisch zu bewerten ist, diese zukünftigen Menschen grundsätzlich der Notwendigkeit auszusetzen, sich aufgrund der von ihren Eltern oder Großeltern vorgenommen Keimbahnintervention medizinisch beobachten lassen zu müssen. Die für den editierten Embryo vorausgesetzte informierte Zustimmung zu einem therapeutischen Eingriff müsste auf den *informed consent* seiner Kinder und Enkel ausgeweitet werden. Dies nicht nur hinsichtlich der Zustimmung für den Eingriff zur Vermeidung einer Krankheit, sondern eben auch bezüglich einer Zustimmung, lebenslang Studienobjekt zu sein.[869]

Es lässt sich schließlich festhalten, dass die ethische Rechtfertigung eines therapeutischen Einsatzes von CRISPR/Cas in der Keimbahn unter Rückgriff auf das Ethos ärztlichen Handelns nicht überzeugen kann. Nicht nur ist dies so, weil, wie Wagner es sagt, keine Einigkeit über den Rahmen ärztlichen Handelns bestehe,[870] sondern weil

---

867 Schroeder-Kurth 2000, 167.
868 Sie verweisen diesbezüglich auf ähnliche Studiendesigns anderer Reproduktionstechniken, vgl. The National Academies of Sciences, Engineering, and Medicine 2017, 94. Projekte wie die SESAM-Studie lassen hinsichtlich dieser Zuversicht jedoch zweifeln, vgl. S. 153, FN 768 dieses Buches.
869 Überlegungen zum Design solcher generationenübergreifenden Studien finden sich etwa bei Cwik 2017.
870 Vgl. Wagner 2007, 42.

es auch unmöglich scheint, unter dem Gesichtspunkt der potentiell weitreichenden und in einigen Aspekten erst in ferner Zukunft feststellbaren Folgen sowie des Nicht-wissens, ein technisches Risiko so weit abzuschätzen, dass eine *informed consent*-ge-rechte Aufklärung der für den Embryo stellvertretend zustimmenden Eltern stattfin-den kann, ebenso wenig wie eine überzeugende Abwägung der Risiko-Nutzen-Lage. Die Aspekte hinsichtlich ungewussten Nichtwissens implizieren, dass die gängige Vorannahme dafür, dass der Eingriff erlaubt werden müsse, weil er der sicherere und erfolgversprechendere Weg gegenüber anderen Maßnahmen, ein gesundes Kind zur Welt zu bringen, sei, *kontra*faktisch bleiben könnte. Dieser Punkt spricht darüber hi-naus in noch stärkerem Maße gegen eine Anwendung des Keimbahneingriffs im Sinne einer Prävention, angesichts der Risiken, die nunmehr in Abwägung mit einer *Wahr-scheinlichkeit*[871] zu erkranken treten müssen – vielen dieser krankmachenden Dis-positionen[872] kann mit anderen Maßnahmen ebenfalls entgegengewirkt werden, ohne unüberschaubare Risiken eingehen zu müssen. Insbesondere die sog. Volksleiden wie beispielsweise Herzkreislauf-Erkrankungen sind multifaktoriell bedingt: Nicht nur kann durch Verhaltens- und Umwelteinflüsse einer genetischen Disposition positiv entgegengewirkt werden, man muss auch bedenken, dass es keinen genetischen De-terminismus gibt, der verhindern könnte, dass ein genetischer Eingriff zur Prävention nicht durch gesundheitsschädigendes Verhalten unwirksam gemacht werden könnte. Was das Enhancement betrifft, vergleichen dieses einige Fürsprecher mit anderen in der Medizin praktizierten Wunscheingriffen (z. B. der plastischen Chirurgie). Hierzu kann für den ärztlichen Auftrag festgestellt werden, dass bereits sowohl präventive, als auch therapeutische Keimbahneingriffe wegen ihres unüberschaubaren Risikos nicht nur für das vorsorglich behandelte, erst entstehende Individuum, sondern für alle ihm nachfolgenden Individuen, nicht als ärztliche Aufgabe angesehen werden können. Dieser Aspekt trifft umso mehr für das Enhancement zu, welches, wie be-reits mehrfach festgestellt, wegen größerer antizipierter Unsicherheiten und weniger Erfolgsaussichten[873] als ärztlich nicht vertretbar eingeschätzt werden muss.

Als letzter Hinweis soll hier gegeben werden, dass daraus nicht zwingend ab-zuleiten ist, die Keimbahntherapie müsse allgemein ethisch als verwerflich gelten, nur weil sie keinen legitimen Teil des ärztlichen Handelns darstellt. Erik Parens ver-weist an dieser Stelle auf das so bezeichnete „Schmocter" – Problem;[874] wenn auch

---

871 „Was jedoch die Verhinderung von Krankheiten betrifft, so macht es einen erheblichen Unter-schied für die Bestimmung des Nutzens einer Präventivmaßnahme, ob sich das Krankheitsrisiko ohne die Behandlung mit Sicherheit verwirklichen wird oder ob nur eine irgendwie erhöhte Wahrschein-lichkeit besteht." Wagner 2007, 90.

872 Im Falle der Idee, Menschen per Keimbahnintervention mit einer Resistenz gegen das HI-Virus auszustatten, ist nicht einmal eine krankmachende Disposition vorhanden.

873 Beides wegen der Komplexität menschlicher Eigenschaften und Fähigkeiten, welche nicht nur genetisch bedingt ist, sondern auch im Wechselspiel von Umwelt und Erziehung begründet liegt.

874 Der Begriff geht auf Arthur Isak Applbaum zurück, vgl. „Schmoctoring" in Applbaum 1999, 48 ff.

ein „doctor" etwas nicht tun könne, weil es nicht seinem Ethos entspreche, könne keiner einen „Schmocter" davon abhalten, es zu tun, solange er gegen keine Gesetze verstoße. „Schmocters don't claim to practice medicine. They widely advertise that they practice *schmedicine*."[875] Insofern bleibt die Aufgabe bestehen, für ein ethisches Gesamturteil weitere Argumente zu untersuchen. Die schon mehrfach angeklungene elterliche Autonomie und inwieweit sie reichen könnte, um einen Eingriff in das Erbgut ihres ungeborenen und u. U. ihres noch nicht gezeugten Kindes zu rechtfertigen, ist Gegenstand des nächsten Unterkapitels.

3.3.2.4 Elterliche Autonomie

Neben dem Argument, eine Keimbahntherapie sei wegen ihres prognostizierten medizinischen Nutzens Teil des ärztlichen Auftrags, welches wie vorangegangen dargelegt nicht vollends überzeugen kann, wird als weiterer pragmatischer Überzeugungsgrund in der Literatur die Rechtfertigung durch die elterliche Autonomie genannt. Auch was das Enhancement betrifft, verwenden viele Befürworter das Recht der Eltern, ihren Wunsch, im vermeintlich besten Interesse des Kindes – im *Kindeswohl* – dieses genetisch optimal auszurüsten, als eines ihrer Hauptargumente.[876] Einige argumentieren darüber hinaus mit der elterlichen *Verantwortung* und sehen diesbezüglich sogar eine moralische Pflicht, ihre Kinder nicht nur von Erbkrankheiten zu befreien, sondern auch mit optimalen genetischen Voraussetzungen, um ein gutes Leben zu führen, ausstatten zu lassen.[877] Innerhalb dieser Diskussion wird u. a. immer wieder auf die bereits im letzten Kapitel erwähnte reproduktive Gesundheit bzw. reproduktive Freiheit oder reproduktive Autonomie verwiesen und in Anbetracht der Tatsache, dass der Eingriff am ehesten der Reproduktionsmedizin zuzuschreiben ist, die ohne (prospektive) Eltern schlechterdings ihrer Grundlage entbehrte, soll die Autonomie und Bestimmungsfreiheit von Eltern – auch hinsichtlich der postulierten reproduktiven Freiheit – nun genauer geprüft werden. Insbesondere in Anbetracht des ebenfalls im vorangegangenen Kapitel erarbeiteten Ergebnisses, dass es kein Recht auf ein genetisch eigenes, gesundes Kind geben kann sowie dass Eltern mit der Furcht vor einem genetisch bedingt kranken oder behinderten Kind auch immer die Option offensteht, zu adoptieren oder in letzter Konsequenz auf Kinder zu verzichten, scheint sich die Frage nach der Reichweite der elterlichen Autonomie in Bezug auf die Keimbahntherapie selbst zu beantworten. Weiterhin wurde jedoch ebenfalls festgestellt, dass

---

875 Parens 1998a, 11.
876 Vgl. etwa die Argumentation von Ranisch und Savulescu, S. 165 dieses Buches.
877 „Yes, I would use cheap, safe, and effective therapies to enhance my children's abilities. In fact, I believe it is a moral obligation of parents to act in their children's best interests, and by definition I think greater intelligence, health, and longevity is in their best interest", äußert sich beispielsweise James Hughes, Hughes 2000, 130.

dem Wunsch nach biologisch eigenen Kindern ein hoher Wert eingeräumt wird[878] und Frauen bereits heute Möglichkeiten zur Ablehnung der Austragung eines Kindes mit genetischer Erkrankung durch IVF-PID-Behandlungen oder auch einem Abbruch der Schwangerschaft zur Verfügung stehen. Allerdings ist hier anzumerken, dass diese Mittel nicht im Sinne der elterlichen oder reproduktiven Autonomie, sondern im Sinne der Selbstbestimmung der Frau und der außergewöhnlichen Konfliktsituation der „Zweiheit in Einheit"[879] zur Anwendung kommen. Im Hinblick auf die reproduktive Freiheit betont Wagner jedoch den Artikel 6 Absatz 1 GG,[880] in dem die Familie unter besonderen Schutz gestellt wird; hierunter falle das Recht auf Familiengründung. Grundsätzlich gelte, dass die *Einschränkung* einer grundrechtlichen Freiheit zu legitimieren sei, nicht deren *Ausübung*. Deshalb könne man Eltern den Wunsch nach einer Keimbahnintervention im vermeintlich besten Interesse des Kindes nicht untersagen, solange „diese faktisch die einzige Maßnahme darstellt, ihr Grundrecht auf Gründung einer Familie auszuüben", wie Wagner schreibt.[881] Ähnlich äußert sich Katrin Platzer zur Frage der Legitimation reproduktiven Klonens.

> Die Entscheidung, eine bestimmte Art der Reproduktion zu verbieten, hieße dann, dass ein bestimmtes Individuum in der Lage sein muß, sich in irgendeiner anderen Weise fortzupflanzen. Es ist aber möglich, dass die Klonierung die einzige Art der Fortpflanzung ist, ein genetisch nahestehendes Individuum zu zeugen.[882]

Doch dass sie *faktisch* die einzige Option hierfür darstellen soll, setzt voraus, dass die Adoption eines Kindes (oder Embryos) oder die Annahme eines von einer Krankheit betroffenen Kindes[883] nicht die Gründung einer Familie bedeuten könnte. Das Recht auf ein gesundes, genetisch eigenes Kind bleibt hierdurch unbestätigt.

Bevor jedoch nun weiter auf das Recht der Eltern oder zukünftigen Eltern in Bezug auf die genetische Ausstattung ihrer Kinder eingegangen wird, soll zunächst die radikalere Position, dass es eine Pflicht gebe, nicht nur zum therapeutischen Einsatz der Keimbahnintervention, sondern auch zur Verbesserung der genetischen Disposition eines Kindes, hinterfragt werden.

---

878 Im Bericht der Bioethik-Kommission zur PID heißt es: „Der Wunsch eines Paares, bei dem das Risiko einer genetisch bedingten Krankheit beim Kind mit hinreichender Wahrscheinlichkeit anzunehmen ist, ein gesundes Kind zu erhalten, hat sittliche Qualität", Bioethik-Kommission Rheinland-Pfalz 1999, 65, These III 2 a).
879 BverfGE 88, 203 [342], vgl. auch 3.3.1.2, S. 107, FN 533 dieses Buches.
880 „Ehe und Familie stehen unter dem besonderen Schutze der staatlichen Ordnung", Art. 6 Abs. 1 GG.
881 Wagner 2007, 95.
882 Platzer 2000, 134.
883 Zu Gunsten des Arguments könnte es sich um hundertprozentig vererbbare letale Mutationen handeln.

Dass Eltern sich für ihre Kinder Gesundheit wünschen ist ohne Zweifel allgemein nachvollziehbar und der am wenigsten problematische Aspekt an der Frage nach der elterlichen Autonomie hinsichtlich der Keimbahnmanipulation. Unbestritten ist auch, dass es eine elterliche Pflicht gibt, für das Wohl des Kindes zu sorgen; die elterlichen Pflichten ergeben sich aus den Rechten der Kinder, die nach der UN-Kinderrechtskonvention u. a. ein Recht „auf das erreichbare Höchstmaß an Gesundheit" haben.

Ranisch und Savulescu wollen anhand eines Gedankenexperiments ihre Ansicht verdeutlichen, dass die Bewertung der genetischen Manipulation eines zukünftigen Kindes vergleichbar sei mit der anderer die Gesundheit oder die Fähigkeiten fördernder Maßnahmen: Das Kind eines Paares habe einen außerordentlichen Intellekt, doch um diesen zu behalten, sei ein Nahrungsergänzungsmittel nötig. Nehme es dieses Mittel nicht, resultiere ein *normaler* Intellekt.

> Wenn wir nun in dem Gedankenexperiment „Nahrungsergänzungsmittel" durch „medizinische Eingriffe" ersetzen, scheint dies nichts an der ethischen Bewertung zu ändern. Unter den beschriebenen Bedingungen hätten die Eltern die Pflicht, ihr Kind zu verbessern. Die Vorstellung eines frei verfügbaren und sicheren Eingriffs in die Biologie unserer Kinder scheint vielleicht abstrakt. Das Gedankenexperiment weist aber auf wichtige Punkte hin. Eine grundlegend verschiedene ethische Bewertung von als selbstverständlich vorausgesetzten therapeutischen Maßnahmen und Enhancement ist nicht zu rechtfertigen.[884]

Dem ist zunächst zu entgegnen, dass es keine Pflicht zur Perfektion geben kann, das schreiben auch Ranisch und Savulescu.[885] Laut den Autoren bestehe eine moralische Verpflichtung zur Gabe des Mittels dennoch, da es keine Einschränkung mit ethischer Relevanz gebe. Das Mittel sei frei verfügbar, günstig und sicher. Sofern dies auch für einen genetischen Eingriff konstatiert werden könne, seien die Eltern zu diesem ebenso verpflichtet wie zur Gabe des Nahrungsergänzungsmittels. Wenn die elterliche Pflicht, für das Wohl des Kindes zu sorgen, jedoch auf diese Weise interpretiert würde, hätte das zur Konsequenz, dass grundsätzlich *jede* Schwangerschaft *in vitro* begonnen werden müsste, denn selbst wenn sich jedes Paar vor einer Schwangerschaft genetisch untersuchen ließe, um beispielsweise unbekannte heterozygote Mutationen auszuschließen, bliebe das Risiko spontaner genetischer Veränderungen. Die Pflicht, für das kindliche Wohl zu sorgen, kann sich nicht auf die Auswahl oder Herstellung eines frei von Mutationen und Dispositionen gezeugten Embryos beziehen – schon gar nicht auf seine genetische Optimierung. Denn im Umkehrschluss könnte dies sogar bedeuten, dass jede natürlich erzeugte Schwangerschaft als unverantwortbar zu gelten hätte. Diese Vorstellung kommt dem Hinweis einiger

---

884 Ranisch und Savulescu 2009, 30.
885 „Wir müssen schließlich nicht immer das Bestmögliche für unsere Kinder wollen", Ranisch und Savulescu 2009, 30.

Diskursteilnehmer nahe, dass, sobald die Keimbahntherapie zugelassen würde, es nicht nur im Entscheidungsspielraum der Eltern liegen könnte, sich *für* eine Intervention zu entscheiden, sondern dass fortan auch die Verantwortung übernommen werden müsse, sich *gegen* einen Keimbahneingriff zur Vermeidung einer genetisch bedingten Krankheit oder Behinderung zu entscheiden. Wird der Einwand von Kritikern geäußert, zielt er insbesondere auf gesellschaftliche Fragen ab, beispielsweise nach dem Umgang mit Menschen mit genetisch bedingten Krankheiten; Einwände, die jedoch erst an späterer Stelle ausgearbeitet werden.[886] Wenden Befürworter einer Zulassung des Verfahrens diese Art von Argument an, dass es von Eltern nahezu sorglos sei, sich unter Verfügung eines Werkzeuges zur Intervention *gegen* einen Eingriff und damit für ein von einer Genmutation betroffenes Kind oder jedenfalls für das Risiko, ein betroffenes Kind zu bekommen, zu entscheiden, wollen sie damit zur Verantwortung aufrufen. Bostrom formuliert diesbezüglich sehr drastisch:

> In any case, if the alternative to parental choice in determining the basic capacities of new people is entrusting the child's welfare to nature, that is blind chance, then the decision should be easy. Had Mother Nature been a real parent, she would have been in jail for child abuse and murder.[887]

Diese Art des Argumentierens läuft darauf hinaus, zu behaupten, ein Kind mit einer genetisch bedingten Erkrankung *in Kauf zu nehmen,* hieße, dies sei dem Kind eine Krankheit zuzufügen, ethisch gleichzusetzen. Unter dem hier angedeuteten Symmetrieprinzip ist zu verstehen, dass das Unterlassen einer Handlung, die Schaden vermeiden könnte, ethisch gleichzusetzen sei mit dem aktiven Zufügen von Schaden.[888] Im Namen des Symmetrieprinzips wird vor allem auch das Enhancement diskutiert; unter dieser Auffassung lösen sich nämlich die ohnehin häufig als unscharf bezeichneten Grenzen zwischen Therapie und Enhancement auf. Im Sinne dieses Paradigmas könne kein ethischer Unterschied zwischen dem Vermeiden von Schaden und aktiver Verbesserung festgestellt werden.[889] Da wir unter normalen Umständen die moralische Pflicht hätten, niemandem Schaden zuzufügen, haben wir nach diesem Prinzip auch die moralische Pflicht, zu verbessern. Michael Hauskeller stellt hierzu allerdings treffend fest, dass dieses Axiom ein utilitaristisches sei. Es sei dann plausibel, wenn es ausschließlich um die Bewertung des Ergebnisses einer Handlung gehe, nicht um die Bewertung der Beweggründe oder der Art der Handlung selbst. „Grundsätzlich

---

886 Vgl. 3.3.3, S. 195 ff dieses Buches.
887 Bostrom 2005, 211.
888 Zum „moral symmetry principle" vgl. Tooley 1972, 58 ff. Insbesondere auch im Zusammenhang mit aktiver und passiver Euthanasie finden sich Argumente bezüglich des Symmetrieprinzips; vgl. Hauskeller 2009, 163: Wenn es beispielsweise unsere Pflicht sei, nichts zu tun, was das Leiden einer Person unnötig verlängere, dann sei es konsequenterweise auch Pflicht, dieses Leiden durch Töten dieser Person zu beenden.
889 Vgl. Hauskeller 2009, 162.

gibt es nur eine moralische Pflicht, nämlich so zu handeln, dass die Lebensqualität im Durchschnitt verbessert wird. Das ist eine Variation des klassisch utilitaristischen Prinzips, das Glück zu maximieren"[890], interpretiert Hauskeller. Diese Einstellung führt bei manchen Befürwortern zu der Überzeugung, man müsse alles Mögliche tun, um ein Kind mit den besten Chancen auf ein gelingendes Leben zu wählen, da dies nicht zu tun, einem dem Kind aktiv zugefügten Schaden gleichkomme. Savulescu fordert: "I will argue for a principle which I call Procreative Beneficience: couples (or single reproducers) should select the child, of the possible children they could have, who is expected to have the best life, or at least as good a life as the others, based on the relevant, available information."[891] Hauskeller fällt hierzu auf, dass Savulescu trotz seiner Überzeugung vom Symmetrieprinzip einen *Zwang* zur Optimierung nicht verlangt. Wir *sollten* unseren Kindern alle möglichen Chancen, insbesondere auch auf genetischer Basis, für ein gutes Leben erhöhen – eine Pflicht oder Zwang bestehe nicht.[892] Doch wenn die Nicht-Verbesserung eines Lebens moralisch gleichzusetzen sei mit der absichtlichen Verschlechterung eines Lebens, dann müsste laut Hauskeller die Schlussfolgerung lauten: „Wenn der Verzicht auf eine solche Verbesserung das Gleiche ist wie Schädigung, dann sollten Menschen nicht frei wählen können, ob sie die Eigenschaften ihrer Kinder verbessern oder nicht. Sie sollten vielmehr gesetzlich dazu gezwungen werden, ihren Kindern das beste aller möglichen Leben zu geben."[893] Dass Savulescu dies nicht tut, ist für ihn ein Hinweis darauf, dass selbst die Befürworter des Enhancement im Sinne des Symmetrieprinzips dieses nicht vollkommen ernst nehmen. Für die Gesamtbewertung kann eine utilitaristische Überzeugung tatsächlich nicht oder nicht als alleiniger Aspekt berücksichtigt werden, da es darum gehen muss, eine möglichst allgemein nachvollziehbar begründbare Beurteilung zu formulieren. Eher wird auch von Befürwortern sowohl therapeutischer als auch optimierender Keimbahneingriffe wie z. B. Robertson ebenso im Sinne der elterlichen Autonomie für die *freie* Entscheidung *für* wie *gegen* eine Intervention argumentiert: „As long as persons who choose to ignore genetic information in reproducing are able and willing to rear affected offspring, the costs of their reproduction are unlikely to be sufficient to support a charge of reproductive irresponsibility"[894].

Die Frage nach den elterlichen Rechten und Pflichten gegenüber ihrem (noch zu zeugenden) Kind ist nie frei von eugenischen Anklängen Ein scheinbarer Widerspruch liege Sandel zufolge jedoch vor, wenn die Ablehnung eines staatlichen Zwangs zur Keimbahnintervention mit dem bedeutenden Unterschied zwischen

---

890 Hauskeller 2009, 163.

891 Savulescu 2001, 415.

892 „The 'should' in 'should choose the best child' [...] implies that persuasion is justified, but not coercion", legt Savulescu dar. Savulescu 2001, 415; vgl. auch ebd., 425.

893 Hauskeller 2009, 166.

894 Robertson 1994, 151–152; der Frage nach Kosten- und Verteilungsgerechtigkeit wird erst im Zusammenhang mit der Regulation nachgegangen, vgl. Kap. 3.3.3.5, S. 245 dieses Buches.

der liberalen Eugenik und der staatlich verordneten Eugenik begründet werde. Zwar zeichne sich diese Idee gerade dadurch aus und grenze sich dadurch gegen eine staatlich erzwungene Eugenik ab, die vor allem mit den Greueltaten des nationalsozialistischen Regimes zur „Bereinigung des Genpools" in Verbindung gebracht wird, dass sie *nicht* Angelegenheit des Staates, sondern Teil individueller freier und persönlicher Entscheidung sei, doch letztendlich impliziere die liberale Eugenik mehr staatlichen Zwang als es scheine.[895] Unter den Prämissen, die Vor- und Nachteile genetischer Verbesserungen seien fair zugänglich und die Manipulationen im Erbgut bestimmten die Wahl des Lebensplans des Kindes nicht voraus, können einigen Bioethikern zufolge gegen eugenische Maßnahmen keine moralischen Einwände erhoben werden:

> Worauf es vom liberal-eugenischen Standpunkt aus allein ankommt, ist, dass weder die Erziehung noch die genetische Veränderung die Autonomie oder „das Recht auf eine offene Zukunft" des Kindes verletzt. Vorausgesetzt, die optimierte Fähigkeit ist ein „Allzweck"-Mittel und richtet das Kind daher nicht auf eine bestimmte Karriere oder Lebensplan aus, ist sie moralisch erlaubt.[896]

So interpretiert Sandel den liberal-eugenischen Standpunkt und schließt daraus, dass liberale Eugenik ein staatlich verordnetes genetisches Eingreifen gar nicht ablehne, sofern die Autonomie des entworfenen Kindes respektiert werde. Die Gefahr bestehe darin, dass wenn es tatsächlich Merkmale und Fähigkeiten gäbe, die jedem von Vorteil seien, „useful in carrying out virtually any plan of life",[897] dann ginge es nicht nur um ein liberales Prinzip, das Leben der zukünftigen Menschen zu verbessern, sondern es wäre sogar *Kampf* darum geboten.[898] Da die meisten Menschen die staatliche Regulation beispielsweise der schulischen Bildung, der gesundheitlichen Vorsorgeuntersuchungen oder auch zur Aufforderung der Benutzung fluoridierten Wassers für die Zahnhygiene akzeptieren, schließen Buchanan et al., „if genetic interventions become possible that would prevent comparable harms, or secure comparable benefits, they could also be justifiably encouraged or required by the state."[899]

Wenn die elterliche Autonomie über die genetische Ausstattung in Anspruch genommen wird, stellt sich demgegenüber aber auch die Frage, inwieweit die Autonomie eines gentechnisch veränderten Kindes-in-spe durch den vorgeburtlichen Eingriff ge-

---

895 Vgl. Sandel 2015, 98.
896 Sandel 2015, 98–99.
897 Buchanan et al. 2000, 174.
898 Vgl. Sandel 2015, 99, der an dieser Stelle auf Joel Feinbergs Wendung verweist und zitiert: „The child's right to an open future" aus: W. Aiken und H. LaFolette (Hg.), Whose child? Children's rights, parental authority, and state power, Totowa 1980.
899 Buchanan et al. 2000, 174. Weitere Ausführungen zur Regulation vgl. Kap. 3.3.3.5, S. 245 dieses Buches. Dass sich aber eine staatlich verordnete Eugenik entwickeln könnte, ist keine der Sorgen, die im Vordergrund stehen.

fährdet wird. Dafür muss die Vorannahme, dass es einem jeden Lebensplan nützliche Eigenschaften gebe, geprüft und nach möglichen Eigenschaften gesucht werden, die einem Kind objektiv betrachtet die größten Chancen auf ein gelingendes Leben verschaffen können sollen. Welche als Verbesserung bezeichnete Manipulation einer Eigenschaft könnte tatsächlich als Verbesserung gelten? Im Sinne liberaler Eugenik sei das genetische Enhancement Ranisch und Savulescu zufolge zwar moralisch geboten, dennoch sei die reproduktive Autonomie nicht grenzenlos. Bei der Zulassung von genetischem Enhancement müsse neben der Sicherheit und gerechten Zugänglichkeit des Verfahrens ebenso sichergestellt werden, dass der Eingriff sich auf „ein überzeugendes Konzept des Guten für die Nachkommen" gründet und „der Eingriff mit einer autonomen Entwicklung und einer angemessenen Wahl an möglichen Lebensentwürfen der Nachkommen vereinbar" sei.[900] Zu den beispielsweise von Hauskeller als „intrinsische Güter"[901], von Ranisch und Savulescu als „Allzweck-Mittel"[902] oder von Buchanan et al. als „natural primary goods"[903] bezeichneten Eigenschaften, die in allen vorstellbaren Szenarien als gut und wünschenswert zu verbessern gelten und nicht mit einer „angemessenen Anzahl von Lebensentwürfen" kollidieren, sollen laut dieser Autoren u. a. Impulskontrolle, das Gedächtnis und die Intelligenz zählen,[904] aber auch „Geduld, Einfühlungsvermögen, Humor, Optimismus und im allgemeinen ein heiteres Gemüt" werden vorgeschlagen.[905] Darüber hinaus gibt es Vorstellungen von stärkerer Muskelkraft, höherer Körpergröße, verringertem Schlafbedürfnis und verlängerter Lebenszeit.[906] Zunächst muss hierzu allerdings festgestellt werden, dass eine einfache *Hochrechnung* der Eigenschaften, die für möglichst viele Lebenspläne nützlich sein könnten, nicht unbedingt die Frage beantwortet, inwiefern *verbessernd* eingegriffen werden könnte.

> It will not do to assert that we can extrapolate from what we like about ourselves. Because memory is good, can we say how much more memory would be better? If sexual desire is good, how much more would be better? Life is good, but how much extension of the lifespan would be good for us? Only simplistic thinkers believe they can easily answer such questions.[907]

Wagner führt ergänzend hierzu an, dass sich einige der Enhancement-Ziele gegenseitig ausschließen:

---

900 Ranisch und Savulescu 2009, 40.
901 Hauskeller 2009, 169.
902 Ranisch und Savulescu 2009, 34.
903 Buchanan et al. 2000, 168.
904 Vgl. Buchanan et al. 2000, 168, Savulescu 2001, 420–421, Ranisch und Savulescu 2009, 34.
905 Ranisch und Savulescu 2009, 34.
906 Vgl. Sandel 2015, 31–39.
907 Kass 2004, 132.

So ist die Dynamik des idealen Witschaftsmanagers [sic!] unvereinbar mit der Reflexion, die den großen Poeten kennzeichnet, oder mit der Geduld, die der perfekte Wissenschaftler benötigt. Im athletischen Bereich ist Muskelmasse zwar für manche Disziplinen von Vorteil, wirkt aber bei solchen, die Beweglichkeit und Schnelligkeit erfordern, kontraproduktiv[908]

Hinzu kommt der Aspekt, dass für einige der für ein Enhancement vorgeschlagenen Merkmale gelte, dass eine Verbesserung derselben sich als selbstwidersprüchlich herausstellen würde: „Wenn ein hoher Körperwuchs allgemein gewünscht wäre, dann würden alle versuchen, das Wachstum ihrer Kinder zu erhöhen, ohne dabei etwas zu gewinnen. Denn wenn jeder größer sein möchte, würde sich die Durchschnittgröße erhöhen."[909] Der Wert der Körpergröße sei demnach ein relativer, dennoch gebe es Eigenschaften, die nicht nur im Verhältnis zu anderen wertvoll würden. Intelligenz sei beispielsweise für das Verständnis unseres Selbst wertvoll, nicht erst in Relation. Doch muss auch für solche „nicht-relativen Qualitäten"[910] konstatiert werden, dass eine allgemein als gut empfundene Eigenschaft trotz allem von dem betreffenden Individuum abgelehnt werden könnte. Bayertz betont, dass „[d]ie Erreichung eines biblischen Alters oder ein perfektes Gedächtnis [...] sehr wohl auch als eine Belastung empfunden werden"[911] könne. Und tatsächlich scheint es für einige Menschen, die wegen unterschiedlicher Ursachen eine besonders ausgeprägte Intelligenz oder ein herausragendes, dem Gedächtnis der allermeisten anderen Menschen deutlich überlegenes Erinnerungsvermögen aufzeigen, viel mehr eine Belastung als eine Bereicherung zu sein, derart *gesteigerte* entwickelte Merkmale aufzuweisen. An dieser Stelle ist beispielhaft Solomon Shereshevskii zu nennen, ein Gedächtniskünstler, der ab Mitte der 1920er Jahre über Jahrzehnte unter wissenschaftlicher Beobachtung und Untersuchung stand.[912] Die enorme und scheinbar endlose Kapazität seines Gedächtnisses ermöglichte es ihm, ein einziges Mal eingeprägte Zahlen, Wörter, Silben, Passagen oder auch Fremdsprachen noch viele, viele Jahre später, ohne nachdenken zu müssen, spontan abzurufen. In seinem fotografischen Gedächtnis wurde alles einmal Gesehene für alle Zeiten abgespeichert – nicht ohne Rückwirkung auf andere Fähigkeiten. Shereshevskii hatte nicht nur Schwierigkeiten mit doppeldeutigen Begriffen oder Gegenständen, die mehrere Bezeichnungen hatten; er konnte sich auch keine abstrakten Informationen merken – ausschließlich Bilder. Er konnte auch nicht lesen. Zudem wies er Probleme in Bezug auf soziale Interaktionen, Empathie und Kommunikation auf.[913] Ebenso belasteten ihn die vielen Erinnerungen und abgespeicherten

---

908 Wagner 2007, 90.
909 Ranisch und Savulescu 2009, 46.
910 Ranisch und Savulescu 2009, 47.
911 Bayertz 1991, 297.
912 Seine Geschichte wurde veröffentlicht in Lurija 2002.
913 „The astounding memory of Shereshevskii has been taken as a paradigmatic example of how the development of a skill can affect the development of others", Romero-Munguia 2013.

Bilder, die er unfähig war zu vergessen, obwohl er sich sehr darum bemühte, sie zu überspielen.[914] Auch die Intelligenz scheint den Anspruch eines *Allzweck-Mittels* nicht zu erfüllen. Beispielsweise legen Untersuchungen nahe, dass die Art und Weise einer Entscheidungsfindung, und ob sie wohl überlegt und reflektiert oder spontan und intuitiv, oder intuitiv mit folgender Reflexion getroffen wird, durchaus mit dem Intelligenz-Quotienten (IQ) variieren; jedoch könne nicht behauptet werden, dass die Menschen mit den kognitiv höheren Fähigkeiten die *besseren* Entscheidungen treffen.[915] Der IQ bilde ohnehin nur einen Bruchteil der Dimensionen von Intelligenz ab, kritisiert Howard Gardner und stellt fest, der IQ alleine „does not predict one's ability to handle school subjects, though it foretells little of success in later life."[916] Ein empirisches Beispiel wie das von Solomon Shereshevskii deuten auf ein Phänomen hin, welchem mit dem Satz: „There ain't no such thing as a free lunch" Ausdruck verliehen wird.[917] Fukuyama äußert daraus schließend folgende Befürchtung:

> Die medizinischen Techniken laufen in vielen Fällen auf einen Teufelspakt hinaus: auf ein längeres Leben, jedoch mit verminderten geistigen Fähigkeiten; ein Leben ohne Depression, aber auch ohne Kreativität und Geist; auf Therapien, die die Grenzlinie verwischen zwischen dem, was wir aus eigener Kraft erreichen, und dem, was wir aufgrund des Pegelstands an verschiedenen Chemikalien in unserem Hirn zuwege bringen.[918]

Ob die jeweilige von Fukuyama vorgenommene Zuordnung von Nutzen und Kosten tatsächlich so zuträfe, kann an dieser Stelle nicht näher untersucht werden.[919] Es wird dennoch deutlich, dass der Aspekt des möglichen ungewussten Nichtwissens immer wieder bedeutsam wird und die Ambivalenzen jedweder „Verbesserung" unhintergehbar erscheinen.

Bayertz führt aber noch einen weiteren Einwand gegen allgemein als gut zu empfindende Eigenschaften an: Die Abhängigkeit der Bewertung einer Eigenschaft vom historischen Kontext. Während es in früheren Jahrhunderten als erstrebenswert

---

914 Im Tagesspiegel heißt es: „Schereschewski konnte nicht vergessen, und das wurde für ihn zum Fluch. Er wurde von Details seiner Erinnerungen regelrecht überschwemmt, von einer Lawine der Banalitäten am Denken gehindert", Wewetzer 2017.

915 Vgl. Frederick 2005, 38 ff.

916 Gardner 2011, 3.

917 Am ehesten geprägt von Robert A. Heinlein, vgl. Safire 1993 steht dieser Satz seither für die Annahme, dass selbst wenn etwas kostenlos erscheint, sich doch immer ein Preis für die Person oder die Gesellschaft im Ganzen offenbaren wird.

918 Fukuyama 2004, 22.

919 Dieser Gedanke gilt jedoch auch für evolutionär positive „Kehrseiten" genetischer Erkrankungen wie die Malaria-Resistenz bei Sichelzellanämie oder der Zusammenhang zwischen dem erhöhten Risiko der Ansteckung mit West-Nil-Fieber in Verbindung mit einer Mutation in dem für das HI-Virus wichtigen Gen CCR5, die häufig nur zufällig bekannt werden und die sich möglicherweise auch dauerhaft unserem Erkenntnisvermögen entziehen. S. 41 sowie S. 133 dieses Buches.

gegolten habe, fromm und demütig zu sein, würde heute eine Steigerung der Intelligenz als allgemein wünschenswert angesehen.[920] Da eine auf der Keimbahnebene stattfindende genetische Optimierung immer frühestens in der nächsten Generation zur Ausprägung gelangen würde, spielt dieser retardierende Aspekt eine bedeutende Rolle. „Die *einzige* Instanz, die berechtigt und in der Lage ist, zu entscheiden, ob eine bestimmte Eigenschaft oder Fähigkeit für ein bestimmtes Individuum von Nutzen ist, ist *dieses Individuum* selbst", schreibt Bayertz und konstatiert daher, dass Manipulationen der Keimbahn zu jeglichem Zweck, außer zur „Heilung eines schweren oder sogar tödlichen Leidens"[921], nicht zulässig seien.[922]

Dass Keimbahninterventionen trotz der Nicht-Zustimmungsfähigkeit des gezeugten Embryos und trotz der Tatsache, dass erheblicher Zweifel an der Allzwecktauglichkeit bestimmter als für alle Lebenspläne nützlich angepriesener Eigenschaften besteht, dennoch zulässig sein sollen, auch zu Enhancement-Zwecken, wird von den Befürwortern argumentatorisch über das Bisherige hinaus mit einem vergleichenden Blick auf andere Maßnahmen, wie Erziehung und Umweltbeeinflussung gerechtfertigt. Sie setzen die Auswahl und Herstellung von genetisch gesunden und mit bestimmten Eigenschaften ausgestatteten Embryonen mit Erziehung und anderen zulässigen Maßnahmen als Mittel zum Umsetzen einer bestimmten Vorstellung dessen, wie das eigene Kind sein und werden soll, gleich. John Robertson vermerkt diesbezüglich:

> A case could be made for prenatal enhancement as part of parental discretion in rearing offspring. If special tutors and camps, training programs, even the administration of growth hormone to add a few inches to height are within parental rearing discretion, why should genetic interventions to enhance normal offspring traits be any less legitimate? As long as they are safe, effective, and likely to benefit offspring, they would no more be impermissibly objectify or commodify offspring than postnatal enhancement efforts do.[923]

Auch Ranisch und Savulescu sehen in Anbetracht der Tatsache, dass Enhancement überall präsent sei und es zudem ein dem menschlichen Wesen typisches Merkmal sei, nach Verbesserung zu streben, ebenfalls keinen Unterschied zwischen Erziehung oder Umwelteinflüssen und genetischer Zurichtung, wie Sandel es nennt.[924] Da auch Umwelteinflüsse die Biologie von Lebewesen stark beeinflussen können, gebe es keinen Grund, ethisch zwischen gezielter genetischer Manipulation und Beeinflussung von Umweltfaktoren zu differenzieren. In der Tat können Umwelt, Erziehung und biografische Erlebnisse Einfluss auf die Biologie eines Menschen und nachgewiesener-

---

920 Vgl. Bayertz 1991, 297.
921 Bayertz 1991, 298. Hier dürfe eine Einwilligung vorausgesetzt werden.
922 Vgl. Bayertz 1991, 298.
923 Robertson 1994, 167.
924 Vgl. Sandel 2015, 31 ff.

maßen auch auf seine (Epi)Genetik nehmen. Hierzu legen einige Studien dar, dass beispielsweise eine Beeinflussung der Genregulation und -expression durch frühkindliche Erfahrungen, insbesondere negative, nachgewiesen werden konnte.[925] Doch die Tatsache allein, dass das Ergebnis dieser verschiedenen Handlungen insofern vergleichbar ist, als dass beide eine Änderung der genetischen Konstellation bewirken (können), kann nicht die einzelnen Maßnahmen selbst ethisch gleichermaßen rechtfertigen. Abgesehen davon, dass diese Ansicht ein weiteres Mal zu utilitaristisch ist, um allgemein nachvollziehbar artikuliert werden zu können, ist das Ergebnis auch nur in der einen Hinsicht vergleichbar, nämlich dass eine Veränderung der Genetik stattfindet bzw. stattfinden kann; der entscheidende Unterschied könnte aber darin bestehen, dass die Manipulation der Gene im Falle der Beeinflussung durch Umwelt und Erziehung nicht zielgerichtet, sondern eher als (un)bekannte Nebenwirkung, oder allerhöchstens zielgerichtet im Sinne einer Partnerwahl *geschieht* oder angewendet wird. Siep merkt diesbezüglich an:

> Sicher ist der Einfluss der Eltern auf die Entwicklung der Anlagen ihrer Kinder bedeutend. Und man kann auch sagen, dass die immer noch – durch die soziale Schichtenbildung und bestimmte Verfahren der Inklusion bzw. des Ausschlusses – gesteuerte Partnerwahl Einfluss auf die genetische Ausstattung des Nachwuchses hat. Aber die Wirkung der zuletzt genannten Maßnahmen ist im Zeitalter der sozialen Mischung und der autonomen, gefühlsgesteuerten Partnerwahl eher abnehmend. Sicher ist sie nicht zu vergleichen mit der Art von genetischem „Maßschneidern", die zur Konzeption gentechnischer Verbesserungen gehört.[926]

Den Unterschied zwischen diesen Vorgehensweisen bei der Beeinflussung eines Kindes durch seine Eltern betont auch Parens:

> Giving a child the opportunity to learn the violin is different in magnitude than, say, hoping to give her the capacity to be more aggressive and competitive. The magnitudes of these interventions are different enough so that it would be a mistake to rest easy in the view that there's nothing here new enough to deserve our reflection.[927]

Im Falle der Keimbahnmanipulation ist das Ziel die gerichtete Manipulation, geknüpft an eine *Erwartung*. Dieser letzte Aspekt ist von maßgeblicher Bedeutung und er ist Teil der Problematik, die Habermas formuliert, wenn er von dem Unterschied des Gewachsenen und des Gemachten schreibt. Die ethische Gleichsetzung von Erziehung und genetischer Manipulation, der Vergleich zwischen der Interaktion von Umwelt und Genen und der gezielten Auswahl oder Änderung *passender* Gene basiere auf einer „fragwürdigen Parallelisierung", die sich auf „die Einebnung der Differenz

---

925 Vgl. beispielsweise Mehta et al. 2013 oder Yang et al. 2013.
926 Siep 2005, 164.
927 Parens 2000, 123.

zwischen Gewachsenem und Gemachtem, Subjektivem und Objektivem stützt."[928] Diese Gleichsetzung sei ihm zufolge unzulässig und er bezieht sich in seiner Argumentation für die Unterscheidung dieser Zustände auf das schon von Hans Jonas formulierte Bedenken, dass die beherrschte Natur den sich ihr bisher als Herr gegenübergestellten Menschen nun wieder einschließe und somit Naturbeherrschung in Selbstbemächtigung umschlage. Diese wiederum *könne* das Selbstverständnis und „notwendige Bedingungen für autonome Lebensführung"[929] berühren. Hier klingt ein schon in der Menschenwürdeargumentation von Habermas beschriebener Aspekt an: Nicht, dass genmanipulierten Menschen Rechte abgesprochen werden könnten sei das Problem, sondern dass sie in ihrer Selbstwahrnehmung gestört sein könnten, was sie daran hindern könnte, ihre Rechte *wahrzunehmen*.[930] Da eine Person einen Körper nur *besitze*, „indem sie dieser Körper als Leib – im Vollzug ihres Lebens – ‚ist'",[931] mache die Manipulation menschlicher Erbanlagen die Unterscheidung zwischen klinischem Handeln und technischer Herstellung im Hinblick auf die eigene innere Natur rückgängig. „Dieser [genmanipulierten] Person wird die eigene Natur als ‚innere Umwelt' zugeschrieben. Aber kollidiert nicht die aus der Sicht des Intervenierenden vorgenommene Zuschreibung mit der Selbstwahrnehmung des Betroffenen?"[932] Enthülle sich der Leib eines Heranwachsenden (auch) als etwas Gemachtes, stoße seine Perspektive des erlebten Lebens mit der objektivierenden Ansicht der Herstellenden zusammen. Und eben hier wird die erwähnte Erwartungshaltung problematisch. Die Absicht programmierender Eltern habe nach Habermas den Status einer unanfechtbaren Erwartung an das Kind. Es verletze die Autonomie der gentechnisch veränderten Person, die sich nicht mehr unbefangen als der ungeteilte Autor des eigenen Lebens verstehen könne.[933] Ganz ähnlich argumentiert auch z. B. Sandy Thomas, wenn sie schreibt:

> From the viewpoint of ethics, the notion of enhancement ignores the fundamental principle of respect for persons which is expressed in action and procedures that give due weight to personal autonomy and integrity. By introducing selected specific traits of this kind into an embryo, a parent imposes his values of what is "better". How could the teenager or young adult rebel against his or her selected genes? Parental choice would extend into the child's life in a way that could compromise his rights as an individual to pursue his *own* path.[934]

---

928 Habermas 2001, 88.
929 Habermas 2001, 85.
930 Vgl. S. 117 dieses Buches.
931 Habermas 2001, 89.
932 Habermas 2001, 89.
933 Vgl. Habermas 2002, 285, Habermas und Reemtsma 2016, 12.
934 Thomas 2000, 103; ganz ähnlich äußert sich auch Paul Billings: „As a father, I rail against the presumption that I should know best about matters pertaining to the life of my child. I would prefer not to overreach my paternal role and, instead, try simply to protect my child's life and provide what is needed for her growth", Billings 2000, 130.

Analog dazu merkt auch Sacksofsky an, dass zwar sicher „alle Eltern bestimmte Erwartungen mit ihren Kindern [sic]" haben und diese durch Erziehung umzusetzen versuchen. „Doch besteht insoweit ein gravierender Unterschied. Die erzieherische Tätigkeit der Eltern stößt auf Eigenes des Kindes; alle – auch die Eltern – wissen, daß Erziehung fehlschlagen kann; es handelt sich um ‚Wunschphantasien'".[935] Die Befürworter des genetischen Enhancement entgegnen dieser Art der Argumentation zum einen, dass so etwas wie eine auch von Habermas formulierte *genetische Fixierung* nicht existiere, insofern als dass es keinen genetischen Determinismus gebe. Die genetische Programmierung könnte demzufolge ebenso *fehlschlagen* wie Erziehung. Zum anderen könne sich auch ein nicht genmanipulierter Mensch sein Genom nicht aussuchen, ein gentechnisch manipulierter Mensch sei folglich nicht weniger autonom – dies räumt auch Sandel ein.[936] Dass das von Habermas geforderte prinzipielle Reziprozitätsverhältnis nicht nur bei genetisch manipulierten Kindern gefährdet sei, sondern auch von anderen allzu ehrgeizigen Absichten der Eltern für ihre Kinder bedroht sein könnte, wird als Argument verwendet, diese Art der elterlichen Autonomie zuzulassen. Sandel bemerkt hierzu Folgendes:

> Die Befürworter des Optimierens haben in dieser Hinsicht recht: Kinder durch genetische Zurichtung zu verbessern ähnelt dem Geiste nach den durchgeplanten Hochdruck-Methoden der Kindererziehung, die heutzutage üblich geworden sind. Aber diese Ähnlichkeit rechtfertigt das Optimieren nicht. Im Gegenteil, sie unterstreicht ein Problem des Trends zu überzogenem elterlichen Eifer.[937]

Dieser Eifer werde beispielsweise sichtbar an von überreizten Eltern besetzten Außenlinien von Fußballfeldern, deren Verhalten dazu geführt habe, dass Sportverbände Eltern-freie Zonen eingerichtet haben oder an dem „irrsinnigen"[938] Engagement mancher Eltern für die akademische Laufbahn ihrer Kinder, welches sich in Form von absoluter Kontrolle äußere, die auch Vertreter der Hochschulen beklagen. Insofern ergebe sich aus der geistigen Verwandtschaft von Biotechnik mit anderen Methoden der Erziehung oder Formung von Kindern ein Grund, die stattfindenden Hochdruckmethoden der Kindererziehung in Frage zu stellen – nicht die ethische Legitimation der genetischen Zurichtung.[939] Letztendlich – und mit dieser Ansicht stützt Sandel das Argument von Habermas, der einen „Zusammenhang zwischen der Unverfügbarkeit eines kontingenten lebensgeschichtlichen Anfangs und der Freiheit zur ethischen Lebensgestaltung"[940] sieht – wecke die eugenische Elternschaft Einwände, selbst wenn

---

935 Sacksofsky 2001, 57.
936 Vgl. Sandel 2015, 68.
937 Sandel 2015, 73.
938 Sandel 2015, 75.
939 Vgl. Sandel 2015, 82.
940 Habermas 2002, 283.

sie dem Kind nicht schade oder dessen Autonomie beeinträchtige, weil sie eine bestimmte und kritisch zu betrachtende Haltung zur Welt offenbare; „eine Haltung der Beherrschung und Macht, die nicht fähig ist, den Charakter menschlicher Fähigkeiten und Erfolge als Gabe zu schätzen, und den Teil der Freiheit, der in einer dauerhaften Auseinandersetzung mit dem Gegebenen besteht, übersieht."[941] Sandel plädiert in diesem Sinne für eine „Offenheit für das Unerbetene"[942], die davor bewahren könne, dass Eltern der „Demut" und „des größeren menschlichen Einfühlungsvermögens" beraubt werden, welche nötig seien, um das Verhältnis zwischen Eltern und Kind nicht zu entstellen.[943] Dieser Art der Argumentation folgen auch andere Kritiker des genetischen Enhancements. Ruth Hubbard schreibt beispielsweise:

> As for the notion that we need germline interventions to "enhance" the abilities we can expect to pass on to our children, I believe that people who cannot deal with the uncertainties implicit in having a child even before that child is gestated are in for trouble. Successful parenting surely requires that we be flexible enough to accept our children, whoever they are.[944]

Auf dieses Vermögen, Kinder so anzunehmen wie sie sind, bezieht sich auch Graumann. Wie sie schreibt, sei „jedes Kind existenziell darauf angewiesen, dass es von seinen Eltern angenommen und geliebt wird, ohne dass diese hierfür Bedingungen an seine voraussichtlichen Eigenschaften und Fähigkeiten stellen."[945] Die genetische Programmierung auf bestimmte Merkmale, wenngleich in guter Absicht veranlasst, impliziert, wie aufgezeigt, Erwartungen; diese lasse die soziale Norm der bedingungslosen Annahme eines Kindes durch seine Eltern verblassen, wie Graumann konstatiert.[946] Ingrid Schneider schreibt in diesem Zusammenhang von der „*Konditionalisierung der elterlichen Annahme*" eines Kindes.[947] Sandel nimmt hinsichtlich dessen mit folgendem Zitat ein weiteres Mal Bezug auf May, der durchaus auch eine Pflicht der Eltern sehe, die Entwicklung der Kinder zu formen und zu lenken, doch: „Elterliche Liebe hat zwei Aspekte, einen annehmenden und einen verwandelnden. Annehmende Liebe bestätigt das Kind, wie es ist, während verwandelnde Liebe das Wohlergehen des Kindes erstrebt."[948] Während annehmende ohne verwandelnde Liebe zu Vernachlässigung führe, bedränge und verstoße es ein Kind, wenn die verwandelnde Liebe die annehmende übersteige.

---

941 Sandel 2015, 103.
942 Sandel 2015, 67; er bezieht sich mit dieser Formulierung auf William F. May, vgl. Hintergrundpapier zum Bericht des President's Council on Bioethics „Beyond Therapy: Biotechnology and the Persuit of Happiness": Sandel 2002.
943 Sandel 2015, 68.
944 Hubbard 2000, 110.
945 Graumann 2006, 220.
946 Vgl. Graumann 2006, 220.
947 Schneider 2004, 187.
948 Sandel 2015, 71.

In Zusammenschau der bisherigen Argumente kann als Zwischenfazit festgehalten werden, dass für eine Pflicht im Sinne der elterlichen Autonomie oder reproduktiven Gesundheit weder für einen therapeutischen und noch weniger für einen optimierenden Keimbahneingriff überzeugend argumentiert werden kann. Eine Pflicht zur Zulassung einer therapeutischen Keimbahnintervention im Sinne der Ermöglichung der Gründung einer Familie kann insofern nicht hinreichend begründet werden, als dass ein Recht auf ein gesundes, genetisch eigenes Kind nicht besteht. Es ist nicht ersichtlich, weshalb das Grundrecht auf Gründung einer Familie nicht auch durch die Annahme eines voraussichtlich kranken oder behinderten Kindes, oder aber auch eines Adoptivkindes verwirklicht werden könnte. Ferner stehen in den meisten Fällen die im vorangegangenen Unterkapitel besprochenen Alternativen zur Verfügung.[949] Auch eine Pflicht im Sinne eines Symmetrieprinzips, demzufolge die Entscheidung im Falle der Zulassung einer Keimbahntherapie *gegen* diese von den Eltern ebenso zu verantworten wäre, wie die *dafür*, kann nicht plausibel nachvollzogen werden.[950] Ebenso hinsichtlich einer gebotenen Verpflichtung zu optimierenden Eingriffen kann das Symmetrieprinzip nicht überzeugen. Genauso wenig können die Argumente bezüglich der *liberalen* Eugenik, im Sinne derer gerade *nicht* die Autonomie des Individuums beeinträchtigt werden soll, geltend gemacht werden, da eben deren Voraussetzung, die Selbstbestimmtheit müsse unberührt bleiben, nicht plausibel dargelegt werden kann. Hierbei spielen insbesondere die Einwände bezogen auf die Selbstwahrnehmung des Kindes, auf das Angenommenfühlen und die bedingungslose Liebe in der Eltern-Kind-Beziehung eine Rolle. Gleichermaßen wurde die Unvergleichbarkeit genetischer Manipulation mit Erziehung und Umwelteinflüssen ausführlich beschrieben, auch hierüber lässt sich keine Pflicht zur genetischen Optimierung ableiten – und ebenso wenig ein Recht. Dass die genetische Zurichtung als Teil der elterlichen Autonomie anerkannt werden müsse, kann nicht überzeugen, da diese Autonomie nicht mit der ethischen Freiheit der Kinder kollidieren darf.[951] Es muss in Anbetracht der erheblichen Zweifel an Allzweck-Mittel-tauglichen Fähigkeiten sowie der Einwände Habermas' und Sandels in Bezug auf die ungestörte Selbstwahrnehmung aber eben daran stark gezweifelt werden. Die Zulassung eines „genetischen Supermarktes" für prospektive Eltern, wie ihn Robert Nozick vorschlägt,[952] könnte genau die Instrumentalisierung eines Kindes bedeuten, die innerhalb der Menschenwürdeargumentation hinsichtlich eines therapeutischen Eingriffs *nicht* nachgewiesen werden konnte. Würde ein Kind tatsächlich genetisch derart nach den Wünschen der Eltern konzipiert, wie es Befürworter der liberalen Eugenik zulassen möchten, liegt der Tatbestand

---

949 Vgl. S. 162 ff dieses Buches.
950 Vgl. S. 180, FN 893, FN 894 dieses Buches.
951 Vgl. Habermas 2001, 88.
952 „This supermarket system has the great virtue that it involves no centralized decision fixing the future human type(s)", Nozick 2008, 315. Vgl. auch in Sandel 2015, 97.

einer Instrumentalisierung nahe. Diese erscheint abermals unter Berücksichtigung der unter anderem von Habermas ausgearbeiteten Befürchtungen in Bezug auf die Autonomie des gezeugten Individuums ethisch unzulässig. Dieselbe Bewertung muss im Übrigen auch für den Fall gelten, dass sich einige genetisch bedingt gehörlose oder kleinwüchsige Eltern ein Kind per Keimbahneingriff mit dem ebenselben Merkmal wünschen.[953] Dies nicht, weil etwa die Tatsache verkannt würde, dass genetisch bedingte Gehörlosigkeit oder Kleinwüchsigkeit von einigen Trägern dieser Mutationen nicht als Krankheit oder Behinderung, sondern als ethnische Besonderheit empfunden wird und diese sich daher vielmehr als ethnische Minderheit denn als Patienten betrachten. Es muss den vorangegangenen Darlegungen zufolge deshalb als ethisch nicht vertretbar gelten, weil es derselben Art von Bedingungen und Erwartungen entspricht, sich beispielsweise ein gehörloses Kind wegen der artikulierten tieferen Verbundenheit und dem Zugehörigkeitsempfinden zu der Gemeinde auszusuchen, wie etwa sich ein besonders groß gewachsenes oder intelligentes Kind zu wünschen, weil die Eltern ein sehr kleines oder nicht sehr intelligentes Kind nicht oder weniger gut in ihre Welt zu integrieren können glauben.[954]

Es bleibt nach diesem Zwischenergebnis zu fragen, ob es ein *Recht der Eltern* auf den *therapeutischen* Eingriff geben kann. Immerhin stellen auch die Kritiker des Verfahrens immer wieder fest, dass ein rein therapeutisch intendierter Eingriff ethisch kaum als verwerflich gelten könne.[955] Ist es also, wie Wagner eingangs des Kapitels zitiert wurde, richtig, dass man prospektiven Eltern das Recht auf eine Keimbahntherapie zur Umsetzung eines Kinderwunsches nicht vorenthalten darf? Die hier angebrachten Einwände können sich wie aufgezeigt nicht auf eine Verletzung der Autonomie im Sinne einer Instrumentalisierung beziehen; sie finden ebenso wenig argumentatorischen Rückhalt in der als kritisch zu betrachtenden Überambitioniertheit der die Therapie erbittenden Eltern. „Indem sie sich um die Gesundheit ihrer Kinder kümmern, machen sich Eltern nicht zu Designern und verwandeln auch nicht ihre Kinder in Produkte ihres Willens oder Werkzeuge ihrer Ambitionen", merkt Sandel hierzu an.[956] Plausibel erscheinende Einwände gegen eine Zulassung einer Keimbahntherapie im Namen der elterlichen Autonomie basieren insbesondere auf Dammbruchargumenten. Aufgrund der Grauzone im Krankheitsbegriff, der zumindest an seinen Rändern unscharf wird,[957] sei „die Grenze zwischen medizinisch le-

---

953 „Three percent of IVF-PGD clinics report having provided PGD to couples who seek to use PGD to select an embryo for the presence of a disability", Baruch et al. 2008, 1055.

954 Ungeachtet der Tatsache, dass insbesondere Intelligenz nicht wie die genetisch bedingte Gehörlosigkeit monogen vererbt und daher die Erfolgsaussichten beider Wünsche oder Ansprüche ungleich sind, geht es hier um die Art der Erwartungen oder Bedingungen, die an die Annahme des Kindes gestellt werden.

955 Vgl. etwa Habermas 2001, 91 ff.

956 Sandel 2015, 70.

957 Vgl. 3.2.2, S. 77 ff dieses Buches.

gitimer Korrektur und züchterischer Verbesserung leicht verschiebbar", merken van den Daele und einige weitere Kritiker des therapeutischen Eingriffs in die Keimbahn an. Van den Daele denkt dabei beispielsweise an Eigenschaften wie „Kleinwuchs, niedriger Intelligenzquotient, Gedächtnisschwäche, Neigung zu Depressionen oder Zornausbrüchen".[958] Da die dem *slippery slope*-Themenkomplex angehörigen Begründungen Teil der anschließenden gesellschaftspolitischen Argumentation sind, soll an dieser Stelle der Hinweis genügen, dass mit der alleinigen Schaffung der Möglichkeit von Missbrauch nur schwer das Verbot einer prinzipiell Heilung versprechenden Maßnahme gerechtfertigt werden kann. Die Frage bleibt also zunächst noch offen, ob es ethisch betrachtet elterliche Entscheidung sein darf, in bestimmten medizinischen Situationen zur Verwirklichung eines Kinderwunsches einen Keimbahneingriff zu veranlassen. Da gerade die Freiheit in allen reproduktiven Angelegenheiten wie der Partnerwahl, aber auch der Wahl der Reproduktionsmittel im Falle einer Unfruchtbarkeit beispielsweise, so hochgehalten wird und gegen jeglichen staatlichen Einfluss auf reproduktive Angelegenheiten in Angedenken an grauenhafte staatlich verordnete eugenische Maßnahmen unzulässig bleiben muss, liegt die Bejahung dieser Frage den Befürwortern nach nahe. Dies liege van den Daele nach vor allem an der normativen Bewertung von Gesundheit.

> Je unwahrscheinlicher es ist, daß Eugenik und Menschenzüchtung staatlich erzwungen werden, umso eher könnte „Konsumentenwahl", die als Selbstbestimmung auftritt, Mittel ihrer Durchsetzung werden. Treibendes Motiv dürfte dabei der Wunsch sein, Einfluß auf die Eigenschaften zukünftiger Kinder zu nehmen, insbesondere möglichst nur gesunde Kinder zu bekommen, die eine normale Entwicklung erwarten können. Solange „Gesundheit" die Norm genetischer Selektion bleibt, ist zumindest das Ziel unbestreitbar legitim.[959]

Die Problematik, die hier angeschnitten wird, bezieht sich insbesondere auf den gesellschaftlichen Umgang mit Menschen mit Erbkrankheiten oder genetisch bedingten Behinderungen. Illusionen darüber, dass genetische Interventionen zukünftig die Entstehung bestimmter Krankheiten oder Behinderungen gänzlich verhindern könnten, seien gefährlich, da vollkommen ausgeschlossen, meint van den Daele.[960] Eine Täuschung darüber, „could lead to a constricted view of normality and a loss of

---

[958] van den Daele 1985, 197. Auch in dem „Splicing Life" Bericht der United States President's Commission zu den sozialen und ethischen Angelegenheiten des genetic engineering heißt es: „It seems safe to say that one important duty of a parent is to prevent or ameliorate serious defects (if it can be done safely) and that the duty to enhance favorable characteristics is less stringent and clear. Yet the new technological capabilities may change people's view of what counts as a defect. For example, if what is now regarded as the normal development of important cognitive skills could be significantly augmented by genetic engineering, then today's "normal" level might be considered deficient tomorrow", United States 1982, 65.

[959] van den Daele 1985, 141–142.

[960] Vgl. auch S. 166, FN 837 dieses Buches.

respect for genetic and phenotypic diversity."[961] Doch für die weitere Ausführung dieser Argumentation muss ein weiteres Mal auf den gesellschaftspolitischen Teil dieser Arbeit verwiesen werden. Darüber hinaus kann jedoch noch einmal der Einwand von Zimmermann und Zimmermann erwähnt werden, denen zufolge der Wunsch nach einem explizit gesunden Kind vielmehr einem Wunschkind als einem Kinderwunsch entspreche.[962] Da allerdings die Machbarkeit einer Beschränkung auf bestimmte Indikationen bisher nicht widerlegt und erst im späteren Verlauf der Arbeit geprüft wird, kann an dieser Stelle zunächst nur darauf verwiesen werden, dass die Vermeidung einer schwerwiegenden Krankheit nicht als unzulässige Instrumentalisierung charakterisiert werden konnte. Die sich anschließenden Fragen gesellschaftspolitischer Natur sind ebenfalls Teil der kommenden Kapitel; die Bewertung und Gewichtung der jeweiligen Argumente untereinander wird sich erst in der Diskussion herausstellen.[963]

Als Fazit der Bewertung einer Zulassung der Keimbahnintervention im Namen der elterlichen Autonomie kann konstatiert werden, dass unter der Voraussetzung einer strikten Regulierung auf bestimmte medizinische Indikationen den prospektiven Eltern unter der Annahme, dass die Zeugung eines genetisch eigenen, gesunden Kindes eine so hohe Priorität genießt – die zwar kein Recht begründet, jedoch eine Rechtfertigung darstellen könnte, sich ein gesundes Kind zu wünschen – die Option einer Keimbahntherapie nicht verboten zu können werden scheint. Die Infragestellung der diesem Fazit zugrunde liegenden Prämisse einer machbaren Regulation sowie der Verweis auf mögliche gesellschaftlich wirksame negative Konsequenzen im Umgang mit von der Norm abweichenden Leben, denen bisher keine weitere Aufmerksamkeit geschenkt wurde, lassen jedoch erahnen, dass die elterliche Autonomie in der Gesamtbetrachtung trotz alledem eine untergeordnete Rolle spielen könnte.

3.3.2.5 Fazit

Die einzelnen Standpunkte der pragmatischen Argumente werden ihre Geltungs- und Überzeugungskraft erst in Relation mit allen übrigen Aspekten in der Diskussion offenbaren. Die Beziehung der pragmatischen Begründungsversuche zueinander selbst stellt sich bereits als ein Abwägungsverhältnis dar, in dem auf der einen Seite technische und medizinische Risiken dem auf der anderen Seite potentiellen medizinischen Nutzen und Gewinn für die Gesundheit, insbesondere für die reproduktive Gesundheit, gegenübergestellt sind. In Abwägung mit den noch zu erarbeitenden gesellschaftspolitischen Argumenten sowie mit den kategorischen Argumenten, die in ihrer eigentlichen, apodiktischen Funktion zwar nicht überzeugen konnten, jedoch hinsichtlich einiger Gesichtspunkte durchaus gewisse Anhaltspunkte für Über-

---

961 National Research Council (U.S.) 1975, 19; vgl. auch bei van den Daele 1985, 141.
962 Vgl. S. 170, FN 855 dieses Buches.
963 Vgl. ab S. 259 dieses Buches.

zeugungsgründe hinterlassen haben, wird sich die Bedeutung der jeweiligen Aspekte noch klarer erarbeiten lassen. Das Fazit dieses Kapitels kann an dieser Stelle lauten, dass, obwohl weder das ärztliche Ethos noch die Anerkennung des Wunsches nach einem gesunden genetisch eigenen Kind eine moralische Verpflichtung zu therapeutischen und noch weniger zu optimierenden genetischen Eingriffen in die Keimbahn plausibel rechtfertigen können, der prinzipielle Heilungsauftrag und die elterliche Autonomie dennoch abwägungswürdige Aspekte darstellen. Was die vorzugsweise technischen Risiken angeht, so gibt es derzeit noch viele vor allem methodische Hürden zu bewältigen, doch es ist davon auszugehen, dass durch Wissenschaft und Forschung neue Erkenntnisse gewonnen werden, die einen Eingriff jedenfalls sicherer lassen werden – oder im Sinne der Ausführungen bezüglich des Nichtwissens, sicherer *erscheinen* lassen werden. Die tatsächliche Risiko-Nutzen-Abwägung und die Bewertung der Einschätzung der Folgen hängen maßgeblich davon ab, welche Bedeutung man dem ungewussten Nichtwissen beimisst. In Anbetracht der Komplexität des Systems, in welches der Keimbahneingriff intervenieren soll, mit dem Wissen um die mögliche dramatische Entwicklung von Langzeitverläufen bei nur geringer Änderung der Anfangsbedingungen in dynamischen Systemen, unter Berücksichtigung der als beispielsweise von Fukuyama als verborgene Zusammenhänge beschriebenen Beziehungen und Wechselwirkungen innerhalb eines solchen Systems und in Anbetracht des als „there ain't no such thing as a free lunch" formulierten Phänomens scheint es jedenfalls fahrlässig, das, was nicht gewusst wird, schlichtweg als hinzunehmendes Restrisiko zu deklarieren. In diesem Zusammenhang könnten auch Jonas' Ausführungen zur von ihm so bezeichneten „Heuristik der Furcht" als Warnung verstanden werden, dieses Restrisiko zu unterschätzen:

> Was kann als Kompaß dienen? Die vorausgedachte Gefahr selber! In ihrem Wetterleuchten aus der Zukunft [...] werden allererst die ethischen Prinzipien entdeckbar, aus denen sich die neuen Pflichten neuer Macht herleiten lassen. Dies nenne ich die „Heuristik der Furcht": Erst die vorausgesehene Verzerrung des Menschen verhilft uns zu dem davor zu bewahrenden Begriff des Menschen. Wir wissen erst, *was* auf dem Spiele steht, wenn wir wissen, daß es auf dem Spiele steht.[964]

Dies könnte sich nicht zuletzt auch in sozialen Veränderungen offenbaren. Schließlich muss ein antizipierter medizinischer Nutzen in der Gesamtbewertung auch potentiellen positiven wie negativen gesellschaftspolitischen Veränderungen und Gefahren gegenübergestellt werden, denen im folgenden Kapitel auf den Grund gegangen werden soll.

---

964 Jonas 2015, 7–8.

3.3.3 Gesellschaftspolitische Argumente

Die gesellschaftspolitische Argumentation unterscheidet sich in mancherlei Hinsicht von den vorangegangenen kategorischen bzw. pragmatischen Begründungsversuchen für oder gegen eine Zulassung der Keimbahnintervention. Zum einen betrifft dies den Hypothesencharakter der Begründungen, die sich auf *mögliche* gesellschaftliche Änderungen im Zusammenhang mit einer Etablierung der Keimbahntherapie ergeben *könnten*. Die ersteren können und sollen mehr oder weniger im Gedankenexperiment logisch geprüft und der Erwartung nach mit Ja oder Nein beantwortet werden. Die pragmatischen Argumente werden in eine Abwägung einbezogen und offenbaren anhand dieser ihre Überzeugungskraft. Bei gesellschaftspolitischen Bedenken besteht die schwierige Aufgabe, über eine dystopische oder utopische Hypothese hinausgehend die möglichen gesellschaftlichen Folgen der Keimbahnintervention hinreichend plausibel zu antizipieren, ohne sich dem Vorwurf aussetzen zu müssen, unrealistische Horrorszenarien an die Wand zu malen bzw. eine Welt zu skizzieren, die zu schön ist, um wahr zu werden. Ein weiterer Unterschied betrifft, wie sich schon von der Bezeichnung ableiten lässt, den Adressaten der Argumentation. Die vorangegangenen Argumentationstypen beziehen sich bis auf wenige Ausnahmen in den meisten Aspekten auf Individuen – also auf die Menschen, die im Rahmen der Keimbahnintervention gezeugt werden bzw. auf die beiden Menschen, die diese Menschen zeugen lassen wollen – und auf deren Schutz und Würde, auf deren Nutzen und Risiken, auf deren Autonomie. Doch scheinen von Beginn der Argumentation an auch gesellschaftlich relevante Gesichtspunkte und Bemühungen durch, welche die Möglichkeit der Keimbahntherapie auch in einem sozialen Kontext bewerten und es ist unvermeidlich, zu erkennen, dass der gesellschaftliche Kontext nicht ausgeblendet werden kann und darf. Dies beispielsweise aufgrund von Ideen wie derjenigen der Gattungswürde,[965] wegen der von den allermeisten geforderten klaren Abgrenzung von Therapie und Enhancement,[966] und wegen der immer wieder auftauchenden Befürchtungen, die den nachfolgenden Umgang mit Menschen mit Erbkrankheiten oder genetisch bedingten Behinderungen betreffen. Auch die Ausführungen zu einer möglichen Verstärkung des Leistungs- und Optimierungsdrucks, der infolge der Anwendung resultieren könnte,[967] und nicht zuletzt wegen der Hinweise auf die Notwendigkeit einer Regulation, die eine gerechte Verteilung und Zugänglichkeit ebenso herstellen müsse wie die Vermeidung von *Designer-Babys*,[968] ist die Auseinandersetzung mit den gesellschaftspolitischen Argumenten dringend nötig. Die Aspekte, die diesen sozialen Zusammenhang betreffen, sind allein schon angesichts dieser Ver-

---

965 Vgl. S. 109 f, S. 120 ff dieses Buches.
966 Vgl. 3.2.1, S. 70 dieses Buches.
967 Vgl. S. 130, FN 658, S. 160 sowie S. 179 dieses Buches.
968 Vgl. S. 118, S. 160 dieses Buches.

weise recht vielfältig, wenngleich sie alle einen Bezug zu gesellschaftsrelevanten Problemfeldern herstellen. Im Folgenden sollen sie ihren Gemeinsamkeiten nach in Unterkapiteln zusammengestellt und erörtert werden, damit ihrem Überzeugungsgewicht und ihrer Bedeutung in der sich diesem Komplex anschließenden Diskussion angemessen Geltung verliehen werden kann. Zunächst soll einführend auf die das Phänomen der sog. (Bio)Medikalisierung des Lebens eingegangen werden, um davon ausgehend die weiteren gesellschaftspolitischen Fragen zu erörtern.

3.3.3.1 Zur (Bio)Medikalisierung des Lebens

Mit der Formulierung einer „Medikalisierung des Lebens" wird die Beobachtung zum Ausdruck gebracht, dass Schwierigkeiten, denen eventuell auf gesellschaftlicher, politischer oder psychosozialer Ebene begegnet werden könnte, zunehmend medizinisch *gelöst* werden sollen. Ivan Illich, welcher diesen Begriff prägte, schreibt hierzu:

> Bis vor kurzem suchte die Medizin das Wirken der Natur zu unterstützen. Sie förderte die Heiltendenzen der Wunde, die Gerinnungstendenz des Blutes und die Überwindung von Bakterien durch natürliche Immunisierung. Heute versucht die Medizin, die Träume der Vernunft technisch zu planen. [...] Eine Entsprechung zwischen dem Interesse des Patienten und dem Erfolg des einzelnen Spezialisten, der seinen „Zustand" manipuliert, kann daher nicht mehr vorausgesetzt werden; sie muß erst nachgewiesen werden, und die Nettobilanz über den Beitrag der Medizin zur Krankheitslast der Gesellschaft muß von anderen als der Ärzte-Zunft gezogen werden.[969]

Während auf den ersten Teil dieses Zitats entgegnet werden könnte, dass die implizite Kritik an dem *unnatürlichen* Charakter der modernen Medizin allein kein hinreichendes Argument sein kann, einen medizinischen Eingriff abzulehnen, spiegelt die Frage nach der „Nettobilanz" eine speziell in Diskussionen um moderne Diagnostikverfahren anzutreffende Mahnung wider, die sich auf deren zweifelhaften Nutzen bezieht. Hier seien nur beispielhaft Screeningmethoden zur Brustkrebsvorsorge, Gentests bezüglich nichtbehandelbarer Krankheiten oder aber auch die Pränataldiagnostik (PND) genannt, denen allesamt ein ausgeprägtes Schadenspotential innewohnt, ganz besonders in Hinblick auf falsch-positive Diagnosen oder aber auch richtig-positive, denen sich keine Therapieoptionen bieten. Illich beschreibt den „Beitrag der Medizin zur Krankheitslast" im Folgenden als die „soziale Iatrogenesis", die dort herrsche, wo sie beispielsweise Krankheit produziere, „indem sie neue quälende Bedürfnisse erzeugt oder die Toleranzschwellen für Unbehagen oder Schmerz senkt, indem sie den Spielraum einschränkt, den die Mitmenschen dem Leiden zugestehen, oder indem sie sogar das Recht auf Selbstheilung abschafft."[970] Die „neue[n] quälende[n] Bedürfnisse" könnten sich in direktem Bezug auf die Keimbahntherapie beispiels-

---

969 Illich 1995, 31.
970 Illich 1995, 32.

weise in der als reproduktive Selbstbestimmung formulierten freien Entscheidung zur Keimbahntherapie finden lassen, die jedoch die Option, zu therapieren oder nicht zu therapieren, überhaupt erst schafft. Inwiefern Befürchtungen der Art, die sich nicht zuletzt auf einen gewissen Entscheidungszwang beziehen,[971] den eine neue medizinische Option auch bedeuten kann, in Bezug auf die Keimbahnintervention eine Rolle spielen könnte, soll im Verlauf dieses Kapitels herausgefunden werden.

Eine seit jüngerer Zeit beschriebene Beobachtung des Phänomens der Medikalisierung bezieht sich auf die steigende Bedeutung biologischer und biotechnologischer Erkenntnisse für die Medizin und einer daraus abzuleitenden Biomedikalisierung. „We signal with the ‚bio-‘ in biomedicalization the transformations of both the human and nonhuman made possible by technoscientific innovations [...]. That is, medicalization is intensifying, but in new and complex, usually technoscientifically enmeshed ways"[972] Während nach Adele Clarke die Medikalisierung ein seit der ersten sozialen Transformation der amerikanischen Medizin andauernder Prozess sei,[973] stelle die Biomedikalisierung die zweite große Transformation dar, welche sich als verschiedene überlappende Prozesse organisiere, von denen einer „the focus on health, risk, and surveillance"[974] sei. Der Übergang von der ersten zur zweiten Transformation sei gekennzeichnet durch eine zunehmende Fokussierung auf die Behandlung von *Risiken* und die Kommodifizierung von Gesundheit und Lebensführung.[975] Das medizinische Krankheitskonzept basiere nicht mehr auf der Ebene der Organe und Zellen, sondern Krankheiten und insbesondere Risiken zu erkranken, konzeptualisierten sich auf Basis der Gene.[976] Diesbezüglich erklärt Bayertz zum Begriff des „biomedizinischen Modells":

> [D]ie molekularbiologische Forschung orientiert sich an medizinischen Problemstellungen, indem sie die Erforschung humanpathologischer Phänomene mit ihren physiologischen Auswirkungen zu ihrem Gegenstand macht. „Krankheit" und „Gesundheit" des Menschen werden auf dem theoretischen und methodischen Niveau der Molekularmedizin des Menschen erforscht, erklärt und kontrolliert. Der psychosoziale Zusammenhang von Krankheitsgeschehen, seine kom-

---

971 Ausführlicher hierzu vgl. S. 217 dieses Buches.
972 Clarke 2010, 47.
973 Diese erste Transformation sei gekennzeichnet durch die Professionalisierung und Spezialisierung der Medizin, aber auch durch „the creation of allied health professions, new medico-scientific, technological, and pharmaceutical interventions, and the elaboration of new social forms (e. g., hospitals, clinics, and private medical practices)", Clarke 2010, 50.
974 „(1) major political economy shifts; (2) a new focus an health, risk, and surveillance; (3) the technoscientization of biomedicine; (4) transformations of biomedical knowledges; and (5) transformations of bodies and identities", Clarke 2010, 83. Sie sei zudem charakterisiert durch eine starke Fokussierung auf die Zukunft.
975 Vgl. Clarke 2010, 53.
976 Vgl. Clarke 2010, 53.

plexen sozialen und ökologischen Ursachen werden systematisch vernachlässigt; das Gesamt-
individuum und seine Lebensbedingungen werden außer Acht gelassen.[977]

Zudem entwickele sich aus der „[h]ealth policy as problem solving" als Kennzeichen
der Medikalisierung im Laufe der Biomedikalisierung eine „[h]ealth governance as
problem defining".[978] Die Gesundheit selbst werde biomedikalisiert und „becomes an
individual goal, a social and moral responsibility, and a site for routine biomedical
intervention."[979] Insbesondere dieser Punkt bezieht sich auf den schon in der Menschenwürde-Argumentation angeklungenen Gesundheitsimperativ.[980] Gesundheit
werde zum Ziel, dem man fortwährend zuarbeiten müsse, zu einem andauernden
Projekt öffentlicher und privater Ambitionen, was dazu führe, dass die Risikobestim-
mung und risikoangepasste (Selbst-)Beobachtung zur Vermeidung vermeintlicher
Beeinträchtigung der Gesundheit vor allem im Alltagsleben eine immer größere Rolle
spielen.[981]

An dieser Stelle stellt zum einen die Definition von Gesundheit einen entscheidenden Faktor dar, zum anderen der Genbegriff, der in diesem Kontext verwendet
wird. Mit diesem und seiner Bedeutung im Wandel der Zeit beschäftigt sich Evelyn
Fox Keller und schreibt über „das Jahrhundert des Gens",[982] welches Anfang 1900
mit der Wiederentdeckung der Mendel'schen Regeln und der Einführung des Begriffs
„Genetik" begonnen und bis zur Vollendung des Humangenomprojektes (HGP) 2001
geführt habe.[983] Von Herman J. Muller, für den das Gen „das Fundament des Lebens
schlechthin"[984] darstellte, während viele Genetiker noch zweifelten, ob Gene tatsächlich existieren oder nur pure Fiktionen seien,[985] über die Aufklärung des molekularen Aufbaus der DNA durch James D. Watson und Francis Cricks, die zwar keinen
Zweifel mehr an der Existenz von Genen ließ, dennoch wenig über deren Funktionsweise aussagte und weitere Fragen aufwarf, über die Entdeckung von Techniken zur
Herstellung rekombinanter DNA, bis hin zur Initiierung des HGP, wurden das Gen
und der Genbegriff immer wieder neu bewertet und niemals eindeutig definiert.

---

977 Bayertz und Runtenberg 1997, 112. Anm. d. Verf.: Folgende FN war im Original enthalten: Hohlfeld
1992: 325.
978 Clarke 2010, 53.
979 Clarke 2010, 63.
980 Vgl. S. 113, FN 566 dieses Buches.
981 Vgl. Clarke 2010, 64.
982 Vgl. Fox Keller 2001, 11.
983 Vgl. Fox Keller 2001, 11–16.
984 Muller, 1929, The gene as the basis for life. First presented before the International Congress of
Plant Sciences, Section of Genetics, Symposium on "The Gene", Ithaca, N. Y., 19. August 1926; erschie-
nen in Proceedings of the International Congress of Plant Sciences I, S. 897-921; zitiert nach Fox Keller
2001, 13.
985 Vgl. Fox Keller 2001, 13.

Sein Namensgeber, Wilhelm Johannsen, der Anfang des 20. Jahrhunderts das Wort „Gen" von etwaigen Präfixen befreit und festgestellt hatte, dass es schlichtweg die Tatsache ausdrücke, „daß jedenfalls viele Eigenschaften des Organismus durch in den Gameten vorkommende besondere, trennbare und somit selbständige ‚Zustände', ‚Grundlagen', ‚Anlagen' – kurz, was wir eben Gene nennen wollen – bedingt sind",[986] betont klar und deutlich, dass damit keine Hypothese angestellt werden könne über das *Wesen* der Gene. Dieses zu beschreiben und zu bestimmen war u. a. Ziel des HGP, doch, wie Fox Keller referiert, bestehe ironischerweise der Erfolg dieses Projektes insbesondere in der Erkenntnis, dass die Ergebnisse den genetischen Determinismus, den es nachzuweisen galt und der bis dahin in den meisten Köpfen vorherrschte – also die Vorstellung, dass ein Wesen samt all seiner Eigenschaften und Eigenarten ausschließlich oder jedenfalls nahezu ausschließlich von seinen Genen bestimmt werde, ohne darauf Einfluss nehmen oder sich andersartig von seinem *genetischen Programm* distanzieren zu können – viel mehr in Frage stellen, als bestätigen. So habe sich das Ende des HGP immer mehr zum Beginn einer neuen Ära entwickelt. Die Erwartungen, mit denen das HGP initiiert wurde, nämlich das menschliche Genom zu sequenzieren und damit „das Geheimnis des Lebens" zu analysieren, haben bei weitem nicht erfüllt werden können. In Wahrheit sei „die Kluft zwischen genetischer ‚Information' und biologischer Bedeutung groß",[987] schreibt Fox Keller. In der Tat hat sich die Funktionsweise der Gene durch Aufdeckung ihrer molekularen Struktur keineswegs einfach offenbart. Von der Vorstellung Mullers von autokatalytischen selbstständigen Organismen[988], über die „Ein Gen – ein Enzym"-Hypothese von George Beadle und Edward Tatum und über die nach Entdeckung der Struktur der DNA nachfolgende Entschlüsselung des Kodes, also der Basenabfolge, die jeweils einer bestimmten Aminosäure entspricht,[989] über die Einführung des Begriffs des „genetischen Programms", welches ebenfalls im Genom verschlüsselt sei, von James Bonner,[990] bis hin zu der Vorstellung einer „Evolution der Evolutionsfähigkeit"[991], deren Begriff Richard Dawkins geprägt hat, wurde bis heute keine eindeutige Definition dessen, was ein Gen ist und wie es funktioniert, gefunden. Mittlerweile besteht kein ernst zu nehmender Zweifel mehr, dass es einen genetischen Determinismus nicht

---

986 Johannsen 1909, 124.
987 Vgl. Fox Keller 2001, 19.
988 Vgl. Fox Keller 2001, 69.
989 Diese sei bezeichnend für den Höhepunkt einer verfrühten Erklärung der Einfachheit der Molekularbiologie, vgl. Fox Keller 2001, 76.
990 Die Idee, das Zytoplasma könne Gen-regulierende Faktoren oder überhaupt aktive Elemente enthalten kam zu dieser Zeit gar nicht in Frage, vgl. Fox Keller 2001, 113.
991 Die Idee, „dass Organismen nicht nur das passive Substrat der Evolution bilden, sondern ihren eigenen Wandel selbst vorantreiben", Fox Keller 2001, 57, treibt Dawkins in seinem Buch über die *egoistischen* Gene, die Organismen wie Wirte benutzen, um sich in die nächste Generation zu verhelfen, auf die Spitze, vgl. Dawkins 1999. Später schreibt er von der „evolution of evolvability", vgl. Dawkins 2003.

gibt. Weil die Funktion der DNA und die Expression von Genen Regulationsmecha-nismen unterliegen und sie im Wechselspiel mit anderen Faktoren stehen. Neben all dem, was bis heute über das Genom herausgefunden wurde, ist sehr vieles auch noch unverstanden geblieben, insbesondere was das Fachgebiet der Epigenetik betrifft. Und auch der Begriff des Gens, wenngleich er gebraucht und für bestimmte Kontexte durchaus auch definiert wird, ist nach wie vor nicht eindeutig zu fassen und im Zeit-alter der Postgenomik werde sogar überlegt, ihn ganz abzuschaffen.[992] Selbst wenn man nicht so weit ginge, so scheint Fox Keller und den meisten Wissenschaftlern klar: Das Jahrhundert des Gens sei vorüber, die Zeit der Postgenomik habe begonnen und möglicherweise bedürfe diese neuer Begriffe, Denkweisen und Konzepte. Wenn „der Genbegriff für die biologische Erkenntnis wohl tatsächlich zum Hindernis geworden ist, um wie viel mehr ist er dann wohl, da er ebenso oft irreführend wie informativ ist, zum Hindernis für das Verständnis biologischer Zusammenhänge von Laien ge-worden", fragt Fox Keller.[993] Infolge dieser Verwirrung erzeuge der Genbegriff in der Öffentlichkeit häufig unbegründet und unangebracht Hoffnungen und Ängste, die einer fruchtbaren politischen Diskussion dann oft entgegenstehen. Und selbst wenn der genetische Determinismus unter den Wissenschaftlern als obsolet gelte, heißt das nicht, dass er aus den Köpfen der Gesellschaft verschwunden ist. Dazu hat nicht zuletzt die Wissenschaft selbst einen großen Teil beigetragen, indem sie lange Zeit den genetischen Determinismus propagiert hat.[994] Doch während sich der Genbegriff wandelt und stetig im Fluss zu sein scheint, wird auch das Dogma der Molekularge-netik immer wieder infrage gestellt. Zwar beschreibt es nach wie vor den typischen Informationsweg von DNA über RNA in die Übersetzung eines Proteins,[995] doch kann der Begriff des Dogmas in Anbetracht dessen was man heute über die Interaktionen und gegenseitige Beeinflussung mit der Umwelt und zudem über den großen Anteil nicht für Proteine kodierender DNA und regulatorischer RNAs weiß, kaum in seiner eigentlichen Bedeutung eines Dogmas beibehalten werden.[996] Fox Keller schlägt

---

992 Vgl. Fox Keller 2001, 92.

993 Vgl. Fox Keller 2001, 189.

994 Kritisch mit dem genetischen Determinismus befasst sich auch Abby Lippman. Sie prägte den Begriff der „Genetifizierung": „Geneticization refers to an ongoing process by which differences bet-ween individuals are reduced to their DNA codes, with most disorders, behaviors and physiological variations defined, at least in part, as genetic in origin. It refers as well to the process by which in-terventions employing genetic technologies are adopted to manage problems of health", Lippman 1991, 19. Weiterführende Literatur s. etwa Nelkin und Lindee 1999.

995 Vgl. S. 10, FN 24 dieses Buches.

996 Crick selbst, der die Formulierung des Dogmas prägte, sagt, er hätte nie den Anspruch auf ab-solute Gültigkeit im Sinn gehabt. „My mind was, that a dogma was an idea for which there was no reasonable evidence ... I just didn't know what dogma meant. And I could just as well have called it the Central Hypothesis ...Dogma was just a catch phrase. And of course one has paid for this terribly, because people have resented the use of the term dogma, you see, and if it had been Central Hypo-thesis nobody would have turned a hair", zitiert nach Thieffry und Sarkar 1998, 313.

vor, „that today's genome, the postgenomic genome, looks more like an exquisitely sensitive reaction (or response) mechanism – a device for regulating the production of specific proteins in response to the constantly changing signal it receives from its environment – than it does the pregenomic picture of the genome as a collection of genes initiating causal chains leading to the formation of traits."[997]

Dass Begriffe und Definitionen und wie sie in entsprechenden Diskursen bestimmt und eingesetzt werden, von ausschlaggebender Bedeutung für die Argumentation im jeweiligen Kontext sind, hat sich schon in den Ausführungen zu den Begriffen Krankheit und Gesundheit gezeigt. Doch gerade das Verständnis von Gesundheit ist im vorliegenden Kontext der gesellschaftlichen Diskussion und im Rahmen der (Bio)Medikalisierung von großer Bedeutung.

Schon in festgelegten Zusammenhängen kann es eine schwierige Aufgabe sein, den Begriff der Gesundheit zu bestimmen; gar eine allgemein gültige Formulierung zu finden, scheint unmöglich und es wurde in dieser Arbeit für den vorliegen Kontext bewusst auf eine weitere Ausführung verzichtet.[998] Legt man den Beobachtungen der (Bio)Medikalisierung ein Verständnis von Gesundheit gleich dem der WHO zugrunde, handelte es sich also um ein holistisches Konzept, in dem Gesundheit kaum von Wohlergehen und Glücklich-Sein zu unterscheiden sei, dann verschärft sich die Bedeutung, die die Rolle der zunehmenden Einflussnahme der Gesundheitsrisiken und Gesundheitsbeobachtung für den Alltag spiele; dies ganz besonders, wenn der Krankheitsbegriff wiederum wie beschrieben auf molekulargenetischer Basis fuße, wenn Krankheit als Abweichung von der *genetischen Norm*[999] definiert werde und – ganz im Kontrast zu dem holistischen Verständnis von Gesundheit – einer ganzheitlichen Sicht zu entbehren scheint.

> It is no longer necessary to manifest symptoms to be considered ill or "at risk." [...] Both individually and collectively, we inhabit tenuous and luminal spaces between illness and health, [...] rendering us ready subjects for health-related discourses, commodities, services, procedures, and technologies. It is impossible not to be "at risk".[1000]

---

997 Fox Keller 2015, 25.
998 Vgl. S. 85, FN 412 dieses Buches.
999 Dass die Erkenntnisse aus der Genetik nahelegen, dass es eine genetische Norm gar nicht gibt, sondern sie vielmehr zeigen, wie unterschiedlich alle Menschen sind und „dass der genetische Grad zwischen Normalität und Defekt [...] eher als ein Kontinuum zu verstehen" sei und die Genetik selbst daher „die Diskriminierung von Behinderung in Frage stellen kann", darauf verweist Jackie Leach Scully, vgl. Scully 2004, 49–50.
1000 Clarke 2010, 331–332.

Eine bezeichnende Konsequenz sei, dass jeder „gesunde Patient als potentiell gefähr-det"[1001] erscheine und somit gesunde Teile der Bevölkerung unter Beobachtung gestellt würden.

> Eine biotechnologische Behandlung kann jedoch schon auf Verdacht oder bei Gefahr, an einem
> konkreten, diagnostizierbaren Leiden zu erkranken, eingeleitet werden. *Die Biomedikalisierung*
> *beschreibt also eine Erweiterung der medizinischen Aufmerksamkeit von der vormals reinen*
> *Identifizierung und Behandlung von Krankheiten auf präventive, risikominimierende Behand-*
> *lungen.*[1002]

Vor diesem Hintergrund lassen sich nun im Kontext der Keimbahntherapie die zentralen Fragen der kommenden Unterkapitel ableiten. Hinsichtlich der Feststellung, dass es sich bei der Keimbahntherapie in gewisser Weise immer um einen präventiven Eingriff handelt,[1003] jedenfalls in Anbetracht der Tatsache, dass zum Eingriffszeitpunkt eine Erkrankung noch nicht vorliegt, könnte diese ganz der Tendenz der (Bio)Medikalisierung folgend dazu eingesetzt werden wollen, Gesundheitsrisiken zu minimieren und die Chance auf *beste Gesundheit* zu erhöhen. Inwiefern die Postulierung einer solchen Tendenz, die die Grenzen zwischen Krankheit und Gesundheit und damit verbunden zwischen Therapie und Gesundheitsoptimierung verblassen lässt, noch mit der Annahme zu vereinbaren ist, dass sich eine Intervention auf schwerste, nicht anders behandelbare Krankheiten beschränken lasse, wird Teil des Unterkapitels zu der *slippery slope*-Argumentation sein. Dies führt weiterhin zu der Frage, ob die Zulassung einer solchen Interventionsmöglichkeit nicht einen ohnehin schon dokumentierten Optimierungs- und Leistungsdruck – nunmehr auf Ebene der Gene – fördern könnte und ferner, was eine derartige Entwicklung für eine Gesellschaft bedeuten könnte. Eng damit verbunden ist die Befürchtung einer abnehmenden Toleranz der Gesellschaft gegenüber Menschen mit vermeintlich vermeidbaren Krankheiten und Behinderungen und einem negativ veränderten Umgang mit diesen. Alles zusammen verstärkt nicht zuletzt das Bedürfnis nach Regulation und, im Falle einer Zulassung, nach gerechter Verteilung.

Zunächst lassen sich mit Dirk Lanzerath jedoch hinsichtlich der (Bio)Medikalisierung in gewisser Weise übergeordnete Fragen stellen, nämlich, „ob die Methoden derartiger Anthropotechniken zur Erreichung der anvisierten Ziele adäquat und erfolgsversprechend sind, als auch ob sie überhaupt in den Zuständigkeitsbereich von Medizin und ärztlichem Handeln fallen oder ob sie nicht vielmehr mit deren Aufgaben und Zielen unvereinbar sind."[1004] Dass die Gesundheit nach Clarke im Rahmen der Biomedikalisierung nicht nur zum persönlichen, individuellen Ziel eines jeden trans-

---

1001 Schubert 2015, 37.
1002 Schubert 2015, 37, [Hervorhebungen im Original].
1003 Vgl. 3.2.3, S. 83 ff dieses Buches.
1004 Lanzerath 2002, 322.

formiert werde, sondern dass sie auch Handlungsziel des Arztes sein soll, wurde bereits in den Ausführungen zum ärztlichen Auftrag erörtert. Insbesondere hinsichtlich schwerster, eventuell früh letaler genetischer Erkrankungen, die durch einen Keimbahneingriff im Embryo therapiert werden könnten, scheint eine solche Intervention in den Bereich des ärztlichen Auftrages zu fallen. An dieser Stelle ist jedoch nicht nur auf die kontrafaktische Annahme einer technischen Sicherheit hinzuweisen, sondern vor allem auch auf die als problematisch zu bewertende Situation, dass es einen Patienten im Sinne eines klassischen Therapieszenarios zum Zeitpunkt des Eingriffs überhaupt nicht gibt. Ein (eventuell) von einer Mutation betroffener Embryo wird erst in Hinblick auf den Eingriff gezeugt. Dass es sich also am ehesten um eine Maßnahme der Reproduktionsmedizin handelt, die primär den Wunsch nach einem gesunden, genetisch eigenen Kind erfüllen soll, könnte als charakteristisch für die verschobene Anwendung medizinischer Bewältigungsstrategien auf soziale Konflikte gelten. Die entscheidenden Einwände hierzu wurden bereits im Rahmen der Besprechung zur elterlichen Autonomie zitiert.[1005] Wenn Rehmann-Sutter oder Graumann feststellen, dass das Leid, welchem mit der Keimbahntherapie biotechnologisch begegnet werde, kein medizinisches sei, sondern begründet liege in einer unerfüllten Norm zur Elternschaft, in dem Gefühl der Diskriminierung, welches entstehe, „weil vor allem den Frauen seit Jahrhunderten gesagt wird, ihre einzige mögliche Erfüllung liege in der Mutterschaft, und weil vor allem den Männern gesagt wird, ihre einzige letzte Erfüllung liege in der Zeugung von physischen (d. h. genetisch eigenen) Nachkommen"[1006], dann darf legitimer Weise gefragt werden, ob die bessere Alternative nicht in einer gesellschaftlichen Umstrukturierung zu suchen sein müsste, nach welcher die Gesellschaft Zeugungsunfähigkeit und Kinderlosigkeit nicht als krankhaft bewertete, sondern Rückhalt und Chancen böte, sich auch ohne genetisch eigene Kinder *gesund* zu fühlen. Ein Verzicht auf genetisch eigene Kinder müsste immer noch nicht den Verzicht auf Adoptiv- oder Pflegekinder bedeuten, darauf soll noch einmal ausdrücklich hingewiesen sein. Doch dem Wunsch nach eben diesem genetisch verwandtschaftlichen Verhältnis zu den Kindern wird ein hoher Wert beigemessen. Obwohl ein Recht darauf nicht nachvollzogen werden kann,[1007] wird der Wunsch danach sehr ernst genommen, was sich nicht zuletzt dadurch äußert, dass die Reproduktionsmedizin als *besondere Pflicht* ärztlichen Handelns gilt.[1008] Ob die Ursprünge dieses Wunsches tatsächlich durch eine Veränderung in den Sozialstrukturen berührt und das Leid am unerfüllten Kinderwunsch tatsächlich durch eine solche behoben werden könnte, vermag an dieser Stelle nicht beurteilt zu werden. Darüber hinaus drehen sich die befürwortenden Argumente jedoch nicht einzig um das Leid am unerfüllten Kinder-

---

1005 Vgl. S. 169, FN 846, S. 169, FN 847 dieses Buches.
1006 Rehmann-Sutter 1995b, 184.
1007 Vgl. 3.3.2.3, S. 156 dieses Buches.
1008 Vgl. S. 159, FN 797 dieses Buches.

wunsch, welches durch einen Keimbahneingriff vermieden werden könnte. Wennschon dies als das primäre identifiziert wurde, ist es insbesondere das hypothetische Leid der Eltern mit kranken Kindern oder der kranken Kinder selbst, welches von der Dringlichkeit einer Zulassung des Verfahrens überzeugen soll.

Mit Rekurs auf die Beobachtungen der (Bio)Medikalisierung und der damit verbundenen Aufweichung der Definitionen von Gesundheit und Krankheit und mit Blick auf das breite Verständnis von Gesundheit, muss festgestellt werden, dass innerhalb dieses Prozesses nicht nur die Gefahr besteht „health" und „happiness" zu verwechseln,[1009] sondern auch, dass Leid und Krankheit – Krankheit und Leid – abhängig miteinander verknüpft und gleichgesetzt zu werden scheinen. Wenn jedoch von der Vermeidung von Leid die Rede sein soll, dann muss zu allererst differenziert werden, *wessen* Leid vermieden werden soll. Nachdem das Leid an einem unerfüllten Kinderwunsch jedenfalls anteilig gesellschaftlich geprägt zu scheint, wird der Kinderlosigkeit ungeachtet dessen vor allem mit medizinischen Maßnahmen begegnet. Doch im Falle der Keimbahnintervention, die zwar eine IVF voraussetzt, diese aber nicht deren eigentliches Ziel darstellt, geht es, über die Erfüllung des Wunsches nach einem genetisch eigenen Kind hinaus, um die Erfüllung des Wunsches nach einem *gesunden*, genetisch eigenen Kind. Und ebenfalls bei der Frage, ob ein nicht-gesundes Kind (zu vermeidendes) Leid bedeute, muss unterschieden werden, *wessen* Leid. Geht es um das Leid einer Mutter bzw. der Familie, ausgelöst durch die (erwartete) Belastung, die das Leben und ggf. die Versorgung eines kranken oder behinderten Kindes mit sich bringen könnte, ist jenes möglicherweise eines, an dem die gesellschaftlichen Umstände einen entscheidenden Beitrag leisten. Ein Großteil der Ängste und Befürchtungen von Eltern, die ein behindertes Kind haben oder erwarten, beziehen sich auf fehlendes Vertrauen, unterstützt zu werden. Gesellschaftlich sowie institutionell, wobei auch wirtschaftliche Sorgen eine Rolle spielen.[1010]

Sollte es schließlich um die Vermeidung von unzumutbarem Leid des zukünftigen Menschen gehen, muss jedoch ernsthaft gefragt werden, inwiefern sich überhaupt mit dem hypothetischen Leid eines zukünftigen Individuums argumentieren lässt, wenn eben dieses Individuum genau mit seiner Veranlagung zur Krankheit, die das antizipierte unzumutbare Leid bedeute, überhaupt *erst gezeugt werden muss*, um sodann therapiert werden zu *müssen*. Wenig anders stellt sich die Situation dar, wenn es technisch möglich werden könnte, bereits die Keimzellen zu *therapieren*. Zwar würde nicht erst ein genetisch belastetes Kind gezeugt werden, um es noch im Embryonalstadium zu therapieren, doch der Aspekt, dass man in diesem Falle *Zellen* behandelte, noch bevor das Individuum, welches von der Behandlung dieser Zellen profitieren soll, überhaupt gezeugt wurde, fiele umso schwerer ins Gewicht. Zudem

---

1009 Vgl. Mordacci 1995, 480–481, sowie S. 80, FN 394 dieses Buches.
1010 Vgl. zu Ängsten und Vorurteilen in Bezug auf ein Kind mit Behinderung beispielsweise Peters 2011, 25 ff.

muss jedoch, wenn es um die Vermeidung des Leids des erst zu zeugenden Menschen geht, abermals gefragt werden, worin dieses Leid bestehen könnte. Dass sich aufgrund einer genetischen Mutation Leid ergeben kann, muss nicht zwangsläufig auf die mutationsbedingte Erkrankung oder Behinderung selbst zurückzuführen sein Das in den *disability studies* ausgearbeitete individuelle Konzept von Behinderung, welches im Vergleich zu dem medizinischen Modell von Behinderung, in dem diese primär auf physische und mentale Abweichungen oder genetische Defekte zurückgeführt werde, eher der Perspektive von behinderten Menschen selbst gerecht werde, beschreibt vielmehr die Gesellschaft als die Barriere, nicht die Behinderung an sich.[1011] Elisabeth List, als Betroffene einer genetischen bedingten Muskeldegeneration, aufgrund derer sie nicht mehr gehen kann, schreibt:

> Man geht einfach davon aus, dass Gehbehinderte nun einmal immobil sind. Transportmittel werden deshalb so gebaut, als dienten sie lediglich denen, die ohnehin gut zu Fuß sind. Daher überall Barrieren: Auf den Bahnhöfen, in den Bussen, in öffentlichen Gebäuden, in Wohnhäusern. Mittlerweile geschieht einiges, um solche Barrieren zu beseitigen. Allerdings entstehen auf diese Weise, durch bauliche Änderungen, nicht selten neue Barrieren.[1012]

Auf die gleiche Weise argumentiert Lenk hinsichtlich kleingewachsener Menschen:

> Der Grund, warum sie [...] häufig nicht in der Lage sind [dieselben Tätigkeiten auszuführen wie *Normalgewachsene*], hängt nicht mit einer eigentlichen funktionalen Einschränkung zusammen, sondern vielmehr damit, dass sämtliche Artefakte der kulturellen Umwelt auf Menschen von „normaler" Größe ausgelegt sind: Tische, Stühle, Regale in Supermärkten, Automaten, Fahrstühle, [...], etc. sind für Menschen innerhalb einer bestimmten Größenspanne ausgelegt. Auch hier ist die erfahrene Behinderung gewissermaßen sekundär: in einer ideal gestalteten Umwelt könnten kleinwüchsige Menschen in der Tat all den Tätigkeiten nachgehen, die auch normalwüchsige Menschen ausüben.[1013]

Es kann kein Zweifel bestehen, dass die sozialen Strukturen einen erheblichen Anteil an der Wahrnehmung des Behindertseins tragen. Nun ist es einleuchtend, dass Behinderung nicht gleich Behinderung ist und dass nicht jede Behinderung, nicht jedes genetische Anderssein, zwangsläufig als Einschränkung oder Krankheit wahrgenommen wird, sondern vielmehr die Umstände sich einen behinderten Menschen behindert fühlen lassen können. Ebenso gibt es aber auch schwerwiegende Behinderungen, für die schlechterdings keine Aussage darüber gemacht werden kann, wie sich der betroffene Mensch fühlt, so beispielsweise bei Wachkomapatienten, und der

---

1011 Vgl. Graumann 2004, 21.
1012 List 2004, 43.
1013 Lenk 2011a, 67-77 [Anm. d. Verf.]; vgl. auch S. 72, FN 354 dieses Buches.

gesellschaftliche Anteil an dem Gefühl des Patienten nimmt an dieser Stelle eventuell eine weniger bedeutende Position ein. Jackie Leach Scully vermerkt hierzu:

> Es ist richtig, dass viele Beeinträchtigungen vor allem mit sozial vermittelten Benachteiligungen verbunden sind. Könnten diese abgeschafft werden, dann wäre die Beeinträchtigung eher nur irritierend als „tragisch". Dennoch gibt es andere Beeinträchtigungen, die sehr wohl einen Nachteil an sich haben, der nicht einfach durch gesellschaftliche Änderungen oder andere Handlungen abgeschafft werden kann.

In solchen Fällen könnten die Eltern trotzdem von einem umsorgenden und empathischen gesellschaftlichen Umfeld profitieren. Auch für Krankheiten könnte man es ähnlich formulieren. Krankheit ist nicht gleich Krankheit, man kann sich gesund fühlen, obwohl man krank ist und man kann sich krank fühlen, obwohl *eine auf biologischer Ebene feststellbare statistische Abweichung von der speziestypischen Norm*[1014] nicht vorliegt. Dass das Leid, welches ein Mensch in Folge einer Behinderung erfahren kann, nicht zwangsläufig auf die Mutation zurückzuführen sein muss, wurde aufgezeigt; ob für Krankheit ähnliches gilt, muss noch geprüft werden, doch ist selbstverständlich auch hier entscheidend, um welche Krankheit es sich handelt. Auch für Krankheit gibt es soziale Modelle, bei denen das Krankheitsgefühl größtenteils auf gesellschaftliche Strukturen und Vorstellungen oder jedenfalls auf ein subjektives *Kranksein*[1015], welches wiederum durch das soziale Umfeld geprägt sein kann, zurückgeführt wird. Diese Dimensionen von Krankheit, die vermeintlich objektiv wissenschaftlichen Fakten zu Krankheit und die individuelle Wahrnehmung sowie, dass für ein ganzheitliches Verständnis von Krankheit beide Aspekte von Bedeutung und schwierig voneinander zu trennen sind und in ihre Definition einfließen müssen, wurde bereits innerhalb der Besprechung der Begriffe und Definitionen erörtert.[1016] Doch aus der Definition des Begriffs der Krankheit an sich lässt sich nichts über deren Schweregrad aussagen, der in der Zulassung der Therapie in der Keimbahn aber immer wieder betont wird. Es ist nicht klar daraus abzuleiten, wann eine Krankheit, gleich ob es sich um *Krankheit* oder *Kranksein* handelt, als leicht, schwer, schwerer oder als schwerste Erkrankung zu bewerten ist; dennoch mag es sich hier, wie schon bei den Definitionen der Begriffe selbst, um ein Problem der Zuordnung von Zuständen in der Nähe der Grenzbereiche von einem zum anderen handeln. Das würde nicht ausschließen, dass es daneben viele andere deutlicher zuzuordnende Fälle gibt, daher sollen zwei veranschaulichende Beispiele folgen.

1014 Vgl. Definition von Krankheit 3.2.4, S. 85 dieses Buches.
1015 Bei der Trennung von Krankheit (*disease*) und Kranksein (*illness*) wird die biologisch medizinische Abweichung der Krankheit von dem subjektiven Gefühl des Krankseins unterschieden, vgl. Morris 2000, 39 ff. Vgl. auch S. 76 dieses Buches.
1016 Vgl. 3.2.2, S. 77 ff dieses Buches.

Als eines kann die spinale Muskelatrophie (SMA)[1017] dienen, eine monogen bedingte neurodegenerative Erkrankung, die einen Rückgang der 2. Motoneurone verursacht und damit eine zunehmende Muskelschwäche. Ihrem Schweregrad nach wird die SMA in vier Typen eingeteilt, von denen der Typ I den schwersten Verlauf nimmt. Mit weniger als sechs Monaten werden betroffene Kinder vor allem durch eine hypotone Muskelspannung auffällig; sie erlernen per definitionem niemals das Sitzen. Die fortschreitende Muskelschwäche betrifft zunächst insbesondere die Extremitäten, doch sind bei der infantilen Typ I Form nicht selten auch früh schon Schluck- und Trinkschwächen zu beobachten. Der Tod tritt häufig wegen einer resultierenden Ateminsuffizienz oder wegen einer durch Schluckstörungen und schwachen Hustenstoß verursachten Aspirationspneumonie innerhalb der ersten zwei Lebensjahre ein. Kaum einer würde wohl leugnen, dass es sich bei dieser Ausprägung um eine schwere oder auch schwerste Erkrankung handelt, die Leid seitens des Kindes und seitens der Eltern hervorrufen kann und die zurückzuführen ist auf eine Mutation in einem Gen auf dem langen Arm des Chromosoms 5. Selbstverständlich darf damit nicht impliziert werden, dass es ausschließlich *Leid* in einer Familie gebe, in der ein Mitglied von SMA betroffen ist. An dieser Stelle geht es jedoch eben darum zu verdeutlichen, dass vorhandenes Leid an sich gar nicht geleugnet werden, sondern es in Hinblick auf seine Tauglichkeit für die Argumentation für eine Keimbahntherapie untersucht werden soll. Ohne implizieren zu wollen, dass die Gesellschaft rein gar nichts tun könnte für diese Kinder oder deren Eltern, wie beispielsweise ein gut verbundenes Netzwerk an Menschen und Institutionen, die inter- und multidisziplinär organisiert sind, einzurichten und zugänglich zu machen, und die Kinder und Eltern in ihrer Gesamtsituation zu begleiten, so muss doch festgestellt werden, dass die SMA keine soziale Konstruktion ist und durch Veränderung oder Verbesserung der Sozialstrukturen nicht geheilt und möglicherweise nicht oder nur wenig gelindert werden könnte. So gesehen könnte die Mutation im SMA-Gen wegen des potentiellen Leids, das sie nach sich zieht, das ohne Zweifel mit gesellschaftlicher Unterstützung erträglicher zu bewältigen, aber wohl kaum zu vermeiden sein könnte, eine Indikation ganz im Sinne der Befürworter der Keimbahntherapie darstellen. Um die Situation zu verschärfen, seien beide Eltern homozygot an SMA erkrankt, jedoch in milder Form, sodass sie einen Kinderwunsch realisieren könnten. Diesen Eltern könnte nun mit einer PID tatsächlich nicht geholfen werden. Keiner der gezeugten Embryonen wäre nicht betroffen. Daher, so die Befürworter, bliebe als einzige Alternative die Keimbahntherapie – mit dem Argument des möglichen Leides, sowohl des Kindes, als auch der Eltern, welches sich aus dem soeben skizzierten schweren Verlauf der Erbkrankheit ohne Mühe herauslesen lässt. Doch genau an dieser Stelle muss man sich an den Beginn der Problematik zurückversetzen, denn genau hier darf nicht vergessen werden, um welches und wessen Leid es *primär* geht: Um den unerfüllten Kinderwunsch. Und

---

[1017] Für die folgenden Ausführungen zur SMA vgl. Wang et al. 2007.

dass dieser und das Leid an ihm einer sozialen Umstrukturierung tatsächlich zugänglicher wäre, als das Leid eines schwerstkranken Kindes sowohl für das Kind als auch für die Eltern, wurde bereits dargelegt. Neben dem Verzicht auf gesunde genetisch eigene Kinder, der schon mehrfach thematisiert wurde, besteht weiterhin die Alternative zur Keimbahntherapie, ein *betroffenes* Kind zu bekommen. Neben der schwersten Form der Typ I SMA gibt es wie erwähnt drei weitere Verlaufsformen, die allesamt weniger schwer verlaufen, bestenfalls sogar erst im erwachsenen Alter symptomatisch werden, ohne dass Erkrankte beispielsweise je immobil werden.[1018] An dieser Stelle muss nicht nur in Bezug auf die SMA, sondern auch hinsichtlich anderer Krankheiten gefragt werden, ob auch die Weitergabe der Erbkrankheiten vermieden werden soll oder darf, die erst im Erwachsenenalter manifest werden. „Hier geht es nicht mehr um das kranke Kind und sein Leiden, das prospektiv die Mutter nicht ertragen zu können glaubt, sondern der Kranke, leidende Mensch selbst ist gemeint, der besser nicht leben sollte, was ihm sein genetisches Programm befiehlt",[1019] schreibt Schroeder-Kurth diesbezüglich und verweist unter anderem auf die fehlenden konsensfähigen Definitionen von Krankheit und Gesundheit. Im Falle der SMA lässt sich also anhand der molekularbiologischen Information nicht herleiten, wie schwer sich die genetische Mutation im späteren Phänotyp darstellt. Man kann vorweg keine Aussage darüber machen, ob das Kind im ersten Lebensjahr erkranken wird oder ob es ohne weitere Einschränkungen erwachsen und erst spät wenig symptomatisch werden wird. Die Aufgabe einer Gesellschaft könnte nun an dieser Stelle darin bestehen, prospektiven Eltern mit Sorgen um ein Kind mit Krankheit Sicherheit zu geben, Rückhalt zu geben, entweder ohne genetisch eigene Kinder auch in den Augen der Gesellschaft sinnerfüllt leben zu können oder aber Rückhalt zu geben im Sinne der Toleranz, Akzeptanz und auch aktiver Unterstützung bei der Entscheidung, sein Kind so anzunehmen zu können, wie es ist.

Ein zweites Beispiel könnte die Osteogenesis imperfecta (OI) sein, bei der betroffene Menschen sog. Glasknochen haben. Den Begriff der Glasknochen*krankheit* lehnen Betroffene tendenziell ab und empfinden die OI mehr als Behinderung. Wie bei der SMA können auch bei dieser monogenen Mutation sehr verschiedenartige Verläufe resultieren. Bei dem schwersten Verlauf kommen die Neugeborenen schon mit multifrakturierten Knochen zur Welt, starke Deformitäten schränken lebenswichtige Organfunktionen ein, die Lunge kann sich oftmals nicht entfalten. Teilweise überleben die Kinder die Geburt nicht oder versterben innerhalb der nächsten 24 Stunden nach der Geburt. Dieser Typ 2 der Erkrankung gilt trotz verbesserter Symptombehandlung somit als die letale Form der OI. Da sie überwiegend dominant vererbt wird, reicht es aus, wenn ein Elternteil homozygot, oder beide Elternteile heterozygot für die OI veranlagt sind. Wiederum sagt die Mutation selbst nichts über die Schwere des

---

1018 Wang et al. 2007, 1030.
1019 Schroeder-Kurth 1991, 33.

Verlaufs aus, im besten Fall fühlen und bezeichnen sich Betroffene, wie beschrieben, nicht als krank, sondern allenfalls als behindert.[1020] Wiederum könnte die Alternative zum Verzicht auf das genetisch eigene Kind darin bestehen, dass betroffene Eltern eine Entscheidung zugunsten eines Kindes mit einer Wahrscheinlichkeit schwer zu erkranken treffen. Ob sie es sich zutrauen, ob sie glauben, dass ihr Kind in der Gesellschaft *seinen Platz finden* wird, ob sie glauben, sich mit ihrer Entscheidung in der Gesellschaft aufgefangen zu fühlen, begleitet und aufgefangen zu werden, wird nicht zuletzt ein weiteres Mal von den sozialpolitischen Strukturen (mit)-bestimmt.

Die Frage in dem Kontext dieses Kapitels lautete, ob im Rahmen der (Bio)Medikalisierung der Lebenswelt und im Lichte des vorherrschenden Genbegriffs das Angebot der Keimbahntherapie die beobachtete Entwicklung bestätigt oder sogar fördert, dass zunehmend gesellschaftlich-soziale, psychosoziale und politische Schwierigkeiten an die Medizin herangetragen werden, um sie biotechnisch zu „lösen". Zudem sollte beurteilt werden, ob die Medizin diese an sie herangetragenen Probleme überhaupt zu lösen vermag. Im Falle der schweren und schwersten Erbkrankheiten scheint eben dies nahezuliegen – scheint der Auftrag der Medizin klar bestätigt zu werden: Bei Gefährdung der Gesundheit soll die Medizin Krankheit behandeln und Gesundheit wiederherstellen und erhalten. In Zusammenschau mit einer beispielhaften Auffassung, Gesundheit sei „ein Zustand der inneren Angemessenheit und der Übereinstimmung mit sich selbst"[1021], die nicht zuletzt von ganzheitlichen Konzepten wie dem der WHO bestärkt wird, und Krankheit wiederum lasse sich auf Ebene der Gene definieren, lässt sich das Bild einer gerechtfertigten, sogar notwendigen Keimbahntherapie formen. Dass sich die vermeintliche Notwendigkeit von dem (erwarteten) Leid herleiten lässt, ist aber nach Ansicht der Ausführungen in diesem Unterkapitel alles andere als eindeutig. Die *Notwendigkeit*, ein unzumutbares Leid zu vermeiden, sofern es denn überhaupt als ein solches antizipiert werden darf, angesichts der Tatsache, dass die Ausprägung einer Krankheit nicht zwangsläufig mit der Mutation korreliert[1022] und mit dem Wissen, dass beispielsweise Menschen mit OI diese nicht als Krankheit bezeichnen und empfinden, ergibt sich überhaupt erst aus der Erfüllung eines Kinderwunsches von einem Paar mit genetischer Disposition, die um diese wissen. Insofern muss die Frage nach der medizinischen *Notwendigkeit der Erfüllung eines Kinderwunsches* nach einem genetisch eigenen, gesunden Kind allen anderen vorangestellt werden.

[1020] An dieser Stelle wäre dann erneut zu fragen, ob das Gefühl der Behinderung abermals insbesondere gesellschaftspolitisch verankert ist.

[1021] Gadamer 1993, 138, vgl. S. 79, FN 392 dieses Buches.

[1022] Diese Problematik wird intensiv auch bei der PID und PND thematisiert; kaum eine genetische Veränderung, wie beispielsweise auch die Trisomie 21, offenbart allein durch ihre Feststellung den Grad ihrer Ausprägung, vgl. hierzu etwa Nationale Akademie der Wissenschaften Leopoldina, acatec – Deutsche Akademie der Technikwissenschaften, Berlin-Brandenburgische Akademie der Wissenschaften (für die Union der deutschen Akademien der Wissenschaften) 2010, 8.

Die „Sittlichkeit"[1023] dieses Wunsches wird unter anderem durch die Anwendung der Reproduktionsmedizin bestätigt und durch die Zulassung der PID bestärkt; ob sie deshalb aber ausreicht, um den Eingriff in die Keimbahn zu rechtfertigen, mit all seinen vorhersehbaren und unvorhersehbaren Risiken, bleibt fraglich. Und so wenig zugänglich die Linderung von Leid tatsächlich schwerster Erbkrankheiten für gesellschaftliche Veränderungen vielleicht sein mag, umso eher ist es möglicherweise der Wunsch oder das Gefühl der Norm zum genetisch, eigenen gesunden Kind. Doch selbst wenn man diese Norm, oder jedenfalls den Wunsch nach dem gesunden, eigenen Kind nachvollziehen kann und als rechtfertigendes Argument für den Einsatz von CRISPR/Cas in der Keimbahn zulässt, bleiben Fragen, die gesellschaftlichen Folgen betreffend, offen. Wie Marcus Elstner schreibt, wirke eben nicht nur die Gesellschaft auf die Technik z. B. regulierend ein, sondern „[d]ie wissenschaftlich-technische Entwicklungen kann [...] auch auf die Gesellschaft rückwirken, sie entfaltet ‚normative Kraft'."[1024] Diese normative Kraft wiederum könnte unter anderem die schon erwähnte Tendenz zum Optimierungsdruck verstärken. An dieser Stelle wird auch die in diesem Kontext befürchtete Stigmatisierung von Menschen mit genetisch bedingten Krankheiten und Veränderung der Toleranz Betroffenen und insbesondere auch betroffenen Familien gegenüber, die sich gegen einen möglichen Eingriff entscheiden, wieder relevant. Die Auseinandersetzung mit ebendieser Problematik folgt im nächsten Unterkapitel.

3.3.3.2 Stigmatisierung und Umgang mit Menschen mit ererbten Krankheiten und Behinderungen

Ein in der Literatur immer wieder zu findender Einwand gegen die Zulassung einer Keimbahntherapie – aber auch schon unter anderem gegen selektive Abtreibung, PND und PID – lautet, dass in der Praxis der Vermeidung von bestimmten Behinderungen und Krankheiten die implizite Haltung zum Ausdruck komme, dass das Leben mit ebendieser Behinderung oder Krankheit nicht lebenswert sei. Hierdurch könnten sich Menschen, die mit einer solchen Behinderung oder Krankheit verursachenden Mutation leben, angegriffen, diskriminiert und sogar in ihrer Existenz in Frage gestellt fühlen.[1025] Es wird etwa befürchtet, sie könnten als „mistakes" betrachtet werden, die „somehow escaped the spreading net of detection and eugenic abortion"[1026], wie Kass hinsichtlich des Screenings auf bestimmte genetische Dispositionen formuliert. Er

---

1023 Vgl. S. 177, FN 878 dieses Buches.
1024 Elstner 1997, 3. [Hervorhebungen im Original].
1025 Vgl. Graumann 2004, 20.
1026 Kass 2004, 130.

berichtet von einer Situation einer Arztvisite bei einem Jungen mit Spina bifida[1027], „an intelligent, otherwise normal ten-year-old boy", über den der Visitierende in Gegenwart des Jungen zu seinen Studenten geäußert habe: „,Were he to have been conceived today,' the physician casually informed his entourage, ,he would have been aborted.'"[1028] Diese Denkfigur, die häufig in dem so oder so ähnlich formulierten plakativen Ausspruch: „Das muss doch heute nicht mehr sein!"[1029] Ausdruck findet, ist jedoch nicht nur wegen der vermeintlich daraus resultierenden Diskriminierung derer, *die nicht hätten sein müssen*, kritisch zu betrachten. Dies unterstreicht Rehmann-Sutter, wenn er sagt: „Der Gedanke: ,dies muß man heute doch nicht mehr haben', führt, wenn er gegenüber einem behinderten Menschen geäußert wird, zu seiner Ausgrenzung."[1030] Sie ist auch wegen ihrer augenscheinlich mitschwingenden Idee, dass überhaupt niemand heutzutage mehr mit einer Behinderung leben *müsse*, äußerst fragwürdig. Zunächst, daran erinnert beispielsweise Johannes Rau, darf nicht vergessen werden, dass lediglich etwa 4 % der Behinderungen angeboren sind, der allergrößte Anteil aller Behinderungen wird im Laufe des Lebens erworben[1031] und wäre mit einer Keimbahntherapie nicht zu vermeiden.[1032] Doch selbst wenn es um diesen geringen Anteil aller Behinderungen ginge, muss doch festgestellt werden, dass so wenig wie die Keimbahntherapie es vermag, eine Krankheit *auszurotten*, oder eine ganze Population von *Gendefekten* zu *befreien*,[1033] ebenso wenig von dieser Option erwartet werden kann, dass mit ihrer Hilfe alle genetisch bedingten Behinderungen *vermieden* werden könnten. Dass für dieses Vorhaben grundsätzlich jede Schwangerschaft *in vitro* beginnen müsste, ist nur einer der kritischen Aspekte bezüglich der Vorstellung, ganze Bevölkerungsgruppen zu *therapieren*. Daran anknüpfend und gleichsam rückführend zu dem ersten Einwand, der auf die Diskriminierung oder jedenfalls Stigmatisierung derer zielt, deren Behinderung als vermeidbar gelten solle, muss doch auch explizit gefragt werden, ob mit Hilfe der Keimbahntherapie alle genetisch bedingten Behinderungen vermieden werden *sollten*. Und von allen Fragen die Keim-

---

1027 Umgangssprachlich handelt es sich hierbei um den sog. „offenen Rücken"; die Ausprägung der Spina bifida ist äußerst variabel und kann von kaum einer bis zu einer starken Beeinträchtigung führen. Sie kann bereits pränatal chirurgisch behandelt werden, vgl. Adzcet et al. 2011. Nicht außer Acht gelassen werden darf aber, dass die intrauterine Chirurgie wiederum neue Fragen und Probleme aufwirft. Hierauf kann an dieser Stelle nur hingewiesen werden. Für weiterführende Literatur vgl. etwa Casper 1998.
1028 Kass 2004, 130.
1029 Vgl. beispielsweise Rehmann-Sutter 1995b, 181, Schroeder-Kurth 2000, 171.
1030 Rehmann-Sutter 1995b, 181.
1031 Vgl. Statistisches Bundesamt 2016 Nr. 381; vgl. auch Rau 2004, 18.
1032 Rau mahnt zudem an, dass statt diesem äußerst geringen Anteil an Behinderungen mit einer derartig riskanten Technik vorzubeugen, deutlich mehr und effektiver Prävention betrieben werden könnte hinsichtlich der erworbenen Behinderungen. Ausführlicher hierzu auf S. 213, FN 1039, dieses Buches.
1033 Vgl. S. 166, FN 837, sowie S. 162, FN 817 dieses Buches.

bahntherapie betreffend, ist diese doch in besondere Maße eine, die nicht nur an die Wissenschaft oder die Politik oder die Ärzte gestellt werden darf, sondern unbedingt auch die Sichtweise der Betroffenen mit einbeziehen muss. Auf diesen nötigen Perspektivenwechsel, vordergründig hinsichtlich der PND und PID, macht schon Sigrid Graumann aufmerksam und stellt fest:

> Die Perspektive von Menschen mit Behinderungen wurde tendenziell ausgeblendet oder nicht ernst genommen. Gleichzeitig fand innerhalb der Behindertenbewegung eine intensive Auseinandersetzung mit medizin-ethischen Themen statt. Diese Debatte zeigt, dass die Einstellung von Menschen mit Behinderung und Verbänden der Behindertenhilfe zur modernen medizinischen Forschung und Praxis überwiegend ambivalent ist.[1034]

Hierauf weist ebenfalls Ina Praetorius hin, die kritisiert, dass das Leid der Betroffenen immer wieder als Trumpfkarte ausgespielt werde, ohne dass die Betroffenen selbst dazu befragt würden.[1035] Sie, und dazu zählt sie sich als an Multipler Sklerose Erkrankte selbst,[1036] würden beispielsweise nicht gefragt, ob sie „die Entscheidung befürworte, dass ‚der Großteil des jährlichen Forschungsetats der Schweizerischen MS-Gesellschaft [...] nach wie vor in Studien' fließt"[1037], statt in praktische, etwa in pflegerische Hilfeleistungen.[1038] Diese Kritik unterstützt einen der beschriebenen Aspekte der (Bio)Medikalisierung, dass die Biomedizin möglicherweise nicht in allen Belangen der adäquate Adressat für die Schwierigkeiten der Menschen mit Krankheiten oder Behinderungen sein könnte. Deren Leid spielt jedoch für die Befürworter auch der Zulassung einer Keimbahntherapie eine wichtige Rolle in der Argumentation, weshalb es umso wichtiger ist, es zu hinterfragen. Schließlich wird mit einer solchen Argumentation nicht nur ungefragt der Konsens aller Betroffenen für die Entwicklung neuer Biotechnologien unterstellt, es wird den Betroffenen auch eine u. U. unhaltbare Hoffnung gemacht. Wenngleich diese im Falle der Keimbahntherapie nicht auf die Heilung der Träger der Mutation zielt, sondern auf deren Wunsch nach gesunden, genetisch eigenen Kindern, ist das Argument mit den Betroffenen immer wieder anzutreffen. Da deren Einstellung zu den modernen Reproduktionsverfahren jedoch offensichtlich durchaus ambivalent und differenziert ist, sich jedenfalls keineswegs durch eine einheitlich zustimmende Haltung kennzeichnet, müssen die unterschiedlichen Meinungen genauso wie die aller anderen Mitglieder einer Gemeinschaft in einem gesellschaftlichen Diskurs berücksichtigt werden. Und in diesem müssen

---

1034 Graumann 2004, 20. Anm. d. Verf.: Folgende FN war im Original enthalten: Judith/Steinert 2001; Praetorius 2001.
1035 Vgl. S. 113, FN 567 dieses Buches.
1036 Vgl. Praetorius 2001, 45.
1037 Praetorius 2001, 47; Anm. d. Verf.: Folgende FN war im Original enthalten: Wachter, T.: Teure Spritzen für MS-Kranke. In: Tages-Anzeiger (Zürich) vom 1. Februar 2000, 42.
1038 Vgl. Praetorius 2001, 47.

Aspekte beachtet werden wie jene, dass Krankheiten und noch mehr Behinderungen in Abhängigkeit von der Beeinträchtigung in ausschlaggebendem Maße gesellschaftlich und nicht durch eine genetische Mutation bedingt sein können. Ebenso wie jene, dass, wenn es um vermeidbare Erkrankungen und Behinderungen gehe, die Keimbahntherapie nur einen sehr geringen Anteil ins Visier nehmen könne und der größere, beispielsweise für Verhaltensprävention deutlich zugänglichere Anteil, vernachlässigt werde. Auch hieran erinnert Rau:

> Wir wissen doch, dass der Konsum von Drogen und der Missbrauch von Medikamenten schwere körperliche und geistige Schäden verursachen können. Wir wissen doch, welche Folgen es für Kinder hat, wenn ihre Mütter suchtkrank sind. Wenn es uns wirklich darum geht, zu verhindern, dass Menschen unnötig mit Behinderung leben müssen, warum tun wir dann auf diesem Feld nicht noch viel mehr? Wir wissen doch, dass mangelnde Bewegung und falsche Ernährung bei vielen Kindern zu Diabetes und anderen schweren Krankheiten führen, unter denen sie ein Leben lang leiden. […] Wir wissen doch, dass Schlaganfälle auch mit bestimmten Lebensgewohnheiten zu tun haben können. Brauchen wir nicht noch viel mehr Aufklärung über Risikofaktoren, und muss die Politik nicht noch mehr tun, um gesunde Lebensweisen zu fördern und Menschen vor Risikofaktoren zu schützen? Das sind Beispiele dafür, wie wir ganz praktisch etwas dafür tun können, dass Menschen ohne Behinderungen leben, ohne dass sich dadurch Menschen mit Behinderungen beeinträchtigt fühlen.[1039]

Um also insgesamt in der Gesellschaft das Leid an Behinderungen und Krankheiten zu mindern und zu lindern gäbe es viele andere Angriffspunkte und alternative Handlungsoptionen. Jedoch ist dies im Vergleich zu dem sehr individuellen Wunsch nach dem genetisch eigenen, gesunden Kind eine doch recht utilitaristische Sicht der Lage. Denn selbst wenn man mit diesen Maßnahmen begrüßenswerter Weise den nicht-genetisch bedingten Anteil an Behinderungen und Krankheiten senken könnte, blieben die ungewollt kinderlosen Paare davon unberührt und hätten schlechterdings dasselbe Anliegen und dieselben Rechtfertigungsgründe, die derzeit vorgetragen werden. Unterstellt man, dass durch eine Abnahme der Anzahl beispielsweise der Menschen mit Behinderungen die Toleranz und Akzeptanz eben diesen gegenüber sinken könnte, müsste man sogar eher befürchten, dass Eltern sich noch mehr als jetzt zu derartigen Eingriffen verleitet oder sogar verpflichtet fühlen könnten. Doch dieser Gedanke scheint weit hergeholt und seine Prämisse, die die Fragestellung dieses Unterkapitels leitet, dass allein durch die quantitative Abnahme der Anzahl behinderter Menschen die Toleranz ihnen gegenüber sinken könnte, ist noch unbestätigt.

In Anbetracht des geringen Anteils der genetisch bedingten Behinderungen an der Gesamtzahl, könnte ein Einwand bezüglich einer potentiellen Stigmatisierung oder gar Diskriminierung von Menschen mit vermeidbaren Behinderungen mit dem Argument einer quantitativen Irrelevanz zurückgewiesen werden. Wenn in summa

---

1039 Rau 2004, 16–17.

eine nur geringe Anzahl an Menschen mit Behinderungen in Zukunft „fehlte", dann könnte das kaum Auswirkungen auf die Menschen haben, die nach wie vor mit einer (erworbenen) Behinderung leben. Diesem Gesichtspunkt könnte man mit Sass hinzufügen:

> Ein solches Szenarium wird eine Änderung der Akzeptanz von unbehandelten Trägern von Erbkrankheiten zur Folge haben können und darf in der Übergangszeit nicht das solidarische Verhältnis zu den nichttherapierten schwerstbehinderten Mitbürgern belasten. Auf diese Folgeprobleme erfolgreicher Gentherapie von Erbkrankheiten haben mit Recht die Behindertenorganisationen aufmerksam gemacht. Die Einführung der Polioschluckimpfung ist aber nicht davon abhängig gemacht worden, ob sich möglicherweise der Umgang mit bereits Poliogeschädigten in der Bevölkerung nach verpflichtender Impfgesetzgebung ändern würde. Ordnungsethisch stand die Pflicht zur Prävention oder Heilung vor Überlegungen zur möglichen Sekundärfolge einer Diskriminierung Behinderter.[1040]

Diese Ausführung mag auf den ersten Blick plausibel sein, auch Wagner schließt aus dieser Aussage, dass das Argument der sozialen Diskriminierung, in Hinblick auf diesen Vergleich, gegen keimbahntherapeutische Eingriffe keine große Überzeugungskraft habe.[1041] Der Vergleich könnte jedoch in mehrerlei Hinsicht als problematisch betrachtet werden. Zunächst schreibt Sass von einer „Übergangszeit" und meint offenbar den Übergang von einer Welt mit genetisch bedingten Behinderungen, in eine Welt ohne ebendiese. Dieser Begriff mag in Bezug auf die Bekämpfung von Poliomyelitis plausibel sein, da mit der Impfung gegen das Virus tatsächlich die Krankheit ausgerottet werden soll. Im besten Fall also blieben keine poliogeschädigten Menschen, die sich diskriminiert fühlen könnten – ganz im Kontrast zu vererbbaren Behinderungen und Krankheiten. Von deren *Eliminierung* und *Ausrottung* und insofern auch von einer *Übergangszeit* kann im Rahmen der Keimbahntherapie tatsächlich nicht gesprochen werden. Selbst wenn es nur um den geringen Anteil rein genetisch bedingter Behinderungen ginge, wäre die Voraussetzung für deren *Elimination*, dass bei einem bestehenden Risiko eine IVF obligatorisch sein und jede andere Schwangerschaft wegen der Möglichkeit spontaner Mutationen mindestens per PND kontrolliert werden müsste; diese Vorstellung wirkt schlichtweg abwegig.[1042] Es würde sich demnach um einen gewissen Anteil des geringen Anteils der Behinderungen mit genetischer Grundlage handeln, die per Keimbahntherapie nicht weitergegeben würden. Doch ist damit die Frage, ob nicht trotzdem eine veränderte Wahrnehmung und resultierend ein veränderter Umgang mit Menschen mit Behinderungen und Erbkrankheiten folgen könnte, nicht beantwortet. Es könnte davon ausgegangen werden, dass, wenn der Part der genetisch bedingten Behinderungen so gering ist und zudem nicht zu

---

1040 Vgl. Sass 1991, 12.
1041 Vgl. Wagner 2007, 47.
1042 Vgl. auch S. 166, FN 837 dieses Buches.

erwarten ist, dass jeder der Betroffenen die Möglichkeit der Keimbahntherapie wahrnehmen würde, ein Effekt wie Stigmatisierung oder Diskriminierung unbehandelter Individuen nicht anzunehmen sei. Jedoch muss unbedingt berücksichtigt werden, dass die reale Situation für die gesellschaftliche Wahrnehmung nicht unbedingt der ausschlaggebende Faktor sein muss. Ganz entscheidend ist die gesellschaftliche *Vorstellung* dessen, was mit der Keimbahntherapie möglich sei. Diese wird nicht nur von Fakten geprägt, sondern in relevantem Maße auch von der medialen Darstellung, von Schlagzeilen und Reports.[1043] Wenn die US-National Academies of Sciences beispielsweise einen „guide" für Betroffene ausgeben,[1044] dann ist außerordentliche Reflektion gefragt, um sich nicht schlichtweg *ent*führen zu lassen, ohne die Maßnahme noch zu hinterfragen. Wenn Bioethiker mit hoher Reputation wie Arthur Caplan multifaktoriell zustande kommende, komplexe Krankheiten als ebenso behandelbar darstellen wie monogen bedingte Erbleiden,[1045] kann ein medizinischer Laie schnell überzeugt sein, alles sei möglich. Etablierte sich in der Folge das Bild des vermeidbaren und folglich des zu vermeidenden Leids, ohne dass gefragt würde, wessen Leid gemeint ist, ohne dass das Leid selbst in Frage gestellt würde, ohne dass nach den eigentlichen Ursachen dieses Leides gesucht und ohne dass nach außerhalb der Biomedizin gelegenen alternativen Lösungen gefragt würde, dann scheint der Schritt zum Zweifel nah: „Hätten Sie das nicht vermeiden *müssen?*" An dieser Stelle kann nun nicht ohne weiteres herangezogen werden, dass beispielsweise Poliogeschädigte ebenfalls nicht nach einer Zulassung für eine Impfung gefragt wurden. Hierin liegt nämlich die zweite Schwierigkeit in Sass' Argument. Die Impfung, die vor der Ansteckung mit Poliomyelitis schützt, richtet sich gegen den weltweit präsenten und prinzipiell jeden nicht-Geimpften bedrohenden, speziellen Erreger, das Poliovirus. Eine Keimbahntherapie soll in erster Linie den Wunsch nach einem eigenen, gesunden Kind ermöglichen, wenn die genetische Disposition der Eltern diesen bedroht oder unwahrscheinlich macht. Hier liegt ein eklatanter Unterschied vor, der nur in Betrachtung der vorangegangenen Ausführungen sichtbar wird: Die Absicht, die Menschheit vor der Ansteckung mit dem jedes einzelne Mitglied bedrohenden Virus zu schützen, ist nicht gleichzusetzen mit der Absicht, einzelnen Paaren den Kinderwunsch zu erfüllen. Selbst wenn man hier keine Trennung nach utilitaristischen und individualistischen Aspekten vornähme, muss doch ein weiteres Mal festgestellt werden, dass für die Plausibilität dieses Argumentes mindestens konstatiert werden müsste, dass ungewollte Kinderlosigkeit eine mit der Poliomyelitis vergleichbare Krankheit sei. Über den Wandel wiederum von der Kinderlosigkeit als Schicksal hin zur Anerkennung als Krankheit wurde bereits im Rahmen des ärztlichen Auftrages und der (Bio)Medikali-

---

1043 Vgl. hierzu auch Nisbet 2018, 15.
1044 Vgl. S. 48, FN 235 dieses Buches.
1045 Vgl. S. 164, FN 823 dieses Buches.

sierung geschrieben.[1046] Wenn man überhaupt der ungewollten Kinderlosigkeit den Status einer Krankheit anerkennt, sind die Szenarien dennoch unvergleichbar: Bei der einen Maßnahme, der Polioimpfung, handelt es sich um eine, die gewissermaßen an der Gesellschaft vorgenommen wird (weil für alle angeraten), die aber voraussetzt, dass man dem einzelnen Individuum nutzt. Bei der anderen Maßnahme, der Keimbahntherapie, handelt es sich um eine, die wiederum zwar den einzelnen Individuen nutzt (vor allem den prospektiven Eltern), deren gesellschaftliche Wirkung jedoch vollkommen unüberschaubar scheint. Auch der *Gegner* könnte unterschiedlicher nicht sein, wenn es in dem einen Fall um ein ganz spezifisches Virus bzw. um viral oder bakteriell übertragbare Krankheiten geht und in dem anderen Fall um eine ganze Kategorie, nämlich die genetisch bedingten Behinderungen. Obwohl also der Vergleich dieser Szenarien deutlich hinkt, spiegelt er das immer wieder in der Literatur vermittelte Verständnis wider, es sei zum einen *demnächst* machbar, ganz allgemein genetisch bedingte Behinderungen und Krankheiten im Embryonalstadium, oder noch davor, *therapeutisch zu verhindern*, und zum anderen, es sei vergleichbar mit dem durch Ansteckung mit einem Virus entsprechenden zu vermeidenden Leid.

Diese Darlegungen betrachtend, könnte doch Anlass gesehen werden, eine Stigmatisierung oder Marginalisierung behinderter Menschen oder Menschen mit Erbkrankheiten zu befürchten. Führte die reine Vorstellung der umsetzbaren Vermeidung von (genetisch bedingten) Behinderungen und Krankheiten zu der Auffassung, es sei moralisch nicht vertretbar, unter (bekannten) *Risikobedingungen* Kinder zu zeugen, könnte dies zu einem Optimierungs- und Leistungsdruck führen, der wiederum die Problematik der Marginalisierung verstärken könnte – ein potentieller circulus vitiosus. Wie naheliegend oder abwegig ein solcher Teufelskreis mit Zulassung der Keimbahntherapie sein könnte, soll am Ende des Kapitels und unter besonderer Berücksichtigung des folgenden Unterkapitels bewertet werden. Eine tatsächliche Diskriminierung von Menschen mit ererbter Behinderung scheint besonders in Hinblick auf den geringen Anteil der einer solchen Therapie zugänglichen Behinderungen allein aufgrund der Zulassung einer Keimbahnintervention eher nicht wahrscheinlich. Dennoch sollte die Macht der Imagination einer Machbarkeit nicht unterschätzt werden.

3.3.3.3 Optimierungs- und Leistungsdruck
(In welcher Gesellschaft wollen wir leben?)

Das Thema des Optimierungs- oder Leistungsdrucks ist kein explizites Phänomen der Gentechnologie. Wie bereits in der Einleitung und der Natürlichkeitsargumentation beschrieben ist und wie von einigen Autoren immer wieder betont wird, liege es *in der Natur des Menschen*, nach Verbesserung seiner (Lebens-)Lage zu streben und viele

---

1046 Vgl. S. 169, S. 203 dieses Buches.

seiner Handlungen, Maßnahmen, Erfindungen und Entdeckungen setze er ein, um sich das Leben leichter oder besser zu machen. Doch dieses *natürliche* Verhalten, mit dem im Übrigen auch solche Autoren für den Einsatz von Biotechnik zur Verbesserung des Menschen argumentieren, die in anderen Zusammenhängen einen normativen Rückschluss aus natürlichen Verhaltensweisen als naturalistischen Fehlschluss kritisieren,[1047] und die These vom Menschen als Mängelwesen,[1048] werde „als unmittelbare *empirische* Realität (miss-) verstanden, so als seien Menschen permanent damit beschäftigt, nach Möglichkeiten zu ihrer Selbstverbesserung zu suchen."[1049] Wenn hinzukommt, dass „ein zentrales Strukturelement biopolitischer Strategien […] in der suggestiven Konstruktion und Evokation eines zugleich verbesserungs*bedürftigen* wie auch verbesserungs*fähigen* Adressaten, eines eigenverantwortlichen Subjekts der Selbstbestimmung"[1050] bestehe, und unter Berücksichtigung des hohen Stellenwertes der Selbstbestimmung, könnte beispielsweise nach van den Daele vermutet werden, dass der Antrieb für die Ermöglichung neuer biotechnischer Verfahren, der Wunsch nach Selbstbestimmung sei.[1051] Wehling stellt jedoch genau dies in Frage:

> In *empirisch-analytischer* Hinsicht ist es mehr als fraglich, ob Selbstbestimmungsansprüche tatsächlich der entscheidende Antriebsfaktor in der biopolitischen Dynamik gegenwärtiger Gesellschaften sind, ob es also primär Forderungen nach individueller Selbstbestimmung sind, die die Entwicklung und Nutzung neuer biomedizinischer und biotechnischer Optionen vorantreiben. Häufig verhält es sich genau umgekehrt: „Selbstbestimmung" als Option wie auch als Verhaltenserwartung wird in nicht wenigen biopolitischen und biomedizinischen Konstellationen durch die Verfügbarkeit von Technologien (z. B. prädiktive Gentests) überhaupt erst erzeugt.[1052]

Es bestehe nur eine *scheinbar* selbstbestimmte Wahl zwischen normativ stark vorgeprägten Alternativen. Nun ist der Begriff der *Selbstbestimmung* an sich kritisch zu betrachten, da laut Wehling gefragt werden müsse: „(*Wer* bestimmt ‚sich selbst' *wozu?*) […] Selbstbestimmung biete sich somit als ‚Plattform vielfältiger symbolischer Bedeutungszuschreibungen und -definitionen sowie normativer, voluntativer und emotiver Aufladungen' an."[1053] An dieser Stelle reicht es jedoch (zunächst) aus, an

---

1047 Vgl. Wehling 2008, 254; er verweist beispielsweise auf Birnbacher, der mit der Natur des Menschen als Kulturwesen für die Überwindung seiner Mängel durch etwa genetisches Enhancement argumentiert, vgl. auch S. 135, FN 682 in dieses Buches.

1048 Vgl. Gehlen 1997, 37, auch S. 135, FN 683 dieses Buches.

1049 Wehling 2008, 254–255. [Hervorhebungen im Original].

1050 Wehling 2008, 266. [Hervorhebungen im Original].

1051 Vgl. Wehling 2008, 255–256, sowie etwa van den Daele 1985, 141–142. S. a. S. 192, FN 959 dieses Buches.

1052 Wehling 2008, 257. [Hervorhebungen im Original].

1053 Wehling 2008, 257. [Hervorhebungen im Original]. Wehling verweist an dieser Stelle auf: Krähnke, Uwe, 2007: Selbstbestimmung. Zur gesellschaftlichen Konstruktion einer normativen Leitidee, Weilerswist.

Wehlings Ansicht anzuknüpfen, dass Selbstbestimmung nicht prinzipiell Antrieb zur Schaffung neuer Möglichkeiten sein muss, sondern vielmehr ein *Druck* zur Entscheidung in Namen der Selbstbestimmung durch eine neue Option erst entstehen könnte. Zieht man zu dieser Annahme den Aspekt der Biomedikalisierung hinzu sowie die Ausführungen zu der Tendenz, *Gesundheit*, verstanden als holistisches Konzept, zum höchsten privaten und gesellschafts(-politischen) Gut zu deklarieren, außerdem unter der Berücksichtigung des molekularbiologischen Verständnisses von Krankheit, kommt man der vorliegenden Fragestellung näher, ob die Zulassung einer Keimbahntherapie einen ohnehin schon detektierten Optimierungs- und Leistungsdruck in der Gesellschaft nach Gesundheit und optimalen Lebensbedingungen verstärken könnte. Auch diese Frage wurde schon hinsichtlich der Legitimation der PID diskutiert. Birnbacher schreibt beispielsweise zu den sozialen Gefahren selektiver Reproduktionsverfahren wie der PND:

> Dazu gehören insbesondere die Gefahr der Zunahme des sozialen Drucks auf Eltern, bei bekannten genetischen Risiken von den verfügbaren Diagnose- und Selektionsmöglichkeiten Gebrauch zu machen, und die Gefahr einer zunehmenden Erhöhung der Ansprüche der Eltern an die „Qualität" ihrer Kinder. Die Bereitschaft zur Annahme von Kindern, die von den eigenen Wunschvorstellungen abweichen, könnte weiter sinken, die Bereitschaft der schwangeren Frau, sich emotional auf das Kind einzulassen, in dem Wissen, dass die Schwangerschaft nur „auf Probe" ist, weiter abnehmen. Schon heute wird bei Frauen, die sich zu einer Pränataldiagnostik entschlossen haben, beobachtet, dass sie – verständlicherweise – erst dann bereit sind, sich emotional auf das werdende Kind einzulassen, wenn sie sicher sind, dass sie es austragen werden.[1054]

Dass die Zahl der nicht-invasiven vorgeburtlichen Untersuchungen in der Frühschwangerschaft gestiegen ist und weiterhin steigt und Frauen es, wenn nicht als verpflichtend, dennoch zunehmend als selbstverständlich wahrnehmen, diesen Untersuchungen zuzustimmen – und dies, obwohl in vielen Fällen auf unbehandelbare Veränderungen, wie beispielsweise Anzeichen für eine Trisomie 21 hin untersucht wird und es somit bei einem positiven Verdacht in den allermeisten Fällen auf einen Abbruch der Schwangerschaft hinausläuft – könnte ein Zeichen für einen verstärkten Optimierungsdruck in Bezug auf die reproduktive Selbstbestimmung sein. Ob sich dieser unter der stark eingeschränkten Zulässigkeit einer PID in Deutschland in Zahlen niederschlagen wird, ist noch nicht auszumachen. Aus dem allerersten Bericht der Bundesregierung über die Erfahrungen mit der PID seit ihrer beschränkten Zulassung in Deutschland geht hervor, dass vom 1. Februar 2014 bis zum 30. Juni 2016 von 142 Anträgen bis dahin 34 von Ethik-Kommissionen untersucht und jeder dieser genehmigt worden sei. In 13 Fällen sei eine PID durchgeführt worden, vier Kinder

---

1054 Birnbacher 2006, 332.

seien zur Welt gekommen, inklusive eines Zwillingspaares.[1055] Diese Zahl sei noch weit entfernt von den geschätzten 200 bis 300 Anträgen, von denen man mit Blick auf das europäische Ausland jährlich ausgegangen war. Hier muss allerdings angemerkt werden, dass die Ethikkommissionen erst verzögert eingerichtet wurden und das Verfahren zu dem Zeitpunkt noch nicht lange etabliert war. Neuere Daten liegen offiziell bis dato nicht vor. Das Gen-ethische Netzwerk sieht trotz der bis dahin eher geringeren Anzahl an Anträgen, Grund eine Ausweitung zu befürchten.[1056]

Von der allgemeinen Zunahme der Wahrnehmung von pränataler Diagnostik auf eine lineare Verstärkung der Nachfrage nach PID und in der Zukunft möglicherweise auch nach einer Keimbahntherapie zu schließen, gelingt nicht ohne weiteres, alleine weil für letztgenannte Verfahren die IVF obligat ist und schon wegen der damit verbundenen physischen und psychischen Strapazen eher weniger wahrscheinlich das Mittel der Wahl zur Fortpflanzung für viele werden wird. Aber auch der direkte Vergleich von einer Folgenschabschätzung der PID und der der Keimbahntherapie hinkt, da zum einen die Keimbahntherapie für eben solche Fälle zugelassen werden soll, für die eine PID keinen Vorteil bringe.[1057] Zum anderen könnte die erst einmal perfektionierte Keimbahntherapie unter der Prämisse, sie sei das risikoärmste Verfahren zur Erzeugung eines gesunden Kindes, deshalb als die möglicherweise moralisch vorzuziehende Maßnahme angesehen werden, weil ihre Ausführung darin besteht, einen Embryo zu heilen und nicht im Falle einer genetischen Auffälligkeit zu verwerfen. Diese zugrunde gelegte Prämisse wurde jedoch schon ausdrücklich in Frage gestellt. Doch auch wenn ein direkter Vergleich der Verfahren nicht gelingen mag, so könnte ihre Entwicklung und Inanspruchnahme dennoch im selben Zeichen der gesellschaftlichen Haltung zur reproduktiven Selbstbestimmung stehen. Ist daher eine Zunahme eines postulierten allgemeinen Optimierungs- und Leistungsdrucks durch die Legitimierung einer Keimbahnintervention zu therapeutischen Zwecken wahrscheinlich? Zur Beantwortung dieser Frage ist es dienlich, sich noch einmal Sandels Ausführungen zu dem „erzieherischen" Optimierungsdruck, der viele Eltern heute schon beherrsche und den diese wiederum auf ihre Kinder übertragen, beispielsweise indem sie sie übereifrig und sehr früh (über-)fordern, um sie auf private Kindergärten und Vorschulen schicken zu können, unter deren Zulassungsverfahren sie bereits mit vier Jahren Aufnahmetests und Leistungsdruck ausgesetzt werden.[1058] Der ganz prinzipielle Unterschied, der zwischen „genetischer Zurichtung" und erzieherischer Tätigkeit liegt, wurde schon ebenso ausführlich diskutiert wie die Tatsache, dass

---

[1055] Vgl. Grüber et al. 2016, 26 unter Verweis auf Busche, A. et al. (2015): Ein Jahr Präimplantationsdiagnostik in Deutschland. In: Frauenarzt, S. 753-757.
[1056] Vgl. Achtelik.
[1057] Wie etwa die sehr seltene Konstellation der Wahrscheinlichkeit einer 100 %igen Vererbung einer Krankheit.
[1058] Vgl. Sandel 2015, 78–79; vgl. auch S. 188 f dieses Buches.

nicht nur der Vergleich unzulässig sei, sondern dass die ethischen Aspekte, die unabhängig von diesem Unterschied ein genetisches Enhancement verbieten, auch gegen die überambitionierten *erzieherischen* Maßnahmen gewendet werden können.[1059] In diesem Kontext ist es aber wichtig, noch einmal eben diesen bereits herrschenden Druck zur Optimierung, zur Leistungssteigerung – nicht nur und gerade nicht nur, der eigenen Leistung, sondern der der eigenen Kinder – zu betonen, der nicht nur im Rahmen einer ganzheitlichen Gesundheitsfürsorge, sondern vor allem auch im Namen elterlicher Verantwortung für das gelingende Leben des Kindes mit Blick auf seine genetische Ausstattung auftritt und verteidigt wird. Befürwortern einer genetischen Verbesserung wie Savulescu zufolge, sei diese der Schaffung von Chancengleichheit auf möglichst viele Lebensentwürfe wegen, wie bereits erläutert wurde, moralisch geboten. Und wenngleich die Legitimation eines verbessernden Keimbahneingriffs weit weniger Unterstützung erfährt als der zu therapeutischen Zwecken, könnte der Hinweis auf die gesundheitliche Fürsorgepflicht hinsichtlich der Vermeidung von *Erbkrankheiten* deutlich mehr Druck ausüben. Tatsächlich konnte eine Pflicht zur Auswahl eines gesunden Genoms des zukünftigen Kindes aber nicht nachvollzogen werden, jedoch geht es in diesem Zusammenhang vordergründig nicht um die Fragestellung, ob es eine moralische Pflicht gebe, sondern ob die Eltern sich verpflichtet *fühlen* könnten. Reiner Anselm schreibt diesbezüglich:

> Die Entscheidung für eine Keimbahntherapie erscheint in diesem Zusammenhang geeignet, den auf vielen Ebenen wahrgenommenen Druck zur Optimierung der Lebenschancen von Kindern noch zu erhöhen und damit den potentiellen Eltern eine Verantwortung aufzubürden, die diese nicht tragen können oder auch nicht tragen wollen.[1060]

Betrachtet man nun alle bisherigen Aspekte, den erlebten Stellenwert der Gesundheit, das vorherrschende Verständnis von Krankheit und ganz besonders auch von Behinderung, nach welchem wiederum unter der ganzheitlichen Vorstellung von Gesundheit sich kaum einer als gesund bezeichnen könne, die beobachtete Vorstellung, dass genetisch bedingte Krankheiten und Behinderungen zunehmend als vermeidbares Problem verstanden werden und parallel vorgeburtliche Untersuchungen immer komfortabler durchzuführen sind und immer selbstverständlicher angenommen werden, dann scheint eine Verneinung der Frage kaum mehr möglich. Zieht man Wehlings Darstellung, dass viele der Wahlmöglichkeiten, die selbstbestimmt getroffen werden müssen, sich nicht aus dem Ruf nach mehr Selbstbestimmung ergeben, sondern selbst die Aufforderung zur Wahl überhaupt erst erzeugen, dann scheint die Bejahung im direkten Bezug auf die Keimbahntherapie sogar unausweichlich. Ihre Zulassung könnte den Druck auf Paare, die genetisch vorbelastet sind, erhöhen, sich gegen das

---

1059 Vgl. S. 185 ff dieses Buches.
1060 Anselm 2015, 2.

Vertrauen darauf, dass ihr Kind auch ohne Intervention ein erfülltes und gelingendes Leben führen kann, zu entscheiden. Hervorgehoben werden muss, dass es an dieser Stelle nicht um den Fall eines hypothetischen Paares geht, das eine letale Mutation vererbt, sodass es mit keinem anderen Verfahren als der perfektionierten Keimbahntherapie zur Geburt eines eigenen Kindes kommen kann. In diesem Fall könnte die Zulassung der Therapie in diesem hier relevanten Sinne keinen Druck ausüben, da dieses Paar ohne die kontrafaktisch sichere Keimbahntherapie kinderlos bliebe. Ein solcher Druck zur Keimbahntherapie müsste allein auf der Pflicht, *überhaupt Kinder bekommen zu müssen*, basieren, doch ist dieser nicht der thematisierte Druck. Es geht bei der Frage, ob die Möglichkeit der genetischen Intervention Druck zur Anwendung ausübt, nicht um die Eltern, die ohne diese keine Kinder bekommen können, sondern um die, die ohne diese Option sich für Kinder mit einer genetischen Erkrankung oder Behinderung, oder für kein genetisch eigenes Kind entscheiden müssen. Dass unter den vorgebrachten Aspekten Annahme besteht, dass eine gefühlte Verpflichtung zur Inanspruchnahme aus einer Zulassung des Verfahrens resultieren könnte, ist aber selbstverständlich von ebendiesen Aspekten abhängig. Rau betont, dass trotz aller Dinge, die noch getan werden müssten, hinsichtlich der gesellschaftlichen Veränderung zu einer behindertenfreundlichen Umwelt schon viel erreicht worden sei. Sollten sich die Aspekte der *disability studies* in der Gesellschaft etablieren und obwohl nicht die medizinisch-biologische Sicht von Behinderung ablösen, so doch um eben die Ansicht, dass ein erheblicher Teil der erlebten behindernden Barrieren gesellschaftlich konstruiert sei, ergänzen, könnte dies beispielsweise einem befürchteten Druck zur Vermeidung von genetisch bedingten Behinderungen durch biotechnische Intervention entgegenwirken. Um beurteilen zu können, wie wirksam sich solche entgegenstellenden Aspekte etablieren können, ist jedoch eine über den Rahmen dieser Arbeit hinausgehende sozialwissenschaftliche Analyse sinnvoll.

Zuletzt soll noch der Frage Raum gegeben werden, worin denn, einen sicheren Eingriff vorausgesetzt, überhaupt die Problematik bestünde, wenn sich Paare mit einer genetischen Disposition dazu verpflichtet fühlten, ihr Kind per IVF zeugen und im Embryonalstadium therapieren zu lassen. Jedoch können innerhalb dieser Arbeit nur bestimmte Aspekte genauer betrachtet werden. Die Frage beispielsweise, was die Fortpflanzung per *in vitro* Befruchtung an sich für gesellschaftliche Konsequenzen hat und haben könnte, geht über den Rahmen dieser Untersuchung hinaus. Eine Folge, die gefühlte Verpflichtung zur Keimbahntherapie betreffend, könnte aber hinsichtlich des Umgangs mit genetisch bedingt kranken oder behinderten Menschen, bzw. Eltern solcher Kinder gesucht werden. Birnbacher zweifelt diesbezüglich an der Verhältnismäßigkeit hinsichtlich der Vermeidung und dem Verursachen von Leid:

> Mit der zunehmenden Verfügbarkeit prädiktiver Gentests und der möglichen Einführung der Präimplantationsdiagnostik ist für die nächsten Jahre mit einer zunehmenden Erleichterung und Erweiterung der Auswahl von Nachkommen zu rechnen. Es kann nicht als ausgemacht gelten, dass diese Entwicklung insgesamt mehr Leiden verhindert, als es durch Kränkung hervorruft,

und mehr Freiheit der Lebensgestaltung ermöglicht, als es durch neu entstehenden sozialen Druck mindert.[1061]

Die Kränkung könnte im Falle der Keimbahntherapie auf die möglichen, dargelegten Auswirkungen auf Stigmatisierungsprozesse bezogen werden. Was die Minderung der Freiheit der Lebensgestaltung betrifft, könnte sich diese Sorge auf die Freiheit, sich gegen einen hypothetisch sicher verfügbaren Eingriff zu entscheiden, beziehen. Ruft man sich den am Ende des letzten Unterkapitels erwähnten, wenn auch nicht naheliegenden, aber für die Argumentation als *„worst case"* dienlichen, Teufelskreis ins Gedächtnis, dann könnte der zuletzt ausgearbeitete Aspekt der Verstärkung eines Optimierungsdrucks zu einer Verstärkung der Infragestellung eines Verzichts auf eine Therapie führen. Dass, sobald die Intervention zulässig wäre, nicht nur jede Entscheidung dafür, sondern eben auch dagegen aktiv getroffen und ebenso verantwortet werden müsse, darauf verweist beispielsweise Johann Ach:

> Diese Befreiung von der „Herrschaft und Tyrannei der menschlichen Natur" [...] bürdet uns gleichzeitig aber auch neue Entscheidungen auf. In dem Moment, in dem die „menschliche Natur" unter dem Einfluss technischer Möglichkeiten veränderbar, ersetzbar und reproduzierbar wird, werden auch solche Handlungen, die bislang als „naturgegeben" hingenommen werden mussten, rechtfertigungspflichtig. Auch die Auswahl einer „natürlichen" genetischen Ausstattung für ein Individuum ist vor diesem Hintergrund nur eine Option und ein Selektionskriterium unter anderen möglichen – und damit in gleicher Weise rechtfertigungspflichtig wie jede andere.[1062]

Dies könnte wiederum den Optimierungsdruck steigern und somit weiterhin die Stigmatisierungsgefahr erhöhen.

Nun darf diese Aufzeichnung eines potentiellen circulus vitiosus nicht dahingehend falsch oder gar als Zynismus verstanden werden, es habe tunlichst weiterhin Menschen mit genetisch bedingten Behinderungen zu geben, damit sich die *verbliebenen* Betroffenen nicht diskriminiert fühlen müssen. Wie schon Sass zitiert wurde,[1063] könnte man hier vergleichend und treffend antworten, dass die Poliogeschädigten auch nicht gefragt wurden, ob eine Impfung eingeführt werden solle. Doch der Einwand geht tiefer und findet auf einer anderen Ebene statt, die schon im Kontext des Zitates erläutert wurde. Ziel der Impfung war und ist es, die Poliomyelitis *auszulöschen*. Davon kann die Keimbahntherapie betreffend keine Rede sein. Doch ist einer Krankheit oder Behinderung, jedenfalls mindestens für den Laien, nicht anzusehen, ob sie genetisch bedingt ist oder erworben. Entscheidend ist das in der Gesellschaft vorherrschende Verständnis von Krankheit, Gesundheit, Behinderung, Therapie und in diesem Zusammenhang ganz besonders die Idee von der Keimbahntherapie und

---

1061 Birnbacher 2006, 333–334.
1062 Ach 2004, 179, vgl. auch S. 130, FN 658 dieses Buches.
1063 Vgl. S. 214, FN 1040 dieses Buches.

was sie vermag. Es geht also letztlich nicht um die Frage, inwieweit die Zulassung der therapeutischen Intervention in der Keimbahn die Stigmatisierung von behinderten Menschen in ihrer tatsächlichen Wirkkraft, sondern welche Idee und Haltung sie fördern könnte. Schon wegen des geringen Anteils von Behinderungen und Krankheiten, die allein in der DNA zu suchen und im günstigsten Fall monogen bedingt sind, wäre die tatsächliche und merkliche, gesellschaftlich relevante Reduzierung von Menschen mit ebensolchen nicht wahrscheinlich. Aber der Gedanke könnte sich in spürbarem Maße verstärken, „dass das heute doch nicht mehr sein muss" – und darüber hinaus denen gegenüber, die nach wie vor krank oder behindert zur Welt kommen *müssten*, könnte er bedauernd lauten: „Euch konnte man wohl *noch* nicht helfen". Rau warnt diesbezüglich:

> Angesichts der Möglichkeiten von Bio- und Gentechnik müssen wir wieder neu aufkommenden biologistischen Vorstellungen widersprechen, die biologische Vielfalt als unvereinbar darstellen mit der rechtlichen und politischen Gleichheit aller Menschen. Der französische Medizin-Nobelpreisträger Francois Jacob hat vor wenigen Jahren gesagt: „In der Biologie gibt es keine Gleichheit (...) Aber gerade weil die Menschen verschieden sind, musste die Gleichheit erfunden werden (...) Wären wir alle identisch, wäre der Gedanke der Gleichheit bedeutungslos."[1064]

Dass diese biologische Vielfalt vorerst erhalten bleiben wird, ganz unabhängig von Eingriffen in das Genom, daran besteht wenig Zweifel. Krankheiten und Behinderungen werden weiterhin existieren. Gleichzeitig aber könnte die Option einer Keimbahntherapie den Gedanken fördern, man könne (und müsse eventuell sogar) mit einem durchaus auch wegen anderer Aspekte fragwürdigen Eingriff die Geburt eines Kindes mit Behinderung vermeiden. In der Folge besteht Grund zur Annahme, dass es nicht die Unterstützung, Förderung, Gleichstellung, praktische Hilfeleistungen und andere Maßnahmen, die behinderte Menschen fordern, bestärkte, sondern eher die Sicht auf Gesundheit und Krankheit, Leid und Behinderung weiter (bio-)medikalisiert würde, ohne dass die Keimbahntherapie leisten könnte, was man sich möglicherweise von ihr verspräche.

Dass unter den Beobachtungen der (Bio)Medikalisierung auch die Grenzen zwischen Therapie und Enhancement verschwimmen, ist ein weiterer wichtiger, gesellschaftspolitischer Gesichtspunkt.

> With this increased ability to act for the well-being of the child would come an expansion of parental responsibility. The boundaries of this responsibility—and hence people's conception of what it is to be a good parent—may shift rapidly. It seems safe to say that one important duty of a parent is to prevent or ameliorate serious defects (if it can be done safely) and that the duty to enhance favorable characteristics is less stringent and clear. Yet the new technological capabilities may change people's view of what counts as a defect. For example, if what is now regarded

---

1064 Rau 2004, 18.

as the normal development of important cognitive skills could be significantly augmented by genetic engineering, then today's "normal" level might be considered deficient tomorrow. Thus ethical uncertainty about the scope of a parent's obligation is linked to conceptual uncertainty about what counts as a defect.[1065]

Mit dem Verweis auf diese konzeptionellen Unsicherheiten wird bereits die nächste Argumentation eingeleitet. Denkt man an die schon mehrfach angebrachten Bedenken, wie man eine Festlegung auf nur bestimmte für einen keimbahntherapeutischen Eingriff zulässige Krankheiten formulieren sollte, und die Verweise darauf, dass eine Liste von Krankheiten aus Gründen von Ausschlusskriterien einer Zulassung nach Schweregrad unterlegen sei,[1066] dann schließt sich die Frage an, wie die Schwere einer Krankheit oder Behinderung zu bestimmen sei und ab wann sie so belastend sei, dass man sie per Eingriff in die Keimbahn vermeiden müsse. Sollte es denkbar sein, sich auf einen nach ethischen Gesichtspunkten vertretbaren Anwendungsrahmen zu einigen, wäre die Grenze dann haltbar? Diese, die ebenfalls schon häufig erwähnte und zuletzt angeklungene *slippery slope* betreffenden Gesichtspunkte, sollen im anschließenden Kapitel Thema der Untersuchung sein.

3.3.3.4 Slippery Slope

In den bis hierhin diskutierten Argumentationen zeichnet sich ab, dass es am wenigsten die *schwersten Leiden* sind, die ethische Dilemmata auslösen. Solche, denen selbst Kritiker wie Habermas nicht absprechen können, dass man sie, wenn es durch eine Keimbahntherapie möglich und – kontrafaktisch unterstellt – sicher sei, den Betroffenen ersparen müsste. Einige aber halten auch diese Eingriffe für unzulässig, da deren Zulassung die Legitimierung der Zulassung für weitere, weniger eindeutig therapeutische Indikationen bedeuten könnte und somit zu einer Auflösung der Grenze zum genetischen Enhancement führen könnte. Derartige Einwände werden unter der Kategorie der *slippery slope*-Argumentation angeführt. Auf diesem (sinngemäß übersetzt) rutschigen Abhang – im Deutschen wird auch der Begriff der schiefen Ebene oder Dammbruchargumentation verwendet – gebe es, selbst wenn zunächst intendiert, kein Anhalten mehr, wobei mindestens zwei Arten dieser Beweisführung unterschieden werden.[1067] Die *logische* Form der Argumente der schiefen Ebene bezieht sich auf die vermeintliche Unmöglichkeit einer nicht-willkürlichen Grenzziehung. Gebe es keine logische Grenze zwischen einer Handlung A und einer

---

1065 United States 1982, 65.
1066 Vgl. S. 160 dieses Buches.
1067 Es wird die logische *slippery slope*-Argumentation, die ihrerseits noch einmal unterteilbar ist, von einer empirischen Form unterschieden, auf die im weiteren Verlauf noch eingegangen wird. Vgl. Holtug 1993, 403 ff, Gardner 1995, 67 ff; auch in Wagner 2007, 81 ff. Die empirische wird mitunter auch als rhetorische Form bezeichnet, vgl. McGleenan 1995, 351 ff.

Handlung B, oder seien die Unterschiede der dazwischenliegenden Handlungen A$_1$, A$_2$, A$_3$ etc. marginal, müsse B zugelassen werden, da dieselben Prinzipien, die die Handlung A legitimieren, auch Handlung B legitimierten. Stellenweise wird zur Veranschaulichung dieser Problematik auch das *Sorites-Paradox* herangezogen: „So wie wegen der Vagheiten in der Verwendung des Ausdrucks ‚Haufen' (griechisch: sorìtes) kein einzelnes heruntergenommenes Sandkorn einen Sandhaufen in eine bloße Ansammlung von Körnern übergehen lässt",[1068] so sei wegen der Vagheit der Begriffe Krankheit und Gesundheit, auf denen die Trennlinie von Therapie zu Enhancement aufbaue, eben diese nicht haltbar, weil die Unterschiede der jeweiligen Handlungen entlang der schiefen Ebene nicht oder nur zu vage zu bestimmen seien. Jede willkürliche Grenze könne dieser Logik nicht standhalten. Diese Art der *slippery slope*-Argumentation gründet also vor allem auf einer postulierten Unschärfe der Begriffe von Gesundheit und Krankheit, Therapie und Enhancement. Die zweite Form, die *empirische* Darlegung der schiefen Ebene wiederum bezieht sich unter anderem auf politische, gesellschaftliche, soziale oder historische Annahmen und bildet anhand dieser Annahmen Argumente, die eine aus der Zulassung von Handlung A folgende Zulassung von Handlung B bekräftigen könnten.

Mit der logischen Form der Dammbruchargumentation ist in direktem Bezug auf die Keimbahntherapie vordergründig die Grenzüberschreitung von Therapie zu Enhancement angesprochen. Doch wird sich zeigen, dass diese Grenze – wenngleich für die Diskussion und den Umgang mit den Begriffen viel Mühe darauf verwendet wurde, sie zu definieren – nicht gleichermaßen die *moralische* Trennlinie darstellt.[1069] Sie könnte noch deutlich vor einem fraglichen Enhancement liegen und selbst therapeutische Eingriffe nicht oder nur sehr begrenzt für zulässig erklären – oder, ganz im Kontrast, nach der Auffassung mancher Befürworter, die eine genetische Verbesserung zukünftiger Kinder unter dem Aspekt der Chancengleichheit für moralisch obligat halten, erst deutlich dahinter gezogen werden. Unabhängig davon, wo diese Linie gezogen wird, geht es darum, vor Missbrauch zu schützen. Worin dieser liegen könnte, muss erst noch erörtert werden, aber es scheint dennoch Maßnahmen zu geben, die nahezu jeder verboten sehen wollte. So etwa den Einsatz diktatorischer Regime, „um den Traum einer Herrenrasse zu verwirklichen",[1070] also staatliche Menschenzüchtung und Zwangseugenik. Aber auch der Einsatz allzu ehrgeiziger Eltern, die ihren Kindern etwa durch hohe Intelligenz, großen Körperbau und / oder wenig Schlafbedürfnis die besten Chancen verschaffen wollen, wird von manchen befürchtet. Während erstere Maßnahmen noch recht einhellig abgelehnt werden, lässt sich jedoch die Frage nach der Reichweite der elterlichen Autonomie nicht so einstimmig beantworten. Um aber eine Verschiebung und Ausweitung der Indikatio-

---

1068 Kamp 1998, 453.
1069 Vgl. S. 72 f dieses Buches.
1070 Wagner 2007, 47.

nen zu befürchten, muss nicht gleich an das überdurchschnittlich schlaue, große, gesunde *Designer-Baby* mit einer Lebenserwartung von 200 Jahren gedacht werden. Die Schwierigkeiten der Begrenzung könnten weit vor der Abgrenzung von Therapie zu Enhancement liegen.

Ohne bezweifeln zu wollen, dass es schwere Krankheiten und direkt damit verbundenes Leid gibt, ist eine Aussage darüber, *wie* schwer eine Erkrankung ist, weitaus schwieriger zu fassen als festzustellen, dass es schwere Leiden, verursacht durch eine Erbkrankheit, *gibt*. In ebendieser unscharfen Bestimmung der Begriffe, mit denen eine Beschränkung formuliert wird, liegt die Begründung der logischen *slippery slope*-Argumentation. Wenn eine Zulässigkeitsbeschränkung der Keimbahntherapie von dem Schweregrad abhängig gemacht würde, angelehnt beispielsweise an die medizinische Indikation für den Schwangerschaftsabbruch[1071] oder an die Bedingungen einer straffreien PID, dann, so das Argument, könne die Beschränkung nicht lange Stand halten. Bestärkt werden könnte diese Skepsis durch die mit dem Phänomen der (Bio)Medikalisierung ausgedrückte Beobachtung der Verschiebung bislang nicht als medizinisch eingeordneter Angelegenheiten in den medizinischen Bereich sowie der (V)Erklärung von Gesundheit zum höchsten Ziel.

Der befürchteten Überschreitung der Grenze von Therapie zu Enhancement ginge also die Verschiebung der Begrenzung auf schwer(st)e Leiden voraus. Ohne die Charakterisierung als *schwer(st)e* Erkrankung bestünde die Linie, die nicht überschritten werden dürfe, „nur" in der Unterscheidung von Therapie und Verbesserung, die ihrerseits den Kritikern zufolge abermals wegen der unscharfen Trennung von Gesundheit und Krankheit nicht haltbar sei. Daher betonen einige Befürworter des therapeutischen, aber nicht des verbessernden Eingriffs, dass die Therapie ebendarum nur für die schlimmsten Krankheiten eingesetzt werden dürfe, um sich gewissermaßen aus dem Graubereich fernzuhalten. Anderson vermerkt hierzu:

> Where does one draw the line? Each observer might draw the lines between serious disease, minor disease, and genetic variation differently. But all can agree that there are extreme cases that produce significant suffering and premature death. Here then is where a line should be drawn for the initial use of human genetic engineering: treatment of serious disease. There will, of course, be disagreement about certain cases, but at least we have narrowed the scope of uncertainty.[1072]

[1071] Hierzu muss erwähnt sein, dass sich sowohl die medizinischen als auch die psycho-sozialen Indikationen aus der Schwere der Beeinträchtigung der Mutter ergeben, nicht aus der Schwere einer möglichen Erkrankung des Kindes , vgl. § 218 a Art. 2 StGB. Die ehemalige embryopathische Indikation wurde 1995 abgeschafft, um die Abtreibung von Kindern allein aufgrund einer Erkrankung zu verhindern – in der Praxis fallen diese Situationen heute unter die soziale Indikation, mit der Betonung auf die Beeinträchtigung der Frau. Vgl. hierzu auch Klinkhammer 2003.
[1072] Anderson 1989, 688.

Wie bereits oben erwähnt, besteht der Zweifel nicht darin, dass „cases that produce significant suffering" *existieren*, sondern vielmehr darin, dass die Bewertung dieses Leidens so wenig objektivierbar sein könnte, dass es darauf hinauslaufe, entlang der jeweiligen Grenzen, die allesamt auf einem Kontinuum zu liegen scheinen, von schwersten zu schweren zu weniger schweren über die leichten Erkrankungen hinweg bis hin zur Beschränkung auf schlichtweg Krankheiten in Abgrenzung zum Enhancement zu rutschen – um in der Sprache des *slippery slope* zu bleiben. In der Tat fürchtet niemand den direkten Schritt von der Therapie eines Embryos mit beispielsweise SMA hin zu der Erschaffung eines Superkindes – ganz abgesehen von den technischen Hürden, die zwischen diesen Einsatzmöglichkeiten liegen. Die Befürchtungen nach dem logischen Charakter der schiefen Ebene beschreiben vielmehr einen schleichenden Übergang von kaum oder nicht voneinander abgrenzbaren therapeutischen Situationen, an dessen Ende auch das Enhancement mit derselben Art der Argumente nicht mehr aufzuhalten sein könnte. Um sich den Fragen nach der Plausibilität und Bedeutung der Grenze von Therapie zu genetischem Enhancement widmen zu können, werden zunächst die Schritte untersucht, die auf dem Weg des *slippery slope* liegen und beschritten werden (müssten) und wie plausibel und haltbar eine Einschränkung auf schwer(st)e Erkrankungen wäre.

Für die Annahme, dass sich eine Limitierung auf die Extremfälle nicht halten ließe, liefert Anderson im direkten Anschluss an das letztgenannte Zitat selbst ein entscheidendes Argument: „Some will argue that establishing the line at significant suffering and premature death is too restrictive. As we become more experienced with gene therapy (assuming that it is successful), then the line should, and undoubtedly will, be moved to include more classes of diseases."[1073] Dies scheint umso naheliegender, weil doch die immer wieder betonte Einschränkung auf monogen bedingte Erbkrankheiten beispielsweise mit der technischen Einschränkung einhergeht, und nicht etwa unter dem moralischen Konsens formuliert wird, dass nur genetische Erbkrankheiten, die sich auf die Mutation in einem Gen beschränken, ein so schweres Leid hervorrufen, dass deren Therapie in der Keimbahn zulässig sein müsse. Auch im Bericht des Nuffield Councils wird die Ausweitung der Indikationen in Abhängigkeit der wissenschaftlichen Erkenntnis als wahrscheinlich vorausgesehen:

> While these exceptions may be very limited, it is possible to imagine that advances in the allied technology of whole genome DNA sequencing will increase the detection of gene variants or combinations of variants that may be associated with heightened disease risk. If developments in personalised genomic medicine drive the identification of such disease-predisposing variants, it is likely there will be pressure to apply this knowledge to embryos.[1074]

1073 Anderson 1989, 688. Er vermerkt dies in Bezug auf die somatische Gentherapie; es kann jedoch als Hinweis für eine denkbare Erweiterung der Indikationen auch für die Keimbahntherapie betrachtet werden.
1074 Nuffield Council on Bioethics 2016, 46.

Ebenso konzentriert sich der Report der US-National Academies of Sciences, Engineering and Medicine nicht wegen anderer als technischer Gründe auf die Fälle von Krankheiten, die in einer Veränderung in nur einem Gen begründet liegen. Es gebe viele Situationen, beispielsweise polygene Erkrankungen, genetische Dispositionen für solche, oder genetische Erkrankungen, die man heute mit somatischer Gentherapie zu heilen versucht, für die eine risikolos funktionierende Keimbahntherapie die effektivere Therapie sein könnte,[1075] die in Zukunft durch eine Keimbahnmodifikation machbar sein könnten. Die Akademien berichten diesbezüglich: „Somatic editing approaches currently appear to be more useful than germline editing for this disease [sic] However, the pace of advances in genome editing methods and stem cell biology may alter that situation."[1076] Wenn eine Regulationsmöglichkeit darin bestehe, sich auf schwerste und schwere Krankheiten zu beschränken, dann darf es keine Rolle spielen, ob diese in einem oder zwei oder zehn Genen ihren genetischen Ursprung hat. Insofern ist die Ausweitung der geplanten Indikationen über monogen bedingte Erkrankungen hinaus nicht nur wahrscheinlich, sondern eine Beschränkung allein aufgrund der *Anzahl* der für die Krankheit (mit-)kodierenden Gene müsste sogar als diskriminierend den Menschen mit anderen genetischen im Schweregrad vergleichbaren Erkrankungen gegenüber gelten, sobald sie effektiv mit einer Keimbahntherapie behandelt werden könnten.[1077] Dass die Indikationen aber auch unabhängig von einem initial festgelegten gewissen Schweregrad auf nicht-medizinische Anwendungen erweitert werden könnten, zeigt sich bereits an anderen (medizinischen) Beispielen:

> Many scientific advances in the past – ranging from reconstructive surgery (which has led to plastic surgery for aesthetics) to prenatal screening for lethal disorders (which has led to screening of carriers for disease genes and preimplantation screening for nonlethal, even late onset disorders) – have raised similar concerns about a slippery slope toward less compelling or even antisocial uses. [...] IVF, for example, was originally developed to circumvent fallopian tube blockage. It soon was extended, however, to circumventing naturally age-related decline infertility and even postmenopausal infertility, and later became an enabling technology for PGD. Likewise, PGD was originally designed to select against embryos with serious deleterious mutations but later was expanded to conditions that not all agree are diseases or disabilities, as well as to sex selection.[1078]

1075 Der Keimbahneingriff könnte gegenüber einer somatischen Gentherapie etwa vorteilig sein, wenn viele verschiedene Gewebetypen betroffen sind (u. a. bei der Mukoviszidose) und der Vektor im Rahmen einer somatischen Gentherapie alle diese unterschiedlichen Gewebe unbeschädigt und gut erreichen müsste; vgl. S. 37 f dieses Buches.
1076 The National Academies of Sciences, Engineering, and Medicine 2017, 88.
1077 Vgl. hierzu Rehmann-Sutter 1995b, 180.
1078 The National Academies of Sciences, Engineering, and Medicine 2017, 98.

Ganz besonders die Ausweitung des pränatalen Screenings von früh todbringenden Krankheiten hin zum Testen auf *Dispositionen* auch für erst spät auftretende Erkrankungen,[1079] oder die Indikationsausdehnung für eine IVF-Behandlung von sterilen Paaren auf das Angebot für postmenopausale Frauen,[1080] könnten als Indizien aufgefasst werden, dass möglicherweise auch eine Keimbahnmodifikation sich nicht auf die allerschwersten Krankheiten beschränken lassen könnte. Begründungen eines Dammbrucharguments, die sich auf Entwicklungen aus anderen Bereichen oder aus der Vergangenheit beziehen, charakterisieren die *empirische* Form der *slippery slope*-Argumentation. Wenn es nach Birnbacher „eine bekannte Tatsache [sei], dass sich zunächst zu gesundheitsbezogenen Zwecken entwickelte Mittel vielfach auch zu Zwecken außerhalb ihres ursprünglichen Anwendungsbereichs einsetzen lassen",[1081] ließe sich als empirisches, also eines aus der Erfahrung mit menschlichem Verhalten abgeleitetes *slippery slope*-Argument formulieren, dass die Zulassung gentherapeutischer Eingriffe in die Keimbahn mehr oder weniger unausweichlich zur Zulassung nicht-therapeutischer Eingriffe führen werde.

Lässt man sich auf die befürchtete Annahme ein, dass man auf der schiefen Ebene von der Beschränkung des Einsatzes der Geneditierung auf die Therapie schwer(st)er Erkrankungen bis an die Grenze zum genetischen Enhancement rutschen werde, sieht man sich der Frage gegenübergestellt, wie plausibel es sein werde, eben diese Trennlinie aufrecht erhalten zu können. Resnik glaubt, „that we cannot stop the slide from negative to positive eugenics. But I believe that we can stop the slide from justified positive eugenics to immoral and unjust positive eugenics."[1082] Um dies im Sinne einer logischen *slippery slope*-Argumentation in Zweifel zu stellen, müsste die Prämisse gelten, dass die zugrunde liegenden Begriffe zu unscharf seien, anhand derer die Grenze zu verteidigen wäre. Um im empirischen Sinne argumentieren zu können, müsste gelten, dass vergleichbare Entwicklungen und historische Bezüge plausibel auf die neue Situation anwendbar seien. In die zweite Kategorie fallen auch die Einwände, die die Befürchtung zum Ausdruck bringen, mit der Zulassung einer therapeutischen Keimbahntherapie werde die Voraussetzung zur Durchsetzung eugenischer Ziele geschaffen und begünstigt. Diese Einwände beziehen sich weniger auf eine vielfach für unrealistisch gehaltene Gefahr der staatlich verordneten Eugenik als vielmehr auf die bereits thematisierte *liberale* Eugenik. Eine, nach der die Eltern ihre

---

1079 In Deutschland ist nach dem Gendiagnostikgesetz (GenDG) der pränatale Test auf erst spät manifestierende Erkrankungen nach wie vor verboten, vgl. § 15 Abs. 2 GenDG.
1080 Detailliertere Informationen zu dieser Ausdehnung der Indikationen finden sich auch in Schneider 2002a.
1081 Birnbacher et al. 2006, 107; er führt das Beispiel Prozac® an, ein Antidepressivum, welches in vielen Fällen auch Menschen ohne Depression zur Stimmungsaufhellung verschrieben wird. Birnbacher schreibt, 10 % der gesunden US Bevölkerung nehme Prozac® oder vergleichbare Medikamente ein.
1082 Resnik 1994, 28.

Kinder nach bestem Wissen und Gewissen gestalten können sollen, sofern sie mit ihrer Wahl die Anzahl der möglichen Lebenspläne nicht einschränken.[1083] Zunächst soll sich jedoch den Aspekten der logischen Ableitung gewidmet werden. Weil für diese gelte, dass dieselben Argumente für die Legitimation einer Handlung A auch für die Legitimation einer Handlung B angeführt werden können, muss geprüft werden, ob dies im Falle der Keimbahntherapie im Vergleich zur genetischen Verbesserung in der Keimbahn zutreffen könnte. Das immer wieder betonte Leid – ob das der ungewollt kinderlosen Eltern, das der erblich bedingt Kranken oder Behinderten, oder das derer Eltern – ließe sich jedenfalls, ganz unabhängig von dessen bezweifelbarer Überzeugungskraft für den therapeutischen Einsatz, nicht ohne weiteres als Argument für das Enhancement einsetzen. Formulierte man also beispielsweise als Legitimation für die Keimbahntherapie, die Linderung des Leides am unerfüllten Kinderwunsch, könnte man nicht mit demselben Argument den Eingriff etwa zur Steigerung der Intelligenz eines Kindes rechtfertigen. Formulierte man jedoch, wie es z. B. Ranisch und Savulescu vorschlagen, die reproduktive Freiheit der Eltern als Legitimation für den therapeutischen Eingriff, so könnte u. U. diese Freiheit ebenso als Argument dafür herangezogen werden, die Steigerung der Intelligenz zu rechtfertigen. Diese Darlegung zeigt jedoch bis hierhin lediglich auf, dass die Formulierungen für die Begründung einer Beschränkung bedeutend für deren Plausibilität sind; nicht, dass eine Beschränkung nicht einzurichten wäre. Eine plausible Formulierung wiederum ist auf möglichst genau definierte Begriffe angewiesen, worauf ein weiterer Aspekt der logischen *slippery slope*-Argumente abzielt.

In der Tat kann eine gewisse Unschärfe in der Trennung der Begriffe Krankheit und Gesundheit, die grundlegend für die Unterscheidung von Therapie und Enhancement sind, nicht abgestritten werden. Es ist jedoch unklar, ob diese Tatsache das logische *slippery slope*-Argument überzeugend erscheinen lässt, dass eine Grenze zur genetischen Optimierung unhaltbar sei. Ein für den angesprochenen Graubereich zwischen Behandlung und Verbesserung als beispielhaft geltendes Gebiet, ist der Einsatz von Wachstumshormonen im frühen Kindesalter. Ein diesbezüglich häufig zitiertes Fallbeispiel wurde bereits im Kapitel zu den Begriffen und Definitionen erörtert.[1084] Nach den für dieses Buch ausgearbeiteten Formulierungen zu Krankheit und Gesundheit, Therapie und Enhancement, wäre die Wachstumshormontherapie in Billys Fall, dessen erwartete Größe wegen der geringen, nicht krankheitsbedingten Körpergröße seiner Eltern, bei 1,60 m liegt, nicht als therapeutischer, sondern als verbessernder Eingriff zu verstehen. Und im Sinne der Einhaltung der Grenze zwischen Therapie und Enhancement, wäre er als solcher unzulässig. Insbesondere, weil doch auch die Verteidigung der Grenze zur genetischen Optimierung wiederum eigens mit *slippery slope*-Argumenten einhergeht, die besagen, dass wenn Enhancement-

---

1083 Vgl. etwa S. 181 ff dieses Buches.
1084 Vgl. S. 71, S. 85 dieses Buches.

Maßnahmen erst einmal zugelassen seien, es schlichtweg gar keine Grenze mehr zur willkürlichen genetischen Zurichtung der Kinder und Kindeskinder gebe.

> It would be difficult, if not impossible, to determine where to draw a line once enhancement engineering had begun. Therefore, gene transfer should be used only for the treatment of serious disease and not for putative improvements. In summary, our society is comfortable with the use of genetic engineering to treat individuals with serious disease. Once we step over the line that delineates treatment from enhancement, a Pandora's box would open. On medical and ethical grounds a line should be drawn excluding any form of enhancement engineering.[1085]

Um jedoch die Standfestigkeit dieser Grenze zu prüfen, muss zunächst einmal bestimmt werden, worin dieses Übel aus der *Büchse der Pandora* bestehen könnte. Worin genau die Befürchtungen liegen und wie legitim es sein könnte, sie anzunehmen, ist entscheidend für die Begründbarkeit der Einschränkung auf therapeutische Eingriffe. In Johnnys und Billys Fall plädieren Ranisch und Savulescu im Sinne der Chancengleichheit für die Behandlung beider mit Wachstumshormonen. Nicht die Ursache für die auf 1,60 m berechnete Körpergröße sei entscheidend für die Zulassung der Verabreichung des Medikaments, sondern dass laut den Autoren beide in gleicher Art und Weise Schwierigkeiten in Bezug auf ihre, im Vergleich zur Normalverteilung eher geringe Körpergröße, zu erwarten haben. Inwiefern könnte es ein Übel bedeuten, wenn man beispielsweise Billy aus Gründen der Chancengleichheit ein Medikament verabreichte, das ihn so groß wachsen ließe, wie die Menschen, deren Körpergröße der Normalverteilung entspricht? Da besonders im Rahmen der elterlichen Autonomie immer wieder die Voraussetzung betont wird, man dürfe ohnehin nur verbessernd eingreifen, solange man nicht die Lebenspläne des Kindes mit der Auswahl der Merkmale einschränkte, stellt sich die Frage, ob ein Grund zur Befürchtung schlimmen Übels durch die Zulassung bestimmter verbessernder Eingriffe überhaupt besteht. „Why does the notion that medical technology might give some children an advantage elicit such a strong negative reaction?", gibt Resnik zu bedenken und fragt, "is there really anything wrong with it?"[1086] Gregory Pence äußert sich in diesem Zusammenhang folgendermaßen:

> The most-repeated objection is that if society let parents make such choices, they would only want "perfect children". Such an objection assumes that ordinary people can't be trusted in creating children. It also implies that wanting the best possible genetic base for a child is a bad motive.[1087]

1085 Anderson 1989, 689
1086 Zimmermann 1991, 606–607.
1087 Pence 2000, 112.

Auch Lee Silver kritisiert, dass mit Dammbruchargumenten der Eindruck vermittelt würde, „daß sie [die Gentechnologie] nur von herzlosen Eltern herangezogen werden wird, die ihre Kinder wie Besitztümer behandeln, die gekauft und verbraucht werden",[1088] dabei seien derartige Argumente vielmehr Ausdruck eines Hybris-Gedankens. Unter der Annahme, es gebe keinen Unterschied zwischen Gentherapie, Gentechnologie und genetischer Optimierung,[1089] plädiert er dafür, Eltern einen positiven genetischen Einfluss auf die Eigenschaften der Kinder zuzugestehen.[1090] Schon mehrfach wurde betont, dass die begriffliche Trennlinie zwischen Therapie und Enhancement nicht mit der ethischen gleichzusetzen ist – diese Feststellung kann in beide Richtungen ausgelegt werden. Es kann zum einen bedeuten, dass nicht jeder als therapeutisch geltende Eingriff ethisch vertretbar sein muss. Es kann zum anderen aber auch heißen, dass über die begrifflichen Grenzen hinaus ein zum Enhancement zählender Eingriff als ethisch vertretbar gelten kann. Nun wurde jedoch die Reichweite der elterlichen Autonomie bereits in Bezug auf die therapeutische Intervention in Frage gestellt;[1091] es lohnt sich also, um die Frage zu beantworten, was an verbessernden Manipulationen des Erbguts des Kindes und dessen Kinder so *verkehrt* wäre, die Ergebnisse dieses Kapitels zu rekapitulieren. Zwar konnte nicht festgestellt werden, dass den Eltern aus ethischen Gesichtspunkten die Inanspruchnahme einer verfügbaren Keimbahn*therapie* unter allen Umständen verboten werden müsste, doch die Voraussetzung dafür seien die strikte Beschränkung auf bestimmte therapeutische Indikationen, die technische Unbedenklichkeit des Verfahrens und eine positive Einschätzung möglicher gesellschaftlicher Folgen. Die Bedingung eines restriktiven Einsatzes wiederum ergibt sich nicht in erster Linie daraus, dass man den Eltern nicht zutraute, dass sie im vermeintlich besten Sinne ihres Kindes entscheiden wollten, sondern insbesondere aus den Befürchtungen, wie sie unter anderem Graumann, Habermas, Sandel oder Schneider formulieren, nämlich etwa, dass die an die Auswahl der Merkmale geknüpfte Erwartung das Autonomiebewusstsein negativ beeinflussen könnte.[1092] Ebenso bestehe vor allem Habermas zufolge die Gefahr, dass allein das Bewusstsein über das Gemacht-Sein, statt einem Bewusstsein über das Geworden-Sein, den manipulierten Menschen in seiner Selbstwahrnehmung empfindlich stören könnte. Dass Befürworter des genetischen Enhancements auf die Bedingung der uneingeschränkten Lebenspläne verweisen, betont einen der Unterschiede zwischen staatlicher und liberaler Eugenik; eine zwanghafte, staatlich-gesetzliche Durchsetzung eines allen aufoktroyierten und per Editierung umzusetzenden genotypischen

---

1088 Silver 1998, 308; [Anm. d. Verf.].
1089 Vgl. Silver 1998, 303.
1090 Vgl. Silver 1998, 312-313.
1091 Vgl. S. 193 dieses Buches.
1092 Vgl. S. 187 ff dieses Buch.

Ideals, müsse vielen Autoren nach am wenigsten befürchtet werden.[1093] Bei dem Engagement für eine liberale Eugenik gehe es um die Wahrnehmung elterlicher Autonomie, um die Freiheit der Eltern, ihren Kindern die besten Chancen auf ein gelingendes Leben zu ermöglichen. Dieser Idee wird aber eine entscheidende Prämisse zugrunde gelegt. Sie besteht in der Annahme, dass es allzwecktaugliche Eigenschaften gebe, die zu steigern keinen möglichen Lebensplan einschränkten, sondern indes den freien Entscheidungsraum für das manipulierte Individuum erweiterten. Eben diese Voraussetzung kann nicht nachvollzogen werden.[1094] Es scheint eher umgekehrt so zu sein, dass, auch wenn die Herstellung von Chancengleichheit motivierend sei, Lebenspläne beschnitten würden, *legten* die Eltern das Kind auf bestimmte genetische Eigenschaften *fest*. Dabei ist nicht im deterministischen Sinne gemeint, dass ein Kind sich nicht auch gegen seine genetische *Bestimmung* als beispielsweise unmusikalisch charakterisieren könnte, sondern, dass die Eltern mit dieser Auswahl ihre Erwartungen an das Kind festlegen, mit allen möglichen beschriebenen Konsequenzen, etwa einer gestörten Selbstwahrnehmung.

Trotz oder mit dieser Annahme kann man sich, um das Ausmaß der Befürchtung zu skizzieren, die hinter den *slippery slope*-Argumenten stehen, einmal auf ein Gedankenexperiment einlassen: Man ließe, in vollem Vertrauen darauf, dass Eltern ohnehin nur das Beste für ihre Kinder im Sinn haben, genetisches Enhancement im Sinne der reproduktiven Freiheit zu. Die technische Sicherheit sei gegeben, der Auswahl an Genen seien keine Grenzen gesetzt. Wenn es stimmt, dass (die allermeisten) Eltern gar keine *Superkinder* kreieren wollen, sondern ihren Kindern lediglich *Normalität*, oder auch Vorteile verschaffen wollen, was gäbe es dann zu bedenken?[1095]

Einer der ersten Gedanken könnte die Verteilungsgerechtigkeit betreffen. Wie in anderen Bereichen der Medizin auch, könnte ein verbessernder Eingriff, weil er keinem therapeutischen Zwecke diente, außerhalb des Leistungsspektrums der gesetzlichen Krankenkassen fallen. Eltern müssten für die Verbesserung ihres Nachwuchses auf Molekularebene selbst zahlen – und vermutlich nicht wenig. Allein dieser Umstand weckt Unbehagen und schürt Befürchtungen der Art, dass ohnehin schon zu beobachtende Spaltungen der Gesellschaft – vor allem in arm und reich – verstärkt werden könnten. Etwa auf die Weise, dass wohlhabende und häufig schon allein daher als privilegiert zu bezeichnende Paare, ihren Kindern (zusätzliche) Möglichkeiten in einer ganz anderen „Liga" verschaffen könnten. „Zusätze, die einst unvorstell-

---

1093 Vgl. etwa Wagner 2007, 47 oder Sass 1991, 12–13.

1094 Vgl. S. 182 ff dieses Buches.

1095 An dieser Stelle sei auf die philosophische Denkrichtung des Transhumanismus hingewiesen. Ziel und Gedanke dieser intellektuellen Strömung ist im weitesten Sinne die *Überwindung* der menschlichen Natur durch den Einsatz verschiedenster Techniken, vgl. Rehmann-Sutter 2005, 314. Genetisches Enhancement könne eine von vielen Möglichkeiten sein, diesem Ziel näher zu kommen, wie etwa Bostrom, welcher sich selbst als einen Transhumanisten bezeichnet, beschreibt, vgl. Bostrom 2003 sowie Bostrom 2005.

bar waren, werden unverzichtbar werden … für Eltern, die es sich leisten können", schreibt Silver und entwirft im Anschluss ein Szenarium des Jahres 2350, in dem eine fiktive Kommission zu dem Schluss kommt, dass „sich bis zum Ende des dritten Jahrtausends aus den beiden Klassen der GenReichen und der Naturbelassenen zwei Spezies entwickelt haben – zwei genetisch voneinander vollkommen getrennte Arten ohne jede Möglichkeit zur Kreuzung über die Speziesgrenzen hinweg.'"[1096] Dies mag eine absurde und recht unwahrscheinliche Vorstellung sein;[1097] Silver baut diese Vision wohl am ehesten auf der Feststellung auf, dass die Unterschiede in den Genomen von Menschen und Menschenaffen, wie den Schimpansen oder Bonobos, bei etwa 1 % liegen[1098] und wir trotzdem so verschieden voneinander sind, dass eine Kreuzung biologisch nicht möglich wäre – ganz abgesehen von allen darüberhinausgehenden Einwänden, die gegen eine Zeugung von Chimären sprechen. Es könnte, auf diesem Wissen aufbauend, sein, dass auch nur sehr geringfügige Veränderungen, ganz besonders, wenn die Domäne der bekannten Gene verlassen und neue Gene geschaffen würden, zu einer dramatischen Änderung im Gesamtgefüge des Genoms kommt.[1099] Doch selbst, wenn man eine solche Vision, eine bevorstehende Aufteilung der Gattung Mensch aufgrund manipulativer Eingriffe ins Genom, aus jetziger Perspektive für abwegig und absolut unwahrscheinlich hält, so scheint ihre Ausgangssituation, die Verstärkung gesellschaftlicher Spaltungsprozesse, längst nicht so absurd. Den Fragen nach Verteilungsgerechtigkeit und Allokation wird im nächsten Unterkapitel auf den Grund gegangen; an dieser Stelle soll der Hinweis genügen, dass die Methoden der Gentechnologie „freilich ebenso wie andere medizinische Verfahren oder Produkte Teil eines Marktes werden, der auch durch Angebot und Nachfrage bestimmt ist und der, wie schon heute mit Blick auf sogenannte Lifestyle-Behandlungen deutlich wird, große Gewinne zu generieren in der Lage ist."[1100] Die Befürchtung, nur die zahlungskräftigen Eltern würden sich optimierte Kinder leisten können, scheint jedenfalls nicht unbegründet.

Wie stünde es um die Selbstempfindung? Wenn Habermas und andere mit den Warnungen Recht behielten, dass die Eigenwahrnehmung eines manipulierten Individuums beeinflusst werde, sobald sie um ihre Editierung wüssten, wie könnte diese sich dann äußern? Schneider vermerkt hierzu:

> Ob genetisch „Aufgebesserte" eine neue Elite bildeten oder stigmatisiert würden, bliebe jedoch stark von der hegemonialen sozialen Bewertung abhängig. Wie die Art und Weise der intrapsy-

---

1096 Silver 1998, 317.
1097 Vgl. Schneider 2004, 185.
1098 Prüfer et al. 2012
1099 Vgl. auch die Risikoargumentation dieses Buches, ab S. 147; insbesondere die komplexen und unüberschaubaren Vorgänge in dynamischen Systemen, selbst bei nur minimaler Veränderung der Anfangsbedingungen, sind hier beachtenswert.
1100 Welling 2014, 196, vgl. auch Schneider 2004, 185.

chischen Zuschreibung des vorgenommenen Eingriffs erfolgte, bleibt ebenfalls offen: So könnte sich sozialer Erfolg im Bewusstsein „Ich bin besser als die anderen" niederschlagen oder in der Einschätzung „Ich bin nur besser, weil genetisch *upgraded*, nicht aufgrund meiner originären Leistung".[1101]

Das Reziprozitätsverhältnis zwischen Kind und Eltern könnte sich auflösen, künstlich geschaffene, gegenseitige Erwartungen können kaum abgeschätzt werden. Wären die verbesserten Kinder ihren Eltern in besonderer Weise zu Dank verpflichtet?[1102] Könnten sie, sollte die Behandlung trotz der postulierten Sicherheit fehlschlagen, gegen die Eltern klagen – moralisch, rechtlich? Und nicht nur, wenn sie fehlschlüge – was, wenn das Ergebnis einfach nicht gefiele? Ein Mensch sei beispielsweise dank genetischer Editierung außergewöhnlich muskulös, wäre aber viel lieber drahtig und wendig. Selbstredend, ein nicht-manipulierter und trotzdem sehr muskulöser Mensch könnte in der Tat niemanden anklagen, schlicht, weil niemand *persönlich* für seine Muskelkraft verantwortlich gemacht werden könnte.[1103] Daher könnte man entgegnen: „Es ist ja nicht so, als könnten wir uns ohne Manipulation unser genetisches Erbe selbst bestimmen."[1104] Im Fall der willentlichen Genmanipulation könnte man aber handelnde Personen, nämlich die eigenen Eltern, identifizieren und ebendiesen die „Ausstattung" zuschreiben; es entstehe eine Asymmetrie, die anders geartet sei, als die soziale Abhängigkeit beispielsweise, die im Eltern-Kind-Verhältnis über die Zeit des Erwachsenwerdens hinweg herrscht. Auch ohne Geneditierung gibt es also natürlich Abhängigkeitsverhältnisse und entsprechende Beziehungsmotive zwischen Eltern und Kind. Doch verdeutlicht sich Habermas' Position noch an anderer Stelle:

> Die eigene Freiheit wird mit Bezug auf etwas natürlich Unverfügbares erlebt. Die Person weiß sich, ungeachtet ihrer Endlichkeit, als nicht hintergehbaren Ursprung eigener Handlungen und Ansprüche. Aber muss sie dafür die Herkunft ihrer selbst auf einen unverfügbaren Anfang zurückführen […], wenn er sich – wie Gott oder die Natur – der Verfügung anderer Personen entzieht? Auch die Natürlichkeit der Geburt füllt diese begrifflich erforderliche Rolle eines solchen unverfügbaren Anfangs aus.[1105]

Habermas verweist in diesem Zusammenhang auch auf Hannah Arendt. Sie führte den Begriff der „natality", zu Deutsch also „Natalität" ein, der u. a. die „Fähigkeit" beschreibt, „selbst einen neuen Anfang zu machen"[1106] und ihr zufolge als Grund-

---

1101 Schneider 2004, 186.
1102 Vgl. Schneider 2004, 187.
1103 Es sei denn, man machte die Eltern dafür verantwortlich, *nicht* eingegriffen zu haben, vgl. hierzu S. 178 f dieses Buches.
1104 Sandel 2015, 101
1105 Habermas 2001, 101.,
1106 Arendt 1967, 18.

bedingung menschlicher Existenz gilt.[1107] Ob diese Vorstellung nun eher in einem Selbst mündete, welches von sich behauptete „,Ich bin besser als die anderen' [...] oder in der Einschätzung ,Ich bin nur besser, weil genetisch *upgraded*, nicht aufgrund meiner originären Leistung'" bleibt tatsächlich offen und hängt ganz entscheidend wiederum von gesellschaftlichen Entwicklungen und Bedingungen ab. Naheliegend scheint jedenfalls, dass das Selbstempfinden nicht unberührt bliebe. Gerade letztere Aussage, die Vermutung, die Leistung von geneditierten Menschen könne sowohl von ihnen selbst, als aber auch von Außenstehenden, nicht mehr als persönlicher Erfolg betrachtet werden, spielt auch hinsichtlich des Sports in einer Welt, in der es *Manipulierte* und *Naturbelassene* gäbe, eine große Rolle. Sandel bemüht sich um eine solche Vorstellung und hinterfragt, welche Konsequenzen bevorstünden, wenn es zukünftig genmanipulierte Sportler gäbe, gegen die nicht optimierte Menschen antreten sollten.

> Es ist eine Sache, aufgrund von Training und Eifer 70 Homeruns zu erzielen, eine andere, geringere, sie mit Hilfe von Steroiden oder genetisch optimierten Muskeln zu erreichen. Natürlich werden die Beiträge von Eifer und Optimierung eine Frage des Grades sein. Aber in dem Maße, in dem der Beitrag der Optimierung ansteigt, verfliegt unsere Bewunderung für den Erfolg. Oder anders: Unsere Bewunderung geht über vom Spieler auf seinen Apotheker.[1108]

Es scheint dem Zitat nach naheliegend, dass Menschen die Anerkennung von Leistung und den Erfolg eines anderen Menschen an dessen Eifer und Mühe bemessen, dessen Anteil jedoch bei Doping oder genetischer Optimierung gering wäre oder jedenfalls überspielt werden könnte von der Tatsache, dass der Mensch für seine optimierte Muskelkraft *nichts getan* hat. Einer der kritischen Aspekte am Doping besteht darin, dass „es eine Abkürzung ermöglicht, einen Weg, ohne Bemühungen zu gewinnen."[1109] Bei genauerem Hinsehen jedoch, so stellt Sandel fest, gehe es im Sport ganz abgesehen von Eifer und Mühe ebenso um Klasse; um die „Vorführung natürlicher Talente und Gaben",[1110] wobei diese Einsicht schwierig zu vereinbaren sei mit der Vorstellung, dass Erfolg etwas sei, das sich der Mensch verdienen müsse und nicht etwas, was ihm vererbbar sei.

> Wenn Eifer das höchste sportliche Ideal wäre, dann bestünde die Sünde der Optimierung darin, Training und harte Arbeit zu umgehen. Aber Eifer ist nicht alles. Keiner glaubt, dass ein mittelmäßiger Basketballspieler, der sogar mehr und härter trainiert als Michael Jordan, größeren Ruhm oder einen besser dotierten Vertrag verdient. Das wirkliche Problem mit genetisch ver-

---

1107 Vgl. Arendt 1967, 21. Philosophisch weitergeführt wurde der Begriff von Christina Schües, welche die Natalität des Menschen (statt des Todesbewusstseins) als Bedingung für dessen Freiheit betont, vgl. hierzu Schües 2016.
1108 Sandel 2015, 47.
1109 Sandel 2015, 49.
1110 Sandel 2015, 49.

änderten Athleten ist, dass sie den sportlichen Wettbewerb als eine menschliche Aktivität, die die Pflege und Vorführung natürlicher Talente belohnt, verderben.[1111]

Dabei leugnet Sandel nicht, dass die Grenze zwischen der Pflege natürlicher Gaben und dem Zunichtemachen natürlicher Gaben durch den Einsatz künstlicher Mittel nicht grundsätzlich eindeutig ist. Er referiert, dass der erste Läufer noch barfuß gelaufen sei und der Person, die als erste Laufschuhe getragen habe, wohl der Vorwurf hätte gemacht werden können, sie verderbe das Rennen. Sandel betont jedoch, dass solange jeder Zugang zu Laufschuhen gehabt habe, der Vorwurf nicht treffend sei. Zudem unterstreichen die Laufschuhe die Klasse, nämlich die Vorführung des Talents schnell zu laufen. Als Kontrast zu diesem Beispiel nennt er den Fall einer Marathongewinnerin, die den in der Folge aberkannten Sieg nur erlangte, weil sie streckenweise mit der U-Bahn fuhr. „Die schwierigen Fälle liegen irgendwo zwischen den Laufschuhen und der U-Bahn."[1112] Selbstverständlich gibt es im Sport, auch unabhängig von der Möglichkeit der genetischen Manipulation, Optionen der Optimierung, der Verbesserung. Und ähnlich wie bezüglich der Reichweite der elterlichen Autonomie, für die einige Befürworter eines genetischen Enhancements heranziehen, dass Eltern auch ohne Keimbahneingriff einen weitreichenden Einfluss auf ihre Kinder haben, könnte argumentiert werden, dass auch ohne die DNA zu manipulieren, immer wieder Optimierungsmaßnahmen ergriffen werden, die den Athleten in seiner Leistung über sich und andere hinauswachsen lassen sollen. Für die Betrachtung dieser Schwierigkeit zieht Sandel das Beispiel des Höhentrainings bzw. dessen Verlegung in spezielle Kammern und Zelte. Durch in der Höhe geringeren Sauerstoffpartialdruck und Nachstellung dieser Umstände in Kammern oder Zelten, soll beim Training unter derartigen Bedingungen der Anteil an dem Hormon Erythropoetin (EPO) steigen. Dieses sorgt für die Bereitstellung weiterer Erythrozyten, die wiederum die Kapazität für den Sauerstofftransport ins Gewebe erhöhen. Nachdem das Injizieren unter anderem von EPO, aber auch anderen, das Blut manipulierende Substanzen verboten ist, kam die Diskussion auf, ob nicht auch das Trainieren in Kammern und Zelten, welches in der Folge die Anzahl der Erythrozyten steigern soll, verboten gehöre.[1113] Obwohl der Ethikausschuss der World Anti-Doping Agency (WADA) 2006 beschloss, „dass der Einsatz von Kammern oder Zelten mit sauerstoffarmer Luft [...] ‚den Geist des Sports' verletzt",[1114] ist er bis heute nicht auf der Verbotsliste der WADA gelandet. Dennoch verdeutlicht dieses Beispiel, dass nach Sandel die Legitimität der Optimierung nicht zwangsläufig von den eingesetzten Mitteln abhänge, sondern, ob durch sie die Vorführung der Talente und Gaben verzerrt werde. Ob dies geschehe, hänge wiederum

---

1111 Sandel 2015, 50.
1112 Sandel 2015, 51.
1113 Vgl. Sandel 2015, 53–54.
1114 Sandel 2015, 54.

stark vom Charakter der Sportart ab und von dem jeweiligen Telos. Hier müsse, was die Athletik betrifft, etwa unterschieden werden zwischen Sport und Spektakel. „Indem sie ein Aufmerksamkeit heischendes Merkmal einer Sportart durch künstliche Hilfen herausheben und übertreiben, setzen Spektakel die natürlichen Talente und Begabungen herab, die die größten Spieler vorführen." Dass Sport zum Spektakel verkomme, schreibt Sandel, sei kein dem Zeitalter der genetischen Manipulation eigenes Phänomen. Aber es mache deutlich, dass der Teil persönlicher Leistungen durch technische Optimierung ausgehöhlt werden können, der natürliche Talente und Begabungen zelebriere.[1115]

Zuletzt soll die ebenfalls häufig als Ziel eines genetischen Enhancement anvisierte verzögerte Alterung in einer Eskalation geprüft werden. Der Wunsch nach einem möglichst langen – und dabei möglichst gesunden – Leben ist nicht neu und unterhält eine ganze Industrie, sie sich allein dem „Anti-Aging" verschrieben hat. Es werden etliche Ansätze verfolgt,[1116] doch ist der Prozess des Alterns komplex und ein weiteres Mal ein Zusammenspiel aus genetischen Faktoren, Umwelt, Verhalten, sowohl auf Ebene der Gene, der Zellen als auch der Organe und des gesamten Körpers. Für die Zukunftsvision einer deutlich später alternden bzw. sterbenden Gesellschaft sei jedoch an dieser Stelle der Weg zur Kontrolle des menschlichen Alterns nicht weiter von Bedeutung. Fukuyama ist einer derer, der sich mit einem Zukunftsszenario auseinandersetzt, in dem es der Wissenschaft gelungen sein wird, den Alterstod um Dekaden hinauszuzögern. Nachdem er einen Exkurs in die Weltpolitik unternimmt, in der es sehr wohl dazu kommen könne, „daß die Welt dann geteilt ist zwischen einem Norden, in dem der politische Ton von älteren Frauen geprägt wird, und einem Süden, der durch jene aufgepeitscht wird, die Thomas Friedmann ‚überpotente, zornige junge Männer' nennt"[1117], beschäftigt er sich mit den Auswirkungen auf die innere Struktur von Gesellschaften, insbesondere auf die sozialen Hierarchien. Viele dieser Hierarchien seien nach Altersstufen aufgebaut, was durchaus funktional sinnvoll sei, „da das Alter in allen Gesellschaften in Wechselbeziehung zu körperlicher Leistungsfähigkeit, Gelehrsamkeit, Erfahrung, Urteilsfähigkeit, beruflichen Leistungen und dergleichen steht."[1118] Doch werde ein bestimmtes Alter überschritten, entwickelten sich diese Beziehungen in umgekehrte Richtung. In Zeiten, in denen die menschliche Lebenserwartung zwischen 40 und 60 Jahren lag, habe die Gesellschaft sich darauf verlassen können, dass sich die Schwierigkeiten einer solchen Umkehrung durch die normale Generationenfolge regeln würde. Die Notwendigkeit eines Ruhestandsalters,

---

1115 Sandel 2015, 64.
1116 Die Ansätze sind mannigfaltig. Beispielsweise kann an das Enzym Telomerase gedacht werden, vgl. S. 9, FN 21 dieses Buches; ein Enzym, das zwar nicht in somatischen, regelhaft aber in Keimbahnzellen und sich häufig teilenden Zellen vorkommt, um vor der teilungsbedingten Verkürzung der DNA und dem damit verbundenen, allmählichen Niedergang der Zelle zu schützen.
1117 Fukuyama 2004, 96.
1118 Fukuyama 2004, 98.

wie es Ende des neunzehnten Jahrhunderts eingeführt wurde, ergab sich erst aus der, im Vergleich zu vorherigen, deutlich längeren Lebensspanne eines Menschen.[1119] Das damals festgelegte Renteneintrittsalter von 65 erreichte kaum jemand. Die Sinnhaftigkeit sozialer Hierarchien, die nach Alter gestuft sind, gehe Fukuyama zufolge verloren, wenn immer mehr Menschen immer älter werden. Die Pyramidenform einer solchen Hierarchie, die sich daraus ergebe, dass „der Tod die Anzahl der Kandidaten für die Spitzenpositionen klein hält", wich einem Trapez, oder sogar einem Rechteck, da „die natürliche Tendenz einer Generation, der nachfolgenden Platz zu machen",[1120] durch die gleichzeitige Präsenz vieler Generationen ersetzt werde. „Wir haben bereits die zerstörerischen Konsequenzen nach Alter gestufter Hierarchien in autoritären Regimen kennengelernt, in denen es keine Verfassungsbestimmungen gibt, die die Amtszeit begrenzen",[1121] mahnt Fukuyama an und denkt dabei an Diktatoren wie Francisco Franco oder Kim Il Sung. Gäbe es keine Möglichkeit, die Spitzen solcher Hierarchien zu ersetzen, würden jeder politische und soziale Wandel aufgehalten bis zu deren Tod. „In einer Zukunft, in der sich die Lebenserwartung durch technische Entwicklungen noch weiter verlängert hat, werden solche Gesellschaften nicht nur für Jahre, sondern für Jahrzehnte durch ein absurdes Warten auf den Tod blockiert sein."[1122] Zwar gebe es in demokratischen Gesellschaften Mechanismen zur Abberufung von Führern und Vorstandsvorsitzenden, doch liege die Wurzel des Problems vor allem in der Tatsache, „daß Menschen, die an der Spitze von sozialen Hierarchien stehen, im allgemeinen Status und Macht nicht verlieren wollen, und oft werden sie ihre beträchtliche Autorität einsetzen, um ihre Stellung zu verteidigen."[1123] Da es laut Fukuyama vernünftige Gründe zu der Annahme gebe, dass sich politischer, sozialer und geistiger Wandel in Gesellschaften, in denen die Menschen deutlich länger leben als heute, sehr viel langsamer abspielen wird, müsse dieser Bedrohung entgegengewirkt werden. Dies entweder über die Festlegung eines Alters für den Eintritt in den Ruhestand – wobei hier die Gefahr der Diskriminierung von Menschen bestehe, die gut imstande sind, ihre Arbeit weiterhin auszuführen – oder etwa über eine ständige Fort- und Weiterbildung.

> Die Vorstellung, daß man im dritten Lebensjahrzehnt Fertigkeiten und Kenntnisse erwirbt, die die nächsten vierzig Jahre lang nützlich bleiben werden, ist angesichts des technologischen Wandels bereits heute zweifelhaft genug. Die Ansicht allerdings, daß solche Fertigkeiten während eines Arbeitslebens von fünfzig, sechzig oder siebzig Jahren relevant bleiben, ist sogar noch widersinniger.[1124]

1119 Vgl. Fukuyama 2004, 98.
1120 Fukuyama 2004, 99.
1121 Fukuyama 2004, 99
1122 Fukuyama 2004, 99.
1123 Fukuyama 2004, 99.
1124 Fukuyama 2004, 101.

Ob fachliche Weiterbildungen jedoch den geistigen Wandel, der im Abstand von Generationen beobachtet werden könne, unterstützen könnten, oder dieser nicht doch blockiert würde, bleibt fraglich. Dass Menschen einer Generation im Laufe ihres Lebens gleiche Ereignisse – „so etwa die Weltwirtschaftskrise, den Zweiten Weltkrieg oder die sexuelle Revolution – erfahren, präge deren Anschauungen und Vorstellungen, die nur mühsam zu verlassen oder zu ändern seien.[1125] Ob die Frage nach dem Generationenwechsel im Arbeitsleben überhaupt Relevanz hat, hängt jedoch stark mit der Einschätzung zusammen, auf welche Weise die Menschen älter werden. Ob sie also über die verlängerte Lebensphase hinweg körperlich und geistig fit bleiben, oder „ob die Gesellschaft mehr und mehr einem gigantischen Pflegeheim ähneln wird."[1126] Fukuyama schreibt von zwei Phasen des Altseins, von denen erstere sich von Mitte 60 bis in die 80er Jahre erstrecke, und in welcher die Menschen zunehmend erwarten dürften, ein gesundes und aktives Leben zu führen. Die zweite Phase beginne jenseits der 80 und sei mit der Abnahme der Fähigkeiten und Zunahme der Abhängigkeit von Dritten verbunden. Die sozialen Auswirkungen einer ständig wachsenden Lebenserwartung, so schreibt er, werden von der relativen Größe dieser beiden Gruppen abhängen. „Diese wiederum richtet sich nach der ‚Gleichmäßigkeit' der zukünftigen Fortschritte der Lebensverlängerung."[1127] Es gebe kaum eine Möglichkeit vorauszusagen, ob es wahrscheinlicher sei, dass es zu einer Ausweitung der ersten oder aber der zweiten Phase kommen werde. Er gibt jedoch zu bedenken, dass etwa die Tatsache, dass die Medizin heutzutage technisch in der Lage sei, „menschliche Körper auf der Stufe einer stark reduzierten Lebensqualität am Leben zu halten" dazu geführt habe, „dass Themen wie Hilfe zum Suizid und Euthanasie sowie Gestalten wie Dr. Jack Kevorkian in den Vereinigten Staaten und anderswo in den letzten Jahren in den Mittelpunkt der öffentlichen Aufmerksamkeit gerückt sind."[1128]

Neben den von Fukuyama thematisierten gesellschaftlichen Zusammenhängen einer Ausweitung der Lebenszeit der Menschen gibt es weitere Aspekte, die bei einem solchen Vorhaben berücksichtigt werden müssten. So verweist Parens etwa auf die ökologischen Schwierigkeiten, die die Menschen zu bewältigen hätten:

> It does not require a vivid imagination to see the probable ecological consequences of widespread extension of the human life span beyond what many biologists have discerned to be the "natural limit". If one considers galloping human population growth, dwindling forests, dying fisheries, and global warming, one sees no pressing ecological need for humans to live longer. If our moral concern extends beyond an exceedingly narrow conception of what is good for us and our children, then life extension looks like a lamentable use of extraordinary human intelligence.

1125 „Jene, die die Weltwirtschaftskrise erlebt haben, können angesichts der lockeren Art und Weise, wie ihre Enkelkinder Geld ausgeben, nur Unbehagen empfinden", Fukuyama 2004, 100.
1126 Fukuyama 2004, 102.
1127 Fukuyama 2004, 104.
1128 Fukuyama 2004, 105.

Many of us in the "developed" nations may be tempted to say, "Well, the real environmental problem is the result of those folks in the 'developing' nations having so many children. We only have one or two children per couple." The birth rate in the developing world is a huge problem, but equally huge is the problem that we in the developed nations are consuming limited resources at an unconscionable rate. The idea of now trying to extend our lives – and thus our opportunities to consume still more – strikes me as woefully shortsighted at best.[1129]

Dieses Zitat veranschaulicht vor allem wie mannigfaltig die Faktoren sind, die bei dieser Art der Überlegungen zu berücksichtigen sind.

Im Anschluss an diese Ausflüge in hypothetische Zukunftsvisionen muss nun aber gefragt werden, ob eine solche Vorstellung überhaupt wahrscheinlich werden könnte. Denn nicht selten werden Dammbruchargumente damit zurückgewiesen, dass das Eintreten der zum Ausdruck gebrachten Befürchtungen recht unwahrscheinlich oder gar absurd sei – jedenfalls zu unwahrscheinlich, um aufgrund dessen den postulierten Nutzen den potentiellen Nutzern der Methode vorzuenthalten.

As we will see below, the fear that something will occur in the future is rarely a sufficient reason to stop an otherwise acceptable action from occuring in the present. In most instances there is no certainty that the future will ever occur or that it could not be stopped by other means if it were clearly unacceptable.[1130]

Es soll daher eine Einschätzung folgen, wie plausibel die den *slippery slope*-Argumenten implizite Annahme ist, dass derartige Entwicklungen unaufhaltsam seien. Schneider stellt für diese Bewertung einerseits einige Faktoren vor, die eine Beschleunigung eines Herabrutschens auf der schiefen Ebene bedeuten könnten, andererseits aber auch etliche Beispiele und Fixpunkte, die gegen die Unausweichlichkeit sprechen, mit denen Dammbruchargumente häufig untermauert werden. „Technikentwicklung ist deswegen nicht deterministisch, sondern durchaus demokratisch gestaltbar, sei es durch Recht, sei es durch soziale Normen oder durch professionelle Selbstregulierung", stellt sie auf der Jahrestagung des Deutschen Ethikrats 2016 fest.[1131]

Einige Aspekte der Begründungen, die für einen kaum aufzuhaltenden Prozess sprechen könnten, sind bereits in der Arbeit angeklungen. Allein die (scheinbare) technische Machbarkeit einer Intervention könnte Antrieb sein, ihre Weiterentwicklung zu fordern, doch spielt darüber hinaus auch etwa der Forschungswettbewerb eine bedeutende Rolle.[1132] Dieser könnte „einige Wissenschaftler dazu verleiten, ethisch-moralische Bedenken hintanzustellen",[1133] um für die wissenschaftliche Karriere wichtige Publikationen erarbeiten zu können. Ähnlich geartet ist die Beob-

---

1129 Parens 2000, 124.
1130 Robertson 1994, 156.
1131 Schneider 2016a, 82.
1132 Vgl. etwa S. 146, FN 737 dieses Buches.
1133 Schneider 2016a, 83.

achtung der Standortkonkurrenz. Die unterschiedlichen Regulierungen der Länder, die bedingen, dass beispielsweise in Deutschland unter sehr viel restriktiveren Bestimmungen geforscht wird als vergleichsweise in China, könnten zu einem Druck zur Aufweichung strengerer Regulationen in restriktiveren Ländern führen.[1134] Der Aufruf einiger Mitglieder der Leopoldina zur Liberalisierung des Embryonenschutzgesetzes[1135] könnte als eine Konsequenz eines solchen Drucks betrachtet werden, und es scheint durchaus so zu sein, dass die Erhaltung des Forschungsstandorts Deutschland eine Rolle spielt, wenn es um Zulassungs- und Regulationsfragen in Bezug auf die Keimbahnmanipulation geht. Dietmar Mieth vermerkt diesbezüglich:

> Die Zeit der Bedenklichkeiten in Fragen der Sicherheit und der Manipulation am Menschen in den achziger [sic!] Jahren ist inzwischen durch die Sorge abgelöst worden, Deutschland oder auch Europa könnten den Anschluss verpassen. Nachdem die Schwelle überschritten ist, entsteht eine Art Goldrausch: alle rennen in scharfer Konkurrenz, um ihre Claims abzustecken.[1136]

Auch der Konkurrenzkampf um entsprechende Patente der CRISPR/Cas-Methode hat längst begonnen und ist v. a. deshalb als beschleunigender Faktor zu betrachten, da für die Anmeldung von Patenten gilt: Wer als erster das Patent anmeldet, gewinnt alles, auch wenn andere Forscher ähnliches beigetragen haben.[1137] Und der erwartete Gewinn könnte enorm sein, wenn man das angekündigte Potential der Technik bedenkt. Bereits zu Beginn der Veröffentlichungen setzte ein Streit um Patente betreffend die CRISPR/Cas-Methode ein, der zwischen zwei Forschergruppen stattfand – einerseits die um Doudna und Charpentier, die als Entdeckerinnen gelten, andererseits jene um Feng Zhang[1138] – welcher nach wie vor nicht abgeschlossen ist. Vorerst beendet werden sollte der Streit durch die Vergabe differenzierter Patente. So wurde dem Broad Institut, welchem Zhang angehört, vom United States Patent and Trademark Office (USPTO) das Patent für die Anwendung der CRISPR/Cas-Methode in explizit eukaryontischen Zellen zugesprochen, während die University of California in Berkeley das Patent für das eigentliche Verfahren zugesprochen wurde.[1139] Erschwerend kommt hinzu, dass sich die Entscheidungen zur Patentvergabe in Europa und in den USA zur CRISPR/Cas-Technologie unterscheiden.[1140] Auch in Europa wurden und werden Patente beantragt und der Kampf um die entsprechende Vormacht dürfte als weiterer beschleunigender Faktor angesehen werden.[1141]

1134 Vgl. Schneider 2016a, 84.
1135 Vgl. S. 48 dieses Buches.
1136 Mieth 1997, 211.
1137 Vgl. Schneider 2016a, 83.
1138 Vgl. S. 17, FN 53 dieses Buches.
1139 Vgl. Sanders 2017 und The Broad Institute of MIT and Harvard 2017.
1140 Für detaillierte Informationen zur Patentvergabe vgl. Servick 2018 und Ledford 2018.
1141 Vgl. Schneider 2016a, 84.

Auf der Seite der bremsenden Aspekte könnte allen voran die professionelle Selbstregulation stehen. Dass eine Form der Selbstregulierung dazu beitragen kann, vor missbräuchlichen oder unangemessenen Anwendungen einer Technik Halt zu machen, veranschaulicht beispielsweise die bereits erwähnte Asilomar-Konferenz,[1142] die als Paradebeispiel für eine der Wissenschaft inhärente Moral gilt. Die Wissenschaftler selbst, so sagt es etwa Carl Friedrich Gethmann in einem Streitgespräch auf der Jahrestagung des Deutschen Ethikrats 2016, lassen Forscher, die moralische Grenzen überschreiten, in Ungnade fallen, sodass sie in der wissenschaftlichen Gemeinde keinen Fuß mehr fassen können.[1143] Ganz abgesehen von anderen Umständen, die einem missbräuchlichen Einsatz der Technik vorbeugen, wie das Einhalten methodischer Regeln oder die Tatsache, dass die DFG nur finanzielle Unterstützung für Institutionsmitglieder, etwa einer Universität o. ä. vergibt, müsse und könne man sich seiner Meinung nach auf das Prinzip der inhärenten Moral verlassen.[1144] Kritisch zu betrachten ist an dieser Stelle jedoch nicht nur, dass in der Rückschau einige der Teilnehmer der Asilomar-Konferenz ihren Einsatz für ein Moratorium bereut haben sollen, sondern auch, dass bisher alle Bemühungen, auch für die Entwicklung einer Keimbahntherapie einen entsprechenden freiwilligen Verzicht zu proklamieren, ins Leere gelaufen sind. Auch Schneider äußert daher den Eindruck, dass eine professionelle Selbstregulierung möglicherweise nicht ausreichen könnte.[1145] Dennoch gebe es weitere Faktoren, die einer allzu schnellen Entwicklung der Methode zum klinisch-therapeutischen Einsatz entgegenwirken könnten. So seien insbesondere die nicht einschätzbaren Risiken eines manipulierenden Eingriffs in das menschliche Genom derzeit ein bedeutsames Hemmnis, welches auch ungeklärte Fragen nach sich ziehe, wie etwa nach der Haftbarkeit im Falle von *off target*-Mutationen, oder unvorhergesehenen *on target*-Effekten oder gänzlich unüberschaubaren, eventuell aber schädlichen Langzeiteffekten.[1146] Auch die Frage nach der medizinischen Notwendigkeit der Entwicklung einer solchen Technik könne laut Schneider als Bremse fungieren; immerhin, so wurde es bereits innerhalb der pragmatischen Argumentationen ausgearbeitet, wird es für die allermeisten Konstellationen von Eltern mit genetischen (Prä-)Dispositionen alternative Möglichkeiten geben, Kinder zu bekommen. Eine davon besteht in der Selektion nach PID, die zwar eigens moralisch fragwürdig ist, die aber ohnehin in jedem Falle zusätzlich nach einer Keimbahntherapie durchgeführt werden müsste, um das Ergebnis zu prüfen. Ebenso könne die Notwendigkeit einer IVF für die Durchführung einer Keimbahnintervention als Hemmschwelle und damit als bremsender Faktor fungieren. Unter Berücksichtigung der mit einer IVF potentiell einhergehenden Belastungen inklu-

---

1142 Vgl. S. 46, FN 223 dieses Buches.
1143 Vgl. Gethmann 2016, 86.
1144 Vgl. Gethmann 2016, 86.
1145 Vgl. Schneider 2016b, 87.
1146 Vgl. Schneider 2016b, 84.

sive der, dass nur etwa jeder fünfte Versuch zu der Geburt eines Kindes führt, welche durch die Belastungen und technischen Ineffizienzen ergänzt werden müssten, die mit einer Keimbahntherapie assoziiert werden, könnte diese Prozedur möglicherweise den Frauen oder den Paaren als unverhältnismäßig erscheinen.

Nicht zuletzt spielt auch das Recht eine Rolle bei der Einschätzung, inwieweit ein Abgleiten in den missbräuchlichen Einsatz einer Keimbahnintervention verhindert werden könnte. Während Carl Friedrich Gethmann am ehesten auf die inhärente Moral der Wissenschaft und auf die Selbstregulierung der Forscher vertraut,[1147] setzt Schneider mehr auf die Wirksamkeit einer rechtlichen Regulation und verweist etwa auf die UN-Deklaration gegen das Klonen.[1148] Und der Umstand, dass es in Deutschland bereits eine legislative Regulierung wie das Embryonenschutzgesetz, aber auch beispielsweise das Gentechnikgesetz gebe, bedeute, dass für eine rechtliche Regulation „nicht bei Null"[1149] angefangen werden müsse.

Diese Darstellung beschleunigender, aber auch bremsender Faktoren soll verdeutlichen, dass es sehr wohl Haltestellen und Abzweigungen entlang einer als schiefe Ebene gekennzeichneten Route geben kann, die zum Anhalten und zur Reflexion, Reevaluation und Regulation genutzt werden könnten. Wenngleich der Abhang also möglicherweise tatsächlich rutschig sei, muss das nicht heißen, dass es einen Automatismus gebe, dem nicht entgegengewirkt werden könne. Wie Schneider anfangs ihrer Ausführungen erklärt, sei die Technikentwicklung eben nicht linear, nicht deterministisch, sondern an einigen Punkten und Abbiegungen, sofern man die „Haltestelle" nicht verpasse, steuer- und regulierbar.

Doch sind damit die Bedenken, die ein Abgleiten betreffen, mit dieser Feststellung nicht zwangsläufig ausgeräumt. Kass vermerkt in diesem Zusammenhang:

> It is primarily an argument about the logic of justification. Do not the principles now used to justify the current research proposal already justify in advance the further developments? Consider some of these principles:
> 1. It it desirable to learn as much as possible about the processes of fertilization, growth, implantation and differentiation of human embryos and about human gene expression and its control.
> 2. It would be desirable to acquire improved techniques for enhancing conception, for preventing conception and implantation, for the treatment of genetic and chromosomal abnormalities, and so on.
> 3. It would be desirable to extract stem cells or to harvest embryonic tissues for use in regenerative medicine.
> 4. In the end, only research using *human* embryos can answer these questions and provide these techniques.
> 5. There should be no censorship or limitation of scientific inquiry or research.

1147 Vgl. Gethmann 2016, 86.
1148 Vgl. Schneider 2016b, 87.
1149 Schneider 2016b, 89.

> This logic knows no boundary at the blastocyst stage, or, for that matter, at any later stage. For these principles *not* to justify future extensions of current work, some independent additional principles [...] would have to be found.[1150]

Diese zusätzlichen Prinzipien könnten sich in den Vorstellungen zur Regulierung niederschlagen. Ebenso wenig wie es einen Automatismus zu geben scheint, der unausweichlich dazu führe, dass zukünftig wohlhabende Eltern die Talente und Fähigkeiten ebenso wie das Äußere ihrer Kinder à la carte bestellen, gibt es keine automatische Regulation. Es muss diskutiert, bestimmt und festgelegt werden – von Menschen und ihren politischen und rechtlichen Institutionen – wozu die Methoden der Genomeditierung genutzt werden dürfen und wozu nicht. Bayertz vermerkt in diesem Zusammenhang: „Die Gesellschaft und die Mehrheit der Individuen sind notorisch unfähig, sich der Lockerung des technisch Machbaren zu entziehen."[1151] Dem stehen zuversichtlichere Einschätzungen hinsichtlich der sozialen und politischen Gestaltung von Technikentwicklung gegenüber, die sich darauf berufen, dass es in der Vergangenheit durchaus in Fragen kontrovers diskutierter (bio)ethischer Konflikte befriedende gesetzgeberische Lösungen und Regulierungsmöglichkeiten gegeben habe. Schneider setzt sich beispielsweise mit der Rolle und Funktion etwa der deutschen Ethikgremien auseinander. Im Rahmen der Beschreibung des Modells der Interaktion von Ethikberatung und Politik verweist sie darauf, wie dieses Modell „einen robusten demokratischen Umgang mit Wertkonflikten" signalisiere und etwa „bei der gesetzlichen Regelung der Gendiagnostik (2009), der Patientenverfügung (2009), der Präimplantationsdiagnostik (2011), der Aufklärungspflicht zur Organspende (2012) und der rituellen männlichen Beschneidung (2012)" bereits zum Tragen kam.[1152]

Eben diese Regulierbarkeit ist ein zentrales Thema bezüglich aller gesellschaftspolitischen Fragen in Zusammenhang mit der Zulässigkeit einer Keimbahnintervention. Mit dieser in Verbindung steht auch die Frage nach der Möglichkeit einer Verteilungsgerechtigkeit; diese Themen sollen im letzten Unterkapitel dieses Komplexes Gegenstand der Auseinandersetzung sein.

3.3.3.5 Regulation

Eine von allen Positionen geforderte Bedingung – angefangen bei den Verfechtern eines strikten Verbotes bis hin zu den Befürwortern einer moralischen Pflicht zur genetischen Optimierung – betrifft die Regulation. Ob es darum geht, einen Eingriff in die Keimbahn ganz eindeutig zu untersagen, oder ob die Absicht besteht, vermeintlich moralisch gebotenes Enhancement gegen Missbrauch abzugrenzen, eine

---

1150 Kass 2004, 104–105.
1151 Bayertz 1991, 305.
1152 Schneider 2014, 36.

Regulierung scheint in jedem Szenario unverzichtbar. Ein Kind etwa mit vier Armen auszustatten, gehört den Befürwortern der Zulässigkeit einer Keimbahnintervention zufolge genauso verboten, wie denen zufolge, die sie grundsätzlich ablehnen. Es wird deutlich, dass eine Regulierung zunächst zum Ziel hat, vor Missbrauch zu schützen (wobei die Definition von *Missbrauch* an dieser Stelle offensteht).[1153] „However, the best approach to preventing the misuse of genetic technologies may not be to discourage the development of the technologies but rather to preserve and encourage democratic institutions that can serve as an antidote to tyranny."[1154] Um also einem missbräuchlichen Einsatz vorzubeugen, ohne sich ausschließlich auf die inhärente Forschermoral oder die mutmaßliche Weisheit der Eltern bezüglich der besten genetischen Ausstattung ihrer Kinder zu verlassen, müssten gesetzliche Schranken installiert werden. Wie im Kapitel zur rechtlichen Lage in Deutschland bereits herausgearbeitet wurde, existieren zwar bereits Gesetze und Regeln, die der Intention nach einen Eingriff in die Keimbahn und auch die Erforschung dieser Möglichkeit verbieten, doch scheint es wegen der Tatsache, dass die entsprechenden Gesetze nicht über ihren Wortlaut hinaus interpretiert werden dürfen,[1155] in Abhängigkeit von der Wortlautinterpretation auch Grauzonen zu geben, die ggf. überarbeitet werden müssten. In welche Richtung hängt selbstverständlich von der beabsichtigten Regulierung ab. Sollen Interventionen an Keimbahnzellen und Embryonen ohne Ausnahmen ausgeschlossen bleiben, soll überhaupt die Entstehung eines Menschen aus geneditierten Zellen – seien sie durch einen Kerntransfer editierter Zellen entstanden oder aus veränderten somatischen Zellen induziert – ausgeschlossen sein, müsste, um etwaige Versuche, das Gesetz zu umgehen, das bestehende Embryonenschutzgesetz hinsichtlich der Graubereiche exakter formuliert werden. Abgesehen davon bietet das deutsche Regelwerk bereits die nötigen Bestimmungen, um Eingriffe in die Keimbahn – auch zu therapeutischen Zwecken – zu untersagen. Das Aufrechterhalten eines Verbots wäre darüber hinaus auch ganz im Sinne der bereits genannten internationalen Haltungen zur Keimbahntherapie.[1156]

Die Regulation der *Zulassung eines Eingriffs* hingegen gestaltete sich deutlich komplexer. Nachfolgend sollen hierzu einige Überlegungen angestellt werden. Zunächst wäre eine Änderung des Embryonenschutzgesetzes nicht zu umgehen. Nicht nur für die Erforschung der Technik, sondern ganz besonders für die Ausführung müsste das Gesetz mindestens bezüglich des § 5, der die künstlichen Veränderungen der Keimbahn regelt, geändert werden. Doch auch die Regelungen zur PID müssten

---

1153 So mancher Gegner eines genetischen Enhancements sieht die Grenze zum Missbrauch bereits bei jeglichem über eine medizinische Indikation hinausgehenden Einsatz überschritten. Synonym ist an dieser Stelle zu *Missbrauch* am ehesten *Instrumentalisierung* zu verwenden.
1154 Walters und Palmer 1997, 86.
1155 Vgl. S. 58, FN 280 dieses Buches.
1156 Vgl. 3.1.2, S. 64 ff dieses Buches.

überarbeitet werden, da bisher die PID nur zur Diagnostik einer bestimmten, verdächtigten Erbkrankheit zugelassen ist, nicht zur Überprüfung eines Therapieerfolgs. Es müsste etwa auch bestimmt werden, worauf mit dieser zweiten PID[1157] untersucht wird, was sich schwierig gestalten dürfte. Suchte man nur an bestimmten Orten nach bekannten *off target*-Regionen, liefe man Gefahr, eventuell an anderer Stelle aufgetretene Veränderungen durch die Therapie zu übersehen. Erstellte man eine Darstellung des gesamten Genoms, wäre man mit allen Fragen der genetischen Diagnostik konfrontiert – inklusive derjenigen, wie mit genetischen Befunden umzugehen wäre, die unklar, oder klar, aber ohne Therapiemöglichkeit sind. Es drängt sich an dieser Stelle die Frage auf, ob nicht schon bei der PID zu Beginn der Therapie das gesamte Genom ausgelesen werden müsste, um nach der Keimbahntherapie überhaupt feststellen zu können, welche Veränderungen schon davor existiert hätten, sofern das relevant wäre. Auf Überlegungen hinsichtlich der Regulation möglicher Fehlschläge wird am Ende des Kapitels noch einmal zurückzukommen sein. Die legislativen Veränderungen, die nötig wären, müssten jedenfalls großem Rechenschaftsdruck standhalten, die Befürworter einer Änderung der Gesetze wären gewissermaßen in der Bringschuld, deren Notwendigkeit zu begründen und zu rechtfertigen.

Spätestens im Kontext der Besprechung einer gesetzlichen Zulassung muss man sich mit *Einschränkungsmöglichkeiten der Indikationen* auseinandersetzen. Soll nur ein therapeutischer Eingriff legitim sein, ergibt sich die Option einer Liste mit Krankheiten, die einer Korrektur zugänglich sein sollen, oder die Möglichkeit der Festlegung eines bestimmten Schweregrades, ab dem eine Krankheit per Keimbahnintervention therapiert werden soll. Beide Wege wurden bereits an anderer Stelle thematisiert,[1158] wobei die Festlegung auf ganz bestimmte Krankheiten mehrere Schwierigkeiten zu bergen scheint. Zum einen die bereits besprochene Problematik, dass die Liste nicht als abgeschlossen gelten dürfte, da davon ausgegangen werden muss, dass mit Fortschreiten der Technik in einer entfernteren Zukunft weitere Krankheiten therapierbar würden und es als willkürlich gelten müsste, nur aufgrund einer existierenden Liste die Behandlung einer im Schweregrad vergleichbaren Erkrankung zu verbieten. Zum anderen könnte eine solche Liste aber auch als „Liste von unwertem Leben"[1159] aufgefasst werden, daher scheint eine Beschränkung möglicher Indikationen durch die Bestimmung des Schweregrades naheliegender. Eine dritte Möglichkeit wäre es, jeden Fall einzeln zu bewerten, worauf beispielsweise Wagner hinweist.[1160] Vereinbarte man, dass nur therapeutische Eingriffe zur Vermeidung schwerster Erbkrankheiten

---

[1157] Zur Erinnerung: Eine erste PID ist zur Diagnosestellung *vor* der Genomeditierung notwendig, die zweite PID ist nach dem Eingriff für das Überprüfen des Therapieerfolgs erforderlich, vgl. auch S. 52, FN 256 dieses Buches.

[1158] Vgl. S. 160 f dieses Buches.

[1159] Schneider 2016b, 88; hier in Bezug auf Indikationen für eine PID.

[1160] Vgl. Wagner 2007, 125.

in die Keimbahn zulässig seien, dann wäre das zu erwartende Patientenklientel, wie bereits ausgeführt, sehr klein.[1161] Im Hinblick auf diese geringe Anzahl an infrage kommenden Paaren, denen man ausschließlich mit dieser Methode der Reproduktionsmedizin zu einem genetisch eigenen, gesunden Kind verhelfen könnte, wäre es organisatorisch durchaus denkbar, jede Anfrage in Zusammenschau aller Faktoren einzeln zu begutachten und auf ethische Zulässigkeit hin zu überprüfen.

Ein weiterer Aspekt der Regulation zielt auf die *Verteilungsgerechtigkeit* ab. Diese betrifft zunächst die Forschungsressourcen, im Sinne der Förderung einer vielfach als kostspielig antizipierten Keimbahntherapie, statt etwa der Förderung bestehender Therapien oder Therapieansätze, oder auch statt der Förderung nicht-medizinischer Projekte.[1162] Unter diesem Aspekt geht es also um eine Verteilungsgerechtigkeit, wie sie Bayertz meint, wenn er sich mit falscher Prioritätensetzung in der Medizin auseinandersetzt.[1163]

> Ein Beispiel dafür sind angeborene Stoffwechselerkrankungen, darunter insbesondere [...] Phenylketonurie, die durch Einhaltung einer phenylalaninfreien Diät heilbar ist. Das Argument der falschen Prioritätensetzung besagt also, daß unter den vom „medizinisch-industriellen Komplex" gesetzten Bedingungen solche Formen der Therapie nicht gleichberechtigt gefördert werden, daß die Masse der Forschungsgelder statt dessen in die Kanäle reduktionistisch orientierter High-tech-Forschung fließt. [...] Im Fall der Gentherapie werden beträchtliche Mittel (Geld und Forschungskapazitäten) zur Entwicklung einer Therapie eingesetzt, die am Ende nur einer kleinen Gruppe von Patienten zugute kommt.[1164]

Diesen Aspekt erwähnt auch van den Daele und stellt diesbezüglich fest, dass ein solches Therapiemodell auf Krankheiten ausgerichtet ist, „von denen manche so selten sind, dass die Zahl der an der Gentherapie interessierten Forscher größer ist als die Zahl der von der Krankheit Betroffenen."[1165] Das muss nicht zwingend bedeuten, dass grundsätzlich keine Therapien entwickelt werden sollten, die in Relation nur wenigen nutzen. Es muss jedoch zum einen darauf hingewiesen werden, dass das Verhältnis von Aufwendungen zum Nutzen der Einzelnen dennoch nicht unbedeutend ist. Die „von der Krankheit Betroffenen" selbst werden nicht von dieser Krankheit geheilt, denn es geht weiterhin um einen Kinderwunsch, der andernfalls unerfüllt bliebe. D. h. dieser Wunsch einiger weniger Paare, nicht eine spezielle Krankheit, muss eine

---

1161 Vgl. S. 161 dieses Buches.
1162 Eine Therapie mit *Glybera*® z. B., dem ersten somatischen Gentherapeutikum, welches bei einem seltenen Stoffwechseldefekt verabreicht werden soll und 2014 in Europa zugelassen wurde (vgl. auch S. 30, FN 119 dieses Buches) kostet über eine Million Euro. Bisher wurde eine einzige Patientin damit behandelt. Die Zulassung, welche im Oktober 2017 auslief, soll nicht verlängert werden, vgl. Henn 2017 und UniQure 2017.
1163 Vgl. S. 166, FN 832 dieses Buches.
1164 Bayertz 1991, 301–302.
1165 van den Daele 1985, 187; vgl. auch in Bayertz 1991, 302.

derartig intensive Konzentration der Forschung auf die Keimbahntherapie rechtfertigen können. Zum anderen muss aber auch gefragt werden, ob die Mehrheit der Anzahl der Forscher und Wissenschaftler, die an der Gentherapie interessiert sind, auch tatsächlich den so hervorgehobenen und ausschlaggebenden Nutzen der einzelnen Frauen und Männer im Sinn haben, oder ob es nicht jedenfalls auch um Reputation geht; darum, den „Durchbruch" zu schaffen, als erster zu veröffentlichen, was bisher keinem gelang. Auf diese Art des Konkurrenzkampfs wurde bereits hingewiesen.

Bayertz weist bezüglich seines Arguments der Prioritätensetzung auf die Tatsache hin, dass die Frage der ungerechten Verteilung von Geldern zu grundsätzlich und keine explizite der Keimbahntherapie sei, „es gilt für jede andere kostspielige Therapie, etwa für Organtransplantationen, Dialyse und Herzoperationen."[1166] Solange insgesamt eine ungerechte Verteilung medizinischer Versorgung vorliege, könne das Argument gerade hinsichtlich einer Gentherapie nicht überzeugen, da die Geschädigten eines Verbots ausschließlich die an Erbkrankheiten leidenden Menschen seien. Man könne sogar im Namen einer Verteilung zugunsten Benachteiligter zu dem Ergebnis kommen, dass die Entwicklung gentherapeutischer Verfahren in Anbetracht der Tatsache, dass es keine andere kausale Therapiemöglichkeit gibt, hohe Priorität genießen sollte.[1167]

Der Einwand der *grundsätzlichen Allokationsprobleme* in der Medizin wird auch einem weiteren Aspekt der Verteilungsgerechtigkeit entgegengebracht. Er betrifft die Frage, ob eine Keimbahntherapie für alle zugänglich wäre, die betroffen sind bzw. denen sie nutzen würde. Ist der Hinweis, dass auch andere medizinische Leistungen nicht für jeden garantiert werden können, hinreichend, um diesen Aspekt nicht weiter zu beachten? Derzeitig zugelassene Maßnahmen der Reproduktionsmedizin wie die Insemination mit und ohne hormonelle Stimulation, aber auch die *in vitro*-Fertilisation, müssen nach § 27 a Sozialgesetzbuch V (SGB V) und unter bestimmten Voraussetzungen von den gesetzlichen Krankenkassen zu mindestens 50 % finanziert werden. Unter anderem muss das Paar verheiratet sein, die Frau muss zwischen 25 und 40 Jahre alt sein, es dürfen nur Ei- und Samenzellen des Paares verwendet werden und nicht zuletzt muss die Erfolgsaussicht durch einen Arzt bestätigt sein.[1168] Ebenfalls muss ein Arzt die Notwendigkeit der assistierten Befruchtung bescheinigen. Diese Bescheinigung wird zunächst bei Sterilität ausgestellt, oder auch wenn etwa mehrere Inseminationszyklen erfolglos bleiben. Eine Sterilität muss nicht unbedingt organisch bedingt sein. Auch die idiopathische Sterilität, d. h. eine ohne erkennbaren

---

1166 Bayertz 1991, 305.
1167 Vgl. Bayertz 1991, 305; an dieser Stelle wird die somatische Gentherapie nicht von der Keimbahntherapie unterschieden.
1168 Vgl. § 27 a SGB V.

Grund bestehende Kinderlosigkeit ist als Indikation zulässig.[1169] Die Kostenerstattung einer eventuellen der IVF folgenden PID ist nicht vorgesehen, mehrfach wurden Anträge auf eine Übernahme der Kosten durch die Krankenkasse schon vom Bundessozialgericht abgewiesen.[1170] Hervorgehoben wurde bereits die dort vorgebrachte Begründung, dass es sich nicht um die Herbeiführung einer Schwangerschaft trotz Sterilität handele, sondern dass es um Selektion gehe. Diese sei zwar nach geltendem Recht in gewissen Fällen straffrei, könne jedoch nicht im Sinne der Therapie einer Krankheit als Krankenkassenleistung gelten.[1171] Da die Keimbahntherapie bezüglich der Intention vergleichbar mit der PID „der Vermeidung zukünftigen Leidens eines eigenständigen Lebewesens, nicht aber der Behandlung eines vorhandenen Leidens"[1172] dienen soll, ist es durchaus denkbar, dass auch die Keimbahntherapie eine privat zu zahlende Methode und damit nur denen, die es sich leisten können, zugänglich sein wird.

Derzeit zahlen Paare, die sich per IVF ihren Kinderwunsch erfüllen (lassen), etwa 1.500 € bis 1.800 € Eigenleistung pro Behandlungszyklus.[1173] Um eine PID veranlassen zu können, muss darüber hinaus eine Ethikkommission einberufen werden; die Kosten für diese sind ebenfalls privat zu zahlen. Hinzu kommen die Ausgaben für das Verfahren der Diagnostik und im Falle der Keimbahntherapie kämen noch weitere Kosten für die Behandlung sowie eine weitere PID hinzu. Wie häufig eine solche Prozedur ggf. wiederholt werden müssen wird, hängt schon von den am Beginn des Behandlungszyklus stehenden Voraussetzungen für eine erfolgreiche IVF-Behandlung ab,[1174] nicht zuletzt aber auch von der Antwort auf die Frage, was im Falle einer Zulassung schließlich als *hinreichend sicherer* Eingriff gelten wird. Worauf wird man den Embryo nach der Editierung überprüfen müssen? Wie dargelegt wurde, sind stellenweise nicht einmal die Methoden bekannt, mit denen nach etwaigen Fehlern gesucht werden sollte.[1175] Müsste man das ganze Genom des therapierten Embryos nach Auffälligkeiten untersuchen? Und fände man solche, wäre es dann relevant, ob sie schon vor oder erst nach der Therapie entstanden sind – wie müsste man mit eventuellen Auffälligkeiten umgehen? Eine Frage, die ganz allgemein in der Gendiagnostik eine große Rolle spielt, nämlich wie man mit erhobenen, genetischen Befunden umgehen soll, von denen man nicht weiß, ob oder inwiefern sie pathologisch sind und wenn doch letztere, wie stark sie sich ausprägen können und werden. Suchte man jedoch

---

1169 Zu den Indikationen vgl. S. 50, FN 239. Hierzu auch Aussagen des BSG: „Nicht die Krankheit, sondern die Unfähigkeit des Paares, auf natürlichem Wege Kinder zu zeugen und die daraus resultierende Notwendigkeit einer künstlichen Befruchtung bildet den Versicherungsfall", BSGE 117, 212 [17].
1170 Vgl. BSGE 117, 212, Gründe, 17, 20.
1171 Vgl. auch S. 170, FN 850, FN 852 dieses Buches.
1172 BSGE 117, 212 [15].
1173 Vgl. Rauprich 2012, 62.
1174 Vgl. S. 53 dieses Buches.
1175 Vgl. hierzu Kapitel 2.2.3, insbesondere S. 20 dieses Buches.

nicht das ganze Genom nach möglichen Fehlern ab, liefe man Gefahr, beispielsweise *off target*-Effekte zu übersehen; man müsste schon sehr genau wissen, wo nach ihnen zu suchen wäre, wenn man nur spezielle Stellen untersuchte.

Die Aspekte dieser *Sicherheitsfragen der Methode* laufen auf eine weitere Frage der Regulation hinaus, nämlich, wie mit Fehlern umgegangen werden sollte, die auch noch der letzten *Kontrolle*, der PND, entgehen würden. Wenn man trotz aller Überzeugung, eine sichere Methode entwickelt zu haben und trotz Screenings auf eventuelle Fehler, keine entdeckte und bei der Geburt – oder vielleicht auch erst im späteren Leben des Kindes – feststellen müsste, dass man essentielle Zusammenhänge nicht erkannt hätte, deren Störung durch die Intervention einen Schaden verursacht hätte, etwa die Entstehung von Krebs,[1176] wer stünde dann in der Verantwortung? Zur Disposition stehen etliche Parteien, wie etwa die den Eingriff empfehlenden und durchführenden Genetiker und Ärzte. Oder sollten eventuell bereits die Wissenschaftler, die die Methode entwickelt haben würden, mit in die Verantwortung genommen werden? Oder die regulierenden Instanzen und Institutionen? Oder stehen letztlich die prospektiven Eltern am Ende der Verantwortungskette in der alleinigen Gewissensschuld und moralischen Haftung? Es steht außer Frage, dass die Eltern über alle, wenngleich unwahrscheinlichen, aber möglichen Risiken aufgeklärt werden müssten. Für diese Aufklärung ist der behandelnde Arzt zuständig. Dass überhaupt aufgeklärt werden muss, ist wiederum eine gesetzliche Festlegung, für die der Staat Verantwortung trägt.

Die eigentliche Frage ist möglicherweise eine übergeordnete: Steht es den Eltern, oder den Ärzten oder Humangenetikern, der Wissenschaft oder der Regierung überhaupt zu, diese Verantwortung auf sich zu nehmen? Diese Überlegungen implizieren auch Fragen etwa hinsichtlich des Nicht-Identitätsproblems, die bereits bezüglich der angesprochenen *wrongful life*-Fälle thematisiert wurden.[1177] Wenn es durch die Keimbahntherapie zu Schäden käme, mit denen das therapierte Kind zur Welt gebracht würde, könnten sich in Abhängigkeit von der Ausprägung des hier nicht weiter definierten Schadens demnach die Fragen stellen, in welchem Verhältnis der im Rahmen der Therapie entstandene Schaden zu der therapierten Krankheit stünde[1178] und vor allem aber auch, ob man jemandem mit einer dieses Individuum zur Existenz bringenden Methode überhaupt schaden kann, wenn doch die Alternative die Nicht-Existenz wäre. Man gelangt letztlich zu der bereits thematisierten fundamentalen Frage, ob Krankheit oder Behinderung ein so schlimmes Leid bedeuten können, dass die Nicht-Existenz zu bevorzugen wäre und – speziell in diesem Kontext – wer darüber zu entscheiden hätte. Auf diese spezifischen Verantwortungsfragen der Regulation kann

---

1176 Wobei unklar ist, wie sich eine späte Folge *sicher* auf eine frühe Intervention zurückführen ließe.
1177 Vgl. S. 116 ff dieses Buches.
1178 Vgl. S. 114, FN 575 dieses Buches.

im Rahmen dieser Arbeit nur hingewiesen werden – ebenso wie auf die Dringlichkeit, sich mit ihnen auseinanderzusetzen.

Nachdem in der Tat kein Zweifel daran bestehen kann, dass eine Regulation im Falle einer Zulassung obligat wäre, stellt sich bei allen Belangen der Regulierung also letztlich auch die Frage, *wer* regulieren darf, oder soll, oder auch kann. Wer soll befugt und befähigt sein, über die Zulässigkeit einer Keimbahntherapie und deren notwendige Regulation zu entscheiden? Hierzu vermerkt Glenn McGee pointiert:

> Today our fears about germline genetic engineering should center on the danger to our species of thoughtless, libertine progress into the breach. We proceed headlong into genetic engineering without even a casual glance in the direction of reforming family law, research restrictions, or our educational institutions. Families taken off guard by genetic technology thus rebuke it as "playing God." The greatest threat to our species is the ignorance within our social institutions whose role it is to provide support for good decision making. Genetic counselors cannot replace town hall meetings, church discussion, and good educational institutions.[1179]

Der *öffentliche Diskurs und die Beteiligung der Gesellschaft* an der Diskussion sind immer wieder Bestandteil zentraler Forderungen sowohl der Befürworter einer Keimbahnintervention als auch derjenigen, die sie ablehnen. Umfrageergebnisse des Eurobarometers 2010 weisen darauf hin, dass auch die Bevölkerung selbst die Entscheidung bezüglich gentherapeutischer Eingriffe nicht bloß der Wissenschaft überlassen (wissen) möchte. Zum einen wird erhoben, dass die Deutschen mit knapp mehr als der Hälfte dafür stimmen, dass „Entscheidungen im Bereich der synthetischen Biologie [...] in erster Linie auf der Basis moralischer und ethischer Abwägungen getroffen werden" sollen (52 %), statt auf der Basis wissenschaftlicher Fakten (34 %).[1180] Die Brandenburgische Akademie der Wissenschaften beobachtet hier einen Wandel im Vergleich zu Eurobarometerumfragen aus dem Jahr 2005, nach denen nur 32,9 % der Deutschen moralische Gesichtspunkte für bedeutender hielten als wissenschaftliche.[1181] Was die Regulation betrifft, so sind lediglich 11 % der Deutschen dafür, dass für die synthetische Biologie rein marktwirtschaftliche Regeln gelten sollten; die deutliche Mehrheit (79 %) möchte die synthetische Biologie von der Regierung streng reguliert wissen.[1182] Auch die Ansicht der Experten sollte nicht überbewertet werden, denn ob Entscheidungen im Bereich der synthetischen Biologie auf dem Rat von Experten beruhen sollten oder auf dem, was die Mehrheit der Bevölkerung des Landes denkt, wird von den deutschen Befragten mit 46 % zugunsten der Experten und 41 % zugunsten der Meinung der Bevölkerung beantwortet.[1183]

1179 McGee 2000, 100–101.
1180 Europäische Kommission 2010, 191.
1181 Vgl. Hampel 2011, 240–241.
1182 Europäische Kommission 2010, 197.
1183 Europäische Kommission 2010, 194.

Sollte eine Entscheidung über Zulassung und Regulation der Keimbahntherapie tatsächlich gesellschaftlich (mit)bestimmt werden, so wäre eine qualifizierte Informationsbasis, auf Basis derer die Gesellschaftsmitglieder ihre Meinungen bilden können, jedoch unabdingbar. Doch seit 2012, seit der Veröffentlichung der Möglichkeiten dieser Technik, und allerspätestens seit den Experimenten der chinesischen Forscher 2015, hochfrequent über die neue Methode besonders in den Printmedien berichtet wird, entsteht stellenweise der Eindruck, dass ebendiese Basis an Informationen nicht neutral ist, sodass die Meinungen der Bevölkerungsmitglieder u. U. geprägt ist von der Meinung der Experten und derer, die über sie schreiben. George Estreich formuliert bezüglich dieses Problems treffend:

> This matters because public understanding is not based on the technology itself, but on the *portrayal* of the technology. Nearly everyone talking about this issue agrees that more public discussion is necessary; but if key ideas are invisible in the discussion, if the public themselves are seen less as stakeholders than receptacles for information, and the "information" itself emphasizes both excitement and cure – with a *frisson* of peril, avoidable, of course, through sensible regulation – then the process will be at best an exercise in participation, and those most affected will be least represented.[1184]

Obwohl im Rahmen dieser Arbeit keine Diskursanalyse stattfinden kann,[1185] darf festgestellt werden, dass die zur Einholung bereitstehenden Informationen zumindest bislang schlechterdings nicht unbedingt neutral gehalten sind. Hierbei ist nicht nur an den „Patientenguide" der NAS zu denken,[1186] sondern auch beispielsweise an die Ausführungen in dieser Arbeit zur Wahrnehmung kranker und behinderter Menschen im Schein einer perfektionierten Keimbahntherapie.[1187] Die Art und Weise der Vermittlung und Darstellung von Informationen hat ohne Frage einen Einfluss auf deren Wahrnehmung und Bewertung. Wenn etwa statt von Kinderwunschmedizin nahezu ausschließlich von der Therapie und Heilung schwer und schwerstkranker Kinder gesprochen wird, oder wenn allgemeiner die Rede ist von der Vermeidung schlimmsten Leids, dann „scheint [es] zynisch, die Hoffnung von Patienten auf Linderung oder gar Heilung zu ignorieren."[1188] Immer wieder werden die Interessen der Betroffenen, insbesondere erkrankter Menschen, in den Vordergrund gestellt, während die tatsächliche Perspektive ebendieser Menschen, also dezidierte und eben durchaus vielseitige Meinungen behinderter oder kranker Menschen, die sich ein Kind wünschen – und

---

1184 Estreich 2017.
1185 Das Büro für Technikfolgenabschätzung beim Deutschen Bundestag (TAB) hat zu einem Gutachten zur Genomeditierung beim Menschen aufgerufen, welches unter anderem eine Diskursanalyse enthalten wird (Link zur Ausschreibung: https://www.tab-beim-bundestag.de/de/gutachter/g40000. html). Mit der Veröffentlichung des Berichts ist 2018/2019 zu rechnen.
1186 Vgl. S. 48 dieses Buches.
1187 Vgl. Kapitel 3.3.3.2, S. 210 ff dieses Buches.
1188 Bentele 2006, 19.

gerade nicht *die* vermeintlich homogene Meinung der Betroffenen – eher selten in den Fokus gebracht wird.[1189] Mieth vermerkt im Zusammenhang mit der Gentechnik allgemein, dass sich zwischen den auseinanderdriftenden Positionen derer, die die Gesetze liberalisieren möchten und derer, die sie verschärfen möchten, „„wertkonservative"" Positionen bewegen, die vordergründig die menschliche persönliche Selbstbestimmung „gegen die Manipulation der Interessen durch fragwürdige Bedarfsweckung" erhalten und schützen wollen.[1190]

> Unter „Interessemoral" ist dabei nicht nur zu verstehen, daß sich Interessen einseitiger und fragwürdiger Art durchsetzen, z. B. Interessen schneller Kommerzialisierung der Wissenschaft, sondern auch, daß die Gentechnik in den Sog der üblichen Bewertung von Interessen gerät: die Nachfrage wird dann nicht abgerufen, sondern, oft durch zu euphorische Versprechungen, erst gemacht.[1191]

In einer Entscheidungsfindung, deren Ausgang wie dargelegt, nicht nur kategorische und pragmatische, sondern gerade auch gesellschaftliche und sozialpolitische Ungewissheiten aufwirft, scheint die Teilhabe der Gesellschaft an der Diskussion unverzichtbar. Dieser Diskurs jedoch kann nur einen wertvollen Beitrag liefern, wenn er auf verständlichen und sachlichen Informationen beruht. Hierfür ist es ratsam, die Quelle dieser Informationen nicht nur in der die Methode entwickelnden Wissenschaft zu verorten. Dass diese selbstverständlich innerhalb ihrer Disziplin unverzichtbare und wichtige Informationen zu der Technik und Methode beizutragen hat, steht außer Frage. Die technischen Risiken, wie sie auch immer wieder als *der* Grund, die Methode noch nicht klinisch anzuwenden, insbesondere von Wissenschaftlern genannt werden, dürften am kompetentesten von ebendiesen Wissenschaftlern auch bewertet werden können. Doch nachdem kein Zweifel bestehen kann, dass die Möglichkeit der Keimbahnintervention deutlich mehr Themenfelder berührt, als technische Bedenken, bzw. dass technische Unsicherheiten speziell bei einer Methode, die die Keimbahn des Menschen verändert, zwangsläufig ethische, sozialpolitische und gesellschaftliche Unsicherheiten begründen, muss auch klar sein, dass die Entscheidung über eine Zulässigkeit eben mehr als diese technischen Bedenken zu berücksichtigen hat.[1192] Auch hierzu vermerkt Mieth:

> Problemlösungen sehen oft in einer isolierten Laborwelt anders aus als im Zusammenhang mit ökologischen, sozialen, psychologischen und ethischen Fragen. Sie müssen sich also einem breiten gesellschaftlichen Diskurs, einer genauen Technikfolgenabschätzung und den sozialethischen Kriterien der Verantwortung stellen. Die Menschenrechte, der Rechtsstaat, weltweite

---

1189 Vgl. S. 212 f dieses Buches.
1190 Vgl. Mieth 1997, 212–213.
1191 Mieth 1997, 213.
1192 Vgl. das Zitat S. 252, FN 1179 dieses Buches.

Codices der Berufsethik (z. B. für Ärzte) sind hier herausgefordert, ihre praktische Wirksamkeit zu zeigen.[1193]

Schließlich muss deutlich sein, dass die Entscheidung, so wenig sie allein der Wissenschaft überlassen werden sollte, auch nicht allein eine Abstimmung der Bevölkerung sein kann. Bei der Regulation einer Keimbahntherapie, welche wie eingangs erwähnt insbesondere vor *Missbrauch* schützen soll, muss, unabhängig davon ob sie auf der legislativen Ebene stattfände, oder, wie stellenweise vorgeschlagen, auf verwaltungsrechtlichem Wege realisiert würde – bei einem restriktiven Verbot beginnend bis hin zur Offenheit auch für verbessernde Eingriffe – die gesellschaftliche Deliberation ohne Frage intensiv geführt werden und Berücksichtigung erhalten. Da jedoch nicht davon ausgegangen werden kann, dass sich jedes Gesellschaftsmitglied über alle Facetten dieser Möglichkeit ausreichend fundiert informieren kann, ist es umso wichtiger, diese Informationen bereit zu stellen. Informationen über die ethischen Ansichten von Vertretern verschiedener philosophischer und rechtlicher (insbesondere verfassungsrechtlicher) sowie sozial- und kulturwissenschaftlicher Disziplinen, Informationen aus sozialpolitischen Folgenabschätzungen, Perspektiven der Betroffenen und Ansichten Nicht-Betroffener sind unter anderem nötig und erforderlich, um dieses komplexe Thema einer möglichst viele Aspekte reflektierenden Regulation zugänglich zu machen.

3.3.3.6 Fazit

Die vorangegangenen Argumente und Überlegungen des gesellschaftspolitischen Argumentationstyps haben wohl den spekulativsten Charakter innerhalb der verschiedenen Begründungskategorien, weshalb insbesondere Dammbruchargumenten häufig der genannte Vorwurf entgegnet wird, dass der antizipierte Nutzen größer sei oder sein *könnte*, als die *Gefahr*, dass unerwünschte soziale Folgen auftreten. Interessanterweise werden aber umgekehrt derzeit ethisch fragwürdige Methoden, wie etwa die Forschung an Embryonen, mit einem zukünftigen, hypothetischen Nutzen gerechtfertigt. Ein zukünftig hypothetischer Schaden wiederum könne kein Argument sein, derzeitige Forschung in Hinblick auf einen späteren Nutzen zu unterbinden.[1194] Dass die Befürchtungen hinsichtlich einer Verstärkung der in diesem Kapitel aufgezeigten Prozesse wie der (Bio)Medikalisierung, der Stigmatisierung von Menschen mit Erbkrankheiten und -behinderungen, einer Tendenz zu einem Leistungs- und Optimierungsdruck aber durchaus Realbezug haben, ist an vielen Stellen deutlich geworden. Dies nicht nur hinsichtlich der zu beobachtenden normativ rückwirkenden Kraft technischer Entwicklungen und eventuell sogar der „normativen Kraft des Fiktiven", wie

---

1193 Mieth 1997, 212.
1194 Auf dieses paradox erscheinende Verhalten weist auch Kass hin, vgl. Kass 2004, 104.

Mieth es formuliert,[1195] sondern insbesondere auch bezüglich des zu hinterfragenden Wunsches nach individueller Selbstbestimmung hinsichtlich des Bedürfnisses nach Zulassung, Wahrnehmung und Weiterentwicklung neuer Biotechnologien. Es seien laut Mieth nicht unbedingt die wissenschaftlichen Fakten, die auf neue Einstellungen in der Gesellschaft drängen. „Eher handelt es sich um Optionen, die durch neue Erkenntnisse und Erfolg versprechende Experimente in den Köpfen wach werden, obwohl ihre Erreichbarkeit durch die Fakten des Fortschritts keineswegs garantiert wird.“[1196] Auch den Aspekten der *slippery slope*-Begründungen können durchaus Entwicklungen und Beobachtungen bereits etablierter Formen der Erweiterung medizinischer Indikationen für medizinische Maßnahmen auf nicht-medizinische Einsatzfelder zugrunde gelegt werden. Die mit den Dammbruchargumenten verbundenen weiterführenden Fragen, insbesondere auch regulatorischer Art, erschweren eine positive Abschätzung der Frage nach einer möglichen Begrenzung auf therapeutische Einsätze, ohne dabei einen Automatismus annehmen zu müssen. Es ist nicht zu leugnen, dass bereits viele medizinische Techniken für andere *wunscherfüllende* Zwecke eingesetzt werden. Die Schönheitschirurgie ist nur eines von sehr vielen Beispielen. David King äußert sich diesbezüglich vor allem hinsichtlich empirischer Aspekte:

> Scientists who started their careers hoping to treat sick people and prevent suffering are now earning millions of dollars creating drugs to "enhance cognitive performance" or performing cosmetic surgery. We already have consumer eugenics in the US egg donor market, where ordinary working-class women get paid $5,000 for their eggs while tall, beautiful Ivy League students get $50,000. The free market effectively results in eugenics. So it's not a matter of "the law of unintended consequences" or of "scaremongering" – the consequences are completely predictable. The burden of proof should be on those who say it won't happen.[1197]

Es darf infrage gestellt werden, ob die Konsequenzen „completely predictable" sind, aber Befürchtungen bezüglich negativer gesellschaftlicher Folgen – und darum geht es – sind nicht aus der Luft gegriffen. Wie dargelegt wurde, können sowohl beschleunigende als auch bremsende Faktoren genannt werden hinsichtlich der speziellen Sorge, dass mit der Zulassung der Therapie eine Entwicklung zur Zulassung verbessernder Eingriffe in die Keimbahn nicht aufgehalten werden könne. In der Tat können sowohl empirische als auch logische *slippery slope*-Argumente keinen Automatismus plausibel erscheinen lassen, doch die Auseinandersetzung mit diesen Argumenten vermittelt ein Gespür dafür, dass ein Automatismus auch nicht angenommen werden muss, um an der

---

1195 Mieth 2001, 18.
1196 Mieth 2001, 19. Vgl. hierzu auch die Ausführungen zu der normativ rückwirkenden Kraft neuer Technologien, S. 210 dieses Buches. Bezüglich (der Entwicklung) dieser Maßnahmen vgl. S. 192 ebd.
1197 Sample 2017.

Befürchtung festzuhalten. Insbesondere Kass' Hinweis auf die „logic of justification"[1198] gibt Anlass, an der Haltbarkeit einer Grenze zwischen Therapie und Enhancement zu zweifeln. Nicht zuletzt ist dies so, weil die zugrunde liegenden Begriffe für eine solche Begrenzung Unschärfen aufweisen. Solange aber nicht ohne Zweifel klar ist, wann ein Eingriff als (Wieder-)Herstellung der Gesundheit zu gelten hätte und wann schon als Verbesserung – und ganz besonders kritisch sind die präventiven Eingriffe zu betrachten – kann auch keine klare Grenze gezogen werden, und schon gar keine haltbare. So ernsthaft und entschieden die Absicht erscheint, Enhancement als unzulässig erklären zu wollen, so wenig kann eine Abgrenzung plausibel sein, solange die Definitionen der Grundbegriffe undeutlich bleiben (müssen). Eine Brückenfunktion könnten tatsächlich die unter Prävention zu verortenden Eingriffe in die Keimbahn innehaben. Ungeachtet der Tatsache, dass auch therapeutische Interventionen bei einem Embryo oder auch den Keimzellen, also noch bevor ein Embryo überhaupt gezeugt würde, *präventiv*, also *vorsorglich* vorgenommen würden, könnten Maßnahmen wie eine „genetische Impfung", wie etwa die Absicht, Menschen mit einer Resistenz gegen eine HIV-Infektion auszustatten, die entscheidenden Übergangsszenarien darstellen, auf die sich vor allem logische *slippery slope*-Begründungen stützen.

Um den Befürchtungen des Abgleitens auf dem rutschigen Abhang etwas entgegenzusetzen, müssten Regelwerke geschaffen werden, die ebendies verhindern sollen. Doch bei den Überlegungen zu regulativen Aspekten drängen sich weitere, schwierige Fragestellungen in den Vordergrund. Nicht nur, weil vollkommen unklar ist, wann eine *schwere Erkrankung* schwer genug wäre, nicht nur weil nicht klar ist, ab wann ein *hinreichend sicheres* Verfahren sicher genug wäre, sondern auch, weil sich diffizil zu lösende Schwierigkeiten etwa hinsichtlich der Verteilungsaspekte nach sich ziehen,[1199] erweisen sich diese Fragestellungen als dringlich und dennoch als kaum definitiv beantwortbar.

Mit Blick auf die vorangegangenen Argumentationen kommt den gesellschaftspolitischen Überlegungen insbesondere die Rolle zu, die Argumente bezüglich des hypothetischen Nutzens und Schadens für das Individuum in einen größeren Kontext zu stellen. Wie in diesem Kapitel erarbeitet wurde, gibt es wenig Anlass anzunehmen, dass sich die bereits thematisierten problematischen gesellschaftlichen Entwicklungen, Folgen und Veränderungen mit Zulassung einer Keimbahntherapie *nicht* verstärken würden. Wie diese Annahme im gesamten Zusammenhang aller erörterten Aspekte und

---

1198 Vgl. S. 245, FN 1150 dieses Buches.
1199 Verteilung einerseits hinsichtlich der Forschungsgelder für die Entwicklung einer Technik zur Erfüllung von Kinderwünschen im Kontrast zur Notwendigkeit von Investitionen im Bereich bestehender Therapien und Strukturen, Unterstützung, Pflege u. v. m. Andererseits ergibt sich die Verteilungsfrage auch bezüglich der Zugänglichkeit für alle – die Krankenkassen würden sich eher weniger an etwaigen Kosten beteiligen.

Begründungsversuchen zu bewerten ist, wird sich in der anschließenden Diskussion in Abwägung mit allen positiven und negativen antizipierten Effekten zeigen.

Kaum ein biotechnisches Verfahren wird so kontrovers diskutiert wie der Eingriff in die menschliche Keimbahn. Überlegungen nicht nur zu ihrer technischen Verwirklichung, sondern gerade auch zu ihren ethischen und sozialen Implikationen werden seit etwa 30 Jahren angestellt, geäußert und zur Diskussion gestellt. Nachdem die Auseinandersetzung mit ihren moralischen Aspekten über die Jahre hinweg immer wieder als Science-Fiction-Debatte bezeichnet worden ist, da die Möglichkeit so fern schien, einen solchen Eingriff in die Realität umzusetzen, wird durch die Veröffentlichung vermeintlicher wissenschaftlicher „breakthroughs" und „milestones" heute eher die Vorstellung suggeriert, die Fiktion sei bereits Wirklichkeit.[1200] Der naturwissenschaftliche Hintergrund zu der Methode einer Intervention in die Keimbahn mittels CRISPR/Cas wurde bereits ausführlich erörtert, ebenso wie die Technik selbst sowie der zum Zeitpunkt der Verfassung dieser Arbeit aktuelle *state of the art* des Verfahrens in menschlichen Keimzellen.[1201] Zur Einordnung der folgenden Diskussion in den wissenschaftlichen Kontext und zur Bewertung der Frage, ob die als Durchbrüche und Meilensteine bezeichneten Fortschritte die Vision, den Schritt zur Zulassung der – schon seit langem diskutierten und dennoch nicht letztgültig und einheitlich bewerteten – Keimbahntherapie in naher Zukunft Realität werden lassen, soll der aktuelle naturwissenschaftliche Stand[1202] noch einmal unter dem kritischen Aspekt der Sicherheit des Verfahrens rekapituliert und der Diskussion vorangestellt werden. Dies geschieht im Hinblick auf die erste Fragestellung (F1), die die naturwissenschaftlichen Voraussetzungen für die Zulassung eines Eingriffs via CRISPR/Cas-Systems in die menschliche Keimbahn zum Gegenstand hat.

Obwohl die ersten beiden Experimente, die 2015 und 2016 aus China veröffentlicht wurden, zwar die prinzipielle Möglichkeit, die DNA menschlicher Embryonen mittels CRISPR/Cas zu editieren, vorführen konnten, zeigten sie dennoch zugleich auch Grenzen und Limitierungen der Technik auf, die einen klinischen Einsatz weiterhin auf lange Zeit unmöglich erscheinen ließen. Nur ein Bruchteil der Embryonen wies die Editierung auf, ungewollte Mosaike entstanden und *off target*-Effekte tauchten an vielen Stellen im Genom auf. Wenngleich es Erbkrankheiten gibt, für deren Verhinderung oder effektive Verminderung ein genetisches Mosaik zu erreichen schon ausreichen würde, erschwert der Mosaizismus nach wie vor die Überprüfbarkeit des Ergebnisses einer Keimbahntherapie per PID.[1203] Weitere chinesische Experimente, welche im Gegensatz zu den ersten beiden an überlebensfähigen Embryonen statt-

---

1200 Vgl. etwa Belluck 2017, Sample 2017 sowie Connor 2017.
1201 Vgl. Kapitel 2.2, S. 14 ff dieses Buches.
1202 Berücksichtigt wurden diesbezüglich Veröffentlichungen bis einschließlich Januar 2018.
1203 Vgl. S. 21, FN 66 dieses Buches.

https://doi.org/10.1515/9783110624472-004

fanden,[1204] wurden 2017 veröffentlicht und zeigten deutlich weniger *off target*-Effekte sowie weniger Mosaikbildungen.[1205] Unter anderem mit diesen weiterhin bestehenden Hürden beschäftigten sich der US-amerikanische Forscher Mitalipov und sein Team in den USA und veröffentlichten im August 2017 das nunmehr fünfte Experiment zur CRISPR/Cas-Methode in der menschlichen Keimbahn.[1206] Der Versuch bestand in der Korrektur einer autosomal-dominanten, einzelnen Mutation im *MYBPC3*-Gen, welche die familiäre hypertrophe Kardiomyopathie (HCM) verursacht. In dieser Publikation wird nahegelegt, dass sich die Mosaikbildung nahezu ausschließen lasse, wenn der CRISPR/Cas-Komplex mit dem Spermium per ICSI in die Eizelle transferiert werde. Auch haben die Wissenschaftler keine unbeabsichtigten Veränderungen finden können, ein Aspekt, der immer wieder die Sicherheit betreffend als bahnbrechender Fortschritt hervorgehoben wird. Doch muss unbedingt noch einmal betont werden, dass derartige Ergebnisse reproduzierbar sein müssen, und zwar auch hinsichtlich anderer Gene und Mutationen. Auch, dass keine *off target*-Effekte gefunden werden konnten, muss kritisch betrachtet werden. Bei der ausgewählten *MYBPC3* Mutation seien *off target*-Effekte von vornherein sehr unwahrscheinlich gewesen. Zudem wird immer wieder darauf aufmerksam gemacht, dass auch die Techniken zum Auffinden unbeabsichtigter Veränderungen begrenzt sind. „Just because the team did not find off-target changes does not mean that the changes aren't there", wird Keith Joung zitiert, der sich mit Geneditierung am Massachusetts General Hospital in Boston beschäftigt.[1207] Diese Feststellung wiegt umso schwerer, weil diese suggerierte Sicherheit keine, allenfalls wenig Rückschlüsse auf ungewollte Effekte zulässt, die sich erst in späteren Entwicklungsstadien sowie auch im späteren Leben des geneditierten Embryos zeigen könnten. Weiterhin stellen auch unerwünschte InDels[1208] sowie darüber hinaus die kaum zu prüfenden epigenetischen Effekte Problemfelder dar. Auch die Tatsache, dass in Mitalipovs Versuch zwar eine Korrektur stattfand, diese aber in den wenigsten Fällen nach der mitgelieferten Vorlage vorgenommen wurde, sondern nach der des gesunden Wildtypgens der Mutter, weist auf Probleme hin. Da die Keimbahntherapie insbesondere bei Paaren zum Einsatz kommen soll, die keine Chance auf ein nicht betroffenes Kind haben, wäre die Bedingung, dass mindestens ein gesundes Allel von der Mutter oder dem Vater zur Verfügung stehen muss, eine große Einschränkung. Dies bedeutet, dass etwa in den Fällen, in denen beide Elternteile einen homozygoten Genotyp bezüglich einer rezessiven Erkrankung aufweisen – also das oft herangezogene, wenn auch sehr konstruierte Beispiel – schlechterdings kein

---

1204 2015 und 2016 wurden Embryonen mit drei Vorkernen verwendet.

1205 Vgl. u. a. Liang et al. 2017 und Tang et al. 2017 sowie S. 41 dieses Buches.

1206 Vgl. Ma et al. 2017.

1207 Ledford 2017. Vgl. auch S. 20, FN 62 dieses Buches.

1208 In Mitalipovs Experiment wiesen 27,6 % (16/58) der editierten Embryonen Indels auf, vgl. Ma et al. 2017 sowie S. 24 dieses Buches.

nicht betroffenes Allel zur Verfügung stünde. Ließe sich auch zukünftig keine Korrektur anhand einer eingebrachten Vorlage beobachten, stellte dies eine enorme Limitierung des Verfahrens dar; jedenfalls gilt dies für die vorgeschlagenen genetischen Konstellationen, unter denen kein nicht betroffenes Kind gezeugt werden kann.[1209]

Diese Fortschritte sind nun allenfalls als laborwissenschaftliche Meilensteine und Durchbrüche im Sinne einer präklinischen Forschung zu bezeichnen; als *medizinischer* Gewinn für eine klinische Keimbahntherapie sind sie nach wie vor kaum verwertbar. Dass durch die Vermittlung einer scheinbaren Sicherheit dennoch der Druck in Richtung klinischer Einsätze zunimmt, wird von vielen Beteiligten angekündigt oder selbst befürchtet,[1210] während gleichzeitig nicht verschwiegen wird, dass noch deutlich mehr Forschung notwendig sein werde, um absehen zu können, ob sich überhaupt eine sichere Methode entwickeln lasse. Die erste Hypothese (H1) kann insofern schon mindestens als anteilig bestätigt erachtet werden. Denn es ist nach wie vor unklar, was als *hinreichend sicher* gelten soll und wie diese Sicherheit überprüft werden sollte, außer im Experiment am Embryo, der geboren werden soll – was einen lebenslangen und generationenübergreifenden Menschenversuch darstellte. Bis hin zu diesem Experiment unter hinreichender Sicherheit wäre weitere Forschung an entwicklungsfähigen Embryonen unverzichtbar. Wie viele gespendete oder eigens erzeugte Keimzellen dafür nötig sein sollen, an wie vielen Embryonen noch geforscht werden müsste, um ein Level an Sicherheit zu erreichen, von dem gar nicht klar ist, wann es erreicht wäre, ist ebenfalls mehr als fraglich und bedenklich. Auf die Bedenken die mit einem wachsenden Bedarf an Embryonen, dem möglicherweise nur mit einer forcierten Herstellung „überzähliger" Embryonen oder mit der Zeugung von Embryonen eigens für die Forschung nachzukommen sein könnte, assoziiert sind, wurde bereits eingegangen.[1211]

Nun darf gefragt werden, ob angesichts der nach wie vor bestehenden technischen Hürden und Schwierigkeiten, die zwischen dem Labor und einer hypothetisch anwendbaren Therapie stehen und in Anbetracht der auch von Wissenschaftlern als „Hype" bezeichneten Debatte nicht zu wenig Bedarf besteht, diese Option ausführlich zu diskutieren. Doch sind die seit der Beschreibung der CRISPR/Cas Methode betriebenen Anstrengungen einer klinischen Anwendung näher zu kommen, bemerkenswert; die Tatsache, dass einige der großen Probleme in der somatischen Gentherapie, wie etwa alle relevanten Zellen zu erreichen oder wirksam einzugreifen, bevor eine Mutation symptomatisch wird, mit einer Editierung schon in den Keimzellen oder im Embryo eventuell umgangen werden könnten, könnte neben weiteren Anreizen ein treibender Faktor sein, auf dieser Ebene weiter zu forschen. Damit könnte sich der Eindruck verstärken, die Genomeditierung in der Keimbahn sei sowohl

---

1209 Ausführlicher hierzu S. 12 f dieses Buches.
1210 Vgl. Servick 2017, Mullin 2017b.
1211 Vgl. S. 102 dieses Buches.

notwendig und erstrebenswert als auch zunehmend sicherer – und somit demnächst machbar. Diese Faktoren machen eine Diskussion mehr als dringlich und nötig, zumal wie erwähnt auch hierzulande Stimmen laut werden, die Gesetze hinsichtlich der Forschung an Embryonen zu liberalisieren. Doch ob es überhaupt gewollt sein kann, diese Forschung in Hinsicht auf den Einsatz der CRISPR/Cas-Methode in der Keimbahn zu fördern und damit klinische Studien zur Therapie an Embryonen zu bahnen, bis hin zu ihrer Etablierung, ob dies alles tatsächlich aufgrund einer vermeintlichen Notwendigkeit geschehen kann und soll, ist die noch unbeantwortete und vorliegende Frage, zu deren Beantwortung diese Technikfolgenabschätzung beitragen soll.

Da sich gegen das genetische *Enhancement* in der Keimbahn bereits kategorische Argumente in voller Wirkung anwenden lassen – wie etwa das Instrumentalisierungsverbot – soll es, sofern es nicht anders erwähnt wird, in der folgenden Diskussion um den *therapeutischen* Einsatz gehen. Gegen diesen konnte keines der kategorischen Argumente in seiner apodiktischen Form überzeugend angewendet werden. Daher ist eine Rekapitulation und Abwägung hinsichtlich des Nutzens- und Schadenspotentials der aus der ausführlichen Argumentation hervorgegangenen und nach der kritischen Prüfung für eine Diskussion tauglich befundenen Gesichtspunkte notwendig. Dies ganz im Sinne der zweiten Fragestellung (F2) nach den Argumentationsmustern in der Debatte um die Keimbahntherapie und nach den Aspekten nicht nur der pragmatischen, sondern auch aus der kategorischen Argumentation, die in einer Abwägung geltend gemacht werden können.

Allen anderen voran steht die schwierige Frage nach der *Bewertung der Forschung an menschlichen Embryonen*. In Bezug auf diese wurde bereits ausführlich argumentiert, dass vor allem für die Entwicklung der Keimbahnintervention eine Vielzahl Embryonen gezeugt, getestet, behandelt und verworfen werden müssten. Die Keimbahntherapie zu befürworten, aber die entsprechende Forschung abzulehnen ist allerdings keine vertretbare Position, da, wie Wimmer schon vermerkt, es unmoralisch sei, sich die Hände „sauber" zu halten, bis andere die Methode perfektioniert hätten. Denn die Forschung an Embryonen ist Voraussetzung für die Entwicklung der Keimbahntherapie. Es muss daher, wenn für die Erforschung von Keimbahneingriffen eingetreten wird, die Prämisse gelten, dass entsprechende verbrauchende Forschung an Embryonen ethisch vertretbar ist. Doch auch, weil die Keimbahntherapie per se nicht ohne eine IVF mit der Zeugung mehrerer Embryonen sowie mit einer PID sowohl zur Diagnostik als auch einer PID zur Überprüfung der Intervention und ggf. auch einer PND im Verlauf,[1212] vorstellbar ist, muss für die befürwortende Position gelten, dass sie einen derartigen Umgang mit Embryonen ebenfalls befürwortet. Unter Annahme

---

1212 Zu beachten sind hier auch die jeweiligen eventuellen Konsequenzen der Überprüfung einer Keimbahntherapie durch PID und/oder PND, welche bei einem Misserfolg oder Schädigung zur Verwerfung des Embryos bzw. zu einem Abbruch der Schwangerschaft führen könnten. Wobei völlig unklar ist, wie ein Misserfolg und noch schwieriger eine Schädigung zu beurteilen wären.

eines absolut geltenden Embryonenschutzes im Sinne der Menschenwürde ist es wie dargelegt nicht möglich, die Erzeugung und der Verbrauch von Embryonen für die Forschung zu rechtfertigen.[1213] Für denjenigen, der diese Auffassung vertritt, lassen sich Experimente wie jenes von Mitalipov ethisch nicht vertreten. Jedoch musste festgestellt werden, dass der moralische Status des Embryos so unterschiedlich bewertet wird, dass eine absolute Schutzwürdigkeit nicht als eine für alle geltende Überzeugung zugrunde gelegt werden kann. Es herrscht ein moralischer Pluralismus vor, der eine kategorische Ablehnung des Eingriffs unter Berufung auf die absolut zu wahrende Würde des Embryos als gesamtgesellschaftliche Maxime schwierig vertretbar macht. Auch ist nicht eindeutig geklärt, wie es sich mit der Forschung an „überzähligen" Embryonen verhält. An dieser Stelle muss die zweite Nebenhypothese (H2) insofern als bestätigt erachtet werden, als dass ein kategorisch gegen die Zulassung einer Keimbahntherapie wirkendes Argument nicht gelten kann, ohne es von einer gewissen weltanschaulichen Haltung abzuleiten, die jedoch in einer säkularisierten Welt nicht ohne weiteres für alle als Grundhaltung vorausgesetzt werden kann. Doch selbst unter der Annahme eines abgestuften Würdeschutzes, der gestattete, das Leben und die Unversehrtheit des Embryos gegen den Nutzen aus seiner Erforschung abzuwägen, muss der Nutzen doch erst einmal plausibel gemacht werden. Die Feststellung, dass ein kategorisches Argument nicht geltend gemacht werden kann, macht die Abwägung der weiterhin zur Diskussion und Abwägung stehenden Aspekte umso bedeutsamer.

Dieser *Nutzen* bestünde, so geht es aus allem Erörterten hervor, in der *Vermeidung von Leid für Menschen mit einer genetisch bedingten Erkrankung oder Behinderung*. Dies ist zunächst ein starkes ethisches Argument, da es der ethischen Maxime der Benefizienz in der Medizin entspricht. Erbleiden wie etwa die referierte Sichelzellanämie oder Mukoviszidose, spinale Muskelatrophie SMA, Muskeldystrophie Typ Duchenne (DMD) oder die hypertrophe Kardiomyopathie (HCM), aber auch erst spät symptomatisch werdende Mutationen und Dispositionen wie die Huntington-Krankheit werden als Vertreter für zukünftig vermeidbares Leid angeführt. Dabei rührt die Beschränkung auf die monogen bedingten Erkrankungen aus der Einschätzung der derzeitigen technischen Machbarkeit, nicht von ethischer gebotener Zurückhaltung. Die Rede ist längst auch von polygenen Krankheiten bzw. von Krankheiten mit genetischen Risikofaktoren. Hier könnte etwa an die spät einsetzende Form von Morbus Alzheimer gedacht werden, zudem an Mutationen in krebsassoziierten Genen, wie beispielsweise in bestimmten BRCA-Genen, von denen manche die Wahrscheinlichkeit, an Brustkrebs zu erkranken, erhöhen. Aber auch an Prävention, wie etwa eine Resistenz gegenüber dem HI-Virus. CRISPR/Cas wird in diesem Kontext als Werkzeug einer präzisen und effizienten *Gentherapie* angepriesen. Die Idee sei, eine Krankheit am Ort ihrer Entstehung zu heilen und der Eingriff im Embryonalstadium oder noch

---

[1213] Vgl. S. 102, FN 502 dieses Buches.

davor, in Keimzellen, könnte der symptomatischen und häufig unzureichenden späteren Behandlung überlegen sein. Dass jedoch eben dieses Werkzeug explizit beim Einsatz in der Keimbahn *primär* dazu dient, einem anderweitig unerfüllbaren Kinderwunsch nach einem genetisch unbelasteten Kind nachzukommen, nicht einen existenten, kranken, leidenden Menschen zu therapieren, wurde innerhalb dieser Arbeit mehrfach thematisiert.[1214]

Diese Überlegung gilt es, nochmals herauszustellen, da damit auch die Sicht auf den ärztlichen Behandlungsauftrag und die medizinische Indikation für den Eingriff entscheidend differiert. Besonders bedeutsam ist die Differenzierung des Leids und damit verbunden die Differenzierung des Nutzens bzw. der Nutzer. Da es sich um eine Methode der Reproduktionsmedizin handelt, liegt ihre vorderste Funktion in der Zeugung gesunden, jedenfalls möglichst nicht von der elterlichen Mutation betroffenen, genetisch eigenen Nachwuchses für genetisch belastete Paare. Wenn also von der Vermeidung von Leid und damit einhergehend vom Nutzen für die Gesundheit die Rede ist, dann besteht dieser in erster Linie im weitesten Sinne für die reproduktive Gesundheit der Eltern, d. i. in diesem Fall die Möglichkeit der Erfüllung des Kinderwunsches. Dieser Nutzen stellt nun zwar ein Argument, aber dennoch kein Gebot zur Zulässigkeit dieser Therapieoption dar, da hinsichtlich der reproduktiven Gesundheit oder Freiheit vielmehr nur ein Abwehrrecht, nicht aber ein Anspruchsrecht gegenüber dem Staat besteht.

Ferner, so wird argumentiert, nutze der Eingriff der *Gesundheit des therapierten Individuums* bzw. im Falle einer Editierung der Keimzellen der *Gesundheit des noch zu zeugenden, resultierenden Individuums*. Dieser Nutzen ist weniger eindeutig zu fassen, als es zunächst erscheint. Dies liegt zum einen daran, dass der Begriff Gesundheit sich nicht letztgültig bestimmen lässt, zum anderen aber auch daran, dass sich der *Wert* der Gesundheit, ob absolut oder instrumentell, ebenso schwierig definieren lässt. Wenn Sandel etwa darauf aufmerksam macht, dass sich Gesundheit nicht maximieren lasse, man schließlich kaum zu einem Gesundheitsvirtuosen werden könne,[1215] ist dies zumindest ein Hinweis, dass sie jedenfalls nicht nur einen *rein* instrumentellen Wert haben kann. Wie der Nutzen zu bewerten ist, wird dadurch allerdings wenig klarer.

Hierzu ist es notwendig, vier Alternativen zum genomeditierenden Keimbahneingriff darzustellen und abzuwägen. Ohne eine Keimbahntherapie entschieden sich wahrscheinlich viele Paare, die um ihre genetische Disposition wissen, gegen ein eigenes Kind. Dass sie um ihre Disposition wissen, ist ein wichtiger Aspekt auch hinsichtlich der Größe des Patientenkreises, da ein großer Teil genetisch bedingter Behinderungen etwa auf somatische Mutationen zurückgeht – Mutationen also, die nicht in der Keimbahn bereits vorhanden sind, sondern im Laufe der Entwicklung

---

1214 Vgl. beispielsweise S. 84, 158, 167 ff, 202 ff, 215, 248 f dieses Buches.
1215 Vgl. S. 166, FN 834 dieses Buches.

entstehen und somit vor der Zeugung unbekannt sind. Zudem, weil viele von einer rezessiven Erkrankung heterozygot Betroffene auch symptomlos und unwissend bezüglich ihrer Mutation sein können. Es geht in der Diskussion um eine Keimbahntherapie im Sinne des Vermeidens der Vererbung einer Krankheit demnach um ein Kind von Eltern, die um ihre genetische Konstellation wissen. Dieses bestimmte Kind, dieser Mensch würde also ohne Keimbahntherapie – in Abhängigkeit von der mit der entsprechenden Krankheit oder Behinderung assoziierten Belastung – vermutlich (1) gar nicht erst gezeugt, oder aber (2) nach einer IVF getestet und im Falle einer Auffälligkeit in den meisten Fällen selektiert und verworfen, oder aber (3) während der Schwangerschaft per PND diagnostiziert und bei Auffälligkeiten mit hoher Wahrscheinlichkeit noch im Entwicklungsstadium abgetrieben werden. Oder aber (4), das Kind-in-spe würde mit einer gewissen Wahrscheinlichkeit mit einer Erbkrankheit geboren werden. Für die Plausibilität des Argumentes, dass der Eingriff notwendig sei, um der Gesundheit des therapierten Individuums zu nutzen, müsste nun gelten, dass diese vier Alternativen schädlich wären oder jedenfalls schädlicher als die Editierung der DNA.

Nicht zu existieren, (1) – (3), ist schlechterdings ein Zustand, der nicht nachempfunden werden kann; ihn zu bewerten scheint daher unmöglich. Zu behaupten, eine jemanden zur Existenz bringende Handlung könne *niemals* eben diesem Menschen schaden, wirkt allerdings geradezu grotesk in Anbetracht der zugespitzten Konsequenz, dass man somit einem Menschen unbegrenzt Schaden zufügen könne, solange die Alternative die Nicht-Existenz wäre.[1216] Da ohne Individuum, also in den erst genannten Alternativen zur Keimbahntherapie, jedoch auch die Gesundheit des Individuums nichtexistent wäre und folglich keinen Gewinn mehr erfahren könnte, geht es vor allem um die mit der Alternative (4) thematisierte Frage, wie der gesundheitliche Nutzen eines von einer Erbkrankheit geheilten Menschen im Vergleich zu dem Zustand, mit einer Erkrankung geboren zu werden, zu bewerten ist.

Die Vorstellung *anders* zu existieren scheint eine beinahe ebenso unmöglich zu erörternde Situation wie die Vorstellung, gar nicht zu existieren – dennoch wird immer wieder suggeriert, ein Leben ohne Krankheit, ein Leben ohne Behinderung, sei einem Leben mit einer gesundheitlichen Beeinträchtigung vorzuziehen. Diese Suggestion, so kritisiert es z. B. Praetorius,[1217] werde zudem insbesondere von nicht betroffenen Menschen hervorgerufen und der Gruppe von Betroffenen mehr oder weniger unterstellt. Dass die Situation dieser als Betroffene bezeichneten jedoch alles andere als einheitlich empfunden und noch viel weniger einheitlich bewertet wird, wurde mehrfach hervorgehoben. Es entspricht der in dieser Arbeit vertretenen Ansicht, dass ein gelingendes Leben nicht, und ganz besonders nicht ausschließlich, von dem Gesundheitszustand abhängt. Hinzu kommt, dass in dem vorliegenden Zusammenhang nicht schlicht

---

1216 Vgl. hierzu die Ausführungen zum Nicht-Identitätsproblem S. 116 f dieses Buches.
1217 Vgl. S. 113 dieses Buches.

gefragt werden kann, ob jemand vorzugsweise gesund oder erbkrank sein wolle. Zunächst, weil es die ohnehin schon missverständliche falsche Vorstellung bestärkte, es gäbe *die* genetisch bedingte Erkrankung, die jetzt eradizierbar werde. Diese Vorstellung ist jedoch realitätsfern, sind einerseits doch für viele genetisch bedingte Erkrankungen somatische Mutationen, oder jene, die den Eltern nicht bewusst sind, verantwortlich und werden andererseits doch die Art, die Ausprägung, das Erleben und die (wahrgenommene) Einschränkung im Lebensvollzug von Erbkrankheit zu Erbkrankheit sehr, sehr unterschiedlich erlebt und beschrieben. Bei einer Einschränkung für den Einsatz der Methode auf die *schwersten* (monogenen) Erbleiden verliert dieser Aspekt scheinbar an Relevanz; darüber hinaus darf die Frage nach dem Nutzen für das therapierte Individuum aber auch nicht im luftleeren Raum beantwortet werden. Dieser im engen Rahmen postulierte potentielle Nutzen muss doch sämtliches schädliches Potential aufwiegen können, um letztlich überzeugen zu können.

Ein weiterer Nutzen, der von Befürwortern genannt wird, betrifft nicht nur die individuelle Gesundheit, sondern die *Gesundheit der Bevölkerung*. Da jedoch ausführlich besprochen wurde, dass weder die Ausrottung einer Krankheit, und noch viel weniger die Beseitigung von Behinderung durch die Keimbahntherapie zu realisieren wären, darf dieser vorgebliche Nutzen in der Diskussion vernachlässigt werden. Ebenso wenig wie die von manchem Kritiker geäußerte Befürchtung plausibel erscheint, dass durch die genetische Intervention der Gen-Pool verkleinert werden und degenerieren könnte, darf davon ausgegangen werden, dass man mit der Therapie einiger weniger Paare mit den verschiedensten Mutationen eine Krankheit oder gar *die* Erbkrankheiten ausrotten können wird.[1218] Ein solcher Effekt, wie die Verbesserung der Gesundheit der Bevölkerung, ist nicht einleuchtend.

Es bleiben der fragliche Nutzen für die Eltern und der noch fraglichere Nutzen für das therapierte Individuum, welche in Abwägung mit allen bestehenden Risiken und potentiellen Schäden überwiegen müssen, um der Entwicklung und Etablierung eines therapeutischen Einsatzes der Keimbahnintervention zustimmen zu können. Die dritte Frage (F3), die in der Einleitung herausgearbeitet wurde, zielt auf die nachfolgend noch einmal rekapitulierten Aspekte der gesellschaftlichen Argumente und Begründungsmuster ab.

Zu den *Risiken und Gefahren* ist zunächst die zu bezweifelnde Haltbarkeit einer Grenze zwischen Therapie und Enhancement zu nennen. Zwar wird immer wieder hervorgehoben, dass die *Gefahr* des Abgleitens nicht zu einer *Unausweichlichkeit* überstrapaziert werden dürfe,[1219] jedoch geht es die Gefahr betreffend auch nicht um einen befürchteten Automatismus, sondern um das, was Kass als die „logic of justifi-

---

1218 Nicht noch einmal ausgearbeitet werden hier weitere diesbezügliche Aspekte, wie die der somatischen, spontanen Neumutationen (vgl. S. 160 sowie S. 211 dieses Buches) oder auch der folgerichtigen Verlagerung aller Zeugungen ins Labor (vgl. S. 166 sowie S. 214 ebd.).
1219 Vgl. Bayertz und Runtenberg 1997, 115.

cation" bezeichnet. Dieselben Prinzipien, die herangezogen werden, um den Einsatz für den einen Zweck zu rechtfertigen, könnten herangezogen werden, um weitere Indikationen zu rechtfertigen. Wenn letztlich nicht eine bestimmte Krankheit, sondern die ungewollte Kinderlosigkeit im Vordergrund steht,[1220] wird die derzeit so hervorgehobene Wichtigkeit einer Beschränkung auf diese und jene Krankheiten in den Hintergrund treten. Hinzu kommt, dass die Definitionen von Gesundheit und Krankheit, die denen von Therapie und Enhancement, aber auch dem in vieler Hinsicht dazwischenliegenden Bereich der Prävention zugrunde liegen, zwar in einem noch engen rhetorischen und analytischen Rahmen zweckmäßig bestimmbar sind; in der Praxis, im gesellschaftlichen Leben sind sie jedoch so fließend, dass es kaum vorstellbar ist, wie sich Eingriffe auf schwerste Erbleiden beschränken können lassen sollten.

In Abhängigkeit von der Bewertung der Gefahr des *slippery slope*, sind auch die mit den verbessernden Eingriffen assoziierten sozialen Risiken in Rechnung zu stellen. Ob „kranken und leidenden Individuen nicht zugemutet werden" könne, „wegen vermeidbarer sozialer Risiken auf [...] die Verminderung ihres Leidens zu verzichten",[1221] hängt ganz entscheidend einerseits von der *Beschaffenheit* des Leids ab, oder anders formuliert, von dem Nutzen für die Gesundheit, der noch infrage gestellt ist. Andererseits aber auch von dem Verhältnis dieses Leids zu der Wahrscheinlichkeit negativer Folgen – sowohl individueller als auch gesellschaftlicher Art.

Namentlich bestehen diese *sozialen Risiken* vor allem in der Diskriminierung (erb)kranker und –behinderter Menschen sowie der wechselseitigen Verstärkung der Prozesse, die im Rahmen der (Bio)Medikalisierung beschrieben wurden, inklusive der Bedenken hinsichtlich einer Verstärkung des bereits bestehenden Optimierungs- und Leistungsdrucks. Diese Befürchtungen mögen in Anbetracht der als sehr gering einzuschätzenden Anzahl von *vermeidbaren* genetisch bedingten Krankheiten als irrelevant erscheinen. Den entscheidenden Einfluss nimmt hier jedoch wohl die Imagination, die durch die Durchführung derartiger Interventionen hervorgerufen werden könnte. Diesbezüglich wurde auf bereits heute in Zeiten der PND und PID stattfindende diskriminierende Prozesse hingewiesen.[1222] Dabei könnten insbesondere mit Blick auf die Darstellungen zur (Bio)Medikalisierung der Lebenswelt viele Aspekte, die im Kontext der Bewertung der Keimbahntherapie von Bedeutung sind, gesellschaftlichen statt biotechnischen Veränderungen zugänglich sein. Das betrifft etwa die in den *disability studies* beschriebenen Phänomene der gesellschaftlich erlebten Behinderung, deren Lösung auf sozialpolitischem Wege naheliegender scheint als auf biotechnischem. Auch aus dem Bereich der Natürlichkeitsargumentation lassen sich hierzu Überlegungen ableiten. Hübners Argument der „Kultürlichkeit statt

---

1220 Nicht Sterilität, sondern der unerfüllte Kinderwunsch wegen einer genetischen Disposition der Eltern.
1221 Bayertz und Runtenberg 1997, 115.
1222 Vgl. etwa S. 218, FN 1054 dieses Buches.

Natürlichkeit", demzufolge es der (zweiten) Natur des Menschen widerspricht, die Widrigkeiten und Probleme des Lebens biotechnisch statt gesellschaftlich-kulturell lösen zu wollen, beinhaltet ebenfalls diese Gedanken.[1223] Es betrifft aber ganz allgemein den Umgang mit Krankheit und Behinderung, die Vorstellung und Definition von Gesundheit und ihrem Wert.

Es darf nach all dem, was erörtert wurde, davon ausgegangen werden, dass zum einen die Gefahr der Ausweitung der Indikationen über schwerste Erkrankungen hinaus als realistisch betrachtet werden kann und eine Grenze sich trotz aller guten Absicht einer entsprechenden Regulierung nur schwierig oder aber letzthin wohl nicht halten lassen würde. Dies legen sowohl logische Aspekte der Dammbruchargumentation nahe als auch die empirische. Zwar gibt es bisher keine Erfahrungen mit der Keimbahntherapie selbst, dennoch zeigen die Beobachtungen aus anderen Bereichen der Medizin, dass eine sich für einen bestimmten Zweck entwickelte Methode sehr bald – zumeist obendrein sehr lukrativ – auch für nicht-medizinische Zwecke einsetzen lässt und in einigen Fällen eingesetzt wird. Ebenso darf zum anderen damit gerechnet werden, dass sich die Prozesse von Stigmatisierung einerseits und Optimierungsdruck andererseits mit der Zulassung eines Verfahrens wie der Keimbahnintervention verstärken würden; ebenso die damit verbundene Verunsicherung vor allem genetisch belasteter Paare mit Kinderwunsch sowie die Verschiebung von sozialen Schwierigkeiten auf biotechnische Lösungsansätze. Zum einen wird vorausgesagt, dass steigender Druck, derlei Techniken zu entwickeln und auch die Indikationen auszuweiten, aufgrund des Selbstbestimmungsbedürfnisses auch zunehmend von prospektiven Eltern ausgeübt werden könnte.[1224] Demgegenüber legen zum anderen die Ausführungen Wehlings nahe, dass der Druck zur Entscheidung und einhergehend das Bedürfnis nach selbstbestimmter Forderung nach Weiterentwicklung von Techniken überhaupt erst durch die Bereitstellung neuer Methoden erzeugt werden könnte.[1225] In Hinblick auf eine derartige Entwicklung und wechselwirkende Verstärkung des beschriebenen Prozesses eines gesellschaftlichen Imperativs zur *Gesundheitsoptimierung* des Nachwuchses, bestätigt sich nach hier vorgenommener Prüfung die dritte Nebenhypothese (H3): Die sozialen Implikationen im Kontext einer Keimbahntherapie deuten darauf hin, dass ihre Zulassung sowohl für die Gesellschaft als auch für das Individuum unerwünschte Konsequenzen mit sich bringen würde. Dies liegt nicht nur in den Ausführungen zu dem, was Sandel die „Offenheit für das Unerbetene" nennt, begründet, sondern auch insbesondere in der Wichtigkeit des Aspek-

---

1223 Vgl. S. 137 dieses Buches.
1224 Vgl. S. 192, FN 959 dieses Buches. Zu Entscheidungskaskaden und –schleifen sowie Angebotsinduktion und Nachfrageerzeugung und deren Zusammenhänge am Beispiel der Entwicklung der PND in Deutschland vgl. Enquete-Kommission Recht und Ethik der modernen Medizin 2002, 152 ff.
1225 Vgl. S. 217, FN 1051, FN 1052 dieses Buches.

tes der bedingungslos annehmenden elterlichen Liebe.[1226] Diese gesellschaftspolitischen Implikationen stehen dem Wunsch einzelner Paare nach gesundem, genetisch
eigenen Nachwuchs klar entgegen. Darüber hinaus muss aber auch der immer wieder
so hervorgehobene Nutzen für die Gesundheit des zukünftigen Menschen infrage gestellt werden – nicht nur wegen der Schwierigkeiten, Gesundheit zu definieren und
auch über die gesellschaftlichen Aspekte hinaus.

Gerade in Anbetracht der ausgeführten *Risikoargumentation* müssen in Bezug auf
den Nutzen für die Gesundheit des therapierten Individuums doch erhebliche Zweifel
bestehen. Die immer wieder von den Befürwortern hervorgehobene Prämisse, dass
das Verfahren hinreichend sicher sein müsse oder mindestens im Vergleich zu der
zu behebenden Mutation weniger schädlich sein müsse, ist zwar einleuchtend. Wie
jedoch diese hinreichende Sicherheit erreicht werden solle und wie insbesondere
diese Sicherheit überprüft werden solle, wird durch diese Vorannahme nicht geklärt. Um die tatsächlichen Auswirkungen, speziell die langfristigen, nicht nur auf
den geneditierten Embryo, sondern auch auf sein späteres Leben, auf die Gesundheit
seiner ihm folgenden Generationen, überprüfen zu können, müssten die geneditierten Menschen von Geburt an lebenslang beobachtet werden. Um Umwelteinflüsse
auf die Gene kontrollieren und damit eine Abgrenzbarkeit der Veränderungen durch
ebensolche exogenen, von den eventuell durch die Keimbahntherapie ausgelösten
endogenen Veränderungen schaffen zu können, sollten die therapierten Menschen
womöglich unter Laborbedingungen leben – ein absurder Gedanke, der realiter jedenfalls unter demokratischen Bedingungen schlichtweg nicht umsetzbar ist.[1227]

Zudem wäre zwar u. U. ein mutmaßlicher *informed consent* des Nasciturus in eine
Therapie vorauszusetzen, die eine schwere Krankheit vermeiden soll. Das Einver-
ständnis, lebenslang klinisch beobachtet zu werden, kann jedoch unter keinen Umständen von den Eltern vorabbestimmt werden. Zumal auch die Kindeskinder einver-
standen sein müssten, um tatsächliche Langzeitfolgen beurteilen zu können. Nimmt
man seriöse medizinische Versuchsabläufe und wissenschaftliche Standards ernst,
liefe es darauf hinaus, dass die in der Keimbahn gentherapierten Individuen menschliche Versuchsobjekte wären und zwar über Generationen hinweg. Das Argument,
dass jede Therapie irgendwann zum ersten Mal an Menschen angewendet werden
muss und immer gewisse Restrisiken bestehen, überzeugt aber nicht nur deshalb
nicht, weil der Eingriff auch noch die Nachkommen der Nachkommen beeinflussen
könnte, sondern auch und ganz besonders deshalb nicht, weil dieses Restrisiko in
Anbetracht der Ausführungen zum ungewussten Nichtwissen schlichtweg nicht ein-
schätzbar zu sein scheint.[1228]

1226 Vgl. S. 189 dieses Buches.
1227 Hingewiesen wurde diesbezüglich bereits auf das SESAM-Projekt, vgl. S. 153 dieses Buches.
1228 Vgl. S. 149 ff dieses Buches.

In diesem Kontext ist der Vermerk von Jonas im Rahmen der Beschreibung der „Heuristik der Furcht", dass wir erst wissen könnten, *„was auf dem Spiele steht, wenn wir wissen, daß es auf dem Spiele steht"* [1229], von besonderer Bedeutung. Hierin kommt, wie in den Ausführungen zum ungewussten Nichtwissen, die Befürchtung zum Ausdruck, dass *gänzlich fehlendes* Wissen potentielle Schädigungen durch den Eingriff in die Keimbahn nicht einmal erahnen lassen könnte. Maßgeblich für die Tragkraft der Begründungen gegen einen Keimbahneingriff, die sich auf ungewusstes Nichtwissen als unberechenbaren Risikofaktor beziehen, ist die Komplexität des menschlichen Genoms und seiner Entstehung. Die Vernetzung in der lebenden Welt, die gegenseitige Beeinflussung und das Wechselspiel einer enormen Vielfalt von Faktoren sowie die Entstehung von Leben, die Entwicklung von Leben, die Evolution der Arten und konkret die Evolution der menschlichen DNA dürfen eine gewisse Demut einfordern. Der Mensch hat schon mehr als ein Mal bewiesen, dass er mit dem Eingriff in unüberschaubar komplexe Systeme – sei es aus Unwissenheit oder aus Ignoranz – diese derartig verändert oder gestört hat, dass sie ihre Stabilität verloren haben.[1230] Ihre Wiederherstellung hat sich als teilweise unmöglich oder aber als unglaublich schwierig herausgestellt. Diese Aspekte erinnern offensichtlich an die kategorischen Argumentationen wie den Hybris-Gedanken oder die Natürlichkeitsargumentation, die in dieser Arbeit bereits ausführlich diskutiert wurden, wobei auf den Anspruch einer absolut geltenden Überzeugungskraft verzichtet werden musste. Die Gegner einer so formulierten Aufforderung zur Zurückhaltung betonen daher, wie ausgeführt, dass es ein naturalistischer Fehlschluss sei, sich wegen der Naturwüchsigkeit des Genoms zurücknehmen zu sollen. Auch, weil die Natur viele unvorteilhafte Entwicklungen nehme, Krankheit unter anderem ein natürlicher Prozess sei und allerhand Eingriffe in die Natur zugunsten der Gesundheit des Menschen vorgenommen würden, sei eine Rücksicht aufgrund der Naturwüchsigkeit des Genoms nicht haltbar. Dennoch sind einige der im Rahmen der Natürlichkeitsargumentation behandelten Aspekte noch einmal aus einem anderen Blickwinkel zu betrachten.

Es geht bei dieser Art der ethischen Beurteilung der Keimbahntherapie nicht um den unzulässigen Eingriff in die Natur im Sinne eines naturalistischen Verständnisses. Selbstverständlich kann ein natürlicher Prozess unvorteilhaft verlaufen. Damit kann aber Befürwortern des Eingriffs nicht das Wort geredet werden, denn die nach hier vertretener Ansicht erforderliche Achtung und Demut haben vielmehr die eben rekapitulierten Aspekte der Risikoargumentation, als naturteleologische Gründe zur Grundlage. Die menschliche Keimbahn *natürlich* zu belassen gebietet nicht die Auffassung einer normativen Bedeutung der Natur, sondern die Beobachtung, dass Vorgänge wie die komplexe Entstehung und komplexe Funktionsweise des Genoms zumindest derzeit weit davon entfernt sind, von dem Menschen in seiner Gänze ver-

---

1229 Jonas 2015, 7–8, vgl. auch S. 194 dieses Buches.
1230 Vgl. S. 153 dieses Buches.

standen zu werden – möglicherweise werden sie nie verstanden werden. Auf diese Weise können nicht nur Aspekte der Natürlichkeitsargumentation, sondern auch der religiösen Argumente gegen den Eingriff in die Keimbahn für säkulare Begründungen zugänglich gemacht werden. Dies etwa hinsichtlich des beschriebenen Instinktes, der im Glauben eine große Rolle spielt und der in der Analyse zu moralischen Intuitionen greifbarer wird.[1231] Zwar können Intuitionen insbesondere in einer pluralistischen Welt aus dargelegten Gründen kaum absolute Geltung erlangen, sie könnten in vielen Fällen aber durchaus als Mahnung zur Vorsicht angesehen werden.

Das letztendlich nicht auszuschließende, so bezeichnete *Restrisiko*, welches man schließlich auch in anderen medizinischen Bereichen hinnehmen müsse, besteht im Falle der Keimbahntherapie in nichts Geringerem als der Gefahr, irreversible genetische Schäden bei dem so erzeugten Menschen und dessen folgenden Generationen zu verursachen. Die Folgen könnten so mannigfaltig sein wie es verschiedene Gene und Genvarianten gibt. Es wäre müßig, sich alle möglichen Konsequenzen auszumalen, doch genügt ein Blick auf die viel besprochenen monogenen Krankheiten, um zu verstehen, wie verheerend auch nur die ungewollte Veränderung *einer* einzelnen Base auf das Funktionieren des Gesamtorganismus wirken kann. Ganz zu schweigen von polygen ausgelösten Schädigungen. Dass die durch eine Keimbahnintervention hypothetisch ausgelöste Schädigung auch erst Jahre, Jahrzehnte oder Generationen später auffallen kann, muss die Bedenken verstärken. Sie muss auch nicht in der Veränderung bestimmter Gene liegen, sie könnte ebenso gut die Genregulation, also epigenetische Prozesse betreffen, die jedoch in Anbetracht der vielen offenen Fragen im Bereich der Epigenetik noch weniger zu detektieren wären. Wie wenig die Entgegnung überzeugt, man könne so verursachte Schäden mit der die Schädigung hervorrufenden Methode auch wieder beheben, wurde bereits ausführlich dargelegt.[1232] Spätestens an dieser Stelle gilt nach hier vorgenommener Analyse und Prüfung die erste Nebenhypothese (H1), dass die Risikoabschätzung einer Keimbahntherapie nur unzureichend möglich ist, als bestätigt.

Eine unzureichende Risikobewertung muss nicht grundsätzlich ein ausschlaggebendes Argument sein, ein Vorhaben zu unterlassen. Wenn jedoch eingewendet wird, dass Risiken ähnlicher Art bei *unbeabsichtigten Keimbahnveränderungen*, z.B. im Rahmen einer somatischen Gentherapie oder aber bei Bestrahlungen und Chemotherapien, eingegangen werden, dann muss an dieser Stelle doch noch einmal deutlich betont werden, dass in diesen Fällen die Therapie eines *existenten* kranken Menschen mit Aussicht auf Heilung einer schweren Erkrankung diesem Risiko gegenübersteht. Der wesentliche Unterschied liegt darin, dass für eine auf diese Weise hergeleitete Vergleichbarkeit der Keimbahnveränderungen der ärztliche Behandlungsauftrag auf noch nicht gezeugte Menschen ausgedehnt werden müsste. Existente Patienten, die

---

1231 Vgl. S. 95 sowie S. 138 ff dieses Buches.
1232 Vgl. S. 154, FN 775 dieses Buches.

von unbeabsichtigten Keimbahnveränderungen betroffen sein könnten, müssen und *können* zudem ,auf die Risiken der Auswirkungen auf ihre Keimzellen aufmerksam gemacht werden. Sie können zustimmen, dass sie das Risiko eingehen wollen, fortpflanzungsunfähig zu werden oder jedenfalls mit der Wahrscheinlichkeit rechnen müssen, dass ihre Keimzellen verändert werden. Im Vergleich dazu steht dem Risiko bei einer Keimbahntherapie weiterhin lediglich der *Wunsch* eines Paares nach eigenem, genetisch unbelastetem Nachwuchs gegenüber.

Dass dieser Wunsch nun aber noch einmal differenziert werden muss, darf nicht vergessen werden. In Hinblick auf die Beantwortung der Leitfrage (F), wie die Zulassung einer therapeutischen Anwendung der CIRSPR/Cas-Methode in der menschlichen Keimbahn unter medizinischen, rechtlichen, ethischen und sozialgesellschaftlichen Aspekten zu bewerten ist, soll diese Differenzierung noch einmal verdeutlicht werden.

Es sind in diesem Rahmen drei verschiedene Haltungen voneinander zu trennen: (1) sich ein Kind zu wünschen, (2) sich ein krankes Kind *nicht* zu wünschen und (3) sich *nur* ein Kind mit den Merkmalen X zu wünschen. Diese stellen drei Einstellungen dar, die sich in ihrer moralischen Bewertung voneinander unterscheiden.[1233] Ersterer Wunsch (1) wird als sittlicher angesehen, der zweite (2) ruft spätestens seit der selektiven Abtreibungsfrage, im Verlauf auch in der Diskussion um PND und PID, kontroverse Meinungen hervor und ist auch aktuell in der Debatte um die therapeutische Keimbahnintervention maßgeblich. Sich ein Kind nur mit einer bestimmten genetischen Konstellation zu wünschen (3) – sei es auch mit der immer wieder betonten besten Absicht im Sinne des Kindeswohls – stellt jedoch nicht nur den wünschenswerten bedingungslosen Charakter elterlicher Liebe und Zuneigung in Frage, sondern impliziert hohe Erwartungen an das Kind. Zwar wird einem genetischen Determinismus allseits abgeschworen, doch würde man nicht an den Effekt eines Eingriffs in die Gene glauben und damit auch einen Effekt *erwarten*, nähme man ihn ja nicht vor. Darüber hinaus drohte ein Kind aber sowohl in seiner Selbstwahrnehmung als auch in seinem Verhältnis zu seinen Eltern massiv gestört zu werden. Diese beiden Aspekte, die besonders von Habermas eindrücklich dargelegt werden,[1234] machen auch deutlich, dass, obwohl dem Wunsch nach einem Kind anscheinend immer ein bestimmtes, nicht selbstloses Motiv zugrunde liegt und obwohl anscheinend kein Kind ausschließlich um seiner selbst willen gezeugt wird, dies nicht dem Vorwurf widerspricht, dass ein genetisches Enhancement das Kind in seiner Würde verletzte. Im Fall des therapeutischen Einsatzes zur Erfüllung eines Kinderwunsches (2) muss jedoch weiterhin gefragt werden, ob sich „nicht *so* ein Kind" (2) zu wünschen, der Variante, „sich *nur so* ein Kind zu wünschen" (3) nicht bereits so nahekommt, dass durch diese Haltung ebenfalls eine Erwartung zum Ausdruck gebracht wird, die zu-

---

1233 Diese Art der Differenzierung findet sich beispielsweise auch in der PID Praxis, in der von negativer und positiver Selektion die Rede ist, vgl. S. 111, FN 558 dieses Buches.
1234 Ausführungen dazu vgl. S. 187 dieses Buches.

mindest kritisch zu betrachten wäre. Diese Frage stellen Zimmermann und Zimmermann bereits in der Diskussion um die PID: „Darf sich der ‚Kinderwunsch' ausdrücklich auf ‚Wunschkinder', nämlich gesunde eigene Kinder beschränken?"[1235] Machte eine Frau die zehrende Prozedur eines IFV-PID-Keimbahntherapie-PID-PND-Zyklus[1236] durch, vielleicht sogar mehrfach, würde sie dann nicht jedenfalls implizit auch den Anspruch an das Kind stellen, ihren Erwartungen zu entsprechen? Diese Aspekte sind komplex und nicht leicht zu verstehen, aber sehr wichtig für eine differenzierte und engagierte Position. In Bezug auf die PID wurde diese Frage verneint. Man darf sich in bestimmten Fällen *„nicht so* ein Kind" (2) wünschen, jedoch darf man sich nicht *„nur so* ein Kind" (3) wünschen.

Ließe man die Keimbahntherapie aufgrund eines hoch zu bemessenden Stellenwertes des Kinderwunsches (2) zu, offenbaren sich zwei weitere problematische Aspekte. Der erste lautet: Der Patientenkreis wäre sehr klein, sofern man die Beschränkung auf die schwersten Erbleiden beibehielte. Betroffene, die als Antragsteller für eine Therapie in Frage kämen wären zunächst einmal die Menschen und Paare, bei denen entweder beide einen für eine dominante Erkrankung homozygoten Genotyp aufwiesen oder die beide für eine rezessive Erkrankung homozygot wären – was in beiden Fällen äußerst selten vorkommt.[1237] Diese Menschen müssten zudem von ihrer genetischen Mutation wissen, was aber speziell bei rezessiven Erkrankungen nicht unbedingt der Fall sein muss, insbesondere, wenn sie symptomlos bleiben.[1238] Eine der daraus resultierenden Schwierigkeiten besteht in Bezug auf die Rechtfertigung der Finanzierung einer solchen Therapie. Um dem Leid am unerfüllten Kinderwunsch sehr, sehr weniger Paare entgegenzukommen, müsste eine enorme Menge an Geldern ausgegeben, Forschungskapazitäten eingesetzt und weitere, kostspielige und zudem ethisch fragwürdige Embryonenforschung betrieben werden. Dabei handelt es sich um Ressourcen und Forschungspotential, die eventuell besser investiert würden in die Therapie existierender, kranker Menschen; in die Versorgung und Pflege kranker Menschen; in die Abschaffung sozialer und gesellschaftlicher Barrieren, ohne Forschung an Embryonen zu betreiben.

Eine zweiter Aspekt, der darüber hinaus an dieser Prioritätensetzung der Forschung zweifeln lässt, lautet: Es gibt die immer wieder betonten Alternativen zum genetisch eigenen gesunden Kind. Diese hängen sehr individuell von der jeweiligen Situation des Paares ab, doch gibt es grundsätzlich die Möglichkeit, ein Kind zu adoptieren – sogar schon im Embryonenstadium – und für viele derer, für die eine Keimbahninterventi-

---

1235 Zimmermann und Zimmermann 2000, A 3488.
1236 Zyklus, weil es angesichts der Erfolgsraten der IVF und der abschätzbaren Erfolgsraten der Keimbahntherapie durchaus wahrscheinlich erscheint, dass dieses Prozedere noch vor Abschluss erneut begonnen, oder aber, ggf. mehrfach, wiederholt werden muss.
1237 Vgl. S. 161 dieses Buches.
1238 Auch können Menschen von spontanen Mutationen betroffen sein, ohne dass es in der Familie zuvor eine genetische Disposition zu einer Krankheit gibt.

on in Aussicht gestellt wird, bietet sich auch ein IVF-PID-Zyklus an. Diese Alternative vorzuschlagen wird von manchen Befürwortern der Keimbahnintervention als nahezu unredlich bezeichnet, weil, wer Einwände gegen die Keimbahntherapie habe, kaum die PID bevorzugen könne, bei welcher betroffene Embryonen doch verworfen und nicht geheilt würden. So lautet ein Vorwurf von Reinhard Merkel in einem Vortrag bezüglich der Genomeditierung in Keimzellen: „Viele der prinzipiellen Gegner des *genome editing* (jedenfalls in Deutschland) sind ebensolche prinzipiellen Gegner der PID sind [sic]. Dann ist freilich die Mobilisierung des PID-Einwands so offensichtlich inkohärent, dass er die Grenze zum Unredlichen streift."[1239] Dem ist entgegenzuhalten, dass es sich de facto gar nicht um eine Alternative im Sinne einer PID versus Keimbahntherapie handelt, weil eine Keimbahntherapie *ohne* PID gar nicht vorstellbar ist. Der Verweis auf die Methode der PID im Rahmen des Diskurses um Alternativen zur Keimbahntherapie ist ethisch nicht fragwürdig, insofern eine PID im Zuge einer Keimbahnintervention ohnehin obligat wäre. Jemand, der dem Embryo einen absoluten Würdeschutz zukommen lässt und aufgrund dessen eine PID ablehnt, dem könnte mit der Alternative der PID zur Keimbahntherapie tatsächlich keine Akzeptanz verschafft werden. Doch mit einer Keimbahntherapie wäre einer solchen Position schlechterdings ebenso wenig Rechnung getragen. Nicht nur für ihre Entwicklung, sondern auch für ihre jeweilige Durchführung müssen Embryonen per IVF gezeugt und per PID getestet werden. Im Anschluss an den Eingriff müssen sie wiederum per PID zur Prüfung des Erfolgs der Intervention getestet, implantiert und wohl auch während der Schwangerschaft erneut per PND getestet werden. Wenn nun die alleinige PID als Alternative vorgeschlagen wird, dann meint dies: *Nicht* nach einer ohnehin obligaten PID, die einem Keimbahneingriff vorausginge, einen als gesund identifizierten Embryo auszuwählen und zu implantieren, wirkt geradezu grotesk – man würde den *gesunden* Embryo auswählen, den es in der großen Mehrheit der Fälle geben dürfte. Allein diejenigen Paare, die überhaupt keinen gesunden Embryo erwarten dürfen, bilden also den oben genannten, sehr kleinen Kreis der Betroffenen, denen eine PID nicht zur Alternative steht; größer würde dieser Kreis erst, wenn sich die Indikationen erweiterten.

Es bleibt darauf hinzuweisen, dass auch in dem *Verzicht auf diagnostische und therapeutische Maßnahmen* eine Alternative besteht, mit der berechtigten Hoffnung auf ein gesundes Kind, aber der gleichzeitigen und aufrichtigen Bereitschaft, auch ein von einer Erbkrankheit betroffenes Kind anzunehmen. Der damit u. U. verbundene Pflegeaufwand oder auch die empfundene Belastung wäre so individuell wie die Situation der Familie bzw. die Krankheit selbst. Um die Spannbreite zu verdeutlichen, um die es geht, sei noch einmal auf die ganz unterschiedlichen Ausprägungen einiger genetischer Erkrankungen hingewiesen: Die Achondroplasie etwa (der genetische Kleinwuchs) beeinträchtigt weder die Lebenserwartung noch die kognitiven Fähigkeiten. Die Phenylketonurie ist unter Therapie nahezu symptomlos, dies ver-

---

1239 Merkel 2017, 13.

langt „nur" eine strenge Diät – die von manchen Betroffenen bereits als eine solche Belastung empfunden wird, dass sie bei dem nächsten Kind eine PID mit selektivem Transfer veranlassen würden. Die Osteogenesis imperfecta kann eine wenig einschränkende Krankheit bedeuten oder eine solche Ausprägung besitzen, dass sie zu einem sehr frühen Versterben im Säuglingsalter führt. Die Chorea Huntington wird in den meisten Fällen erst nach dem 40. Lebensjahr symptomatisch, nimmt jedoch immer einen schweren Verlauf und führt im Durchschnitt 15 Jahre nach Ausbruch zum Tod. Die Situationen, in denen Paare eine Entscheidung für oder gegen die Annahme eines Kindes mit einer genetischen Erkrankung treffen, sind also sehr individuell und es soll nicht ausgeschlossen werden, dass es so schwere Krankheiten gibt, dass eine Frau oder eine Familie sich um derentwillen entscheiden muss, sich *nicht* der Pflege eines kranken Kindes zu widmen.

Es besteht aber die Gefahr, dass im Falle der Zulassung einer Keimbahntherapie eine Entscheidung für den Verzicht auf diese Option noch mehr belastet würde. Der Gedanke, man trage mit Verfügbarkeit einer Interventionsmöglichkeit fortan auch die Verantwortung für das Ablehnen dieser Möglichkeit, mag insofern stimmen, als dass man diese Entscheidung bewusst treffen müsste, sofern sie angeboten würde und damit zur Debatte stünde. Daraus aber abzuleiten, Eltern müssten die Verantwortung für das Genom des Kindes übernehmen, für dessen DNA-Sequenz samt aller Mutationen, die darin vorkommen, oder gar für das Gelingen des Lebens des Kindes auf Basis seiner Gene, ist schlichtweg abwegig. Diese Art der Argumentation läuft letztlich darauf hinaus, dass jedes Paar, welches sich quasi im Blindflug auf die Erzeugung eines Kindes per sexueller Fortpflanzung einließe, ohne sich auf genetische Dispositionen für Krankheiten untersuchen zu lassen, sich dem Vorwurf der unverantwortbaren Nichtüberprüfung des Erbguts aussetzen müsste.[1240] Das Symmetrieprinzip jedoch konnte schon innerhalb der Argumentation nicht überzeugen[1241] und kann weder als Begründung für die Entwicklung und Etablierung dieser Therapieoption, noch für das Argument, es gäbe einen ärztlichen Auftrag, und am wenigsten für die Idee, es läge in der elterlichen Verantwortung, eine solche Möglichkeit zu wünschen, herangezogen werden. Käme es also beispielsweise zukünftig zu einer Situation, in der ein Kind seine Eltern fragte, wieso sie nicht dessen Phenylketonurie via CRISPR/Cas in der Keimbahn hätten korrigieren lassen, läge es an den Eltern, ihre Gründe, sich gegen einen solchen Eingriff zu entscheiden, ihrem Kind plausibel zu machen. Und diese können mannigfaltig sein, wie sich bereits gezeigt hat. Viel drängender taucht an dieser Stelle jedoch die Frage auf, wie sich Kinder fühlen und verhalten würden, denen

---

1240 In diesem Sinne müssten sie auch über das eigene Erbgut Informationen einholen, um beispielsweise von heterozygoten, rezessiven Mutationen zu erfahren.

1241 Vgl. S. 179 dieses Buches. Das Symmetrieprinzip würde in diesem Kontext bedeuten, dass die passive Unterlassung der möglichen Therapie einer Erbkrankheit in der Keimbahn ebenso zu bewerten sei, wie einem Kind einen aktiven Schaden zuzufügen.

per Keimbahntherapie unbeabsichtigt ein Schaden zugefügt wurde. Es ist sicherlich in beträchtlichem Maße spekulativ, Gedanken über Gefühle und Selbstwahrnehmung eines geneditierten Kindes anzustellen. Dennoch darf dieser Aspekt in einer Gesamtbetrachtung nicht außer Acht gelassen werden, denn ein solcher Eingriff wird das Selbstverständnis des so gezeugten Menschen berühren. Dieses spezielle individuelle *Schaden*spotential wird an späterer Stelle noch einmal thematisiert.

Letztendlich kann sich ein Paar mit einer wissentlichen genetischen Belastung auch *gegen genetisch eigene Kinder* entscheiden. Wäre eine Krankheit in den Augen der Eltern für ein Kind von solch schlimmem vorausgesagtem Leid, dass diese *für sich* feststellen müssten, dass sie dies ihrem Kind (und / oder sich selbst) nicht zumuten können, dann wäre eine naheliegende Option, auf die Zeugung eines Kindes zu verzichten. Dass sich diese Möglichkeit augenscheinlich für viele gar nicht stellt, liegt nicht nur an einem möglicherweise dem Menschen inhärenten Bedürfnis danach, sich fortzupflanzen. Der Wunsch nach dem genetisch verwandten Nachwuchs hat jedenfalls anteilig auch sozial geprägte Ursachen und Gründe. Mit dieser Annahme findet man sich nun wieder im Bereich der gesellschaftlichen Argumentation. Es scheint so etwas wie eine von der Gesellschaft gestellte Erwartung an Paare, an Frauen und Männer zu geben, ihre DNA an die nächste Generation weiterzugeben. Wenn sich ungewollt kinderlose Menschen aber ein Leben ohne Kinder nicht vorstellen können, weil sie das Gefühl haben, sie würden einer bestimmten sozialen Norm nicht gerecht oder die Gesellschaft akzeptiere ihre Kinderlosigkeit nicht, dann ist der Adressat bereits genannt: Die Gesellschaft. Nicht die Keimbahntherapie, nicht die Medizin wären in einem solchen Fall die adäquaten Mittel, sondern gesellschaftliche Bemühungen. Die Paare könnten beispielsweise ermutigt werden, Zufriedenheit zu erlangen, etwa indem sie einem Waisen- bzw. Heimkind die Elternschaft und ein Zuhause böten oder indem sie sich anderweitig gesellschaftlich engagieren und hierin für sich Sinn und Erfüllung finden. Das Leid an einem unerfüllten Kinderwunsch jedoch auf medizinischem Wege zu lösen, verstärkte die Vorstellung, dass es krank und nicht normkonform sei, keine eigenen Kinder zu bekommen und führte am ehesten dazu, dass der Druck auf andere Paare, ebenfalls eine solche Option wahrnehmen zu sollen, zunähme. Lanzerath nimmt diesen Punkt bezüglich verschiedener Enhancement-Techniken unter dem Aspekt der Medikalisierung der Lebenswelt auf:

> Stehen – so ist dann zu fragen – Problemanalyse, Mittelwahl und Zielvorstellung in einem angemessenen Verhältnis zueinander? Inwieweit wird ein tiefer liegendes Problem auf ein physisches reduziert und aufgrund der Form einer bestimmten Behandlung medikalisiert? In diesem Zusammenhang ist auch zu diskutieren, inwieweit eine ästhetische Korrektur zwar Benachteiligungen und Leid mildern könnte, damit aber zugleich durch einen solchen Eingriff jene ästhetischen Wertvorstellungen und Stereotype bestärkt werden, die ursächlich für diese Benachteiligung und dieses Leid sind.[1242]

[1242] Lanzerath 2002, 323.

Dem Wunsch, ein Kind zu bekommen (1), sollte in Anbetracht der Tatsache, dass er vielfach als zumindest anteilig inhärent und essentiell empfunden wird, mit Empathie begegnet werden. Diese Empathie sollte praktische Anerkennung erfahren, etwa durch die Ermöglichung, dass (ungewollt) kinderlose Paare elternlose Kinder adoptieren können. Diese Anerkennung drückt sich aber auch bereits in den etablierten Formen der assistierten Reproduktionstechnologie aus. Dass ein zwar nachvollziehbarer *Wunsch* aber dennoch als solcher keine ethische Kategorie darstellt, von dem sich ein Recht oder Anspruch ableiten ließe, ist ein unabdingbarer Aspekt für die Bewertung.

Nachdem die *Notwendigkeit*, den Wunsch nach dem gesunden, genetisch eigenen Kind (2) zu erfüllen, *selbst* viel weniger medizinisch indiziert als gesellschaftlich mitkonstruiert ist,[1243] kann die alle Gefahren rechtfertigende und legitimierende Prämisse, dass dieser unerfüllte Kinderwunsch (2) die Entwicklung der Keimbahntherapie zur Dringlichkeit mache, nach hier vorgenommener gründlicher Prüfung und Analyse schlussendlich nicht überzeugen. An dieser Stelle, so das Ergebnis dieser Technikfolgenabschätzung, wird auch die zentrale Hypothese (H) als bestätigt erachtet, dass die Zulassung eines Eingriffs in die menschliche Keimbahn unter Berücksichtigung aller in dieser Arbeit aufgeführten Aspekte selbst zu therapeutischen Zwecken als nicht vertretbar erscheint. Die nachfolgend noch einmal verdeutlichten Gesichtspunkte haben maßgeblich zu diesem zentralen Ergebnis beigetragen.

Dass der Wunsch sehr, sehr weniger und einzelner Paare nicht nur ein enormes Forschungsunterfangen, in dem Ressourcen und Kapazitäten eingesetzt werden, die an anderer Stelle für die Therapie, Pflege und Unterstützung existierender, lebender, kranker Menschen gebraucht werden, nicht nur rechtfertigen soll, sondern auch trotz alternativer Möglichkeiten sogar moralisch geboten sein soll, kann nicht nachvollzogen werden. Neben den bereits genannten und ausführlich abgewogenen Gründen ist in dieser Gesamtabwägung für das Plädoyer, es sei unmöglich, der Entwicklung eines solchen Verfahrens moralisch und regulativ zuzustimmen, das unüberschaubare und möglicherweise verheerende Schadenspotential ausschlaggebend. Dieses liegt nicht nur auf Seiten des therapierten Menschen, welcher zum Versuchsobjekt würde und im Falle einer Schädigung nicht nur nicht wüsste, wen er verantwortlich zu machen hätte. Sondern, da ihn die Methode überhaupt erst zur Existenz gebracht hätte, er nicht einmal eine Grundlage hätte, sein Leid zu klagen, denn schließlich wäre die Alternative die Nicht-Existenz gewesen. Zudem müsste der geneditierte Mensch sich aber auch – selbst in einem therapeutischen Szenario – immer wieder fragen, ob er seinetwegen oder seiner Konstitution wegen, seines Gesundheitszustandes wegen, von seinen Eltern angenommen worden sein würde. Hinzu kommt, dass auch im Hinblick auf andere (erb)kranke und -behinderte Menschen Schädigungspotential exis-

---

1243 Ebenso, wie dass viele Ängste vor Krankheit und Behinderung gesellschaftlich mitbedingt zu sein scheinen.

tiert, etwa in Stigmatisierungs- und Diskriminierungsprozessen, die bereits im Gang sind und deren Verstärkung im Lichte der Keimbahntherapie plausibel erscheinen. Schließlich auch auf Seiten der Gesellschaft, in der sich die Individuen nur mit Mühe und Resilienz dem Optimierungs- und Leistungsdruck entgegenstemmen können, könnte die Zulassung einer Keimbahntherapie katalysierend auf die Vorgänge der (Bio)Medikalisierung wirken. Hinzu kommt, dass es bis auf die technischen Hürden wenig Anlass zu geben scheint, auf eine stabile Grenze zwischen dem Einsatz bei schwersten Erberkrankungen, gegenüber der Ausweitung auf weniger medizinische Indikationen, zu vertrauen. Dies bestätigt die letztlich nach sorgfältiger Abwägung erarbeitete ablehnende Haltung zusätzlich. Auch pragmatische Argumente können an dieser Stelle nicht mehr überzeugen. Dass es etwa Teil des ärztlichen Ethos sei, eine Keimbahntherapie zur Verfügung zu stellen, ist nach gründlicher Prüfung zurückzuweisen. Es entspräche einer unzulässigen Überdehnung des ärztlichen Behandlungsauftrages, erstreckte man ihn auf noch zu zeugende Menschen, und stellte eine weitreichende und bedeutsame Ausweitung dieses Behandlungsauftrages dar, die nicht ohne Anklänge an Eugenik und Bevölkerungsplanung zu leisten wäre. Auf diesen großen Schritt, der mit einer Fülle an weiteren Komplikationen behaftet wäre, wurde und sollte in dieser Arbeit bewusst nicht eingegangen werden. Daher war es notwendig, den ärztlichen Behandlungsauftrag genau zu prüfen und den Anwendungsbereich der Keimbahntherapie kritisch zu hinterfragen. Die Indikation für eine Therapie in der menschlichen Keimbahn konnte auf den unerfüllten Wunsch nach einem gesunden, genetisch eigenen Kind von Paaren zurückgeführt werden, die eine genetische Eigenschaft für eine Krankheit aufweisen.

Daher muss die leitende ethische Grundfrage, so das wichtige Ergebnis dieser Arbeit, anders formuliert werden. Sie kann nicht lauten, wie der Keimbahneingriff zur *Therapie schwerer Erbkrankheiten* ethisch zu bewerten ist, sondern die eigentliche Leitfrage muss heißen: Wie ist die Keimbahnintervention als Maßnahme der Reproduktionsmedizin für Paare zu bewerten, die eine genetische Disposition für eine (schwere) Krankheit aufweisen, zur Erfüllung des Wunsches nach einem gesunden, genetisch eigenen Kind?

An dieser Stelle können noch einmal einige der zuvor – vielleicht zu voreilig – abgesagten Aspekte der kategorischen Argumente fruchtbar gemacht werden können. Der Gedanke einer Gattungswürde oder Gattungsethik umfasst eben solche Aspekte, bei denen der Einzelne, im speziellen auch der Embryo, als Repräsentant oder als Symbol – die Begriffe variieren, aber die Semantik ist ähnlich – für die menschliche Gattung und damit wiederum für jeden einzelnen ihrer Mitglieder steht. Wollen wir in einer Gesellschaft leben, die eine nicht unbeträchtliche Anzahl an Nachkommen ihrer eigenen Art zeugt und an ihnen oder auch an den verwaisten Embryonen ihrer Gattung experimentiert, um eine Methode zu entwickeln, mit der nach völlig unklaren Maßstäben entschieden werden soll, welche Mutation als ausreichend krankmachend gilt, um mit einem unberechenbaren Risiko – sowohl in technischer[1244] als auch in sozialpolitischer und gesellschaftlicher Hinsicht – ein Menschenexperiment zu begehen – und all dies für die eventuelle Erfüllung des Wunsches nach *nur* einem gesunden, *nur* genetisch eigenen Kind einzelner Paare?

Oder wollen wir für eine Gesellschaft eintreten, die offen ist für das Unerbetene, ganz in dem Sinne, wie es Sandel beschrieben hat, und die „fähig ist, den Charakter menschlicher Fähigkeiten und Erfolge als Gabe zu schätzen, und den Teil der Freiheit, der in einer dauerhaften Auseinandersetzung mit dem Gegebenen besteht"[1245], zu schätzen. Bei der Vorstellung einer Gattungsethik geht es um Umgang mit bzw. die Haltung gegenüber einzelnen Mitgliedern – gesunden, kranken, behinderten und nichtbehinderten, ungeborenen und geborenen und all denen, sie sich je nach Definition in den Grauzonen dieser Kategorien wiederfinden – und es geht um die repräsentative Bedeutung dieses Umgangs bzw. dieser Haltung für das Menschenbild und die Gesellschaft als Wertegemeinschaft. Das, was Sacksofsky als objektiven Menschenwürdeschutz beschreibt, was Birnbacher als die Gefühle Dritter interpretiert, was sich letztlich auch in den Bemühungen der SKIP-Argumente wiederfindet und was Kant als die regulative Idee der Menschheit, „die Menschheit sowohl in deiner Person, als in der Person eines jeden anderen"[1246] ausdrückt, kann nicht nur dagegen eingewendet werden, Embryonen allein für die Forschung zu zeugen bzw. zu benutzen, um eine Methode der Reproduktionstechnik zu entwickeln; dies gilt selbst wenn man der Auffassung ist, dass Embryonen keine subjektiven Rechte zuzuerkennen seien. Es spricht auf derselben Ebene auch gegen das Testen und Selektieren von Embryonen wie es bei der PID vorgenommen wird und schließlich sogar gegen den therapeutischen Eingriff in die Keimbahn, aufgrund aller dargelegten, insbesondere aller individuellen und gesellschaftlichen risikobezogenen Implikationen, speziell unter den Aspekten des ungewussten Nichtwissens.

Zur Unterstützung oder Abschwächung des Ergebnisses dieser Analyse sollten insbesondere sozialwissenschaftliche Untersuchungen angestrebt werden, die sich den ausgeführten Überlegungen zu den gesellschaftlichen Implikationen widmen. Das Ergebnis dieser Technikfolgenabschätzung rechtfertigt ein weiterhin aufrecht zu erhaltendes Verbot der Keimbahntherapie ebenso wie ihrer Erforschung. Diejenigen Positionen, die dieses Verbot anfechten wollen, stehen in der Beweislast, von der Aufhebung eines Verbotes zu überzeugen.

1244 Ganz besonders in technischer Hinsicht bezüglich der Argumentation zum ungewussten Nichtwissen.
1245 Sandel 2015, 103, vgl. auch S. 189, FN 941 dieses Buches.
1246 Kant 1986, 65 [429], vgl. auch S. 123 dieses Buches.

5 Zusammenfassung

Die Beschreibung des CRISPR/Cas-Systems als potentielles Werkzeug in der präzisen Veränderung von Genen im Jahr 2012 scheint die für lange Zeit als Phantasma erklärte Idee einer Keimbahntherapie in greifbare Nähe gerückt zu haben. Mit bis Anfang 2018 sechs Publikationen, die den experimentellen Einsatz der neuen Technik der Genomeditierung in menschlichen Embryonen oder Keimzellen dokumentieren, wurden in China, in den USA und in Großbritannien bereits Fakten geschaffen, die eine notwendige Diskussion zu überholen drohen. Auch in Deutschland werden Stimmen laut, das Embryonenschutzgesetz für die hier bislang verbotene Erforschung therapeutischer Keimbahninterventionen zu liberalisieren.

Die vorliegende Monographie versteht sich als Technikfolgenabschätzung des Verfahrens und setzt sich kritisch mit dem vielseitigen Komplex an Begründungsmustern in der Diskussion um die Keimbahntherapie auseinander. Dies geschieht unter der zentralen Hypothese, dass ein Keimbahneingriff mit Blick auf medizinische, rechtliche, ethische und sozialpolitische Aspekte selbst zu therapeutischen Zwecken als problematisch, wenn nicht sogar als unzulässig zu bewerten ist. Die Methode dieser Untersuchung bestand maßgeblich in der Analyse wissenschaftlicher Publikationen zur Darstellung des *state of the art* sowie in der intensiven Untersuchung thematischer Literatur als Ressource für das Ausarbeiten, die Abhandlung und Prüfung der Validität der bedeutsamsten Argumente.

Es zeigt sich, dass die CRISPR/Cas-Methode in der Molekularbiologie etliche Prozesse in mancherlei Hinsicht rasant vereinfacht hat. Bezüglich einer Keimbahntherapie trennen nach wie vor diverse technische Schwierigkeiten die Laborexperimente von einem klinischen Einsatz, doch muss die Diskussion der entscheidenden und spezifischen Aspekte der Argumente für sowie gegen eine Keimbahntherapie ihrer weiteren Entwicklung unbedingt vorausgehen. Die vorgenommene Abwägung aller dargebrachten Aspekte lässt die Bewertung sogar eines therapeutischen Eingriffs in einem anderen Licht erscheinen, insbesondere da er genau genommen nicht der *Therapie* eines existenten Menschen mit einer Erbkrankheit, sondern der *Erfüllung des Wunsches* genetisch belasteter Paare nach einem *genetisch eigenen, unbelasteten Kind* dient – dies stellt eine Feststellung mit beachtenswerten Konsequenzen dar.

Um die in diesem Buch wiedergegebene Einschätzung zu ergänzen, ggf. zu entkräften oder zu untermauern, sollten unter anderem tiefergründende sozial-wissenschaftliche Analysen angestrebt und der gesellschaftliche Diskurs gefördert werden.

https://doi.org/10.1515/9783110624472-005

6 Summary

Since the description of the CRISPR/Cas-system as a potential tool for precise genome editing in the year 2012, germline interventions – which were considered to be a phantasm for a long time – seem to be within reach. With Six publications published by the beginning of 2018, documenting the use of this new gene editing technology in human embryos or germline cells, facts are being created which now impend to overtake the necessary ethical debate. While these experiments took place in China, the USA and Great Britain, also in Germany certain groups attempt to liberalise the embryo protection law with regards to the research of germline gene therapy.

This work focuses on assessing the impact of this technology. It critically examines the versatile justification patterns in the debate about germline interventions. The main hypothesis states that germline interventions, even in therapeutic scenarios, have to be considered as problematic or even impermissible due to medical, legal, ethical and socio political aspects. The principle methodologies used during this investigation were an analysis of scientific publications in order to outline the procedure's state of the art, as well as an extensive examination of related literature as a resource for formulating and verifying the validity of the most significant arguments.

This book demonstrates that the CRISPR/Cas-method has rapidly simplified several molecular biological procedures. Yet germline gene therapy still has to overcome various technical hurdles before it can advance from laboratory experiments to clinical use. However, a discussion of the decisive and specific arguments supporting or rejecting germline gene therapy ought to precede its future development. A thorough consideration of each aspect discussed in this book sheds another light on the evaluation of even a therapeutic use. Particularly due to the fact that the method does not serve to treat an existing human being with a genetic disease, but rather satisfies the desire of genetically affected prospective parents for a genetically own but unaffected child. This represents a determination with remarkable consequences.

To complement, rebut or substantiate the assessments reflected in this monograph, further profound sociological studies are required and public debates should be promoted.

https://doi.org/10.1515/9783110624472-006

7 Verzeichnisse

7.1 Quellenverzeichnis

Ach JS. Genetische Interventionen, Eltern-Kind-Beziehung und das Paradox der Elternschaft. In: Graumann S, Grüber K, Nicklas-Faust J, Schmidt S und Wagner-Kern M, ed. Ethik und Behinderung. Frankfurt, New York, Campus Verlag, 2004, 179–183.

Achtelik K. PID-Zentren wollen mehr. GID, 232, 37–38.

Adams B. Strimvelis to be the start of a whole new gene therapy platform for GSK and partners. FierceBiotech, ed. Questex. Washington, D.C., 2016. Online verfügbar unter http://www. fiercebiotech.com/financials/strimvelis-to-be-start-of-a-whole-new-gene-therapy-platform-for-gsk-and-partners. Zuletzt geprüft am 27.09.2018.

Adikusuma F, Piltz S, Corbett MA, Turvey M, McColl SR, Helbig KJ et al. Large deletions induced by Cas9 cleavage. Nature, 2018, 560, E8-E9.

Adzick NS, Thom EA, Spong CY, Brock JW, Burrows PK, Johnson MP et al. A randomized trial of prenatal versus postnatal repair of myelomeningocele. N Engl J Med. 2011;364:993–1004.

Aiuti A, Cattaneo F, Galimberti S, Benninghoff U, Cassani B, Callegaro L et al. Gene therapy for immunodeficiency due to adenosine deaminase deficiency. N Engl J Med. 2009;360:447–458.

Aiuti A, Roncarolo MG, Naldini L. Gene therapy for ADA-SCID, the first marketing approval of an ex vivo gene therapy in Europe: paving the road for the next generation of advanced therapy medicinal products. EMBO Mol. Med. 2017;9:737–740.

Aiuti A, Slavin S, Aker M, et al. Correction of ADA-SCID by stem cell gene therapy combined with nonmyeloablative conditioning. Science. 2002;296:2410–2413.

Akcakaya P, Bobbin ML, Guo JA, et al. In vivo CRISPR editing with no detectable genome-wide off-target mutations. Nature. 2018;561:416–419.

Albrecht J. Das Fremde und das Vertraute. FAZ, 2015. Online verfügbar unter http://www.faz.net/ aktuell/wissen/leben-gene/gibt-es-menschliche-rassen-13917542.html. Zuletzt geprüft am 27.09.2018.

Al-Dosari MS, Gao X. Nonviral gene delivery: principle, limitations, and recent progress. AAPS J. 2009;11:671–681.

Allen DB, Fost NC. Growth hormone therapy for short stature: panacea or Pandora's box? J Pediatr. 1990;117:16–21.

Allers K, Hütter G, Hofmann J, et al. Evidence for the cure of HIV infection by CCR5Δ32/Δ32 stem cell transplantation. Blood. 2011;117:2791–2799.

Anderson WF. In: United States, ed. Human genetic engineering. Washington, U.S. G.P.O, 1983, 285–292.

Anderson WF. Human Gene Therapy: Why Draw a Line? J Med Philos. 1989;14:681–693.

Anderson WF. A New Front in the Battle against Disease. In: Stock G und Campbell JH, ed. Engineering the Human Germline. New York, Oxford University Press, 2000, 43–48.

Anselm R. Neue Argumente für genetische Eingriffe in die Keimbahn? TTN-Info, 2015, 15.

Applbaum AI. Ethics for Adversaries, 1999.

Arand M. Checkpoint-Inhibioren: Bedeutung der PD-L1-Testung. Dt Ärzteblatt. 2017;114:A 1250.

Araki M, Ishii T. International regulatory landscape and integration of corrective genome editing into in vitro fertilization. Reprod Biol Endocrinol. 2014;12:108.

Arendt H. Vita activa. München, Piper, 1967.

Bajrami E, Spiroski M. Genomic Imprinting. Open Access Maced J Med Sci. 2016;4:181–184.

Balter M. Can epigenetics explain homosexuality puzzle? Science. 2015;350:148.

Baltimore D, Berg P, Botchan M, et al. A prudent path forward for genomic engineering and germline gene modification. Science. 2015;348:36–38.

Barrangou R, Fremaux C, Deveau H, et al. CRISPR Provides Acquired Resistance Against Viruses in Prokaryotes. Science. 2007;315:1709–1712.

Barrangou R, Marraffini LA. CRISPR-Cas systems: Prokaryotes upgrade to adaptive immunity. Mol. Cell. 2014;54:234–244.

Baruch S, Kaufman D, Hudson KL. Genetic testing of embryos: practices and perspectives of US in vitro fertilization clinics. Fertil. Steril. 2008;89:1053–1058.

Bayertz K. Drei Typen ethischer Argumentation. In: Sass H-M, ed. Genomanalyse und Gentherapie. Berlin, Heidelberg, Springer Berlin Heidelberg, 1991, 291–316.

Bayertz K. Die menschliche Natur und ihr moralischer Status. In: Bayertz K, ed. Die menschliche Natur. Paderborn, Mentis, 2005, 9–32.

Bayertz K, Runtenberg C. Gen und Ethik: Zur Struktur des moralischen Diskurses über die Gentechnologie. In: Elstner M, ed. Gentechnik, Ethik und Gesellschaft. Heidelberg, Springer Berlin Heidelberg, 1997, 107–121.

Beauchamp TL, Childress, JF. Principles of biomedical ethics. New York, Oxford University Press, 1994.

Becker V. Der heutige Krankheitsbegriff. In: Becker, V und Schipperges, H, ed. Krankheitsbegriff, Krankheitsforschung, Krankheitswesen. Berlin, New York, Springer, 1995, 1–8.

Belluck P. In Breakthrough, Scientists Edit a Dangerous Mutation From Genes in Human Embryos. The New York Times, ed. New York, 2017. Online verfügbar unter https://www.nytimes.com/2017/08/02/science/gene-editing-human-embryos.html. Zuletzt geprüft am 27.09.2018.

Bender W. Der Bericht der Nationalen Beratungskommission für bioethische Fragen zum Klonen menschlicher Lebewesen: Religiöse Perspektiven. In: Bender W, Gassen HG, Platzer K und Seehaus B, ed. Eingriffe in die menschliche Keimbahn. Münster, agenda Verlag, 2000, 106–124.

Benjamin R, Berges BK, Solis-Leal A, Igbinedion O, Strong CL, Schiller MR. TALEN gene editing takes aim on HIV. Hum. Genet. 2016;135:1059–1070.

Bentele K. Das Argument mit den Betroffenen. GID, 2006, 18–21.

Berg P, Baltimore D, Brenner S, Roblin RO, Singer MF. Summary Statement of the Asilomar Conference on Recombinant DNA Molecules. Proc Natl Acad Sci U S A. 1975;72:1981–1984.

Bernat E. Der menschliche Keim als Objekt des Forschers. In: Bender W, Gassen HG, Platzer K und Seehaus B, ed. Eingriffe in die menschliche Keimbahn. Münster, agenda Verlag, 2000, 57–82.

BGHZ 86, 240, Urteil vom 18.01.1983, AZ VI ZR 114/81.

Bhan A, Soleimani M, Mandal SS. Long Noncoding RNA and Cancer: A New Paradigm. Cancer Res. 2017;77:3965–3981.

Bhattacharjee Y. The Vigilante. Science, 2014.

Bielefeldt H. Menschenwürde. Berlin, Dt. Inst. für Menschenrechte, 2008.

Billings PR. Germline Culture – The Genetics of Hubris. In: Stock G und Campbell JH, ed. Engineering the Human Germline. New York, Oxford University Press, 2000, 127–130.

Bioethik-Kommission Rheinland-Pfalz. Präimplantationsdiagnostik – Thesen zu den medizinischen, rechtlichen und ethischen Problemstellungen. Bericht der Bioethik-Kommission des Landes Rheinland-Pfalz vom 20. Juni 1999. P Caesar, ed. Mainz, 1999.

Birnbacher D. Mehrdeutigkeiten im Begriff der Menschenwürde. In: Gesellschaft für kritische Philosphie, ed. Aufklärung und Kritik. Nürnberg, 1995, 4–13.

Birnbacher D. Bioethik zwischen Natur und Interesse. Frankfurt am Main, Suhrkamp Verlag, 2006.

Birnbacher D, Stekeler-Weithofer P, Tetens H, ed. Natürlichkeit. Berlin, 2006.

Bitinaite J, Wah DA, Aggarwal AK, Schildkraut I. FokI dimerization is required for DNA cleavage. Proc Natl Acad Sci U S A. 1998;95:10570–10575.

Blattler A, Farnham PJ. Cross-talk between site-specific transcription factors and DNA methylation states. J Biol Chem. 2013;288:34287–34294.

Bobadilla JL, Macek M, Fine JP, Farrell PM. Cystic fibrosis: a worldwide analysis of CFTR mutations--correlation with incidence data and application to screening. Hum. Mutat. 2002;19:575–606.

Boch J, Scholze H, Schornack S, et al. Breaking the code of DNA binding specificity of TAL-type III effectors. Science. 2009;326:1509–1512.

Böckenförde-Wunderlich B. Präimplantationsdiagnostik als Rechtsproblem. Tübingen, Mohr, 2002.

Boie J. Arzt ohne Grenzen. Süddeutsche Zeitung Magazin, ed., 2016.

Bolotin A, Quinquis B, Sorokin A, Ehrlich SD. Clustered regularly interspaced short palindrome repeats (CRISPRs) have spacers of extrachromosomal origin. Microbiology. 2005;151:2551–2561.

Bolzer A, Kreth G, Solovei I, et al. Three-dimensional maps of all chromosomes in human male fibroblast nuclei and prometaphase rosettes. PLoS Biol. 2005;3:e157.

Bonas U, Friedrich B, Fritsch J, Müller A, Schöne-Seifert B, Steinicke H, Tanner K, Taupitz J, Vogel J, Weber M, Winnacker EL, ed. Ethische und rechtliche Beurteilung des genome editing in der Forschung an humanen Zellen. Deutsche Akademie der Naturforscher Leopoldina. Halle (Saale), 2017.

Boorse C. Health as a Theoretical Concept. Philos Sci. 1977;44:542–573.

Boorse C. On the Distinction between Disease and Illness. In: Caplan AL, ed. Health, disease, and illness. Washington, D.C., Georgetown Univ. Press, 2009, 77–89.

Boorse C. A second rebuttal on health. J Med Philos. 2014;39:683–724.

Bostrom N. Human genetic enhancements: a transhumanist perspective. J Value Inq. 2003;37:493–506.

Bostrom N. In Defense of Posthuman Dignity. Bioethics, 2005:202–214.

Bostrom N, Sandberg A. Die Weisheit der Natur: Eine Evolutionäre Heuristik für Enhancement am Menschen. In: Knoepffler N und Savulescu J, ed. Der neue Mensch? Freiburg / München, Verlag Karl Alber, 2009, 83–126.

Braun CJ, Witzel M, Paruzynski A, et al. Gene therapy for Wiskott-Aldrich Syndrome-Long-term reconstitution and clinical benefits, but increased risk for leukemogenesis. Rare Dis. 2014;2:e947749.

Braun K. Menschenwürde und Biomedizin. Frankfurt, Campus-Verl., 2000.

Braun K. Eine feministische Verteidigung des Menschenwürdeschutzes für menschliche Embryonen. In: Schneider I und Graumann S, ed. Verkörperte Technik – Entkörperte Frau. Frankfurt am Main, New York, N.Y., Campus Verlag, 2003, 152–164.

BSGE 117, 212, Urteil vom 18.11.2014, AZ B 1 KR 19/13 R.

Buchanan AE, Brock DW, Daniels N, Wikler D. From chance to choice. Cambridge, U.K., New York, Cambridge University Press, 2000.

Bundesamt für Verbraucherschutz und Lebensmittelsicherheit (28.02.2017). Stellungnahme zur gentechnikrechtlichen Einordnung von neuen Pflanzenzüchtungstechniken, insbesondere ODM und CRISPR-Cas9.

Bundesärztekammer. Richtlinien zum Gentransfer in menschliche Körperzellen. Dt Ärzteblatt. 1995;92:A789–A794.

Bundesärztekammer. Die Richtlinien zur Durchführung des intratubaren Gametentransfers, der In-vitro-Fertilisation mit Embryotransfer und anderer verwandter Methoden erhalten folgende Fassung: Dt Ärzteblatt. 1996;93:A415–A420.

Bundesärztekammer. (Muster-)Berufsordnung für die deutschen Ärztinnen und Ärzte. Dt Ärzteblatt. 1997;94:A2354–2363.

Bundesärztekammer. Richtlinien zur pränatalen Diagnostik von Krankheiten und Krankheitsdispositionen. Dt Ärzteblatt. 1998;95:A3236–A3244.

Bundesärztekammer. Diskussionsentwurf zu einer Richtlinie zur Präimplantationsdiagnostik. Dt Ärzteblatt. 2000;97:A525–528.

Bundesärztekammer. (Muster-)Richtlinie zur Durchführung der assistierten Reproduktion. Dt Ärzteblatt. 2006;103:A1392–1403.

Bundesärztekammer. Memorandum zur Präimplantationsdiagnostik (PID), 2011.

BVerfG 27, 1, Beschluss des Ersten Senats vom 16.07.1969, AZ 1 BvL 19/63.

BVerfG 39, 1, Urteil des Ersten Senats vom 25.02.1975, AZ 1 BvF 1/74, 1 BvF 2/74, 1 BvF 3/74, 1 BvF 4/74, 1 BvF 5/74, 1 BvF 6/74.

BVerfG 45, 187, Urteil des Ersten Senats vom 21.06.1977, AZ 1 BvL 14/76.

BVerfG 88, 203, Urteil des Zweiten Senats vom 28.05.1993, AZ 2 BvF 2/90, 2 BvF 4/90, 2 BvF 5/92.

Callaway E. UK scientists gain licence to edit genes in human embryos. Nature. 2016;530:18.

Canguilhem G. Das Normale und das Pathologische. (München), Hanser, (1974).

Capecchi MR. Human Germline Therapy. In: Stock, G und Campbell, JH, ed. Engineering the Human Germline. New York, Oxford University Press, 2000, 31–48.

Carroll D. Genome engineering with targetable nucleases. Annu. Rev. Biochem. 2014;83:409–439.

Casper MJ. The making of the unborn patient. New Brunswick, N.J., Rutgers University Press, 1998.

Catford SR, McLachlan RI, O'Bryan MK, Halliday JL. Long-term follow-up of intra-cytoplasmic sperm injection-conceived offspring compared with in vitro fertilization-conceived offspring: a systematic review of health outcomes beyond the neonatal period. Andrology. 2017;5:610–621.

Cavazzana-Calvo M, Lagresle C, Hacein-Bey-Abina S, Fischer A. Gene therapy for severe combined immunodeficiency. Annu. Rev. Med. 2005;56:585–602.

Cavazzana-Calvo M, Payen E, Negre O, et al. Transfusion independence and HMGA2 activation after gene therapy of human β-thalassaemia. Nature. 2010;467:318–322.

Chang C-W, Lai Y-S, Westin E, et al. Modeling Human Severe Combined Immunodeficiency and Correction by CRISPR/Cas9-Enhanced Gene Targeting. Cell Rep. 2015;12:1668–1677.

Charlesworth CT, Deshpande PS, Dever DP, et al. Identification of Pre-Existing Adaptive Immunity to Cas9 Proteins in Humans. bioRxiv, ed., 2018. Online verfügbar unter https://www.biorxiv.org/content/early/2018/01/05/243345. Zuletzt geprüft am 27.09.2018.

Choudhury SR, Hudry E, Maguire CA, et al. Viral vectors for therapy of neurologic diseases. Neuropharmacology. 2016.

Cicalese MP, Ferrua F, Castagnaro L, et al. Update on the safety and efficacy of retroviral gene therapy for immunodeficiency due to adenosine deaminase deficiency. Blood. 2016;128:45–54.

Clarke AE. Biomedicalization. Durham, NC, Duke University Press, 2010.

Clarke S, Roache R. Enhancement am Menschen, Intuitionen und die Weisheit des Nachdenkens über den Widerwillen. In: Knoepffler N und Savulescu J, ed. Der neue Mensch? Freiburg / München, Verlag Karl Alber, 2009, 55–81.

Clouser KD, Culver CM, Gert B. Malady: A New Treatment of Disease. Hastings Cent Rep. 1981;11:29–37.

Coady C. A. J. Playing God. In: Savulescu J und Bostrom N, ed. Human enhancement. Oxford, Oxford University Press, 2010, 155–180.

Cohen J. CRISPR is too fat for many therapies, so scientists are putting the genome editor on a diet. Science. 2018.

Connor S. First Human Embryos Edited in U.S. MIT Technology Review, ed. Massachusetts Institute of Technology. USA, 2017. Online verfügbar unter https://www.technologyreview.com/s/608350/first-human-embryos-edited-in-us/. Zuletzt geprüft am 27.09.2018.

Coutelle C. Intrauterine Gentherapie. Ein Konzept zur vorgeburtlichen Prävention genetisch bedingter Erkrankungen. In: Fehse, B und Domasch, S, ed. Gentherapie in Deutschland. 2. aktualisierte u. erw. Aufl. Merching, Forum W Wissenschaftlicher Verlag, 2011, 127–150.

Cwik B. Designing Ethical Trials of Germline Gene Editing. N Engl J Med. 2017;377:1911–1913.

Cyranoski D. CRISPR gene-editing tested in a person for the first time. Nature. 2016;539:479.

Damschen G, Schönecker D. Argumente und Probleme in der Embryonendebatte – ein Überblick. In: Damschen G und Schönecker D, ed. Der moralische Status menschlicher Embryonen. Berlin, New York, W. de Gruyter, 2003, 1–7.

Daniels N. Just health care. Cambridge [Cambridgeshire], New York, Cambridge University Press, 1985.

Daniels N. Reflective Equilibrium. EN Zalta, ed. The Stanford Encyclopedia of Philosophy, 2016. Online verfügbar unter https://plato.stanford.edu/archives/win2016/entries/reflective-equilibrium/. Zuletzt geprüft am 27.09.2018.

Das Europäische Parlament. Ethische und rechtliche Probleme der Genmanipulation und die humane künstliche Befruchtung. Amt für amtliche Veröffentlichungen der Europäischen Gemeinschaften, ed. Luxemburg, 1990.

Das Europäische Parlament und der Rat der Europäischen Union. Richtlinie 98/44/EG des Europäischen Parlaments und des Rates. Über den rechtlichen Schutz biotechnologischer Erfindungen. Europäische Union, ed. Brüssel, 1998.

Das Europäische Parlament und der Rat der Europäischen Union. Beschluss Nr. 1982/2006/EG des Europäischen Parlaments und des Rates vom 18. Dezember 2006. Über das Siebte Rahmenprogramm der Europäischen Gemeinschaft für Forschung, technologische Entwicklung und Demonstration (2007 – 2013). Europäische Union, ed. Brüssel, 2006.

Davies MJ, Moore VM, Willson KJ, et al. Reproductive technologies and the risk of birth defects. N Engl J Med. 2012;366:1803–1813.

Dawkins R. The selfish gene. Oxford, Oxford University Press, 1999.

Dawkins R. The evolution of evolvability. In: Kumar S und Bentley P, ed. On growth, form and computers. Amsterdam, London, Elsevier Academic Press, 2003, 239–255.

De Ravin SS, Li L, Wu X, et al. CRISPR-Cas9 gene repair of hematopoietic stem cells from patients with X-linked chronic granulomatous disease. Sci Transl Med. 2017;9(372).

De Ravin SS, Wu X, Moir S, et al. Lentiviral hematopoietic stem cell gene therapy for X-linked severe combined immunodeficiency. Sci Transl Med. 2016;8:335ra57-335ra57.

Der Bundesminister für Forschung und Technologie, ed. In-vitro-Fertilisation, Genomanalyse und Gentherapie. München, 1985.

Deutscher Bundestag. BT-Drucksache 9/1373. Unterrichtung durch die deutsche Delegation in der Parlamentarischen Versammlung des Europarates über die Tagung der Parlamentarischen Versammlung des Europarates vom 25. bis 29. Januar 1982 in Straßburg, 9. Wahlperiode. Deutscher Bundestag, ed. Bonn, 1982.

Deutscher Bundestag. BT Drucksache 10/6296. Unterrichtung durch die deutsche Delegation in der Parlamentarischen Versammlung des Europarates über die Tagung der Parlamentarischen Versammlung des Europarates vom 17. bis 25. Septmeber 1986 in Straßburg, 10. Wahlperiode. Deutscher Bundestag, ed., 1986.

Deutscher Bundestag. BT Drucksache 10/6775. Bericht der Enquete-Kommission „Chancen und Risiken der Gentechnologie" gemäß Beschlüssen des Deutschen Bundestages – Drucksachen 10/1581, 10/1693 -, 10. Wahlperiode. Deutscher Bundestag, ed. Bonn, 1987.

Deutscher Bundestag. BT Drucksache 11/4174. Unterrichtung durch die deutsche Delegation in der Parlamentarischen Versammlung des Europarates über die Tagung der Parlamentarischen Versammlung des Europaretes vom 30. Januar bis 3. Februar 1989 in Straßburg, 11. Wahlperiode. Deutscher Bundestag, ed. Bonn, 1989a.

Deutscher Bundestag. BT Drucksache 11/5460. Entwurf eines Gesetzes zum Schutz von Embryonen (Embryonenschutzgesetz – EschG), 11. Wahlperiode. Deutscher Bundestag, ed. Bonn, 1989b.

Deutscher Ethikrat. Präimplantationsdiagnostik. Berlin, 2011.

Deutscher Ethikrat, ed. Embryospende, Embryoadoption und elterliche Verantwortung. Berlin, 2016.

Deutscher Ethikrat. Keimbahneingriffe am menschlichen Embryo: Deutscher Ethikrat fordert globalen politischen Diskurs und internationale Regulierung. Berlin, 2017.

Deutsches IVF-Register. Jahrbuch 2016. J Reproduktionsmed Endokrinol. 2017;14.

Dimond R, Stephens N. Three persons, three genetic contributors, three parents: Mitochondrial donation, genetic parenting and the immutable grammar of the ‚three x x'. Health (London), 2017, 240–258.

Gesetz zur Verhütung erbkranken Nachwuchses, 1933. documentArchiv.de, ed. Online verfügbar unter http://www.documentArchiv.de/ns/erbk-nws.html. Zuletzt geprüft am 27.09.2018.

Doetschman T, Georgieva T. Gene Editing With CRISPR/Cas9 RNA-Directed Nuclease. Circ. Res., 2017, 120, 876–894.

Dohr A, Bramkamp V. Nicht invasive Pränataltests NIPT. Pro Fam Med. 2014:1–12.

Dolan G, Benson G, Duffy A, et al. Haemophilia B: Where are we now and what does the future hold? Blood Rev. 2018;32(1):52–60.

Domasch S. Biomedizin als sprachliche Kontroverse. Berlin, De Gruyter, 2007.

Düwell M. Ethische Überlegungen anläßlich der „Konvention über Menschenrechte und Biomedizin" des Europarates und der „Allgemeinen Erklärung zum menschlichen Genom und den Menschenrechten" der UNESCO. In: Bender W, Gassen HG, Platzer K und Seehaus B, ed. Eingriffe in die menschliche Keimbahn. Münster, agenda Verlag, 2000, 83–105.

Eberbach WH. Die Verbesserung des Menschen. In: Knoepffler N und Savulescu J, ed. Der neue Mensch? Freiburg / München, Verlag Karl Alber, 2009, 213–250.

Edwards AWF. Human genetic diversity: Lewontin's fallacy. Bioessays, 2003, 25, 798–801.

Egger G, Liang G, Aparicio Ana, Jones PA. Epigenetics in human disease and prospects for epigenetic therapy. Nature. 2004;429:457–463.

Egli D, Zuccaro MV, Kosicki M, et al. Inter-homologue repair in fertilized human eggs? Nature. 2018;560:E5-E7.

Eidgenössisches Departement des Innern. Bern. Schweizerische Eidgenossenschaft. Gregor Haefliger. 22.01.2009. Online verfügbar unter https://www.sbfi.admin.ch/sbfi/de/home/aktuell/medienmitteilungen/archiv-medienmitteilungen/archiv-sbf.msg-id-24973.html. Zuletzt geprüft am 27.09.2018.

Elstner M. Einführung: Technikkonflikte und Technikentwicklung – zum gesellschaftlichen Umgang mit der Gentechnik. In: Elstner M, ed. Gentechnik, Ethik und Gesellschaft. Heidelberg, Springer Berlin Heidelberg, 1997, 1–40.

Engelhardt Dv. Der Wandel der Vorstellungen von Gesundheit und Krankheit in der Geschichte der Medizin. Passau, Wiss.-Verl. Rothe, 1995.

Engelhardt Dv. Ethik und Ethos des kranken Menschen: Rechte, Pflichten, Tugenden. In: Kick HA, Schmitt W und Engelhardt Dv, ed. Ethik des Arztes, Ethik des Patienten, Ethik der Gesellschaft. Münster, LIT-Verl., 2012, 35–57.

Engelhardt HT Jr. Die menschliche Natur – Leitfaden des Handelns? In: Bayertz K, ed. Die menschliche Natur. Paderborn, Mentis, 2005, 32–51.

Enquete-Kommission Recht und Ethik der modernen Medizin. Schlussbericht. Berlin, Deutscher Bundestag, Referat Öffentlichkeitsarbeit, 2002.

Enríquez P. CRISPR-Mediated Epigenome Editing. Yale J Biol Med. 2016;89:471–486.

Eppinette M. Ethics and Embryo Editing. The Center for Bioethics and Culture Network, ed. Kalifornien, 2017. Online verfügbar unter http://www.cbc-network.org/2017/08/ethics-and-embryo-editing/?utm_source = CBC+Newsletter&utm_campaign = e07d795db1-EMAIL_CAMPAIGN_2017_08_04&utm_medium = email&utm_term = 0_56f2fc828e-e07d795db1-90740109&mc_cid = e07d795db1&mc_eid = 868f61d1b7. Zuletzt geprüft am 27.09.2018.

Estreich G. On Embryos and Spin. Center for Genetics and Society, ed. Berkeley, CA, 2017. Online verfügbar unter https://www.geneticsandsociety.org/biopolitical-times/embryos-and-spin. Zuletzt gepürft am 27.09.2018.

Europäische Kommission. Eurobarometer 73.1. Spezial 341. Biotechnologie. Brüssel, 2010.

Europarat. Erläuternder Bericht zu dem Übereinkommen zum Schutz der Menschenrechte und der Menschenwürde im Hinblick auf die Anwendung von Biologie und Medizin: Übereinkommen über Menschenrechte und Biomedizin. Rechtsabteilung, ed., 1997a.

Europarat. Übereinkommen zum Schutz der Menschenrechte und der Menschenwürde im Hinblick auf die Anwendung von Biologie und Medizin: Übereinkommen über Menschenrechte und Biomedizin. Europarat, ed. Oviedo, 1997b.

European Group on Ethics in Science and New Technologies (2016). Statement on Gene Editing. Brüssel. Online verfügbar unter https://ec.europa.eu/research/ege/pdf/gene_editing_ege_statement.pdf. Zuletzt geprüft am 27.09.2018.

European Medicines Agency. New gene therapy for the treatment of children with ultra-rare immune disorder recommended for approval. Orphan-designated Strimvelis to offer treatment option for patients with ADA-SCID who have no suitable stem cell donor. EMA/CHMP/230486/2016. 01.04.2016, London. Online verfügbar unter https://www.ema.europa.eu/documents/press-release/new-gene-therapy-treatment-children-ultra-rare-immune-disorder-recommended-approval_en.pdf. Zuletzt geprüft am 27.09.2018.

Evangelische Kirchen in Deutschland. Wann beginnt das Menschsein? Die Kontroversen offen benennen. EKD veröffentlicht Kammertext zur Medizin- und Bioethik. 13.08.2002. Online verfügbar unter https://www.ekd.de/presse/pm87_2002_kammertext_bioethik.html. Zuletzt geprüft am 27.09.2018.

Fehse B, Baum C, Schmidt M, Kalle C von. Stand wissenschaftlicher und medizinischer Entwicklungen. In: Fehse B und Domasch S, ed. Gentherapie in Deutschland. 2nd. ed. Merching, Wissenschaftlicher Verlag, 2011, 41–126.

Ferreira V, Petry H, Salmon F. Immune Responses to AAV-Vectors, the Glybera Example from Bench to Bedside. Front Immunol. 2014;5:82.

Fischer A, Hacein-Bey-Abina S, Cavazzana-Calvo M. 20 years of gene therapy for SCID. Nat Immunol. 2010;11:457–460.

Fogarty NME, McCarthy A, Snijders KE, et al. Genome editing reveals a role for OCT4 in human embryogenesis. Nature. 2017;550:67–73.

Fowler G, Juengst ET, Zimmermann BK. Germ-line gene therapy and the clinical ethos of medical genetics. Theor. Med. 1989;10:151–165.

Frederick S. Cognitive Reflection and Decision Making. J. Econ. Perspect. 2005:25–42.

Fu Y, Foden JA, Khayter C, et al. High-frequency off-target mutagenesis induced by CRISPR-Cas nucleases in human cells. Nat Biotechnol. 2013;31:822–826.

Fuchs M. Forschungsethische Aspekte der Gentherapie. In: Fehse B und Domasch S, ed. Gentherapie in Deutschland. 2nd ed. Merching, Wissenschaftlicher Verlag, 2011, 185–207.

Fukuyama F. Das Ende des Menschen. München, Deutscher Taschenbuchverlag, 2004.

Gadamer H-G. Über die Verborgenheit der Gesundheit. Frankfurt am Main, Suhrkamp Verlag, 1993.

Galy A, Thrasher AJ. Gene therapy for the Wiskott-Aldrich syndrome. Curr Opin Allergy Clin Immunol. 2011;11:545–550.

Ganikhodjaev N, Saburov M, Nawi AM. Mutation and chaos in nonlinear models of heredity. ScientificWorldJournal, 2014;2014:835069.

Gardner H. Frames of mind. New York, NY, Basic Books, 2011.

Gardner W. Can human genetic enhancement be prohibited? J Med Philos. 1995;20:65–84.

Gaspar HB, Cooray S, Gilmour KC, et al. Long-term persistence of a polyclonal T cell repertoire after gene therapy for X-linked severe combined immunodeficiency. Sci Transl Med. 2011;3:97ra79.

Gatti RA, Meuwissen HJ, Allen HD, Hong R, Good RA. Immunological reconstruction of sex-linked lymphopenic immunologiucal deficiency. Lancet. 1968;292:1366–1369.

Gehlen A. Der Mensch. Wiesbaden, Quelle & Meyer, 1997.

George LA, Sullivan SK, Giermasz A, et al. Hemophilia B Gene Therapy with a High-Specific-Activity Factor IX Variant. N Engl J Med. 2017;377:2215–2227.

Gerok W, ed. Die innere Medizin. Stuttgart, New York, 2007.

Gesellschaft für Pädiatrische Onkologie und Hämatologie (GPOH). AWMF-Leitlinie Sichelzellkrankheit, 025/016. AWMF – Arbeitsgemeinschaft der Wissenschaftlichen Medizinischen Fachgesellschaften, ed. 2014.

Gethmann CF, 2016. Streitgespräch. In: Zugriff auf das menschliche Erbgut. Neue Möglichkeiten und ihre ethische Beurteilung. Jahrestagung Deutscher Ethikrat 2016. Simultanmitschrift. Berlin, 2016, 85–90.

Ginn SL, Amaya AK, Alexander IE, Edelstein M, Abedi MR. Gene therapy clinical trials worldwide to 2017. J Gene Med. 2018;20(5):e3015.

Gomez DE, Armando RG, Farina HG, et al. Telomere structure and telomerase in health and disease (review). Int J Oncol. 2012;41:1561–1569.

Göretzlehner G. Praktische Hormontherapie in der Gynäkologie. Berlin [u. a.], De Gruyter, 2012.

Graumann S. Ethik und Behinderung – warum ist ein Perspektivenwechsel notwendig? In: Graumann S, Grüber K, Nicklas-Faust J, Schmidt S und Wagner-Kern M, ed. Ethik und Behinderung. Frankfurt, New York, Campus Verlag, 2004, 20–24.

Graumann S. Zukunftsvision Keimbahntherapie – die Manipulation an den menschlichen Genen. Hebamme, 2006, 19, 218–223.

Grüber K, Gruisbourne, B/d, Pömsl, J. Handreichung Präimplantationsdiagnostik in Deutschland. [Berlin], Institut Mensch, Ethik und Wissenschaft, 2016.

Gutierrez-Guerrero A, Sanchez-Hernandez S, Galvani G, Pinedo-Gomez J, Martin-Guerra R, Sanchez-Gilabert A et al. Comparison of Zinc Finger Nucleases Versus CRISPR-Specific Nucleases for Genome Editing of the Wiskott-Aldrich Syndrome Locus. Hum Gene Ther, 2017, 29, 366–380.

Habermas J. Die Zukunft der menschlichen Natur. Frankfurt am Main, Suhrkamp Verlag, 2001.

Habermas J. Replik auf Einwände. DZPhil, 2002, 50, 283–298.

Habermas J, Reemtsma JP. Glauben und Wissen. Suhrkamp Verlag, 2016.

Hacein-Bey-Abina S, Le Deist F, Carlier F, et al. Sustained correction of X-linked severe combined immunodeficiency by ex vivo gene therapy. N Engl J Med. 2002;346:1185–1193.

Hacein-Bey-Abina S, Kalle C von, Schmidt M, et al. LMO2-associated clonal T cell proliferation in two patients after gene therapy for SCID-X1. Science. 2003;302:415–419.

Hacein-Bey-Abina S, Garrigue A, Wang GP, et al. Insertional oncogenesis in 4 patients after retrovirus-mediated gene therapy of SCID-X1. J Clin Invest. 2008;118:3132–3142.

Hacein-Bey-Abina S, Pai S-Y, Gaspar HB, et al. A modified γ-retrovirus vector for X-linked severe combined immunodeficiency. N Engl J Med. 2014;371:1407–1417.

Haidt J. The emotional dog and its rational tail: A social intuitionist approach to moral judgment. Psychol. Rev. 2001;108:814–834.

Haimes E, Taylor K. Sharpening the cutting edge: additional considerations for the UK debates on embryonic interventions for mitochondrial diseases. Life Sci Soc Policy. 2017;13:1.

Hallek M, Winnacker EL. Ethische und juristische Aspekte der Gentherapie. München, Utz, 1999.

Hampel J. Wahrnehmung und Bewertung der Gentherapie in der deutschen Bevölkerung. In: Fehse B und Domasch S, ed. Gentherapie in Deutschland. 2.nd. ed. Merching, Wissenschaftlicher Verlag, 2011, 227–255.

Hartmann W. Existenzielle Verantwortungsethik. Münster, Lit Verlag, 2005.

Harton GL, Harper JC, Coonen E, et al. ESHRE PGD consortium best practice guidelines for fluorescence in situ hybridization-based PGD. Hum Reprod. 2011;26:25–32.

Hauskeller M. Die moralische Pflicht, nicht zu verbessern. In: Knoepffler N und Savulescu J, ed. Der neue Mensch? Freiburg / München, Verlag Karl Alber, 2009, 161–176.

He Q, Wang H-H, Cheng T, et al. Genetic Correction and Hepatic Differentiation of Hemophilia B-specific Human Induced Pluripotent Stem Cells. Chin. Med. Sci. J. 2017;32:135–144.

Heinemann, T. Klonieren beim Menschen. Berlin, New York, De Gruyter, 2005.

Henn V. Glybera – erste Gentherapie bereits gescheitert. V Henn, ed. Berlin, 2017. Online verfügbar unter http://www.wissensschau.de/genom/gentherapie_glybera_lipoproteinlipase-defizienz.php. Zuletzt geprüft am 27.09.2018.

Hermann BP, Sukhwani M, Winkler F, et al. Spermatogonial stem cell transplantation into rhesus testes regenerates spermatogenesis producing functional sperm. Cell Stem Cell. 2012;11:715–726.

Hess GT, Tycko J, Yao D, Bassik MC. Methods and Applications of CRISPR-Mediated Base Editing in Eukaryotic Genomes. Mol Cell. 2017;68:26–43.

Heyd D. Die menschliche Natur: Ein Oxymoron? In: Bayertz K, ed. Die menschliche Natur. Paderborn, Mentis, 2005, 52–72.

HFEA. Scientific review of the safety and efficacy of methods to avoid mitochondrial disease through assisted conception. Human Fertilisation and Embryology Authority, ed. 2016. Online verfügbar unter https://www.hfea.gov.uk/media/2611/fourth_scientific_review_mitochondria_2016.pdf. Zuletzt geprüft am 27.09.2018.

Hikabe O, Hamazaki N, Nagamatsu G, et al. Reconstitution in vitro of the entire cycle of the mouse female germ line. Nature. 2016;539:299–303.

Hillemanns HG, Schillinger H. Das Restrisiko gegenwärtiger Geburtshilfe. Berlin, Heidelberg, Springer Berlin Heidelberg, 1989.

Hilton IB, D'Ippolito AM, Vockley CM, et al. Epigenome editing by a CRISPR-Cas9-based acetyltransferase activates genes from promoters and enhancers. Nat Biotechnol. 2015;33:510–517.

Hofmann H. Die versprochene Menschwürde. AöR. 1993;118:353–377.

Höhn H. Genetische Manipulation am Menschen – Wiederhollt sich die Geschichte? In: Bender W, Gassen HG, Platzer K und Seehaus B, ed. Eingriffe in die menschliche Keimbahn. Münster, agenda Verlag, 2000, 30–53.

Holkers M, Maggio I, Liu J, et al. Differential integrity of TALE nuclease genes following adenoviral and lentiviral vector gene transfer into human cells. Nucleic Acids Res. 2013;41:e63.

Holtug N. Human gene therapy: down the slippery slope? Bioethics. 1993;7:402–419.

Huai C, Jia C, Sun R, et al. CRISPR/Cas9-mediated somatic and germline gene correction to restore hemostasis in hemophilia B mice. Hum. Genet. 2017;136:875–883.

Huang X, Wang Y, Yan W, et al. Production of Gene-Corrected Adult Beta Globin Protein in Human Erythrocytes Differentiated from Patient iPSCs After Genome Editing of the Sickle Point Mutation. Stem Cells. 2015;33:1470–1479.

Hubbard R. Germline Manipulation. In: Stock G und Campbell JH, ed. Engineering the Human Germline. New York, Oxford University Press, 2000, 109–111.

Hübner D. Kultürlichkeit statt Natürlichkeit: Ein vernachlässigtes Argument in der bioethischen Debatte um Enhancement und Anthropotechnik. In: Sturma D, Honnefelder L und Fuchs M, ed. Jahrbuch für Wissenschaft und Ethik. Berlin / Boston, Walter de Gruyter, 2014, 25–57.

Hughes J. Liberty, Equality, and Solidarity in Pur Genetically Engineered Future. In: Stock G und Campbell JH, ed. Engineering the Human Germline. New York, Oxford University Press, 2000, 130–132.

Hull DL. On Human Nature. PSA Proc Biennial Meet Philos Sci Ass, 1986, 1986, 3–13.

Humangenetisches Qualitäts-Netzwerk. Berufsverband Deutscher Humangenetiker e. V., ed. Online verfügbar unter http://www.hgqn.org/.

Hume D. A Treatise of Human Nature by David Hume. Oxford, Claredon Press, 1896.

Hunter P. The long-term health risks of ART: Epidemiological data and research on animals indicate that in vitro fertilization might create health problems later in life. EMBO Rep. 2017;18:1061–1064.

Illich I. Die Nemesis der Medizin. München, Verlag C.H. Beck, 1995.

International Bioethics Committee. Report of the IBC on pre-implantation genetic diagnosis and germ-line intervention; 2003. UNESCO, ed. Paris, 2003.

International Bioethics Committee. Report of the IBC on updating its reflection on the Human Genome and Human Rights. UNESCO, ed. Paris, 2015.

International Cancer Genome Consortium. Online verfügbar unter http://icgc.org/.

International Conference on Harmonisation of Technical Requirements for Registration of Pharmaceuticals for Human Use. General Principles to Adress the Risk of Inadvertent Germline Integration of Gene Therapy Vectors. European Medicines Agency, ed., 2006.

International Society for Stem Cell Research. Statement on Human Germline Genome Modification, 19.03.2015. Online verfügbar unter http://www.isscr.org/professional-resources/news-publicationsss/isscr-news-articles/article-listing/2015/03/19/statement-on-human-germline-genome-modification zuletzt geprüft am 27.09.2018.

Ishino Y, Shinagawa H, Makino K, Amemura M, Nakata A. Nucleotide sequence of the iap gene, responsible for alkaline phosphatase isozyme conversion in Escherichia coli, and identification of the gene product. J Bacteriol. 1987;169:5429–5433.

Jansen R, Embden, Jan. D. A. van, Gaastra W, Schouls LM. Identification of genes that are associated with DNA repeats in prokaryotes. Mol Microbiol. 2002;43:1565–1575.

Jasanoff S, Hurlbut JB. A global observatory for gene editing. Nature. 2018;555:435–437.

Jiang J, Jing Y, Cost GJ, et al. Translating dosage compensation to trisomy 21. Nature. 2013;500:296–300.

Jinek M, Chylinski K, Fonfara I, et al. A programmable dual-RNA-guided DNA endonuclease in adaptive bacterial immunity. Science. 2012;337:816–821.

Johannsen W. Elemente der exakten Erblichkeitslehre. Jena, Gustav Fischer, 1909.

Jonas H. Das Prinzip Verantwortung. Frankfurt am Main, Suhrkamp, 2015.

Juengst ET. What does Enhancement mean? In: Parens, E, ed. Enhancing human traits. Washington, D.C., Georgetown University Press, 1998, 29–47.

Juengst ET. Enhancement Uses of Medical Technology. The Gale Group Inc., ed. Encyclopedia of Bioethics, 2004. Online verfügbar unter http://www.encyclopedia.com/science/encyclopedias-almanacs-transcripts-and-maps/enhancement-uses-medical-technology. Zuletzt geprüft am 27.09.2018.

Kamann M. Embryonen-Auswahl spaltet die Evangelische Kirche. Die Welt, 2011. Online verfügbar unter https://www.welt.de/print/die_welt/politik/article12367554/Embryonen-Auswahl-spaltet-die-Evangelische-Kirche.html. Zuletzt geprüft am 27.09.2018.

Kaminsky C. Embryonen, Ethik und Verantwortung. Tübingen, Mohr Siebeck, 1998.

Kamp G. Dammbruchargument. In: Lexikon der Bioethik. Gütersloh, Gütersloher Vlgsh., 1998, 453–455.

Kang X, He W, Huang Y, et al. Introducing precise genetic modifications into human 3PN embryos by CRISPR/Cas-mediated genome editing. J Assist Reprod Genet. 2016;33:581–588.

Kant I. Idee zu einer allgemeinen Geschichte in weltbürgerlicher Absicht. Berlinische Monatsschrift, ed. 1784. Online verfügbar unter http://gutenberg.spiegel.de/buch/-3506/1. Zuletzt geprüft am 27.09.2018.

Kant I. Grundlegung zur Metaphysik der Sitten. Valentiner T, ed. Stuttgart, Reclam, 1986.

Kant I. Die Metaphysik der Sitten. Ebeling H, ed. Ditzingen, Reclam, 1990.

Kantor B, Bailey RM, Wimberly K, Kalburgi SN, Gray SJ. Methods for gene transfer to the central nervous system. Adv Genet. 2014;87:125–197.

Kass LR. Regarding the end of medicine and the pursuit of health. Public Interest, 1975.

Kass LR. The Wisdom of Repugnance. New Repub. 1997;216:17–26.

Kass LR. Ageless Bodies, Happy Souls: Biotechnology and the Pursuit of Perfection. New Atlantis, 2003a, Spring, 9–28.

Kass LR. Beyond Therapy: Biotechnology and the Persuit of Human Improvement. President's Council on Bioethics, ed. Washington, D.C., 2003b. Online verfügbar unter https://bioethicsarchive. georgetown.edu/pcbe/background/index.html. Zuletzt geprüft am 27.09.2018.

Kass LR. Life, Liberty, and the Defense of Dignity. San Francisco, Californien, Encounter Books, 2004.

Kauffmann C, Odzuck E. Wohin führt „Gute Wissenschaft"? In: Spieker M und Manzeschke A, ed. Gute Wissenschaft. Baden-Baden, Nomos Verlagsgesellschaft, 2016, 105–132.

Kavka GS. The Paradox of Future Individuals. Philos Publ Aff. 1982;11:93–112.

Keller EF. Das Jahrhundert des Gens. Frankfurt, New York, Campus, 2001.

Keller EF. The Postgenomic Genome. In: Richardson SS und Stevens H, ed. Postgenomics. Durham, NC, London, Duke University Press, 2015, 9–31.

Kentenich H, Sibold C, Tandler-Schneider A. In-vitro-Fertilisation und intrazytoplasmatische Spermieninjektion. Bundesgesundheitsblatt Gesundheitsforschung Gesundheitsschutz, 2013, 56, 1653–1661.

Kettner M. Wunscherfüllende Medizin. Frankfurt am Main, Campus Verlag GmbH, 2009.

Kim H, Kim J-S. A guide to genome engineering with programmable nucleases. Nat Rev Genet. 2014;15:321–334.

Kipke R, Rothhaar M, Hähnel M. Contra: Soll das sogenannte „Gene Editing" mittels CRISPR/Cas9-Technologie an menschlichen Embryonen erforscht werden? Ethik Med. 2017;29:249–252.

Klar M, Kunze M, Zahradnik HP. Diskussion um den ethischen Status humaner Embryonen – Eine Zusammenfassung von zentralen Argumenten und Perspektiven. J Reproduktionsmed Endokrinol. 2007;4:21–26.

Kleinstiver BP, Pattanayak V, Prew MS, et al. High-fidelity CRISPR-Cas9 nucleases with no detectable genome-wide off-target effects. Nature. 2016;529:490–495.

Klinkhammer G. Pränatale Diagnostik. Dt Ärzteblatt. 2003;2:351.

Klug R. Pädagogik und Anthropotechnik. München, GRIN Verlag, 2010.

Knoepffler N, Savulescu J, ed. Der neue Mensch? Freiburg / München, 2009.

Kollek R. Risikokonzepte: Strategien zum Umgang mit Unsicherheit in der Gentechnik. In: Elstner, M, ed. Gentechnik, Ethik und Gesellschaft. Heidelberg, Springer Berlin Heidelberg, 1997, 123–140.

Kollek R. Nähe und Distanz: Komplementäre Perspektiven der ethischen Urteilsbildung. In: Düwell M und Steigleder K, ed. Bioethik. 1st ed. Frankfurt am Main, Suhrkamp, 2009, 230–237.

Komor AC, Kim YB, Packer MS, Zuris JA, Liu DR. Programmable editing of a target base in genomic DNA without double-stranded DNA cleavage. Nature. 2016;533:420–424.

Kongregation für die Glaubenslehre. Instruktion über die Achtung vor dem beginnenden menschlichen Leben und die Würde der Fortpflanzung. Donum vitae. Vatican, 1987.

Koo T, Lee J, Kim J-S. Measuring and Reducing Off-Target Activities of Programmable Nucleases Including CRISPR-Cas9. Mol Cells. 2015;38:475–481.

Koshland D Jr. Ethics and Safety. In: Stock G und Campbell JH, ed. Engineering the Human Germline. New York, Oxford University Press, 2000, 25–30.

Kosicki M, Tomberg K, Bradley A. Repair of double-strand breaks induced by CRISPR-Cas9 leads to large deletions and complex rearrangements. Nat Biotechnol. 2018;36:765–771.

Kratz B. Vervollkommnung und Machbarkeit des Menschen – Philosophische Studien zu Gentechnik und Eugenik. Universität Hamburg, Hamburg, 1989.

Kröner H-P. Art. Eugenik. In: Lexikon der Bioethik. Gütersloh, Gütersloher Vlgsh., 1998, 694–701.

Kuo CY, Kohn DB. Gene Therapy for the Treatment of Primary Immune Deficiencies. Curr Allergy Asthma Rep. 2016;16:39.

Kupecz A. Who owns CRISPR-Cas9 in Europe? Nat Biotechnol. 2014;32:1194–1196.

Kwan A, Abraham RS, Currier R, et al. Newborn screening for severe combined immunodeficiency in 11 screening programs in the United States. JAMA. 2014;312:729–738.

Lanphier E, Urnov F, Ehlen Haecker S, Smolenski J. Don't edit the Human Germline. Nature. 2015:410–411.

Lanzerath D. Enhancement: Form der Vervollkommnung des Menschen durch Medikalisierung der Lebenswelt? – Ein Werkstattbericht. In: Honnefelder L und Streffer C, ed. Jahrbuch für Wissenschaft und Ethik. Berlin, New York, Walter de Gruyter, 2002, 319–336.

Le Cong, Ran FA, Cox D, et al. Multiplex genome engineering using CRISPR/Cas systems. Science. 2013;339:819–823.

Ledford H. CRISPR fixes disease gene in viable human embryos. Nature. 2017;548:13–14.

Ledford H. Pivotal CRISPR patent battle won by Broad Institute. Nature, 2018. Online verfügbar unter: https://www.nature.com/articles/d41586-018-06656-y. Zuletzt gerpüft am 27.09.2018.

Lee HJ, Kim E, Kim J-S. Targeted chromosomal deletions in human cells using zinc finger nucleases. Genome Res. 2010;20:81–89.

Lee J, Chung J-H, Kim HM, Kim D-W, Kim H. Designed nucleases for targeted genome editing. Plant Biotechnol J. 2016;14:448–462.

Lejeune C. Wrongful life – das Kind als Vermögensschaden. Bremen, Europ. Hochsch.-Verl., 2009.

Lenk C. Enhancement vor dem Hintergrund verschiedener Konzepte von Krankheit und Gesundheit. In: Viehöver, W und Wehling, P, ed. Entgrenzung der Medizin. Belefeld, transcript-Verlag, 2011a, 67–88.

Lenk C. Gentransfer zwischen Therapie und Enhancement. In: Fehse, B und Domasch, S, ed. Gentherapie in Deutschland. 2. aktualisierte u. erw. Aufl. Merching, Forum W Wissenschaftlicher Verlag, 2011b, 209–225.

Li HL, Fujimoto N, Sasakawa N, et al. Precise correction of the dystrophin gene in duchenne muscular dystrophy patient induced pluripotent stem cells by TALEN and CRISPR-Cas9. Stem Cell Reports: 2015a;4:143–154.

Li Y, Li B, Li C-J, Li L-J. Key points of basic theories and clinical practice in rAd-p53 (Gendicine™) gene therapy for solid malignant tumors. Expert Opin Biol Ther. 2015b;15:437–454.

Li G, Liu Y, Zeng Y, al. Highly efficient and precise base editing in discarded human tripronuclear embryos. Protein Cell. 2017;8:776–779.

Liang P, Xu Y, Zhang X, et al. CRISPR/Cas9-mediated gene editing in human tripronuclear zygotes. Protein Cell. 2015;6:363–372.

Liang P, Ding C, Sun H, et al. Correction of β-thalassemia mutant by base editor in human embryos. Protein Cell. 2017:1–12.

Liebert MA. The Declaration of Inuyama and reports of the working groups. Hum Gene Ther. 1991;2:123–129.

Lim JK, Louie CY, Glaser C, et al. Genetic deficiency of chemokine receptor CCR5 is a strong risk factor for symptomatic West Nile virus infection. J Infect Dis. 2008;197:262–265.

Lippman A. Prenatal genetic testing and screening: constructing needs and reinforcing inequities. Am J Law Med. 1991;17:15–50.

List E. Behinderung als Lebensform und als soziale Barriere. In: Graumann S, Grüber K, Nicklas-Faust J, Schmidt S und Wagner-Kern M, ed. Ethik und Behinderung. Frankfurt, New York, Campus Verlag, 2004, 36–45.

Llères D, Weibel J-M, Heissler D, et al. Dependence of the cellular internalization and transfection efficiency on the structure and physicochemical properties of cationic detergent/DNA/liposomes. J Gene Med. 2004;6:415–428.

Long C, McAnally JR, Shelton JM, et al. Prevention of muscular dystrophy in mice by CRISPR/Cas9-mediated editing of germline DNA. Science. 2014;345:1184–1188.

Lotti SN, Polkoff KM, Rubessa M, Wheeler MB. Modification of the Genome of Domestic Animals. Anim Biotechnol. 2017;41:1–13.

Lu Y-h, Wang N, Jin F. Long-term follow-up of children conceived through assisted reproductive technology. J Zhejiang Univ Sci B. 2013;14:359–371.

Luchsinger T. Vom „Mythos Gen" zur Krankenversicherung. Basel, Helbing & Lichtenhahn, 2000.

Lurija, AR. The mind of a mnemonist. Cambridge, Mass., Harvard Univ. Press, 2002.

Ma H, Marti-Gutierrez N, Park S-W, et al. Correction of a pathogenic gene mutation in human embryos. Nature. 2017;548:413–419.

Ma H, Marti-Gutierrez N, Park S-W, et al. Ma et al. reply. Nature. 2018;560:E10-E23.

Makani J, Komba AN, Cox SE, et al. Malaria in patients with sickle cell anemia: burden, risk factors, and outcome at the outpatient clinic and during hospitalization. Blood. 2010;115:215–220.

Makarova KS, Haft DH, Barrangou R, et al. Evolution and classification of the CRISPR-Cas systems. Nat Rev Microbiol. 2011;9:467–477.

Makarova KS, Wolf YI, Alkhnbashi OS, et al. An updated evolutionary classification of CRISPR-Cas systems. Nat Rev Microbiol. 2015;13:722–736.

Makarova KS, Zhang F, Koonin EV. SnapShot: Class 1 CRISPR-Cas Systems. Cell. 2017a;168:946-946. e1.

Makarova KS, Zhang F, Koonin EV. SnapShot: Class 2 CRISPR-Cas Systems. Cell, 2017b;168:328-328. e1.

Mali P, Aach J, Stranges PB, et al. CAS 9 transcriptional activators for target specificity screening and paired nickases for cooperative genome engineering. Nat Biotechnol. 2013a;31:833–838.

Mali P, Esvelt KM, Church GM. Cas9 as a versatile tool for engineering biology. Nat Methods. 2013b;10:957–963.

Maranto G. Designer-Babys. Stuttgart, Klett-Cotta, 1998.

Mauron A, Rehmann-Sutter C. Gentherapie: Ein Katalog offener ethischer Fragen. In: Rehmann-Sutter C und Müller H, ed. Ethik und Gentherapie. Tübingen [u. a.], Attempto-Verl., 1995, 22–33.

Mazumdar P. Der Gesundheitsimperativ. In: Hensen G und Hensen P, ed. Gesundheitswesen und Sozialstaat. Wiesbaden, VS Verlag für Sozialwissenschaften, 2008, 349–360.

McGee G. Parental Choices. In: Stock, G und Campbell, JH, ed. Engineering the Human Germline. New York, Oxford University Press, 2000, 99–101.

McGleenan T. Human gene therapy and slippery slope arguments. J Med Ethics. 1995;21:350–355.

Mehta D, Klengel T, Conneely KN, et al. Childhood maltreatment is associated with distinct genomic and epigenetic profiles in posttraumatic stress disorder. Proc Natl Acad Sci U S A. 2013;110:8302–8307.

Meister TA, Rimoldi SF, Soria R, et al. Association of Assisted Reproductive Technologies With Arterial Hypertension During Adolescence. J Am Coll Cardiol. 2018;72:1267–1274.

Menke C. Menschenwürde. In: Pollmann A und Lohmann G, ed. Menschenrechte. Stuttgart, Metzler, 2012, 144–150.

Merkel R. Die Abtreibungsfalle. Die Zeit, 2001. Online verfügbar unter http://www.zeit.de/2001/25/ Die_Abtreibungsfalle. Zuletzt geprüft am 27.09.2018.

Merkel R. Mind Doping? In: Knoepffler N und Savulescu J, ed. Der neue Mensch? Freiburg / München, Verlag Karl Alber, 2009, 177–212.

Merkel R. Eingriffe in das menschliche Genom, eine rechtsethische Analyse. Die Vision vom gesunden Menschen. Zum Diskurs über Prädiktion und Gentherapie. 4. Ethik-Tagung, Alt Rehse, 2017.

Meyer-Abich KM. Praktische Naturphilosophie. München, Beck, 1997.

Mieth D. Gentechnik im öffentlichen Diskurs: Die Rolle der Ethikzentren und Beratergruppen. In: Elstner M, ed. Gentechnik, Ethik und Gesellschaft. Heidelberg, Springer Berlin Heidelberg, 1997, 211–220.

Mieth D, ed. Die Diktatur der Gene. Freiburg im Breisgau [u. a.], 2001.

Miller J, McLachlan AD, Klug A. Repetitive zinc-binding domains in the protein transcription factor IIIA from Xenopus oocytes. EMBO J. 1985;4:1609–1614.

Misra S. Human gene therapy: a brief overview of the genetic revolution. J Assoc Physicians India. 2013;61:127–133.

Moore GE. Principia ethica, Cambridge University Press, 1959.

Mordacci R. Health as an Analogical Concept. J Med Philos. 1995;20:475–497.

Morgan RA, Dudley ME, Wunderlich JR, et al. Cancer regression in patients after transfer of genetically engineered lymphocytes. Science. 2006;314:126–129.

Morris DB. Krankheit und Kultur. München, Kunstmann, 2000.

Mukherjee S, Thrasher AJ. Gene therapy for PIDs: progress, pitfalls and prospects. Gene. 2013;525:174–181.

Müller H. Gentherapie unter besonderer Berücksichtigung der Behandlung von Erbkrankheiten. In: Rehmann-Sutter C und Müller H, ed. Ethik und Gentherapie. Tübingen [u. a.], Attempto-Verl., 1995, 43–56.

Müller WG, Rieder D, Kreth G, et al. Generic features of tertiary chromatin structure as detected in natural chromosomes. Mol Cell Biol. 2004;24:9359–9370.

Mullin E. The Fertility Doctor Trying to Commercialize Three-Parent Babies. MIT Technology Review, ed. Massachusetts Institute of Technology. Cambridge, MA, 2017a. Online verfügbar unter https://www.technologyreview.com/s/608033/the-fertility-doctor-trying-to-commercialize-three-parent-babies/.

Mullin E. Gene Editing Study in Human Embryos Points toward Clinical Trials. MIT Technology Review, ed. Massachusetts Institute of Technology. Cambridge, MA, 2017b. Online verfügbar unter https://www.technologyreview.com/s/608482/gene-editing-study-in-human-embryos-points-toward-clinical-trials/.

National Bioethics Advisory Commission (NBAC). Cloning Human Beings. Report and Recommendations of the National Bioethics Advisory Commission. Rockville, MD, 1997.

National Collaborating Centre for Women's and Children's Health. Fertility. London, Royal College of Obstetricians and Gynaecologists. Unter Mitarbeit von National Institute for Health and Clinical Excellence, 2013.

National Institutes of Health. Appendix M. Points to consider. In: National Institutes of Health, ed. NIH guidlines for research involving recombinant or synthetic nucleic acid molecules (NIH guidlines). Bethesda, MD, 2016, 99–105.

National Research Council (U.S.). Genetic screening. Washington, National Academy of Sciences, 1975.

Nationale Akademie der Wissenschaften Leopoldina, ed. Ein Fortpflanzungsmedizingesetz für Deutschland. Unter Mitarbeit von H. Beier, M. Bujard, K. Diedrich, H. Dreier, H. Frister, H. Kentenich et al. Halle (Saale), 2017.

Nationale Akademie der Wissenschaften Leopoldina, acatec – Deutsche Akademie der Technikwissenschaften, Berlin-Brandenburgische Akademie der Wissenschaften (für die Union der deutschen Akademien der Wissenschaften), ed. Prädiktive genetische Diagnostik als Instrument der Krankheitsprävention. Halle (Saale), 2010.

Nationale Akademie der Wissenschaften Leopoldina, Deutsche Forschungsgemeinschaft, acatec – Deutsche Akademie der Technikwissenschaften, Union der deutschen Akademien der Wissenschaften, ed. Chancen und Grenzen des genome editing. Berlin, 2015.

Nationaler Ethikrat. Genetische Diagnostik vor und während der Schwangerschaft. Stellungnahme. Berlin, 2003.

Navarro SA, Carrillo E, Griñán-Lisón C, et al. Cancer suicide gene therapy: a patent review. Expert Opin Ther Pat. 2016;26:1095–1104.

Neelapu SS, Locke FL, Bartlett NL, et al. Axicabtagene Ciloleucel CAR T-Cell Therapy in Refractory Large B-Cell Lymphoma. N Engl J Med. 2017;377:2531–2544.

Nelkin D, Lindee MS. The DNA Mystique. New York, Freemann, 1999.

Nelson CE, Hakim CH, Ousterout DG, et al. In vivo genome editing improves muscle function in a mouse model of Duchenne muscular dystrophy. Science. 2016;351:403–407.

Nettesheim M. Die Garantie der Menschenwürde zwischen metaphysischer Überhöhung und bloßem Abwägungstopos. AöR. 2005;130:71–113.

Neumann U. Die Tyrannei der Würde. ARSP, 1998, Vol. 84, 153–166.

Ng YS, Turnbull DM. Mitochondrial disease: genetics and management. J Neurol. 2016;263:179–191.

Ngun TC, Vilain E. The biological basis of human sexual orientation: is there a role for epigenetics? Adv Genet. 2014;86:167–184.

Nisbet M. The Gene-Editing Conversation. Am Sci. 2018;106:15.

Niu J, Zhang B, Chen H. Applications of TALENs and CRISPR/Cas9 in human cells and their potentials for gene therapy. Mol Biotechnol. 2014;56:681–688.

Nolan K. Commentary: How Do We Think About the Ethics of Human Germ-Line Genetic Therapy? J Med Philos. 1991;16:613–619.

Nozick R. Anarchy, State, and utopia. New York, NY, Basic Books, 2008.

Nuffield Council on Bioethics. Genome editing: an ethical review. London, 2016.

Nyhan WL. Lesch-Nyhan Disease and Related Disorders of Purine Metabolism. Tzu Chi Med J. 2007;19:105–108.

Ohmori T, Nagao Y, Mizukami H, et al. CRISPR/Cas9-mediated genome editing via postnatal administration of AAV vector cures haemophilia B mice. Sci Rep. 2017;7:4159.

O'Neill O. Autonomy and trust in bioethics. Cambridge [u. a.], Cambridge University Press, 2007.

Online Mendelian Inheritance in Man. An Online Catalog of Human Genes and Genetic Disorders. McKusick-Nathans Institue of Genetic Medicine, John Hopkins University School of Medicine, ed. Online Mendelian Inheritance in Man. Baltimore, MD. Online verfügbar unter https://www.omim.org/.

Ott MG, Schmidt M, Schwarzwaelder K, et al. Correction of X-linked chronic granulomatous disease by gene therapy, augmented by insertional activation of MDS 1-EVI1, PRDM16 or SETBP1. Nat Med. 2006;12:401–409.

Pardridge WM. Tyrosine hydroxylase replacement in experimental Parkinson's disease with transvascular gene therapy. NeuroRx. 2005;2:129–138.

Parens E. Is Better Always Good? In: Parens, E, ed. Enhancing human traits. Washington, D.C., Georgetown University Press, 1998a, 1–28.

Parens E. Special Supplement: Is Better Always Good? The Enhancement Project. Hastings Cent Rep, 1998b, 28, S 1.

Parens E. Justice and the Germline. In: Stock G und Campbell JH, ed. Engineering the Human Germline. New York, Oxford University Press, 2000, 122–124.

Parfit D. Reasons and Persons. New York, Oxford University Press, 1984.

Park C-Y, Kim DH, Son JS, et al. Functional Correction of Large Factor VIII Gene Chromosomal Inversions in Hemophilia A Patient-Derived iPSCs Using CRISPR-Cas9. Cell Stem Cell. 2015;17:213–220.

Park C-Y, Sung JJ, Choi S-H, et al. Modeling and correction of structural variations in patient-derived iPSCs using CRISPR/Cas9. Nat Protoc. 2016;11:2154–2169.

Park I-H, Zhao R, West JA, et al. Reprogramming of human somatic cells to pluripotency with defined factors. Nature. 2008;451:141–146.

Pence GE. Maximize Parental Choice. In: Stock G und Campbell JH, ed. Engineering the Human Germline. New York, Oxford University Press, 2000, 111–113.

Pereira N, O'Neill CL, Lu V, Rosenwaks Z, Palermo GD. The Safety of Intracytoplasmic Sperm Injection and Long-Term Outcomes. Reproduction. 2017:1–37.

Peters JS. Spätabbruch. Hamburg, Diplomica-Verl., 2011.

Picker E. Schadensersatz für das unerwünschte eigene Leben. Tübingen, Mohr, 1995.

Platzer K. Der Bericht der Nationalen Beratungskommission für bioethische Fragen zum Klonen menschlicher Lebewesen: Ethische Perspektiven. In: Bender W, Gassen HG, Platzer, K und Seehaus, B, ed. Eingriffe in die menschliche Keimbahn. Münster, agenda Verlag, 2000, 125–155.

Porteus MH. Towards a new era in medicine: therapeutic genome editing. Genome Biol. 2015;16:286.

Praetorius I. Die Heilung von Leiden – Das Trumpfargument und seine Widerlegung. In: Graumann S, ed. Die Genkontroverse. Freiburg im Breisgau [u. a.], Herder, 2001, 45–51.

Preamble to the Constitution of WHO as adopted by the International Health Conference. New York, 19. Juni-22. Juli 1946.

Pringsheim T, Wiltshire K, Day L, et al. The incidence and prevalence of Huntington's disease: a systematic review and meta-analysis. Mov Disord. 2012;27:1083–1091.

Prüfer K, Munch K, Hellmann I, et al. The bonobo genome compared with the chimpanzee and human genomes. Nature. 2012;486:527–531.

Ramamoorth M, Narvekar A. Non viral vectors in gene therapy- an overview. J Clin Diagn Res. 2015;9:GE01-6.

Ramsey P. Fabricated Man: The Ethics of Genetic Control, Yale University Press, 1970.

Rana P, Marcus AD, Fan W. China, Unhampered by Rules, Races Ahead in Gene-Editing Trials. The Wall Street Journal. New York, 2018. Online verfügbar unter https://www.wsj.com/articles/china-unhampered-by-rules-races-ahead-in-gene-editing-trials-1516562360. Zuletzt geprüft am 27.09.2018.

Ranisch R, Savulescu J. Ethik und Enhancement. In: Knoepffler N und Savulescu J, ed. Der neue Mensch? Freiburg / München, Verlag Karl Alber, 2009, 21–53.

Rau J. Ethik und Behinderung – In welcher Gesellschaft wollen wir leben? In: Graumann S, Grüber K, Nicklas-Faust J, Schmidt S und Wagner-Kern M, ed. Ethik und Behinderung. Frankfurt, New York, Campus Verlag, 2004, 12–20.

Rauprich O. Die Kosten des Kinderwunsches. Münster, Lit, 2012.

Rawls J. A theory of justice. Cambridge, Mass., Belknap Press, 2005, 1971.

Reardon S. First CRISPR clinical trial gets green light from US panel. Nature. 2016.

Rehmann-Sutter C. Keimbahnveränderungen in Nebenfolge? Ethische Überlegungen zur Abgrenzbarkeit der somatischen Gentherapie. In: Rehmann-Sutter C und Müller H, ed. Ethik und Gentherapie. Tübingen [u. a.], Attempto-Verl., 1995a, 154–175.

Rehmann-Sutter C. Politik der genetischen Identität. In: Rehmann-Sutter C und Müller H, ed. Ethik und Gentherapie. Tübingen [u. a.], Attempto-Verl., 1995b, 176–187.

Rehmann-Sutter, C. Zwischen den Molekülen. Tübingen, Francke, 2005.

Reich J, Fangerau H, Fehse B, Hampel J, Hucho F, Köchy K et al., ed. Genomchirurgie beim Menschen – zur verantwortlichen Bewertung einer neuen Technologie. Berlin-Brandenburgische Akademie der Wissenschaften. Berlin, 2015.

Resnik DB. Debunking the slippery slope argument against human germ-line gene therapy. J Med Philos. 1994;19:23–40.

Resnik DB. The Moral Significance of the Therapy-Enhancement Distinction in Human Genetics. Camb Q Healthc Ethics. 2000;9:365–377.

Rey-Stocker I. Anfang und Ende des menschlichen Lebens aus der Sicht der Medizin und der drei monotheistischen Religionen Judentum, Christentum und Islam. Basel, Karger, 2006.

Reznek L. Dis-Ease about Kinds: Reply to D'Amico. J Med Philos. 1995;20:571–584.

Richter P. Big Data. In: Heesen, J, ed. Handbuch Medien- und Informationsethik. Stuttgart, J.B. Metzler, 2016, 210–216.

Robert Koch-Institut, ed. Gesundheit in Deutschland, 2015.

Roberts MA. Nonidentity Problem. In: LaFollette H, ed. International Encyclopedia of Ethics. Oxford, UK, John Wiley & Sons, Ltd, 2013, 3634–3641.

Roberts RJ. A nomenclature for restriction enzymes, DNA methyltransferases, homing endonucleases and their genes. Nucleic Acids Res. 2003;31:1805–1812.

Robertson JA. Children of choice. Princeton, Princeton University Press, 1994.

Rodriguez A, del A, Angeles M. Non-Viral Delivery Systems in Gene Therapy. In: Martin, F, ed. Gene Therapy – Tools and Potential Applications, InTech, 2013.

Romero-Munguia MÁ. Mnesic Imbalance or Hyperthymestic Syndrome as Cause of Autism Symptoms in Shereshevskii. In: Fitzgerald, M, ed. Recent Advances in Autism Spectrum Disorders – Volume I, InTech, 2013, 165–187.

Sabin JE, Daniels N. Determining „Medical Necessity" in Mental Health Practice. Hastings Cent Rep. 1994;24:5–13.

Sacksofsky U. Der verfassungsrechtliche Status des Embryos in vitro. Gutachten für die Enquete-Kommission des Deutschen Bundestages „Recht und Ethik der modernen Medizin". Frankfurt am Main, 2001.

Sadakierska-Chudy A, Kostrzewa RM, Filip M. A comprehensive view of the epigenetic landscape part I: DNA methylation, passive and active DNA demethylation pathways and histone variants. Neurotox Res. 2015;27:84–97.

Sadelain M, Papapetrou EP, Bushman FD. Safe harbours for the integration of new DNA in the human genome. Nat Rev Cancer. 2012;12:51–58.

Safire W. On Language. Words out in the Cold, 1993. Online verfügbar unter http://www.nytimes.com/1993/02/14/magazine/on-language-words-out-in-the-cold.html. Zuletzt geprüft am 27.09.2018.

Sample I. Deadly gene mutations removed from human embryos in landmark stuy. The Guardian, ed. London, 2017. Online verfügbar unter https://www.theguardian.com/science/2017/aug/02/deadly-gene-mutations-removed-from-human-embryos-in-landmark-study. Zuletzt geprüft am 27.09.2018.

Sandel MJ. What's Wrong with Enhancement? President's Council on Bioethics, ed. Washington, D.C., 2002. Online verfügbar unter https://bioethicsarchive.georgetown.edu/pcbe/background/sandelpaper.html. Zuletzt geprüft am 27.09.2018.

Sandel MJ. Plädoyer gegen die Perfektion. Wiesbaden, Berlin University Press ein Imprint von Verlagshaus Römerweg. Unter Mitarbeit von R. Teuwsen, 2015.

Sanders R. European Patent Office to grant UC a broad patent on CRISPR-Cas9. Berkeley News, ed. Berkeley University of California. Berkeley, CA, 2017. Online verfügbar unter http://news.berkeley.edu/2017/03/28/european-patent-office-to-grant-uc-a-broad-patent-on-crispr-cas9/. Zuletzt geprüft am 27.09.2018.

Sass H-M. Forschungsfortschritt und Verantwortungsethik. In: Sass H-M, ed. Genomanalyse und Gentherapie. Berlin, Heidelberg, Springer Berlin Heidelberg, 1991, 3–16.

Savulescu J. Procreative beneficence: why we should select the best children. Bioethics. 2001;15:413–426.

Schaaf CP; Zschocke, J. Basiswissen Humangenetik. Berlin, Springer Berlin, 2012.

Schaal S, Kunsch K, Kunsch S. Der Mensch in Zahlen. Berlin [u. a.], Springer Spektrum, 2016.

Schmid H. Gentherapie aus juristischer Sicht – schweizerische und internationale Tendenzen. In: Rehmann-Sutter C und Müller H, ed. Ethik und Gentherapie. Tübingen [u. a.], Attempto-Verl., 1995, 137–153.

Schmitt CW. The Yuck Factor. Environ Health Perspect. 2008;16:A524–A527.

Schneider I. Embryonen zwischen Virtualisierung und Materialisierung – Kontroll- und Gestaltungs-
wünsche an die technisierte Reproduktion. TATuP. 2002a;11:45–55.

Schneider I. Überzählig sein und überzählig machen von Embryonen: die Stammzellforschung als
Transformation einer Kinderwunscherfüllungs-Technologie. In: Brähler E, Stöbel-Richter Y und
Hauffe U, ed. Vom Stammbaum zur Stammzelle. Giessen, Psychosozial-Verl., 2002b, 111–158.

Schneider I. Gesellschaftliche Umgangsweisen mit Keimzellen: Regulation zwischen Gabe, Verkauf
und Unveräußerlichkeit. In: Schneider I und Graumann S, ed. Verkörperte Technik – Entkörperte
Frau. Frankfurt am Main, New York, N.Y., Campus Verlag, 2003, 41–65.

Schneider I. Soziale Implikationen eines genetischen „Enhancement". In: Graumann S, Grüber K,
Nicklas-Faust J, Schmidt S und Wagner-Kern M, ed. Ethik und Behinderung. Frankfurt, New
York, Campus Verlag, 2004, 184–188.

Schneider I. Technikfolgenabschätzung und Politikberatung am Beispiel biomedizinischer Felder.
APuZ. 2014;64:31–39.

Schneider I. Streitgespräch. In: Zugriff auf das menschliche Erbgut. Neue Möglichkeiten und ihre
ethische Beurteilung. Jahrestagung. Simultanmitschrift. Berlin, 2016a, 85–90.

Schneider I. Untergräbt die Niedrigschwelligkeit der neuen Verfahren grundlegende moralische
Standards? In: Zugriff auf das menschliche Erbgut. Neue Möglichkeiten und ihre ethische Beurteilung. Jahrestagung Deutscher Ethikrat. Simultanmitschrift. Berlin, 2016b, 82–85.

Schöne-Seifert B. Genscheren-Forschung an der menschlichen Keimbahn: Plädoyer für eine neue
Debatte auch in Deutschland. Ethik Med, 2017, 29, 93–96.

Schramme T, ed. Krankheitstheorien. Berlin, 2012.

Schroeder-Kurth T. Grenzsituationen ärztlichen Handelns. In: Sass H-M, ed. Genomanalyse und Gentherapie. Berlin, Heidelberg, Springer Berlin Heidelberg, 1991, 25–37.

Schroeder-Kurth T. Pro und Contra Keimbahntherapie und Keimbahnmanipulation. In: Bender W,
Gassen HG, Platzer K und Seehaus B, ed. Eingriffe in die menschliche Keimbahn. Münster,
agenda Verlag, 2000, 159–181.

Schubert P. Neuroenhancement revisited. Hamburg, disserta Verlag, 2015.

Schües C. Philosophie des Geborenseins. Freiburg, Verlag Karl Alber, 2016.

Schwank G, Koo B-K, Sasselli V, et al. Functional repair of CFTR by CRISPR/Cas9 in intestinal stem
cell organoids of cystic fibrosis patients. Cell Stem Cell. 2013;13:653–658.

Scully JL. Diskriminierung, Genetik und Behinderung. In: Graumann S, Grüber K, Nicklas-Faust
J, Schmidt S und Wagner-Kern M, ed. Ethik und Behinderung. Frankfurt, New York, Campus
Verlag, 2004, 46–51.

Servick K. First U.S.-based group to edit human embryos brings practice closer to clinic. Science,
Washington, D.C., 2017. Online verfügbar unter http://www.sciencemag.org/news/2017/08/
first-us-based-group-edit-human-embryos-brings-practice-closer-clinic. Zuletzt geprüft am
27.09.2018.

Servick K. Broad Institute takes a hit in European CRISPR patent struggle. Science, Washington, D.C.,
2018. Online verfügbar unter http://www.sciencemag.org/news/2018/01/broad-institute-
takes-hit-european-crispr-patent-struggle. Zuletzt geprüft am 27.09.2018.

Shabalina S. Selective constraint in intergenic regions of human and mouse genomes. Trends Genet.
2001;17:373–376.

Shrestha D, La X, Feng HL. Comparison of different stimulation protocols used in in vitro fertilization:
a review. Ann Transl Med. 2015;3:137.

Siegenthaler W. Klinische Pathophysiologie. Stuttgart, G. Thieme, 2006.

Siep L. Normative Aspekte des menschlichen Körpers. In: Bayertz, K, ed. Die menschliche Natur.
Paderborn, Mentis, 2005, 157–173.

Silver LM. Das geklonte Paradies. München, Droemer, 1998.

Singer P. Die Ethik der Embryonenforschung. In: Gesellschaft für kritische Philosphie, ed. Aufklärung und Kritik. Nürnberg, 1995, 83–87.

Singer P. New Assisted Reproductive Technology. In: Kuhse H und Singer P, ed. Bioethics. Oxford, UK, Malden, Mass., Blackwell Publishers, 1999, 99–102.

Singer P. Ethics and Intuitions. J Ethics. 2005;9:331–352.

Slaymaker IM, Gao L, Zetsche B, et al. Rationally engineered Cas9 nucleases with improved specificity. Science. 2016;351:84–88.

Sloterdijk P. Du mußt dein Leben ändern. Frankfurt am Main, Suhrkamp, 2009.

Sorek R, Kunin V, Hugenholtz P. CRISPR – a widespread system that provides acquired resistance against phages in bacteria and archaea. Nat Rev Microbiol. 2008;6:181–186.

Sosnay PR, Siklosi KR, van Goor F, et al. Defining the disease liability of variants in the cystic fibrosis transmembrane conductance regulator gene. Nat Genet. 2013;45:1160–1167.

Srivastava A, Shaji RV. Cure for thalassemia major – from allogeneic hematopoietic stem cell transplantation to gene therapy. Haematologica. 2017;102:214–223.

Starck C. Freiheit und Institutionen. Tubingen, Mohr Siebeck, 2002.

Statistisches Bundesamt (24.10.2016 Nr. 381). 7,6 Millionen schwerbehinderter Menschen leben in Deutschland. Wiesbaden. Marten, Ulrike. Online verfügbar unter https://www.destatis.de/DE/PresseService/Presse/Pressemitteilungen/2016/10/PD16_381_227.html. Zuletzt geprüft am 27.09.2018.

Stehr N. Wissen und der Mythos vom Nichtwissen. APuZ, 2013, 63, 48–54.

Stein S, Ott MG, Schultze-Strasser S, et al. Genomic instability and myelodysplasia with monosomy 7 consequent to EVI1 activation after gene therapy for chronic granulomatous disease. Nat Med. 2010;16:198–204.

Stella S, Montoya G. The genome editing revolution: A CRISPR-Cas TALE off-target story. Bioessays. 2016;38(1):4–13.

Stock G, Campbell JH, ed. Engineering the Human Germline. New York, 2000.

Strachan T, Read AP. Molekulare Humangenetik. Heidelberg, Berlin, Oxford, Spektrum, Akad. Verl., 1996.

Sunkara SK, Rittenberg V, Raine-Fenning N, et al. Association between the number of eggs and live birth in IVF treatment: an analysis of 400 135 treatment cycles. Hum Reprod. 2011;26:1768–1774.

Swamy MN, Wu H, Shankar P. Recent advances in RNAi-based strategies for therapy and prevention of HIV-1/AIDS. Adv Drug Deliv Rev. 2016;103:174–186.

Takahashi K, Tanabe K, Ohnuki M, et al. Induction of pluripotent stem cells from adult human fibroblasts by defined factors. Cell. 2007;131:861–872.

Tang L, González R, Dobrinski I. Germline modification of domestic animals. Anim Reprod. 2015;12:93–104.

Tang L, Zeng Y, Du H, et al. CRISPR/Cas9-mediated gene editing in human zygotes using Cas9 protein. Mol Genet Genomics. 2017;292:525–533.

Tang L, Zeng Y, Zhou X, et al. Highly efficient ssODN-mediated homology-directed repair of DSBs generated by CRISPR/Cas9 in human 3PN zygotes. Mol Reprod Dev. 2018;85:461–463.

Taupitz J. Geltende Rechtslage. In: Zugriff auf das menschliche Erbgut. Neue Möglichkeiten und ihre ethische Beurteilung. Jahrestagung Deutscher Ethikrat. Simultanmitschrift. Berlin, 2016, 21–30.

Thakore PI, Gersbach CA. Genome Engineering for Therapeutic Applications. In: Laurence J und Franklin M, ed. Translating Gene Therapy to the Clinic. Amsterdam, Elsevier – Academic Press, 2015, 27–43.

The Broad Institute of MIT and Harvard. For journalists: statement and background on the CRISPR patent process, 25.10.2017. Online verfügbar unter https://www.broadinstitute.org/crispr/journalists-statement-and-background-crispr-patent-process. Zuletzt geprüft am 27.09.2018.

The ENCODE Project Consortium. An integrated encyclopedia of DNA elements in the human genome. Nature. 2012;489:57–74.

The Journal of Gene Medicine. Number of Gene Therapy Clinical Trials Approved Worldwide 1989–2016. John Wiley and Sons Ltd., ed.

The National Academies of Sciences, Engineering, and Medicine. New Developments in Human Genome Editing. A Guide for Patients and Families Affected by Inherited Diseases and Disabilities, 2017. Online verfügbar unter https://www.nap.edu/resource/24623/Brief%20-%20Guide%20for%20patients%20and%20families.pdf. Zuletzt geprüft am 27.09.2018.

The National Academies of Sciences, Engineering, and Medicine, ed. International Summit on Human Gene Editing: A Global Discussion. Washington, D.C., 2016.

The National Academies of Sciences, Engineering, and Medicine. Human Genome Editing. Washington, D.C., National Academies Press, 2017.

Theodora M, Antsaklis A, Antsaklis P, et al. Fetal loss following second trimester amniocentesis. Who is at greater risk? How to counsel pregnant women? J Matern Fetal Neonatal Med. 2016;29:590–595.

Thieffry D, Sarkar S. Forty years under the central dogma. Trends Biochem Sci. 1998;23:312–316.

Thomas S. Thoughts on the Ethics of Germline Engineering. In: Stock G und Campbell JH, ed. Engineering the Human Germline. New York, Oxford University Press, 2000, 101–104.

Tooley M. Abortion and Infanticide. Philos Publ Aff. 1972;2:37–65.

Torres-Ruiz R, Rodriguez-Perales S. CRISPR-Cas9: A Revolutionary Tool for Cancer Modelling. Int J Mol Sci. 2015;16:22151–22168.

Tremmel J. Das Nicht-Identitäts-Problem – ein schlagendes Argument gegen Nachhaltigkeitstheorien? In: Enders, JC und Remig, M, ed. Perspektiven nachhaltiger Entwicklung. Marburg, Metropolis-Verlag, 2013, 181–210.

Tsai SQ, Zheng Z, Nguyen NT, et al. GUIDE-seq enables genome-wide profiling of off-target cleavage by CRISPR-Cas nucleases. Nat Biotechnol. 2015;33:187–197.

Turkgeldi E, Yagmur H, Seyhan A, Urman B, Ata B. Short and long term outcomes of children conceived with assisted reproductive technology. Eur J Obstet Gynecol Reprod Biol. 2016;207:129–136.

Udell JA, Lu H, Redelmeier DA. Failure of fertility therapy and subsequent adverse cardiovascular events. Can Med Assoc J. 2017;189:E391-E397.

Ulfig N. Kurzlehrbuch Embryologie. Stuttgart [u. a.], Thieme, 2009.

UNESCO. Universal Declaration on the Human Genome and Human Rights. 29. Generalversammlung. UNESCO, ed. Paris, 1997.

UniQure. UniQure Announces It Will Not Seek Marketing Authorization Renewal for Glybera in Europe. Lexington, Amsterdam. 20.04.2017. Online verfügbar unter https://tools.eurolandir.com/tools/Pressreleases/GetPressRelease/?ID=3330232&lang=en-GB&companycode=nlqure&v=. Zuletzt geprüft am 27.09.2018.

United Nations. Report of International Conference on population and developmenet. Cairo, 5–13 September 1994. UN Population Fund (UNFPA), ed. New York, 1995.

United States. Splicing Life: A Report on the Social and Ethical Issues of Genetic Engineering with Human Beings. President's Commission for the Study of Ethical Problems in Medicine and Biomedical and Behavioral Research, 1982.

van den Berg MJ, van Koppen E, Ahlin A, et al. Chronic granulomatous disease: the European experience. PLoS ONE. 2009;4:e5234.

van den Daele W. Mensch nach Maß? München, C.H. Beck, 1985.

van den Daele W. Objektives Wissen als politische Ressource: Experten und Gegenexperten im Diskurs. In: van den Daele W und Neidhardt F, ed. Kommunikation und Entscheidung. Berlin, Ed. Sigma, 1996, 297–326.

van den Daele W, ed. Biopolitik. Wiesbaden, 2005.

Vassena R, Heindryckx B, Peco R, et al. Genome engineering through CRISPR/Cas9 technology in the human germline and pluripotent stem cells. Hum. Reprod. Update. 2016;22:411–419.

Vogel J, 2016. Naturwissenschaftlicher Sachstand des Verfahrens. In: Zugriff auf das menschliche Erbgut. Neue Möglichkeiten und ihre ethische Beurteilung. Jahrestagung Deutscher Ethikrat. Simultanmitschrift. Berlin, 2016, 6–13.

Vora S, Tuttle M, Cheng J, Church G. Next stop for the CRISPR revolution: RNA-guided epigenetic regulators. FEBS J. 2016;283:3181–3193.

Wagner D. Der genetische Eingriff in die menschliche Keimbahn. Frankfurt am Main, Europäischer Verlag der Wissenschaften, 2007.

Wallner S. Moralischer Dissens bei Präimplantationsdiagnostik und Stammzellenforschung. Münster, Lit, 2010.

Walters L. Gentherapie am Menschen. Zentrum für medizinische Ethik Bochum, 1988.

Walters L, Palmer JG. The Ethics of Human Gene Therapy. New York, Oxford University Press, 1997.

Wang CH, Finkel RS, Bertini ES, et al. Consensus statement for standard of care in spinal muscular atrophy. J Child Neurol. 2007;22:1027–1049.

Wang X, Rivière I. Genetic Engineering and Manufacturing of Hematopoietic Stem Cells. Mol Ther Methods Clin Dev. 2017;5:96–105.

Wehling P. Die Schattenseite der Verwissenschaftlichung. In: Böschen S und Schulz-Schaeffer I, ed. Wissenschaft in der Wissensgesellschaft. 1. Aufl. Wiesbaden, Westdeutscher Verlag, 2003, 119–142.

Wehling P. Selbstbestimmung oder sozialer Optimierungsdruck? Perspektiven einer kritischen Soziologie der Biopolitik. Leviathan, 2008, 36, 249–273.

Weingart P, Kroll J, Bayertz K. Rasse, Blut und Gene. Frankfurt am Main, Suhrkamp, 2017.

Welling, LIL. Genetisches Enhancement. Heidelberg, Springer, 2014.

Welte K, 2016. Pdoiumsdiskussion. In: Zugriff auf das menschliche Erbgut. Neue Möglichkeiten und ihre ethische Beurteilung. Jahrestagung Deutscher Ethikrat. Simultanmitschrift. Berlin, 2016, 18–21.

Weß L. Keimbahntherapie. Im Sog von Präimplantationsdiagnostik und internationalen Bemühungen um Regelungen zur sogenannten Bioethik. Sachstandsbericht im Rahmen des Monitoring-Vorhabens „Gentherapie", ed. Bonn, 1997.

Wewetzer H. Löschtaste im Hirn. Der Tagesspiegel, ed., 2017. Online verfügbar unter https://www.tagesspiegel.de/weltspiegel/hirnforschung-loeschtaste-im-hirn/19997936.html. Zuletzt geprüft am 27.09.2018.

White MK, Khalili K. CRISPR/Cas9 and cancer targets: future possibilities and present challenges. Oncotarget. 2016;7:12305–12317.

Wilhelm N. HSA-basierende Nanopartikel zum virusfreien Gentransfer in der Gen- und Zelltherapie. Universität des Saarlandes, Saarbrücken, 2015.

Wilson RF. The death of Jesse Gelsinger: new evidence of the influence of money and prestige in human research. Am J Law Med. 2010;36:295–325.

Wimmer R. Kategorische Argumente gegen die Keimbahn-Gentherapie? In: Mieth D und Wils,J-P, ed. Ethik ohne Chance? 2nd. ed. Tübingen, Attempto Verl., 1991, 182–209.

Wivel N, Walters L. Germ-line gene modification and disease prevention: some medical and ethical perspectives. Science. 1993;262:533–538.

World Anti-Doping Agency. World-Anti-Doping-Code. World Anti-Doping Agency, ed. Montreal, Canada, 2015.

World Health Organization. Genes and human disease. Online verfügbar unter http://www.who.int/genomics/public/geneticdiseases/en/index2.html. Zuletzt geprüft am 27.09.2018.

World Medical Association, Inc. (18.10.2013). WMA Statement on Natural Variations of Human Sexuality. Adopted by the 64th General Assembly. Brasilien. Online verfügbar unter https://www.wma.net/policies-post/wma-statement-on-natural-variations-of-human-sexuality. Zuletzt geprüft am 27.09.2018.

Wulf M-A, Joksimovic L, Tress W. Das Ringen um Sinn und Anerkennung – Eine psychodynamische Sicht auf das Phänomen des Neuroenhancement (NE). Ethik Med. 2012;24:29–42.

Wyant KJ, Ridder AJ, Dayalu P. Huntington's Disease-Update on Treatments. Curr Neurol Neurosci Rep. 2017;17:33.

Xie F, Ye L, Chang JC, et al. Seamless gene correction of β-thalassemia mutations in patient-specific iPSCs using CRISPR/Cas9 and piggyBac. Genome Res. 2014;24:1526–1533.

Yang B-Z, Zhang H, Ge W, et al. Child abuse and epigenetic mechanisms of disease risk. Am J Prev Med. 2013;44:101–107.

Yao F. An ethical study of genetic intervention based on Rawlsian justice and on Buddhism, Norman, Oklahoma, 2006.

Yi L, Li J. CRISPR-Cas9 therapeutics in cancer: promising strategies and present challenges. Biochim Biophys Acta. 2016;1866:197–207.

Yu J, Vodyanik MA, Smuga-Otto K, et al. Induced pluripotent stem cell lines derived from human somatic cells. Science. 2007;318:1917–1920.

Zeng Y, Li J, Li G, et al. Correction of the Marfan Syndrome Pathogenic FBN1 Mutation by Base Editing in Human Cells and Heterozygous Embryos. Mol Ther. 2018;pii:S1525-0016(18)30378-2. doi: 10.1016/j.ymthe.2018.08.007. [Epub ahead of print]

Zhen A, Peterson CW, Carrillo MA, et al. Long-term persistence and function of hematopoietic stem cell-derived chimeric antigen receptor T cells in a nonhuman primate model of HIV/AIDS. PLoS Pathog. 2017;13:e1006753.

Zhou C, Zhang M, Wei Y, et al. Highly efficient base editing in human tripronuclear zygotes. Protein Cell. 2017;8:772–775.

Zhou Q, Wang M, Yuan Y, et al. Complete Meiosis from Embryonic Stem Cell-Derived Germ Cells In Vitro. Cell Stem Cell. 2016;18:330–340.

Zimmerman BK. Human germ-line therapy: the case for its development and use. J Med Philos. 1991;16:593–612.

Zimmermann M, Zimmermann R. Gibt es das Recht auf ein gesundes Kind? Dt Ärzteblatt. 2000;97:A3487–3489.

Zuo E, Huo X, Yao X, et al. CRISPR/Cas9-mediated targeted chromosome elimination. Genome Biol. 2017;18:224.